U0691108

**国家级一流本科专业建设成果教材**

# 基 础 工 程

彭 第 主编 高成梁 黄 非 副主编

化学工业出版社

·北京·

**内容简介**

《基础工程》系统阐述了基础工程的基本原理，同时也介绍了较多国内外基础工程的新技术、新工艺、新经验。全书共分 10 章，包括绪论、基础工程设计的原则、天然地基上的浅基础、筏形基础和箱形基础、桩基础、沉井基础与地下连续墙、基坑工程、基坑工程地下水控制、地基处理、特殊土地基等。本书在编写过程中，参考了现行的《建筑与市政地基基础通用规范》（GB 55003—2021）、《混凝土结构通用规范》（GB 55008—2021）等相关规范。为了便于读者掌握本书所叙述的基本理论，书中还列举了大量的典型例题。

本书可作为各类高等院校土木工程、地质工程、城市地下空间工程等相关专业的教材，还可供从事工程勘察、设计、施工的技术人员参考。

**图书在版编目（CIP）数据**

基础工程 / 彭第主编；高成梁，黄非副主编.
北京：化学工业出版社，2025. 4. -- （国家级一流本科
专业建设成果教材）. -- ISBN 978-7-122-47225-0

Ⅰ. TU47
中国国家版本馆 CIP 数据核字第 2025LA0880 号

责任编辑：刘丽菲　　　　　　　　　文字编辑：罗　锦
责任校对：赵懿桐　　　　　　　　　装帧设计：张　辉

出版发行：化学工业出版社
　　　　　（北京市东城区青年湖南街 13 号　邮政编码 100011）
印　　装：三河市君旺印务有限公司
787mm×1092mm　1/16　印张 18½　字数 480 千字
2025 年 9 月北京第 1 版第 1 次印刷

购书咨询：010-64518888　　　　　售后服务：010-64518899
网　　址：http://www.cip.com.cn
凡购买本书，如有缺损质量问题，本社销售中心负责调换。

定　　价：56.00 元

# 前　言

随着科学技术的发展、超高层建筑的兴建与重型设备的发展，基础工程技术显得更加重要。据统计，各国发生的建筑工程事故中，地基基础引起的事故数量最多。因此，基础工程是各有关专业的大学生和工程技术人员必须掌握的一门课程。

基础工程是一门综合性很强的学科，它涉及工程地质、土力学、结构力学、钢筋混凝土结构设计原理、原位测试技术、施工技术等诸多学科。目前，已有大量资料对基础工程作了比较全面的介绍，设计计算理论不断改进，施工方法与技术不断发展。本书遵循"内容全面，注重实用，案例导读，便于学习"的原则，系统阐述基础工程的基本理论、设计方法和施工工艺，并简单介绍了国内外基础工程的相关研究成果。

本书的主要内容包括：绪论、基础工程设计的原则、天然地基上的浅基础、筏形基础和箱形基础、桩基础、沉井基础与地下连续墙、基坑工程、基坑工程地下水控制、地基处理、特殊土地基等。为提高学生的学习效果，本书每章开始前均设置了案例导读，章后均给出了思考题与习题。为体现应用型本科的特色，在一些重点章节中给出了较为贴合工程实际的设计示例。本书取材面广，内容丰富，尽量反映当前基础工程的主要设计计算理论、施工工艺与技术，可作为土木工程、城市地下空间工程、地质工程等专业开设基础工程课程的教材使用，也可供从事有关基础工程勘察、设计、施工等工作的工程技术人员参考。

本书由湖南工程学院彭第主编，长春工程学院高成梁、黄非担任副主编。全书共分为10章，第1、3、5章由彭第编写，第2章由长春工程学院黄静莉编写，第4章由长春工程学院章与非编写，第6、7章由高成梁编写，第8章由长春工程学院郎秋玲编写，第9章由长春工程学院刘莉莎编写，第10章由黄非编写。全书由长春工程学院潘殿琦教授担任主审，在此表示感谢。

由于编者的水平有限，错误之处在所难免，敬请读者批评指正。

编者

# 目　录

# 第1章 绪论

■ 案例导读

广州塔又称广州新电视塔，昵称小蛮腰，是广州新地标建筑。广州塔塔身主体高454m，天线桅杆高146m，总高度600m，是中国第一高塔，如图1-1(a)所示。主塔外框筒由24根钢管混凝土斜柱、钢管斜撑和环杆组成，钢管柱截面由直径2000mm锥形变化至约1200mm，内灌C60～C40混凝土，斜撑和环杆为直径1000～800mm的钢管。核心筒为14m×17m的椭圆，墙厚由底部1m变化到顶部0.4m，混凝土强度等级C80～C45，墙内放置14根钢骨，钢骨在塔顶4层由工字形改为圆管，直径由600mm逐步放大到1000mm，承接桅杆底部的8根直径1000mm的钢管。楼面与外框筒柱不相连。

外框筒24条钢管柱分别支承在24条直径3.8m的灌注桩基础上，如图1-1(b)所示，设计桩长为16～24.5m，桩扩大头直径为5m。桩为抗拔桩，桩端持力层为中风化岩、微风化岩，单桩竖向承载力特征值为80200～100000kN，单桩抗拔承载力特征值为32000～61000kN。桩顶用环形承台梁（4500mm×4350mm）将各桩连成整体，斜撑基础置于环梁内，如图1-1(c)中A区所示。核心筒采用置于中风化岩上的箱形基础，椭圆箱形基础短轴×长轴为20m×30m，基础底低于底板底6m。箱形基础与环梁之间为桩筏基础，如图1-1(c)中C区所示，筏板厚1500mm，板底为强风化岩。

(a) 广州新电视塔    (b) 大直径桩平面布置图    (c) 筏板混凝土范围（C区）

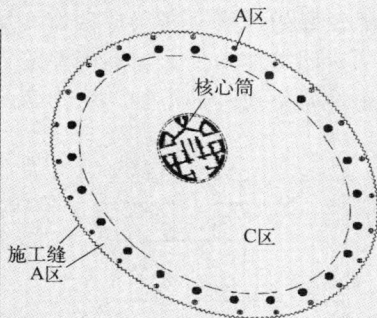

图1-1 广州新电视塔及其基础示意图

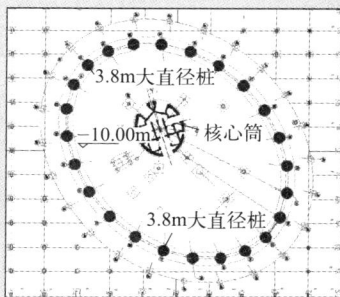

**讨论**

什么是地基、基础与基础工程？基础有哪些功能？地基与基础的联系与区别有哪些？基础工程研究哪些内容？

# 1.1  地基与基础

建筑物的全部重量最后均传递给地层，由地层来承受荷载、支承建筑物，地层中支承基础的土体或岩体称为"地基"，一般是指建筑物荷载作用下产生不可忽略的附加应力与变形的那部分地层，将结构所承受的各种作用传递到地基上的结构组成部分，称为"基础"，基础一般埋置于地面以下，如图 1-2 所示。

基础工程是基础的设计与施工工作，以及有关的工程勘察、基础施工所需基坑的开挖、支护、降水和地基加固工作的总称。

上部结构的荷载通过基础传至地层，使地层产生附加应力和变形，附加应力向地层深部扩散，并迅速减弱。到某一深度后，上部荷载引起的附加应力与变形已很小，对工程实际已无意义而可忽略。故一般将基础底部标高至该深度范围内的地层统称为建筑物的地基。对地基承载力和变形起主要作用的地层称为地基主要受力层，或简称为地基受力层。在受力层范围内，埋置基础底面处的地层称为持力层，持力层下的地层称为下卧层，如图 1-2 所示，强度低于持力层的下卧层称为软弱下卧层。由于持力层直接承受基础底面传给它的荷载，故持力层应尽可能选择工程性质较好的土层，否则容易因强度不足而产生失稳破坏。地基在上部荷载作用下会产生变形，若下卧层的工程地质性质较差，则可能会导致地基变形过大而影响建筑物使用功能或导致建筑物破坏。

基础下未经人工加固处理的地基称为天然地基，若天然地基软弱，不能满足强度和变形要求，须进行人工处理，则称为人工地基，人工地基的处理过程称为地基处理。由于天然地基施工简便，造价较低，地基基础设计一般优先采用天然地基。

基础的主要功能如下：

（1）扩散压力。地基土的承载力较低时，将基础所受较大荷载转变为较低压力，可用锥形或板式的基础形状。

（2）传递压力。当上部地层较差时，采用深基础（如桩基、墩基以及沉井）将荷载传递到深部较好的地层（岩层或砂卵石层）。

（3）调整地基变形。利用厚筏、箱形基础、群摩擦桩等基础所具有的刚度和上部结构共同作用，调整地基的不均匀变形沉降。

此外，采取相应措施，基础还可起到抗滑或抗倾覆及减震的作用。

根据基础的埋置深度不同，可以把基础分为浅基础和深基础两大类，实际上它们没有明确界限。一般习惯上将埋置深度小于 5m，可用简便施工方法进行基坑开挖和排水的基础称为浅基础，如条形基础、柱下独立基础、十字交叉基础和壳体基础等。若建筑物荷载较大，且上层土质较软弱时，需将基础埋置于较深地层，要采用专门的施工

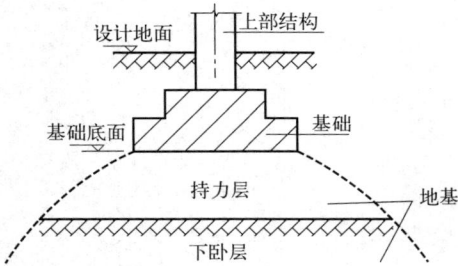

图 1-2  地基与基础示意图

方法建造，这种基础称为深基础，如桩基、沉井、地下连续墙等；埋深较大的箱形基础和筏形基础一般也称为深基础。

## 1.2　基础工程的研究内容

基础工程主要研究在各种可能荷载作用下以及各种工程地质条件下的地基基础问题。关于地基和基础，因为基础是直接与地基土接触的结构部分，与地基土的关系非常密切，设计中往往不能截然分开，正确的基础设计必须建立在合理的地基评价基础上。英语文献中"地基""基础"的单词都可采用"foundation"，反映了两者密不可分的关系。基础工程研究的主要内容包括地基勘察、浅基础、桩基础和其他深基础、地基处理以及支挡结构等。

地基勘察是为地基和基础设计服务的，属于岩土工程勘察的范畴，其目的在于用各种勘察手段和方法，揭示和评价建筑场地和地基的工程地质条件，为设计和施工提供所需的工程地质资料。

基础的设计主要包括基础类型的选择、基础尺寸的确定、基础内力计算与构造设计。基础上部为上部结构，下面则与地基土接触。设计时，需对地基、基础及上部结构进行考虑，虽然这三方面各自的功能、工作性状及研究方法不同，但对同一建筑物而言，在荷载作用下，这三方面却是相互联系、相互制约、共同作用的整体，在设计和施工时必须统一考虑，尤其在设计计算时，应考虑三部分的共同作用。同时，和上部结构一样，基础的结构刚度、材料的强度和耐久性应符合要求，同时还应考虑施工方便，如基坑的开挖和降低地下水位的要求，施工机械的配置，以及工程的费用和工期安排。

当天然地基的承载能力较弱，或变形不能满足上部结构荷载的需求时，可以考虑采用如换填垫层、碎石桩、高压旋喷桩等地基处理的方法对地基进行加固，形成人工地基，以满足荷载和变形等需求。

深基础施工过程中往往需要开挖基坑，为确保基坑开挖后边坡的稳定，保证基坑内基础等地下结构的施工安全，需设置支挡结构确保基坑边坡的稳定。

## 1.3　基础工程的重要性

基础工程是建筑物的根基，直接关系到上部结构的稳定。其施工质量如何，直接影响建筑物的安全、经济和正常使用。由于基础工程均位于地下或水下，施工难度较大，因而其造价、工期和劳动消耗量在整个建筑工程中所占比重亦较大。在我国，一般多层建筑中基础工程造价约占总造价的 1/4，工期约占 25%～30%。如需人工处理地基或采用深基础，则造价和工期所占比例将更大。另外，基础工程多属地下隐蔽工程，一旦出现事故，处理补救较难，因而基础工程在建筑工程中的重要性是显而易见的。随着高层建筑的发展以及大跨度、大开间结构的应用，基础工程的重要性和技术上的难度进一步增加，准确地了解地基性状并做出正确判断，选择合理的基础方案，精确地进行基础工程设计，有着重要的技术和经济意义。

我国与世界各国在基础工程设计与施工方面均取得了不少成功的经验，节约了大量资金，保证了工程质量。但并非每一项基础工程都是成功的，许多建筑工程质量事故往往与基础工程有关。基础工程中的问题主要有以下类型：①由于地基基础问题引起的建筑物倾斜或沉降过大；②基础自身的破坏；③地基承载力不足发生整体滑动破坏；④边坡失去稳定性；⑤其他不良地质条件引起的地基失效等。下面介绍一些工程实例，从工程案例中体会基础工程在建筑工程中的重要作用。

图1-3　比萨斜塔

（1）建筑物倾斜

建筑物的地基土质不均或上部结构荷载不均，都可能造成地基不均匀沉降，从而导致建筑物发生倾斜。如意大利比萨斜塔（图1-3），是举世闻名的建筑物倾斜的典型实例。该塔自1173年9月8日动工，至1178年建至第4层中部，高度约29m时，产生明显倾斜而停工。94年后，即于1272年复工，经6年时间，建完第7层，高48m，再次停工中断82年。于1360年再次复工，至1370年竣工。全塔共8层，高度为55m。塔身呈圆筒形，1～6层由优质大理石砌成，顶部7～8层采用砖和轻石料。

比萨斜塔从地基到塔顶高58.36m，从地面到塔顶高55m，钟楼墙体在地面上的宽度是4.09m，在塔顶宽2.48m，总重约14453t，重心在地基上方22.6m处。基础底面平均压力约49.7kPa。塔顶离中心线5.27m，倾斜5.5°。1990年1月7日，由于担心比萨斜塔处于倒塌边缘，比萨斜塔首次对公众关闭。2001年，比萨斜塔经纠偏加固后再度对公众开放。

（2）建筑物沉降过大

若建筑物的地基有深厚的软弱土层，上部结构的荷载又相对较大，有可能导致建筑的沉降过大。墨西哥首都的墨西哥市艺术宫（图1-4），是一座巨型的具有纪念性的早期建筑，1934年落成。该艺术宫地基表层为人工填土与砂夹卵石硬壳，厚度5m，其下为超高压缩性淤泥，天然孔隙比高达7～12，天然含水率$\omega$高达50%～600%，为世界罕见的软弱土，层厚达25m。这座艺术宫严重下沉，沉降量高达4m。邻近的公路下沉2m，公

图1-4　墨西哥市艺术宫

路路面至艺术宫门前高差达2m。参观者须步下9级台阶，才能从公路进入艺术宫。

（3）基础破坏开裂

当一幢建筑物下的地基软硬突变时，软硬地基交界处基础往往产生裂缝。某职工住宅采用筏形基础，当主体工程施工至第5层时，发现东起第5开间中部钢筋混凝土筏形基础南北向断裂（图1-5）。经调查：施工地原为一个大水塘，南北长70m，东西宽40～50m。住宅楼西半部置于原水塘内，东半部坐落在岸上，土质突变，造成了钢筋混凝土筏形基础拦腰断裂的严重事故。经有关方面多次研究讨论，最终采用卸荷处理的方案，将原5层住宅改为3层住宅。

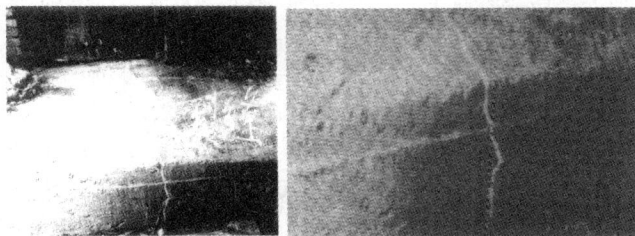

图1-5　某职工住宅筏形基础断裂

（4）建筑物地基滑动

加拿大特朗斯康谷仓于 1911 年开始施工，1913 年秋完工。该谷仓平面呈矩形，南北向长 59.44m，东西向宽 23.47m，高 31.00m，容积 36368m³，谷仓为圆筒仓，每排 13 个圆筒仓，共 5 排 65 个圆筒仓。谷仓的基础为钢筋混凝土筏基，厚 61cm，基础埋深 3.66m。

修建成功后的谷仓自重 20000t，相当于满载谷物后总重量的 42.5%。1913 年 9 月该谷仓投入使用，陆续装载谷物的过程一直很顺利，直到 10 月份谷仓装了 31822m³ 的谷物时，发现谷仓在 1 小时内垂直沉降达 30.5cm。同时整体结构向西倾斜，并在 24 小时之内谷仓整体倾倒，倾斜度离垂线达 26°53′，谷仓西端下沉 7.32m，东端上抬 1.52m。上部钢筋混凝土筒仓坚如磐石，仅有极少的表面裂缝，如图 1-6(a)、(b) 所示。

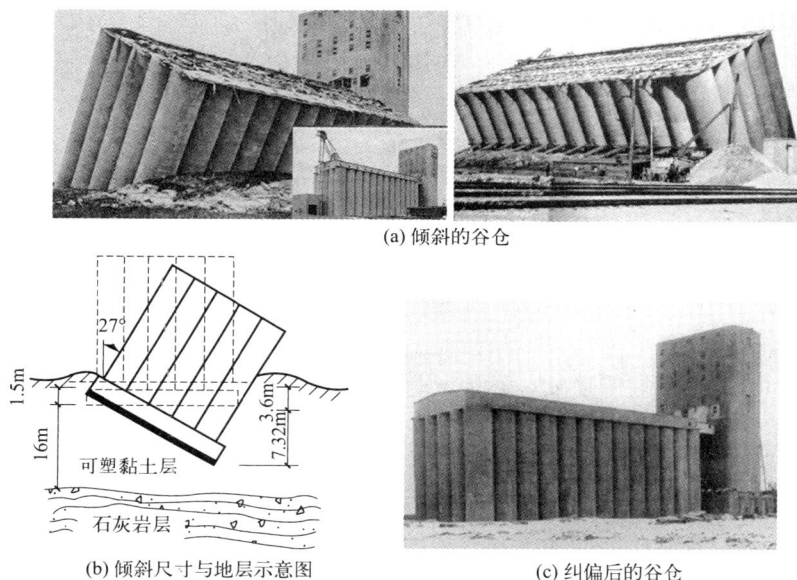

(a) 倾斜的谷仓

(b) 倾斜尺寸与地层示意图

(c) 纠偏后的谷仓

图 1-6　加拿大特朗斯康谷仓地基破坏事故

谷仓发生地基滑动破坏的主要原因是：事先未对谷仓地基土层做勘察、试验与研究，而只根据邻近结构物基槽开挖的实验结果，计算得到的承载力 325kPa，并应用到谷仓。后经勘察、试验与计算，谷仓地基实际承载力为 193.8～276.6kPa，远小于谷仓地基破坏时的实际压力，因此造成了这一严重事故。同时，由于谷仓整体刚度较高，地基破坏后筒仓仍保持完整，无明显裂缝，因而地基发生强度破坏而整体失稳。

为修复筒仓，在基础下设置了 70 多个支承于深 16m 基岩上的混凝土墩，使用了 388 只千斤顶，逐渐将倾斜的筒仓纠正。经纠偏处理后，谷仓于 1916 年起恢复使用，此时基础埋深 10.36m，修复后比原来降低了 4m，如图 1-6(c) 所示。

（5）边坡稳定性问题

一些山坡上的建筑，如果不能确保边坡的稳定，一旦失事，会造成严重的后果。1972 年 7 月，两万立方米残积土从山坡上下滑，巨大滑动体正好冲过一幢高层住宅，顷刻间宝城大厦被冲毁倒塌并砸毁相邻一幢大楼。

（6）其他不良地质条件地基产生的问题

当建筑物地基为不良地质条件时，处理不当会导致地基失效。如冻土地区会产生地基冻胀，湿陷性黄土地区黄土遇水湿陷，液化砂土或粉土遇振动荷载可能产生液化。1976 年 7 月 28 日，唐山发生了里氏 7.8 级地震，由于市区表层的地层以粉土、细砂、粉砂等松散地层为主，在地震荷载作用下，地基土产生液化，市区建筑破坏严重。当时的唐山火车站是唐山市的标志性建筑之一，是一座二层建筑，在地震中被震毁，如图1-7所示。

(a)地震前的唐山站  (b)唐山站房屋遭到毁坏

图1-7  被唐山大地震震毁的唐山火车站

## 1.4  基础工程的发展概况

基础工程是一项古老的工程技术，同时又是一门年轻的应用科学。世界各地宏伟壮丽的古建筑能够逾越千百年而留存至今，与牢固的地基和基础密不可分。

古代就有"堂高三尺、茅茨土阶"这样的房屋建筑基础形式。考古发现人类早在五千年以前即建有房屋，当时基础很简单，如西安半坡村遗址中基础是夯实的红烧土和陶片；洛阳王湾遗址属于仰韶文化时期的遗址，其基础是墙下挖槽，内填卵石；而浙江余姚河姆渡文化遗址的房屋底层则架空在埋于地下的木桩上，如图1-8所示。

春秋战国时期，建造夯土基础与城墙的技术已有相当高的水平。玉门关一带的汉长城用砂、砾石和红柳或芦苇层层压实，至今残垣仍有5～6m高。万里长城以及各地许多古建筑，如隋朝时的赵州石拱桥、郑州超化寺、晋祠的圣母殿水池等，都是由于基础工程牢固，方能历经千百载地下水活动和多次地震强风而安然屹立至今。北京故宫、天安门、前门不仅在建筑上体现了中国古代建筑的独特风格，在基础工程上也达到了很高水平。故宫三大殿用灰土台基，天安门用群桩基础，前门是木筏基础，都反映出了我国数百年前高大重建筑的基础工程水平。

就世界范围来说，欧洲自18世纪工业革命后，城市建设的扩大，工厂、铁路和水坝的兴建，促进了土力学理论的产生和基础工程的发展。1773年，法国库仑（Coulomb）根据试验建立了著名的土抗剪强度的库仑定律和土压力理论。1857年，英国朗肯（W. J. M. Rankine）提出又一种挡土墙土压力理论。1885年，法国物理学和数学家布西内斯克（Joseph Valentin Boussinesq）求得半无限空间弹性体，在竖向集中力作用下附加应力的布西内斯克解。1922年，瑞典费伦纽斯（Fellenius）为解决铁路塌方问题提出了土坡稳定分析法。1925年，太沙基（Terzaghi）的《土力学》（*Erdbaumechanik auf Bodenphysikalisher Grundlage*）在维也纳问世，该书介绍了他所提出的固结理论以及土压力、承载力、稳定性分析等理论，标志着土力学这门学科的诞生。第二次世界大战后，基础理论、计算方法、施工工艺都有很大发展：在基础工程设计计算

图1-8  余姚河姆渡文化遗址中
房屋残存的木桩基础

中采用了概率和数理统计理论与现代计算技术，施工方面开发了许多新技术、新设备、新工艺。

近年来，在桩基础方面，我国成功研发推广了适用于不同地质条件、不同工程要求的一系列新桩型，以提高桩基承载能力和节约资源，其中最常用的桩型包括钻孔扩底桩、挤扩桩、旋挖钻孔桩、长螺旋钻孔压灌桩、多支盘桩、先张法预应力管桩、后张法预应力大直径管桩、钻孔咬合桩、壁板桩、薄壁筒桩、长螺杆桩、CFG 桩等，并在工程实践中创新了诸多实用的新工法。

在施工设备方面，成功研制了适合我国不同地质和环境条件的多种桩工机械产品，如旋挖钻孔桩机、长螺旋钻孔桩机、全套管钻孔桩机、SMW 工法多轴搅拌机、大吨位静压桩机、连续墙挖槽机等，机械的主要性能有的已接近或达到了国际先进水平。

在桩基设计中，通过持续研究探索建筑物上部结构与地基基础共同作用的理念，因地制宜、因工程制宜，推广了疏桩基础设计、沉降控制复合桩基设计、长短桩结合设计、刚柔性桩结合设计、端承桩复合桩基设计、CFG 桩复合地基设计、现浇大直径管桩复合地基设计、变刚度调平设计等一系列新的设计方法，取得了良好的技术经济和环境效益。

随着我国城市化进程的加速，我国的主要城市已经进入地下空间高速开发的时期，深、大基础带来的地基基础设计问题，深基坑施工带来的环境安全问题，深、大地下建筑建设造成已有周边建筑设计条件以及使用条件改变引起的基础设计评价问题，基础工程的耐久性问题等难点需要解决，而基础工程将在克服这些难点的基础上得到新的发展。

## 1.5　本课程的学习特点

基础工程涉及的学科很广，包括岩土力学、工程地质学、混凝土结构设计、工程施工等学科领域，内容广泛，综合性强。学习时应注重各课程之间的相互联系及特点，以便加深理解，融会贯通。由于建筑物场地的地形、地貌及地质条件复杂多变，千差万别，且建筑物的用途和安全等级不一样，基础工程的设计应根据建筑物的用途和安全等级、建筑布置和上部结构类型，以岩土力学基本理论为基础，以工程勘察结果为依据，充分考虑建筑场地和地基岩土条件，结合施工条件以及工期、造价等各方面要求，采取合理的地基基础方案解决基础工程的问题。因此，在课程学习过程中，应注重理论联系实际，特别要注重掌握基本原理，灵活运用，提高分析问题的水平，提升处理地基基础问题的能力。

### 思考题与习题

1-1　什么是地基、基础与基础工程？

1-2　简述基础的功能。

1-3　基础工程问题的主要类型有哪些方面？

# 第2章　基础工程设计的原则

■ **案例导读**

广州周大福金融中心工程（广州东塔）是广州的新地标之一，主塔地上111层，地下5层，建筑高度为530m，裙楼地上9层，地下5层，建筑高度为60m。其结构设计使用年限为100年，设计耐久性为100年，建筑结构安全等级为一级，建筑抗震设防分类为乙类，抗震设防烈度为7度，地基基础设计等级为甲级，基础设计安全等级为一级。

基础为筏板基础加箱形基础的形式，由主塔楼底板（甲区）和裙楼底板（乙区）组成。其中主塔楼核心筒部分基础为箱形基础，厚度为3m，塔楼下非核心筒部位除八个巨柱基础外都为厚2.5m的筏板基础；裙楼区域（乙区）为厚度1.2m的筏板基础。

**讨论**

地基基础设计时，荷载如何确定？承载力、变形计算与基础结构设计采取哪种荷载效应组合？地基基础设计等级如何确定？地基基础的设计方法有哪些？基础工程设计的原则是什么？地基基础方案有哪些类型？

基础是连接上部结构与地基之间的过渡结构。它的作用是将上部结构承受的各种荷载安全传递至地基，并使地基在建筑物允许的沉降变形值范围内正常工作，以保证建筑物的正常使用。因此，基础工程的设计须根据上部结构传力体系特点、建筑物对地下空间使用功能的要求、地基土的物理力学性质，结合施工条件，考虑经济造价等各方面要求，具体问题具体分析，合理选择设计方案。

## 2.1　基础工程设计内容与基本设计计算原则

基础工程设计包括两个方面的内容：基础设计与地基设计。其中基础设计包括基础形式的选择，基础埋深、尺寸的确定（底面积与高度），基础内力与结构计算。

地基设计包括：地基承载力、变形、稳定性计算与地基处理等。

基础工程设计时，应选择能适应上部结构、符合使用要求、满足地基基础设计两项基本要求（强度、变形），以及技术上合理的基础工程方案。

### 2.1.1　基础工程的基本设计计算原则

（1）应符合建筑结构功能要求

基础工程的设计与其他结构设计一样，应符合建筑结构功能要求，即在规定的设计使用年限内以规定的可靠度满足规定的各项功能要求。具体应满足下列功能要求：

①能承受在施工和使用期间可能出现的各种作用；②保持良好的使用性能；③具有足够的耐久性；④当发生火灾时，在规定的时间内可保持足够的承载力；⑤当发生爆炸、撞击、人为错误等偶然事件时，结构能保持必要的整体稳定性，不出现与起因不相称的破坏后果，防止出现结构的连续倒塌。

（2）基本设计计算原则

基础工程既是结构工程的一部分，又是相对独立的。基础工程设计必须满足四个基本条件：

① 地基强度要求：作用于地基上的荷载不得超过地基承载能力，保证地基不因地基土承受应力超过其强度而破坏，具有足够的安全储备。

② 变形要求：基础沉降不得超过地基变形允许值，保证建筑物不因地基变形而损坏或影响其正常使用；

③ 稳定性要求：地基基础必须具有足够防止失稳破坏的安全储备；

④ 结构强度等要求：基础结构自身必须满足强度、刚度和耐久性方面的要求。

基础工程的设计，还必须坚持因地制宜、就地取材的原则。

（3）基础工程设计状况

根据结构在施工和使用中的环境条件和影响，依据《建筑结构可靠性设计统一标准》（GB 50068—2018）4.2.1 条，与其他建筑结构一样，基础工程设计时应区分下列设计状况：

① 持久设计状况。适用于结构使用时的正常情况，在结构使用过程中一定出现持续期很长的状况，如结构自重、设备荷载。持续期一般与设计使用年限同数量级。

② 短暂设计状况。适用于结构出现的临时情况，在结构施工和使用过程中出现概率较大，而与设计使用年限相比，持续期很短的状况，如施工和维修等。

③ 偶然设计状况。适用于结构出现的异常情况，在结构使用过程中出现概率很小，且持续期很短的状况，包括结构遭受火灾、爆炸、撞击时的情况等。

④ 地震设计状况。适用于结构遭受地震时的情况。

对四种设计状况，工程结构均应按承载能力极限状态设计。对持久设计状况，尚应进行正常使用极限状态设计，并宜进行耐久性极限状态设计；对短暂设计状况和地震设计状况，可根据需要进行正常使用极限状态设计；对偶然设计状况，可不进行正常使用极限状态和耐久性极限状态设计。

### 2.1.2　基础工程设计需注意的主要事项

（1）对工程地质资料的分析判断

基础工程设计时，应根据拟建建筑物场地的岩土工程勘察报告，正确了解场地工程地质条件、地层结构、各土层的物理力学性质、地基承载力，以及地下水位埋深与水质、当地冻深等情况，以便为地基设计做准备。

（2）上部结构分析

基础工程设计时，必须对上部结构进行分析，须考虑建筑物上部结构的类型、规模、用途、荷载大小与性质、整体刚度，以及对不均匀沉降的敏感性。

（3）设计方案技术合理

基础形式应与上部结构类型相适应，其底面尺寸还应与地基承载力相适应。为了使建筑物的地基变形不超过规定的允许值，以免出现结构损坏、建筑物倾斜、开裂等事故，使地基的稳定性能得到充分保证，还应按需要对建筑物地基的变形及稳定性进行验算，让建筑物安全可靠地发挥其功能。

（4）设计方案的施工可行性

基础工程属于隐蔽工程，尤其是深基础，其施工难度较上部结构而言相对较大，因此，在基础工程设计时，必须考虑施工的可行性。现有施工技术的水平，直接关系到设计意图能否实施及实施的质量。为此，设计者对建筑经验、施工工艺的适应性及施工技术的水平均应有全面的了解，其所设计的基础工程方案尽可能采用当地经验成熟的施工工艺实施，则设计方案的施工可行性较为理想。

（5）工程造价应尽可能经济合理

设计方案的优选必须处理好技术先进性和经济合理性的关系，当建筑结构下的基础工程有几种设计方案可供选择时，应综合考虑场地工程地质和水文地质条件、建筑物对地基的要求、建筑结构类型和基础形式、周围环境条件、材料供应情况、施工条件等因素，在安全可靠、技术可行的前提下，经过技术经济指标比较分析后择优采用。

## 2.2　地基基础设计等级和基本规定

### 2.2.1　地基基础设计等级

根据我国现行《建筑地基基础设计规范》（GB 50007—2011）3.0.1 条的规定，地基基础的设计等级可以分为甲级、乙级、丙级三个等级（表 2-1）。其分级依据是建筑物的规模、功能和特征，场地和地基条件的复杂程度，以及由于地基问题可能造成建筑物破坏或影响正常使用的程度。

表 2-1　地基基础设计等级

| 设计等级 | 建筑和地基类型 |
| --- | --- |
| 甲级 | 重要的工业与民用建筑物<br>30 层以上的高层建筑<br>体型复杂，层数相差超过 10 层的高低层连成一体的建筑物<br>大面积的多层地下建筑物（如地下车库、商场、运动场等）<br>对地基变形有特殊要求的建筑物<br>复杂地质条件下的坡上建筑物（包括高边坡）<br>对原有工程影响较大的新建建筑物<br>场地和地基条件复杂的一般建筑物<br>位于复杂地质条件及软土地区的二层及二层以上地下室的基坑工程<br>开挖深度大于 15m 的基坑工程<br>周边环境条件复杂、环境保护要求高的基坑工程 |
| 乙级 | 除甲级、丙级以外的工业与民用建筑物<br>除甲级、丙级以外的基坑工程 |
| 丙级 | 场地和地基条件简单、荷载分布均匀的七层及七层以下民用建筑及一般工业建筑，次要的轻型建筑物<br>非软土地区且场地地质条件简单、基坑周边环境条件简单、环境保护要求不高且开挖深度小于 5.0m 的基坑工程 |

## 2.2.2　地基基础设计基本规定

依据《建筑地基基础设计规范》（GB 50007—2011）第 3.0.2 条，根据建筑物地基基础设计等级及长期荷载作用下地基变形对上部结构的影响程度，地基基础设计应符合下列规定：

（1）所有建筑物的地基计算均应满足承载力计算的有关规定。

（2）设计等级为甲级、乙级的建筑物，均应按地基变形设计。

（3）表 2-2 所示设计等级为丙级的建筑物可不作变形验算，但有下列情况之一时应作变形验算：①地基承载力特征值小于 130kPa，且体型复杂的建筑；②在基础上及其附近有地面堆载或相邻基础荷载差异较大，可能引起地基产生过大的不均匀沉降时；③软弱地基上的建筑物存在偏心荷载时；④相邻建筑距离近，可能发生倾斜时；⑤地基内有厚度较大或厚薄不均的填土，其自重固结未完成时。

（4）对经常受水平荷载作用的高层建筑、高耸结构和挡土墙等，以及建造在斜坡上或边坡附近的建筑物和构筑物，尚应验算其稳定性。

（5）基坑工程应进行稳定性验算。

（6）建筑地下室或地下构筑物存在上浮问题时，尚应进行抗浮验算。

**表 2-2　可不作地基变形验算的设计等级为丙级的建筑物范围**

| 地基主要受力层情况 | | | 地基承载力特征值 $f_{ak}$/kPa | $80 \leqslant f_{ak} < 100$ | $100 \leqslant f_{ak} < 130$ | $130 \leqslant f_{ak} < 160$ | $160 \leqslant f_{ak} < 200$ | $200 \leqslant f_{ak} < 300$ |
|---|---|---|---|---|---|---|---|---|
| | | | 各土层坡度/% | ≤5 | ≤10 | ≤10 | ≤10 | ≤10 |
| 建筑类型 | 砌体承重结构、框架结构/层 | | | ≤5 | ≤5 | ≤6 | ≤6 | ≤7 |
| | 单层排架结构（6m柱距） | 单跨 | 吊车额定起重量/t | 10~15 | 15~20 | 20~30 | 30~50 | 50~100 |
| | | | 厂房跨度/m | ≤18 | ≤24 | ≤30 | ≤30 | ≤30 |
| | | 多跨 | 吊车额定起重量/t | 5~10 | 10~15 | 15~20 | 20~30 | 30~75 |
| | | | 厂房跨度/m | ≤18 | ≤24 | ≤30 | ≤30 | ≤30 |
| 建筑类型 | 烟囱 | | 高度/m | ≤40 | ≤50 | ≤75 | | ≤100 |
| | 水塔 | | 高度/m | ≤20 | ≤30 | ≤30 | | ≤30 |
| | | | 容积/m³ | 50~100 | 100~200 | 200~300 | 300~500 | 500~1000 |

注：1. 地基主要受力层系指条形基础底面下深度为 3b（b 为基础底面宽度），独立基础下为 1.5b，且厚度均不小于 5m 的范围（二层以下一般的民用建筑除外）。

2. 地基主要受力层中如有承载力特征值小于 130kPa 的土层，表中砌体承重结构的设计，应符合软土地基的有关规定层数。

3. 表中砌体承重结构和框架结构均指民用建筑，对于工业建筑可按厂房高度、荷载情况折合成与其相当的民用建筑层数。

4. 表中吊车额定起重量、烟囱高度和水塔容积的数值系指最大值。

# 2.3　地基基础设计

## 2.3.1　地基基础设计方法

按《建筑结构可靠性设计统一标准》（GB 50068—2018）和《工程结构可靠性设计统一

标准》（GB 50153—2008）的规定，建筑结构（工程结构）设计宜采用以概率理论为基础、以分项系数表达的极限状态设计方法。

极限状态设计法是指不使结构超越某种规定的极限状态的设计方法，这种设计方法以结构的可靠指标（或失效概率）来度量结构的可靠度，在结构极限状态方程和结构可靠度之间以概率理论建立关系，故称为基于概率的极限状态设计法，简称为概率极限状态设计法。概率极限状态设计法用荷载或荷载效应、材料性能和几何参数的标准值附以各种分项系数，再加上结构重要性系数来表达。

按极限状态设计方法，地基必须满足承载能力极限状态与正常使用极限状态两种极限状态的要求。

（1）承载能力极限状态

承载能力极限状态是指结构或构件达到最大承载能力，或达到不适于继续承载的变形的极限状态，表达了结构的安全性功能要求，即让地基土最大限度地发挥其承载能力，荷载超过此种限度时，地基土即发生强度破坏而丧失稳定。对于承载能力极限状态，应按荷载的基本组合或偶然组合计算荷载组合的效应设计值，并应采用下列设计表达式进行设计：

$$\gamma_0 S_d \leqslant R_d \tag{2-1}$$

式中　$\gamma_0$——结构重要性系数；

　　　$S_d$——荷载组合的效应设计值；

　　　$R_d$——结构构件抗力的设计值。

（2）正常使用极限状态

正常使用极限状态是指结构或构件达到正常使用或耐久性中某项规定限度的状态，表达了结构物的使用功能要求，即地基受载后的变形应该小于建筑物地基的变形允许值。对于正常使用极限状态，应根据不同的设计要求，采用荷载的标准组合、频遇组合或准永久组合的效应设计值，并应按下列设计表达式进行设计：

$$S_d \leqslant C \tag{2-2}$$

式中　$C$——结构或结构构件达到正常使用要求的规定限值，例如变形、裂缝、振幅、加速度、应力等。

### 2.3.2　地基基础设计资料

（1）荷载资料

一般建筑物结构常规设计方法是将上部结构、基础与地基三者分开独立进行。基础工程设计的第一份资料是按相关规范计算的传至基础顶面和底面的荷载（包括竖向轴力、水平剪力和弯矩）。

（2）岩土工程勘察资料

基础将上部结构荷载传递至其下的地基，地基的性质对基础的选型、埋深、尺寸设计等起着至关重要的作用，基础工程设计的第二份资料是反映有关地基性能的岩土工程勘察报告。

依据《建筑地基基础设计规范》（GB 50007—2011）第3.0.4条，地基基础设计前应进行岩土工程勘察，并应符合下列规定：

① 岩土工程勘察报告应提供下列资料：

a. 有无影响建筑场地稳定性的不良地质作用，评价其危害程度。

b. 建筑物范围内的地层结构及其均匀性，各岩土层的物理力学性质指标，以及对建筑材料的腐蚀性。

c. 地下水埋藏情况、类型和水位变化幅度及规律，以及对建筑材料的腐蚀性。

d. 在抗震设防区应划分场地类别，并对饱和砂土及粉土进行液化判别。

e. 对可供采用的地基基础设计方案进行论证分析，提出经济合理、技术先进的设计方案建议；提供与设计要求相对应的地基承载力及变形计算参数，并对设计与施工应注意的问题提出建议。

f. 当工程需要时，尚应提供：深基坑开挖的边坡稳定计算和支护设计所需的岩土技术参数，论证其对周边环境的影响；基坑施工降水的有关技术参数及地下水控制方法的建议；用于计算地下水浮力的设防水位。

② 地基评价宜采用钻探取样、室内土工试验、触探，并结合其他原位测试方法进行。设计等级为甲级的建筑物应提供载荷试验指标、抗剪强度指标、变形参数指标和触探资料；设计等级为乙级的建筑物应提供抗剪强度指标、变形参数指标和触探资料；设计等级为丙级的建筑物应提供触探及必要的钻探和土工试验资料。

# 2.4　地基基础的设计效应组合

## 2.4.1　荷载类型

地基基础的设计需要考虑建筑物结构可能受到的种种荷载，并依此确定荷载的组合值，从而用于后期的设计计算。

依据《建筑结构荷载规范》（GB 50009—2012）3.1.1 条，建筑结构的荷载可分为下列三类：

（1）永久荷载（恒载），即在结构使用期间，其值不随时间变化，或其变化与平均值相比可以忽略不计，或其变化是单调的并能趋于限值的荷载。包括结构自重、土压力、预应力等。

（2）可变荷载（活载），即在结构使用期间，其值随时间变化，且其变化与平均值相比不可以忽略不计的荷载。包括楼面活荷载、屋面活荷载和积灰荷载、吊车荷载、风荷载、雪荷载、温度作用等。

（3）偶然荷载（特殊荷载或偶然作用），即在结构设计使用年限内不一定出现，而一旦出现其量值很大，且持续时间很短的荷载。包括爆炸力、撞击力等。

## 2.4.2　荷载代表值

荷载代表值是指设计中用以验算极限状态所采用的荷载量值，例如标准值、组合值、频遇值和准永久值。建筑结构设计时，对永久荷载应采用标准值作为代表值；对可变荷载应根据设计要求采用标准值、组合值、频遇值或准永久值作为代表值；对偶然荷载应按建筑结构使用的特点确定其代表值。

（1）荷载的标准值

即荷载的基本代表值，为设计基准期内最大荷载统计分布的特征值（例如均值、众值、中值或某个分位值）。

永久荷载的标准值，对结构自重，可按结构构件的设计尺寸与材料单位体积的自重计算确定。一般材料和构件的单位自重可取其平均值，对于自重变异较大的材料和构件，自重的标准值应根据对结构的不利或有利状态，分别取上限值或下限值。可变荷载，按《建筑结构荷载规范》的相关规定采用。

（2）荷载的组合值

荷载的组合值是指对可变荷载，使组合后的荷载效应在设计基准期内的超越概率，能与该荷载单独出现时的相应概率趋于一致的荷载值；或使组合后的结构具有统一规定的可靠指标的荷载值。

两种或两种以上的可变荷载同时出现标准值的概率很小，因此当结构承受两种或两种以上的可变荷载时，应采用荷载的组合值，所用的系数称为组合值系数，其值可查《建筑结构荷载规范》。

（3）荷载的频遇值

荷载的频遇值是指对可变荷载，在设计基准期内，其超越的总时间为规定的较小比率或超越频率为规定频率的荷载值。

荷载的频遇值应为可变荷载标准值乘以频遇值系数。各种荷载的频遇值系数可以从《建筑结构荷载规范》中查用。

（4）荷载的准永久值

荷载的准永久值是指对可变荷载，在设计基准期内，其超越的总时间约为设计基准期一半的荷载值。

荷载的准永久值等于标准值乘以准永久值系数，各种荷载的准永久值系数可以从《建筑结构荷载规范》中查用。例如对地基沉降计算，短时间的荷载不一定引起充分的沉降，这种情况，可变荷载就应该采用荷载的准永久值。

### 2.4.3　荷载组合

荷载组合，即按极限状态设计时，为保证结构的可靠性而对同时出现的各种荷载设计值的规定。设计时，为了保证结构的可靠性，需要确定同时作用在结构上的荷载有几种，每种荷载采用何种代表值，这一工作称为荷载组合或荷载效应组合。

（1）标准组合

正常使用极限状态计算时，采用标准值或组合值为荷载代表值的组合。标准组合主要用于结构按正常使用极限状态设计，当一个极限状态被超越时将产生严重的永久性损害的情况。标准组合采用荷载标准值或组合值为荷载代表值。

（2）基本组合

承载能力极限状态计算时，永久荷载和可变荷载的组合。基本组合主要用于结构按承载能力极限状态对持久情况和短暂情况的计算，采用永久荷载和可变荷载的组合。其计算分为由可变荷载效应控制的组合和永久荷载控制的组合两种，应按其中最不利值确定。

（3）准永久组合

正常使用极限状态计算时，对可变荷载采用准永久值为荷载代表值的组合。准永久组合适用于结构按正常使用极限状态设计，但长期效应是决定性因素的情况。

（4）频遇组合

正常使用极限状态计算时，对可变荷载采用频遇值或准永久值作为荷载代表值的组合。频遇组合主要用于结构按正常使用极限状态设计，当一个极限状态被超越时将产生局部损害，如较大变形或短暂振动等情况。

### 2.4.4　荷载效应不利组合与相应抗力限值

（1）荷载效应不利组合

荷载效应最不利组合是指在所有可能的荷载组合中，能够使结构出现最大荷载效应的组合。在结构设计中，需要对荷载效应最不利组合进行判别，以保证结构的安全性和稳定性。

在地基基础设计中，按承载能力极限状态和正常使用极限状态分别进行荷载（效应）组合，并应取各自的最不利的效应组合进行设计。依据《建筑地基基础设计规范》（GB 50007—2011）第 3.0.6 条，地基基础设计时，作用组合的效应设计值应符合下列规定：

① 正常使用极限状态下，标准组合的效应设计值 $S_k$ 应按下式确定：

$$S_k = S_{Gk} + S_{Q1k} + \psi_{c2} S_{Q2k} + \cdots + \psi_{cn} S_{Qnk} \tag{2-3}$$

式中　$S_{Gk}$——永久作用标准值 $G_k$ 的效应；

　　　$S_{Qik}$——第 $i$ 个可变作用标准值 $Q_{ik}$ 的效应；

　　　$\psi_{ci}$——第 $i$ 个可变作用 $Q_i$ 的组合值系数，按现行国家标准《建筑结构荷载规范》（GB 50009—2012）的规定取值。

② 准永久组合的效应设计值 $S_k$ 应按下式确定：

$$S_k = S_{Gk} + \psi_{q1} S_{Q1k} + \psi_{q2} S_{Q2k} + \cdots + \psi_{qn} S_{Qnk} \tag{2-4}$$

式中　$\psi_{qi}$——第 $i$ 个可变作用的准永久值系数，按现行国家标准《建筑结构荷载规范》（GB 50009—2012）的规定取值。

③ 承载能力极限状态下，由可变作用控制的基本组合的效应设计值 $S_d$ 应按下式确定：

$$S_d = \gamma_G S_{Gk} + \gamma_{Q1} S_{Q1k} + \gamma_{Q2} \psi_{c2} S_{Q2k} + \cdots + \gamma_{Qn} \psi_{cn} S_{Qnk} \tag{2-5}$$

式中　$\gamma_G$——永久作用的分项系数，按现行国家标准《建筑结构荷载规范》（GB 50009—2012）的规定取值；

　　　$\gamma_{Qi}$——第 $i$ 个可变作用的分项系数，按现行国家标准《建筑结构荷载规范》（GB 50009—2012）的规定取值。

④ 对由永久作用控制的基本组合，也可采用简化规则，基本组合的效应设计值 $S_d$ 可按下式确定：

$$S_d = 1.35 S_k \tag{2-6}$$

式中　$S_k$——标准组合的作用效应设计值。

（2）荷载效应不利组合与相应抗力限值

依据《建筑地基基础设计规范》（GB 50007—2011）第 3.0.5 条，地基基础设计时，荷载效应不利组合与相应抗力限值，可按表 2-3 的规定采用。

表 2-3　荷载效应不利组合与相应抗力限值

| 序号 | 计算内容 | 荷载效应组合 | 抗力限值 |
|------|----------|--------------|----------|
| 1 | 按地基承载力确定基础底面积及埋深 | 传至基础底面上的作用效应应按正常使用极限状态下作用的标准组合，按式（2-3）计算 | 地基承载力特征值 |
| 2 | 按单桩承载力确定桩数 | 传至承台底面上的作用效应应按正常使用极限状态下作用的标准组合，按式（2-3）计算 | 单桩承载力特征值 |
| 3 | 计算地基变形 | 传至基础底面上的作用效应应按正常使用极限状态下作用的准永久组合，不应计入风荷载和地震作用，按式（2-4）计算 | 地基变形允许值 |
| 4 | 计算挡土墙、地基或滑坡稳定以及基础抗浮稳定 | 作用效应应按承载能力极限状态下作用的基本组合，但其分项系数均为 1.0，按式(2-5)计算 | 相应抗力值为容许值 |

| 序号 | 计算内容 | 荷载效应组合 | 抗力限值 |
|---|---|---|---|
| 5 | 确定基础或桩基承台高度、支挡结构截面、计算基础或支挡结构内力、确定配筋和验算材料强度时,上部结构传来的作用效应和相应的基底反力、挡土墙土压力以及滑坡推力 | 按承载能力极限状态下作用的基本组合,采用相应的分项系数,按式(2-5)计算或式(2-6)计算 | 结构抗力设计值,按有关结构设计规范的规定确定 |
| 6 | 验算基础裂缝宽度 | 按正常使用极限状态下作用的标准组合,按式(2-3)计算 | 最大裂缝宽度限制 |

另外,基础设计安全等级、结构设计使用年限、结构重要性系数应按有关规范的规定采用,但结构重要性系数 $\gamma_0$ 不应小于 1.0。

## 2.5 地基基础方案类型

地基基础设计,首先应针对性地确定地基基础方案。目前,工程领域采用的各种地基基础方案,大致可以归纳为四类:天然地基上的浅基础、人工地基上的浅基础、桩基础及其他深基础,如图 2-1 所示。

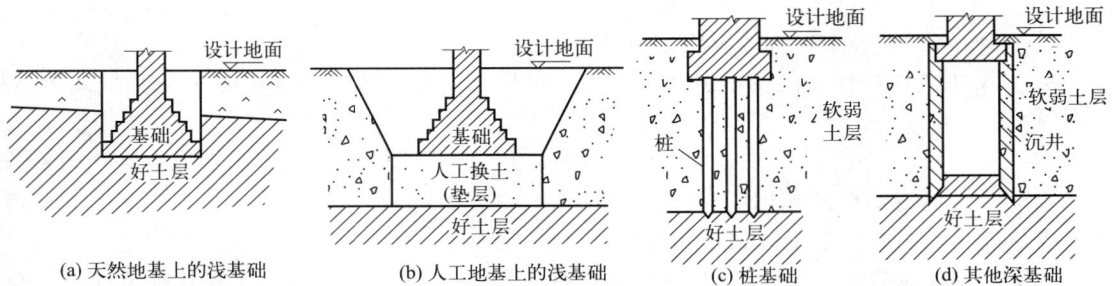

图 2-1 地基基础方案类型

(a) 天然地基上的浅基础　(b) 人工地基上的浅基础　(c) 桩基础　(d) 其他深基础

### 2.5.1 天然地基上的浅基础

当建筑场地土质均匀、坚实,性质良好,地基承载力特征值 $f_{ak} > 120\text{kPa}$ 时,对于一般多层建筑,可将基础直接做在浅层天然土层上,称为天然地基上的浅基础,如图 2-2 所示。具体内容见第 3 章。

### 2.5.2 人工地基上的浅基础

在修筑建筑基础时,常会遇到浅层地基土为软弱地基土或不良地基土,其地基承载力不足或沉降量大于容许沉降量,而从结构形式和技术经济比较来看,以修建浅基础为宜,此时,应采取人工加固处理措施,提高地基土的承载力或密实度,减小沉降量,这种加固后的地基称为人工地基。如某住宅建筑物荷载较大,地基土承载力不足,采用 CFG 桩人工加固地基,如图 2-3 所示。人工加固地基处理的方法有换土垫层、强夯、预压、碎石桩、CFG 桩、高压旋喷桩等,具体内容见第 9 章。

图 2-2　天然地基上的浅基础

图 2-3　CFG 桩人工加固地基

### 2.5.3　桩基础

当地基土上部土层软弱不能满足承载力和变形要求，而下部存在较好的土层时，可以采用桩穿越软弱土层，将上部结构荷载通过桩基础传递给深部的硬土层。如厦门市翔安区某保障房项目桩基础采用预应力高强混凝土管桩（PHC 桩），采用静压法施工，如图 2-4 所示。关于桩基础的内容具体见第 5 章。

### 2.5.4　其他深基础

在某些情况下，上部土层对于相对较小的荷载，采用浅基础足够了。但是，由于基础尺寸、沉降的限制或过大荷载等因素，可能需要采用深基础。常用的深基础有沉井基础、箱形基础、地下连续墙等。深基础一般采用特殊的结构形式、特殊的施工方法，施工需专门设备，技术较复杂，造价较高，工期较长。如南京市某地下停车库，采用沉井深基础，深68m，如图 2-5 所示。深基础造价过高，通常仅在不能采用浅基础的情况下才会考虑采用深基础。

图 2-4　某保障房静压预应力高强混凝土管桩施工

图 2-5　深基础——沉井基础

## 思考题与习题

2-1　简述地基基础的设计方法。

2-2　试述地基基础设计时，所采用的荷载效应最不利组合与相应抗力限值的规定。

# 第3章 天然地基上的浅基础

## 案例导读

　　江西某酒业有限公司基酒技改项目中某酿酒车间基础形式为柱下独立基础、墙下条形基础，以强夯后的杂填土或粉质黏土层为基础持力层，土层夯实要均匀，夯实系数不小于0.97，压缩模量不小于10MPa，基床系数为20000kN/m³。强夯后的杂填土和粉质黏土承载力特征值 $f_{ak} \geqslant 180$ kPa。其中，独立柱基的结构如图3-1所示，以基础编号DJ1为例，其基础埋深1.6m，进入持力层500mm，基底尺寸为 $A \times B = 1500$ mm×1500mm，基础高度 $H = 600$ mm，基础配筋（横向与纵向一致）：HRB400钢筋，直径14mm，间距150mm。

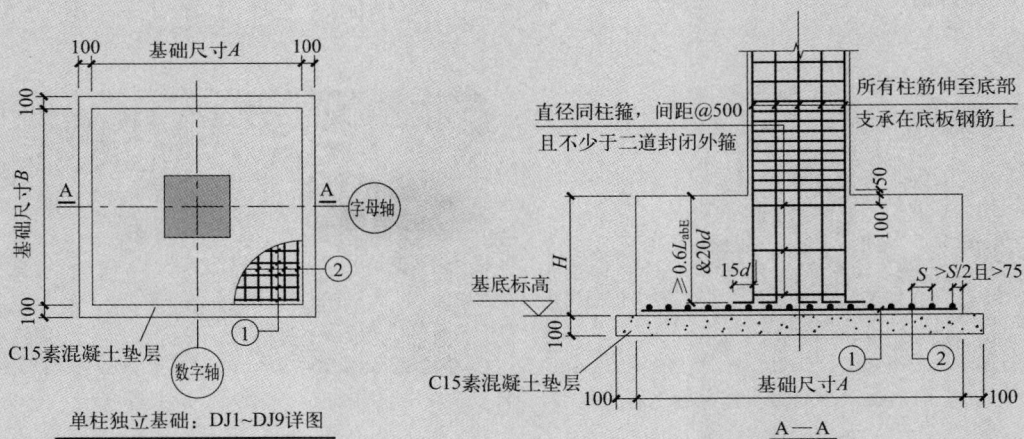

图3-1 独立基础平面图与剖面图

## 讨论

　　什么是独立基础和条形基础？浅基础的类型有哪些？基础埋深如何确定？基础尺寸如何确定？浅基础该如何设计？

# 3.1　概述

## 3.1.1　浅基础的概念

天然地基上的基础，由于埋置深度不同，采用的施工方法、基础结构形式和设计计算方法也不相同，根据埋置深度可以分为浅基础和深基础两类。浅基础一般指基础埋深较浅（一般小于 5m），或者基础埋深小于基础宽度的基础。设计计算时可以忽略基础侧面土体对基础的影响，基础结构形式和施工方法也较简单，造价也较低，是建（构）筑物最常用的基础类型。

## 3.1.2　基础的材料要求

基础是建筑物的隐蔽部分，埋在土中，易受潮、受侵蚀，破坏了不容易发现，也不容易修复，所以基础的材料必须保证有足够的强度和耐久性。

（1）砖

砖基础所用的砖和砂浆，根据环境类别（地基土的潮湿程度）和设计使用年限确定其强度等级和耐久性。按照《砌体结构设计规范》（GB 50003—2011）的规定，设计使用年限为 50 年时，地面以下或防潮层以下的砖砌体，所用材料的最低强度等级应符合表 3-1 的规定。

**表 3-1　地面以下或防潮层以下的砌体所用材料的最低强度等级**

| 潮湿程度 | 烧结普通砖 | 混凝土普通砖、蒸压普通砖 | 混凝土砌块 | 石材 | 水泥砂浆 |
|---|---|---|---|---|---|
| 稍潮湿的 | MU15 | MU20 | MU7.5 | MU30 | M5 |
| 很潮湿的 | MU20 | MU20 | MU10 | MU30 | M7.5 |
| 含水饱和的 | MU20 | MU25 | MU15 | MU40 | M10 |

注：1. 在冻胀地区，地面以下或防潮层以下的砌体，不宜采用多孔砖，如采用时，其孔洞应用不低于 M10 的水泥砂浆预先灌实。当采用混凝土空心砌块时，其孔洞应采用强度等级不低于 Cb20 的混凝土预先灌实。

2. 对安全等级为一级或设计使用年限大于 50 年的房屋，表中材料强度等级应至少提高一级。

（2）石材

料石（经过加工后形状规则的石块）、毛石和大漂石强度较高，抗冻性较好，是天然良好的基础砌筑材料。特别是在山区，石材可以就地取材，应充分利用。做基础的石材宜选用坚硬、不易风化的岩石。石块的厚度不宜小于 15cm。石材和砂浆的最低强度等级应符合表 3-1 的规定。

（3）混凝土

混凝土的耐久性、抗冻性和强度都比砖好，便于机械化施工和预制，对于同样的基础宽度，用混凝土时，基础的高度可以小一些。但是混凝土基础造价稍高，水泥用量较大，通常用于地下水位以下的基础及垫层。扩展基础混凝土强度等级不应低于 C25，垫层混凝土强度等级不宜低于 C10。若采用混凝土砌块或混凝土普通砖、蒸压普通砖等砌筑基础，其最低强度等级应符合表 3-1 的规定。

（4）钢筋混凝土

钢筋混凝土具有较强的抗弯、抗剪能力，是质量很好的基础材料。用于荷载大、土质软弱的情况或地下水位以下的扩展基础、筏形基础、箱形基础和壳体基础。依据《混凝土结构通用规范》（GB 55008—2021）第 2.0.2 条、《建筑与市政地基基础通用规范》（GB 55003—2021）6.2.4 条，钢筋混凝土基础的混凝土强度等级不应低于 C25。

### 3.1.3 浅基础的设计内容与步骤

天然地基上的浅基础设计内容与一般步骤：

（1）充分掌握拟建建筑场地的工程地质勘察资料，阅读和分析建筑物的设计资料，进行相应的现场勘察和调查；

（2）初步设计基础的结构形式、材料与平面布置；

（3）确定基础的埋置深度 $d$（详见 3.3 节）；

（4）确定地基承载力特征值，通过勘察资料获取地基承载力特征值 $f_{ak}$，并经深度和宽度修正，确定修正后的地基承载力特征值 $f_a$（详见 3.4 节）；

（5）根据作用在基础顶面的荷载 $F_k$（相应于作用的标准组合）和深宽修正后的地基承载力特征值 $f_a$ 计算基础的底面积（详见 3.5 节）；

（6）计算基础高度并确定剖面形状；

（7）若地基持力层下部存在软弱土层时，验算软弱下卧层的承载力；

（8）进行必要的地基稳定性与变形验算；

（9）基础细部结构和构造设计，以保证基础具有足够的强度、刚度和耐久性；

（10）绘制基础施工图，并提出必要的技术说明。

以上各方面的设计内容是相互关联的，较难一次考虑周全，基础设计需按上述步骤进行反复修改、调整，以求得满意的结果。对于规模较大的工程，宜进行多方案的技术经济性对比分析，以达到合理设计。

## 3.2 浅基础的类型

### 3.2.1 按照基础材料分类

按照基础材料的不同，浅基础可以分为砖基础、毛石基础、灰土基础、三合土基础、素混凝土基础、钢筋混凝土基础等，如图 3-2 所示。

### 3.2.2 按照基础材料的性能分类

按照基础材料的性能分类，浅基础可以分为无筋扩展基础与扩展基础。

(a) 砖基础      (b) 毛石基础

(c) 某挡墙素混凝土基础　　　　　　　(d) 钢筋混凝土基础

图 3-2　不同砌筑材料的基础

（1）无筋扩展基础

由砖、毛石、混凝土或毛石混凝土、灰土和三合土等材料组成的，且不需配置钢筋的墙下条形基础或柱下独立基础，称为无筋扩展基础，旧称刚性基础。这些材料抗压性能好，抗拉、抗剪性能较差。无筋扩展基础受荷载后不允许产生挠曲变形和开裂，因此需具有非常大的抗弯刚度。设计时必须规定材料强度及质量、限制台阶高宽比、限制建筑物层高，以避免刚性材料被拉裂。无筋扩展基础（图 3-3）高度应满足下式的要求：

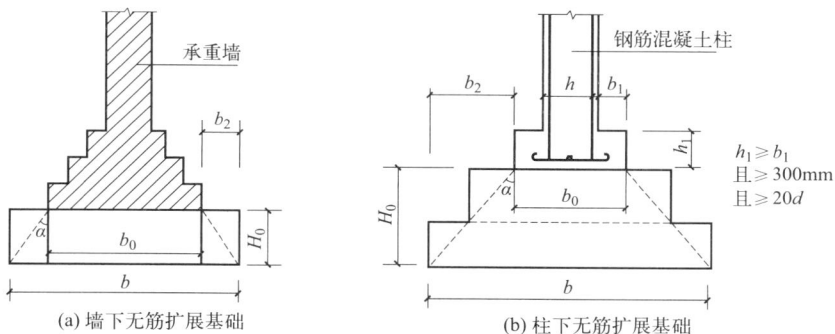

(a) 墙下无筋扩展基础　　　　　　　　(b) 柱下无筋扩展基础

图 3-3　无筋扩展基础构造示意

$d$—柱中纵向钢筋直径

$$H_0 \geqslant \frac{b-b_0}{2\tan\alpha} \tag{3-1}$$

式中　$b$——基础底面宽度，m；

　　　$b_0$——基础顶面的墙体宽度或柱脚宽度，m；

　　　$H_0$——基础高度，m；

　　　$\alpha$——刚性角，(°)；

　　$\tan\alpha$——基础台阶宽高比 $b_2 : H_0$，其允许值可按表 3-2 选用；

　　　$b_2$——基础台阶宽度，m。

表 3-2　无筋扩展基础台阶宽高比的允许值

| 基础材料 | 质量要求 | 台阶宽高比的允许值 | | |
|---|---|---|---|---|
| | | $p_k \leqslant 100\text{kPa}$ | $100\text{kPa} < p_k \leqslant 200\text{kPa}$ | $200\text{kPa} < p_k \leqslant 300\text{kPa}$ |
| 混凝土基础 | C25 混凝土 | 1 : 1.00 | 1 : 1.00 | 1 : 1.25 |

| 基础材料 | 质量要求 | 台阶宽高比的允许值 | | |
|---|---|---|---|---|
| | | $p_k \leqslant 100\text{kPa}$ | $100\text{kPa} < p_k \leqslant 200\text{kPa}$ | $200\text{kPa} < p_k \leqslant 300\text{kPa}$ |
| 毛石混凝土基础 | C25 混凝土 | 1:1.00 | 1:1.25 | 1:1.50 |
| 砖基础 | 砖不低于 MU10、砂浆不低于 M5 | 1:1.50 | 1:1.50 | 1:1.50 |
| 毛石基础 | 砂浆不低于 M5 | 1:1.25 | 1:1.50 | — |
| 灰土基础 | 体积比为 3:7 或 2:8 的灰土,其最小干密度:<br>粉土 1550kg/m³<br>粉质黏土 1500kg/m³<br>黏土 1450kg/m³ | 1:1.25 | 1:1.50 | — |
| 三合土基础 | 体积比 1:2:4～1:3:6(石灰:砂:骨料),每层约虚铺 220mm,夯至 150mm | 1:1.50 | 1:1.20 | |

注:1. $p_k$ 为作用标准组合时基础底面处的平均压力值,kPa。

2. 阶梯形毛石基础的每阶伸出宽度,不宜大于 200mm。

3. 当基础由不同材料叠合组成时,应对接触部分做抗压验算。

4. 混凝土基础单侧扩展范围内基础底面处的平均压力值超过 300kPa 时,尚应进行抗剪验算;对基底反力集中于立柱附近的岩石地基,应进行局部受压承载力验算。

5. 表中混凝土强度等级要求,在《建筑地基基础设计规范》(GB 50007—2011)中为 C15,而 2021 年新颁布的《建筑与市政地基基础通用规范》(GB 55003—2021)要求扩展基础的混凝土强度等级不应低于 C25,故此表中改为 C25。

若钢筋混凝土柱采用无筋扩展基础,其柱脚高度 $h_1$ 不得小于 $b_1$[图 3-3(b)],并不应小于 300mm 且不小于 $20d$($d$ 为柱中的纵向受力钢筋的最大直径)。当柱纵向钢筋在柱脚内的竖向锚固长度不满足锚固要求时,可沿水平方向弯折,弯折后的水平锚固长度不应小于 $10d$ 也不应大于 $20d$。

为施工方便,刚性基础通常做成台阶形。各级台阶的内缘与刚性角 $\alpha$ 的斜线相交,如图 3-4(b) 是安全的。若台阶拐点位于斜线之外,如图 3-4(a) 则不安全。无筋扩展基础破坏情况如图 3-5 所示。

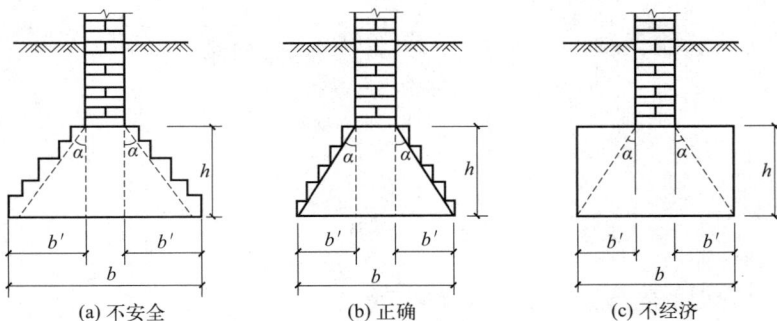

图 3-4 无筋扩展基础

(2)扩展基础

扩展基础是指为扩散上部结构传来的荷载,使作用在基底的压应力满足地基承载力的设计要求,且基础内部的应力满足材料强度的设计要求,而向侧边扩展一定底面积的基础。扩展基础为用钢筋混凝土材料建造的基础,旧称柔性基础。基础荷载较大时,按地基承载力确定的基础底面尺寸也将扩大,若采用无筋扩展基础,按刚性角的要求确定的基础埋深很大,基础材料用量增加,造价提高,过大的埋深也给施工带来不便,且基础自身重量也增大了地基的附加应力,这时应采用钢筋混凝土基础,即扩展基础,由于基础内配置了足够的钢筋来承受由弯矩而产生的拉应力，基础在受弯时不致破坏。这种基础不受刚性角的限制，基础剖面可做成扁平形状，用较小的基础高度把上部荷载传到较大的基础底面上去，以适应地基承载力的要求，如图 3-6 所示。与无筋扩展基础相比，扩展基础钢材、水泥用量增加，技术相对较复杂，造价较高。

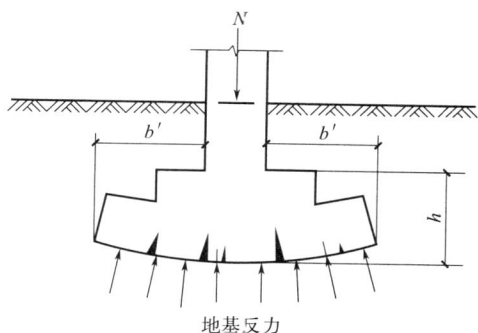

图 3-5　无筋扩展基础受力破坏简图

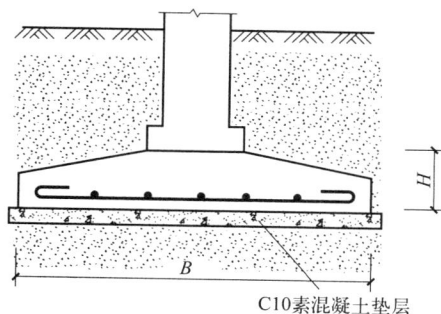

图 3-6　扩展基础

### 3.2.3　按基础结构构造分类

按结构构造分类，浅基础可以分为独立基础、条形基础、十字交叉基础、筏形基础、箱形基础。

（1）独立基础

独立基础，也称单独基础。通常框架结构柱、高炉、烟囱、水塔、机械设备等的基础多采用独立基础，如图 3-7 所示。

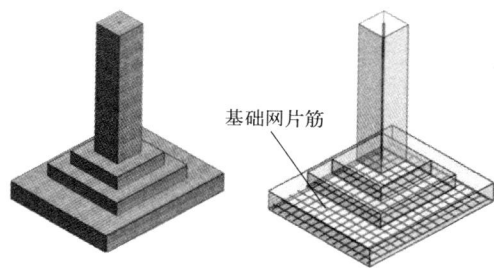

（a）独立基础　　　　　　　　　　　（b）某独立基础施工

图 3-7　独立基础

独立基础是柱基础中最常用和最经济的形式，也可分为刚性基础和钢筋混凝土基础两大类。现浇钢筋混凝土柱下常采用现浇钢筋混凝土独立基础，基础截面可做成阶梯形［图 3-8 (a)］或锥形［图 3-8(b)］，预制柱下通常采用杯口基础［图 3-8(c)］。桥梁基础中常把相邻两柱相连，又称作联合基础或双柱联合基础，如图 3-9 所示。

有时墙下也采用独立基础，如在膨胀土地基上的墙下基础，往往采用独立基础，并在独立基础顶面设置钢筋混凝土过梁，再在过梁上砌砖墙，如图 3-10 所示。在膨胀土地基上的墙梁高出地面，使膨胀土地基吸水膨胀产生的膨胀力，传不到过梁与墙体上，可以避免墙体开裂。

(a) 阶梯形基础　　　　　　　(b) 锥形基础　　　　　　　(c) 杯口形基础

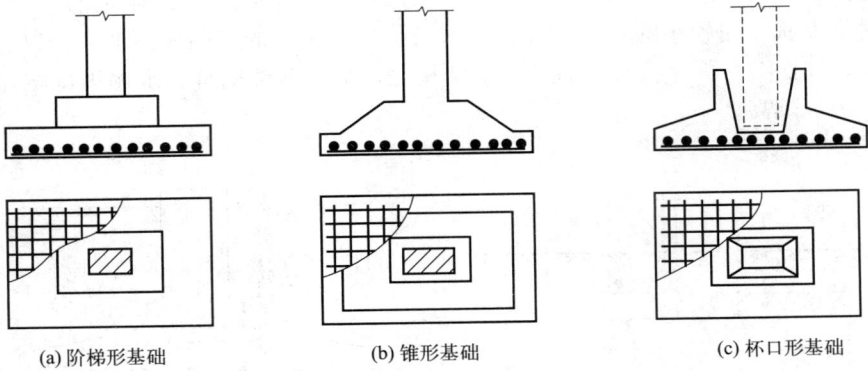

图 3-8　柱下独立基础的形状

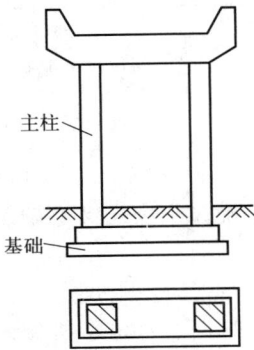

图 3-9　双柱联合基础

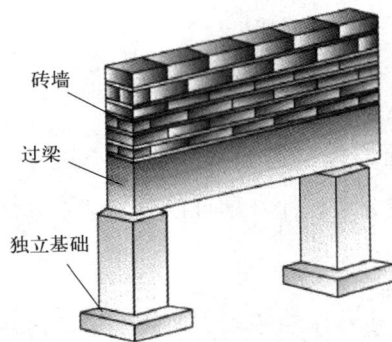

图 3-10　墙下独立基础

**（2）条形基础**

当基础的长度大于或等于 10 倍基础的宽度时，称为条形基础。通常砖混结构的墙基、挡土墙基础都是条形基础。按上部结构形式，条形基础可分为墙下条形基础和柱下条形基础。

墙下条形基础根据材料的性能可以分为刚性条形基础和钢筋混凝土条形基础。刚性条形基础在砌体结构中应用广泛，如图 3-11 所示。当上部墙体荷载较大而土质较差时，可考虑采用"宽基浅埋"的墙下钢筋混凝土条形基础，如图 3-12 所示。

如遇上部荷载较大，地基承载力较低时，柱间的独立基础互相接近甚至重叠，为增强基

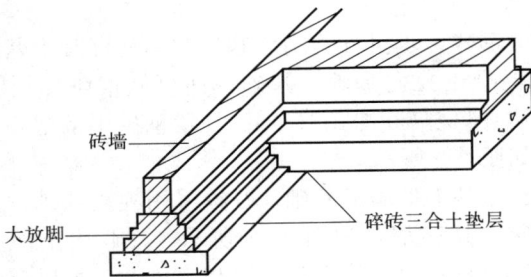

(a) 墙下刚性条形基础示意图　　　　　　　(b) 某农村自建房墙下条形基础（砖基础）

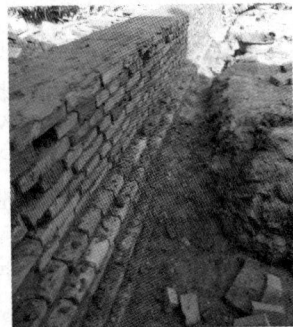

图 3-11　墙下刚性条形基础

础的整体性，方便施工，可采用柱下条形基础，如图 3-13 所示。

（3）十字交叉基础

当地基软弱，柱网的柱荷载较大且不均匀时，采用柱下条形基础不能满足地基基础设计的要求，可以采用双向的柱下钢筋混凝土条形基础形成的十字交叉基础（又称交叉梁基础），如图 3-14 所示。十字交叉基础具有空间刚度，可以调整不均匀沉降。

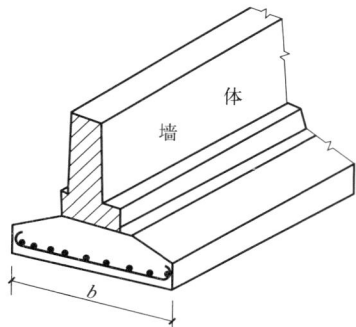

图 3-12　墙下钢筋混凝土条形基础示意图

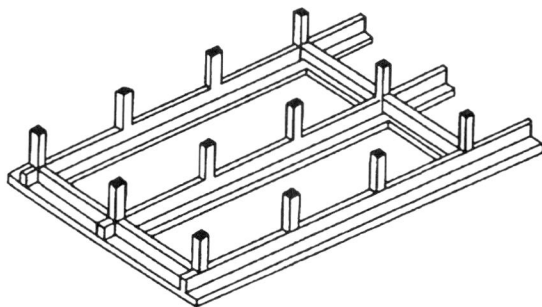

图 3-13　柱下条形基础

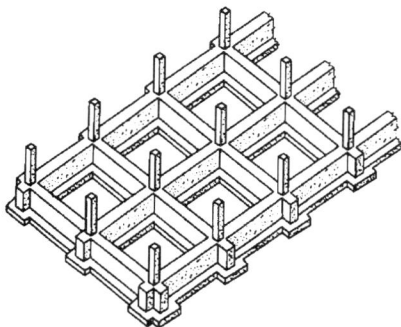

（a）十字交叉基础示意图

（b）某十字交叉基础施工图

图 3-14　十字交叉基础

（4）筏形基础

当地基软弱，荷载很大，采用十字交叉基础不能满足地基基础设计的要求时，或地下防渗需要时，可以采用筏形基础，俗称满堂基础。这种基础用钢筋混凝土材料做成连续整片基础，亦称片筏基础。筏形基础整体性好，能很好地抵抗地基不均匀沉降。筏形基础分为平板式筏基和梁板式筏基，如图 3-15 所示。例如某建筑采用梁板式筏形基础[图 3-16（a）]与安徽某县乡村振兴项目首座楼栋采用平板式筏形基础[图 3-16（b）]。

（a）平板式筏形基础

（b）梁板式筏形基础

图 3-15　筏形基础

(a) 某建筑梁板式筏形基础　　　　(b) 安徽某县乡村振兴项目首座楼栋平板式筏形基础

图 3-16　筏形基础施工现场

（5）箱形基础

箱形基础是由底板、顶板、侧墙及一定数量内隔墙构成的整体刚度较好的单层或多层钢筋混凝土基础，如图 3-17 所示。箱形基础整体性较好，整体空间刚度大，对抵抗地基的不均匀沉降有利，一般适用于高层建筑或在软弱地基上建造的上部荷载较大的建筑物。当基础的中空部分尺寸较大时，可用作地下室。

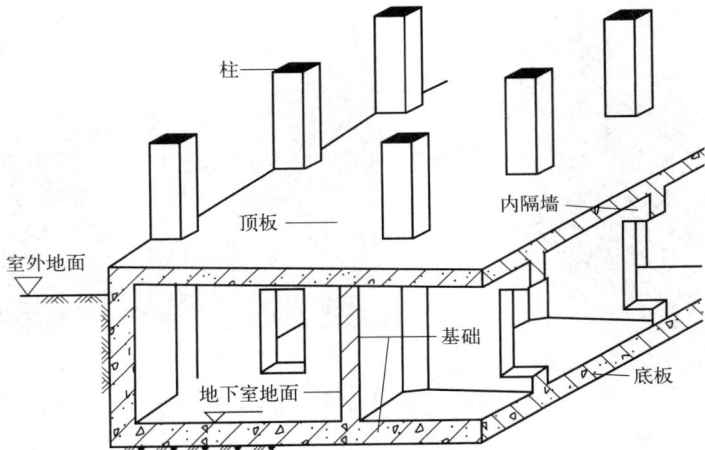

图 3-17　箱形基础示意图

## 3.3　基础的埋置深度

基础的埋置深度一般是指基础底面到室外设计地面的距离，简称基础埋深。对于地下室，当采用箱形基础或筏基时，基础的埋置深度自室外地面标高算起。当采用独立基础或条形基础时，应从室内地面标高算起。

基础为什么要有一定的埋置深度？首先是为了防止日晒雨淋、人车来往等造成的基础损伤。其次，基础埋置深度的大小对于建筑物的安全和正常使用、基础施工技术措施、施工工期和工程造价等影响很大，因此，确定基础埋置深度是基础设计工作中的重要环节。

在保证建筑物基础安全稳定、耐久使用的前提下，基础应尽量浅埋，以节省工程量，便于施工。基础埋置深度的选择应考虑如下因素：①建筑物的用途，有无地下室、设备基础和地下设施，基础的形式和构造；②作用在地基上的荷载大小和性质；③工程地质和水文地质条件；④相邻建筑物的基础埋深；⑤地基土冻胀和融陷的影响。

考虑到地表一定深度内，由于气温变化、雨水侵蚀、动植物生长及人为活动的影响，除岩石地基外，基础的最小埋置深度不宜小于 0.5m，基础顶面应低于设计地面 0.1m 以上，以避免基础外露，如图 3-18 所示。

### 3.3.1　建筑用途与结构条件

建筑物的用途，常常成为基础埋深选择的先决条件。当建筑物需要地下室作地下车库、地下商店、文化体育活动场地或人防设施时，基础埋深至少大于 3m。建筑物有地下室时，基础埋深要受地下室地面标高的影响，在平面上仅局部有地下室时，基础可按台阶形式变化埋深或整体加深，台阶的高宽比一般为 1∶2，每级台阶高度不超过 50cm，如图 3-19 所示。设计等级为丙级的建筑物，基础埋深浅。若上部结构为超静定结构，对地基不均匀沉降很敏感，基础须坐落在坚实地基土层上。

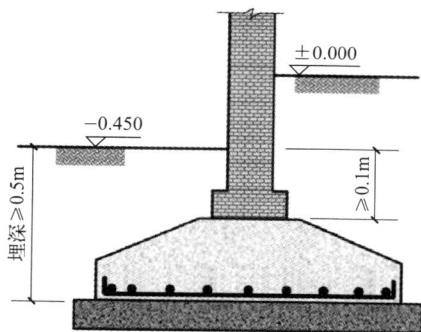

图 3-18　基础的最小埋置深度

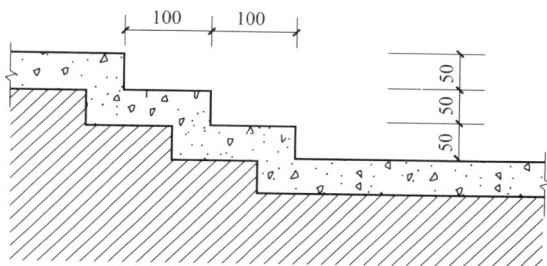

图 3-19　阶形基础（单位：cm）

### 3.3.2　荷载的大小和性质

结构物荷载的大小和性质不同，对地基土的要求也不同，基础埋置深度的选择也就不同。某一土层，对荷载小的基础可能是很好的持力层，而对荷载大的基础就可能不宜作为持力层。荷载的性质对基础埋置深度的影响也很明显，对于承受水平荷载（风荷载、地震荷载等）的基础，必须有足够的埋置深度来获得土的侧向抗力，以保证基础的稳定性，减少建筑物的整体倾斜，防止倾覆及滑移。例如：高层建筑的筏形基础和箱形基础的埋置深度，在抗震设防区，除岩石地基外，采用天然地基上的筏形基础和箱形基础的埋置深度不宜小于建筑物高度的 1/15；采用桩箱或桩筏基础埋置深度不宜小于建筑物高度的 1/18（其中桩长不计入埋置深度内）。对于承受上拔力的基础，如输电塔基础，也要求较大的埋深以提供足够的抗拔阻力。对于承受动荷载的基础，不宜选择饱和疏松的粉细砂作为持力层，以免振动液化而丧失承载力，造成基础失稳。

### 3.3.3　工程地质和水文地质条件

（1）工程地质条件

工程地质条件往往对基础设计方案起着决定性的作用。为了建筑物的安全，应当选择地基承载力高的坚实土层作为地基持力层，以确定基础的埋置深度。实际工程中应根据岩土工程勘察成果报告的地质剖面图，分析各土层的深度、层厚、地基承载力大小与压缩性高低，结合上部结构情况进行技术与经济性比较，确定最佳的基础埋深方案。

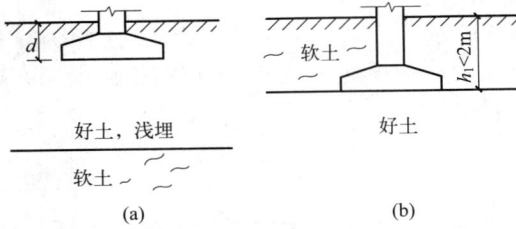

图 3-20  工程地质条件与基础埋深的关系

当地基表层土的承载力能满足要求时，就应选择浅埋，以减少工程造价；若其下有软弱下卧层时，则应验算软弱下卧层的承载力是否满足，并尽可能增大基底至软弱下卧层的距离，如图 3-20（a）所示。当表层土软弱，下层土工程性质较好，则需要区别对待。若软弱表层土较薄，厚度小于 2m 时，应将软弱土层挖除，将基础置于下层坚实土上，如图 3-20（b）所示；若表层软弱土层较厚，厚度达 2～4m 时，低层房屋可考虑扩大基底面积，加强上部结构刚度，把基础做在软土上，对于重要建筑物，则应把基础置于更深的坚实地层上。

（2）水文地质条件

基础宜埋置在地下水位以上，以便于施工，如图 3-21（a）所示；当必须埋在地下水位以下时，应采取地基土在施工时不受扰动的措施，且施工时应采取相应的降排水措施，还应考虑可能出现的其他施工与设计问题：如出现涌土、流砂的可能性，地下水对基础材料的化学腐蚀作用，地下室防渗，轻型结构物由于地下水顶托的上浮托力，地下水浮托力在基础底板产生的内力等。

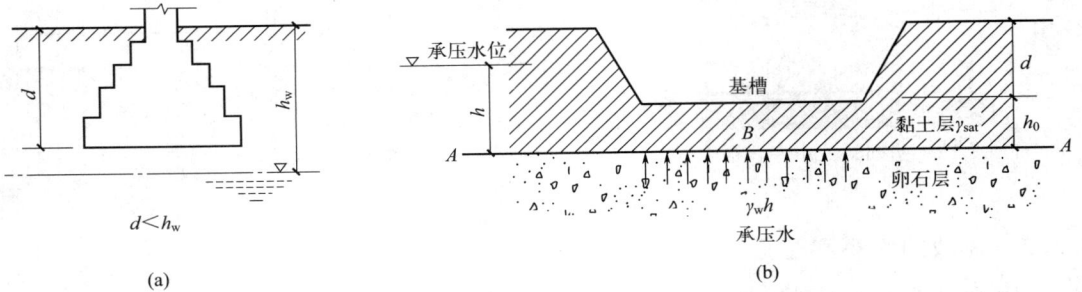

图 3-21  水文地质条件与基础埋深的关系

当地基为黏性土（隔水层），下层埋藏有承压水层时，必须控制基坑开挖深度，应确保基底至承压含水层顶部保留一定的土层厚度（槽底安全厚度），以防止基槽（或基坑）底部因挖土减压而导致流土破坏。

如图 3-21（b）所示，地基表层为黏土层（隔水层），基槽开挖深度为 $d$，黏土层剩余厚度为 $h_0$，黏土层下为卵石层（承压水层），承压水位高于卵石层顶面 $h$。

$B$ 点处的总应力为 $\sigma = \gamma_{sat} h_0$，该点处的水压力为 $u = \gamma_w h$，依据有效应力原理，该点处的有效应力为 $\sigma' = \sigma - u = \gamma_{sat} h_0 - \gamma_w h$。令 $\sigma' = 0$，则 $\gamma_{sat} h_0 - \gamma_w h = 0$，可得

$$h_0 = \frac{\gamma_w h}{\gamma_{sat}} \tag{3-2}$$

因此，当 $h_0 \leqslant \dfrac{\gamma_w h}{\gamma_{sat}}$ 时，基槽（基坑）底部将发生流土破坏。

### 3.3.4  相邻建筑物的基础埋深

当存在相邻建筑物时，新建建筑物的基础埋深不宜大于原有建筑基础埋深。当埋深大于原有建筑基础埋深时，两建筑物基础间应保持一定净距，其数值应根据建筑荷载大小、基础

形式和土质情况确定，一般不宜小于基础底面高差的 1～2 倍，如图 3-22 所示，以免开挖新基槽危及原有基础的安全稳定性。当上述要求不能满足时，应采取分段施工，设置临时加固支撑、打板桩、地下连续墙等施工措施，或加固原有建筑物地基，以确保原有浅基础的安全。

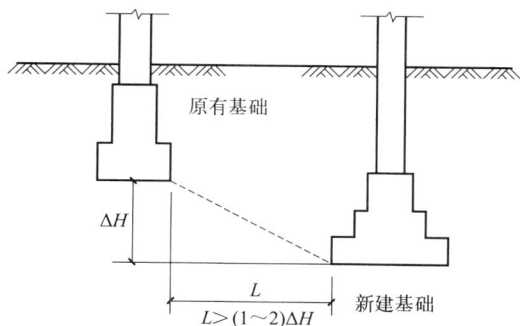

图 3-22　相邻建筑基础的埋深

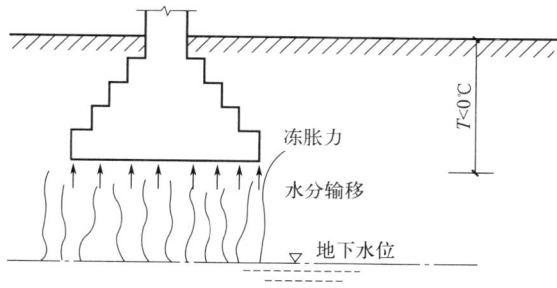

图 3-23　地基土冻胀的危害

### 3.3.5　地基土冻融的影响

（1）地基土冻融的危害

当地层温度降到 0℃ 以下时，土中部分孔隙水将冻结，形成冻土。冻土分为两类：多年冻土和季节性冻土。多年冻土是指冻结状态持续两年或两年以上的土；季节性冻土是指地表层寒季冻结、暖季全部融化的土，在我国北方地区分布广泛。某些细粒土（粉土，粉砂和黏性土）在冻结时，不仅在冻结深度内的土中水被冻结形成冰晶体，而且未冻结区的自由水和弱结合水会不断地向冻结区迁移、聚集，导致冰晶体逐渐扩大，引发土体膨胀和隆起，这种现象称为冻胀，如图 3-23 所示，冻胀产生的冻胀力使基础与墙体上抬而开裂。而土层解冻时，土体中含水量增加，加上细粒土排水能力较差，因而土体软化，强度降低，地基产生下陷，这种现象称为融陷。因此，北方地区的基础埋深必须考虑冻胀性的影响。

（2）地基土冻胀的分类

依据《建筑地基基础设计规范》（GB 50007—2011）第 5.1.9 条的规定：根据土的平均冻胀率 $\eta$ 的大小，地基土的冻胀类别分为不冻胀、弱冻胀、冻胀、强冻胀和特强冻胀五类，如表 3-3 所示。

表 3-3　地基土的冻胀性分类

| 土的名称 | 冻前天然含水量 $\omega/\%$ | 冻结期间地下水位距冻结面的最小距离 $h_w/m$ | 平均冻胀率 $\eta/\%$ | 冻胀等级 | 冻胀类别 |
|---|---|---|---|---|---|
| 碎(卵)石，砾、粗、中砂(粒径小于 0.075mm 颗粒含量大于 15%)，细砂(粒径小于 0.075mm 颗粒含量大于 10%) | $\omega\leq12$ | >1.0 | $\eta\leq1$ | I | 不冻胀 |
| | | ≤1.0 | $1<\eta\leq3.5$ | II | 弱冻胀 |
| | $12<\omega\leq18$ | >1.0 | | | |
| | | ≤1.0 | $3.5<\eta\leq6$ | III | 冻胀 |
| | $\omega>18$ | >0.5 | | | |
| | | ≤0.5 | $6<\eta\leq12$ | IV | 强冻胀 |

| 土的名称 | 冻前天然含水量 $\omega$/% | 冻结期间地下水位距冻结面的最小距离 $h_w$/m | 平均冻胀率 $\eta$/% | 冻胀等级 | 冻胀类别 |
|---|---|---|---|---|---|
| 粉砂 | $\omega \leqslant 14$ | >1.0 | $\eta \leqslant 1$ | I | 不冻胀 |
| | | ≤1.0 | $1 < \eta \leqslant 3.5$ | II | 弱冻胀 |
| | $14 < \omega \leqslant 19$ | >1.0 | | | |
| | | ≤1.0 | $3.5 < \eta \leqslant 6$ | III | 冻胀 |
| | $19 < \omega \leqslant 23$ | >1.0 | | | |
| | | ≤1.0 | $6 < \eta \leqslant 12$ | IV | 强冻胀 |
| | $\omega > 23$ | 不考虑 | $\eta > 12$ | V | 特强冻胀 |
| 粉土 | $\omega \leqslant 19$ | >1.5 | $\eta \leqslant 1$ | I | 不冻胀 |
| | | ≤1.5 | $1 < \eta \leqslant 3.5$ | II | 弱冻胀 |
| | $19 < \omega \leqslant 22$ | >1.5 | $1 < \eta \leqslant 3.5$ | II | 弱冻胀 |
| | | ≤1.5 | $3.5 < \eta \leqslant 6$ | III | 冻胀 |
| | $22 < \omega \leqslant 26$ | >1.5 | | | |
| | | ≤1.5 | $6 < \eta \leqslant 12$ | IV | 强冻胀 |
| | $26 < \omega \leqslant 30$ | >1.5 | | | |
| | | ≤1.5 | $\eta > 12$ | V | 特强冻胀 |
| | $\omega > 30$ | 不考虑 | | | |
| 黏性土 | $\omega \leqslant \omega_p + 2$ | >2.0 | $\eta \leqslant 1$ | I | 不冻胀 |
| | | ≤2.0 | $1 < \eta \leqslant 3.5$ | II | 弱冻胀 |
| | $\omega_p + 2 < \omega \leqslant \omega_p + 5$ | >2.0 | | | |
| | | ≤2.0 | $3.5 < \eta \leqslant 6$ | III | 冻胀 |
| | $\omega_p + 5 < \omega \leqslant \omega_p + 9$ | >2.0 | | | |
| | | ≤2.0 | $6 < \eta \leqslant 12$ | IV | 强冻胀 |
| | $\omega_p + 9 < \omega \leqslant \omega_p + 15$ | >2.0 | | | |
| | | ≤2.0 | $\eta > 12$ | V | 特强冻胀 |
| | $\omega > \omega_p + 15$ | 不考虑 | | | |

注：1. $\omega_p$——塑限含水量，%，$\omega$——在冻土层内冻前天然含水量的平均值，%。

2. 盐渍化冻土不在表列。

3. 塑性指数大于 22 时，冻胀性降低一级。

4. 粒径小于 0.005mm 的颗粒含量大于 60% 时，为不冻胀土。

5. 碎石类土当充填物大于全部质量的 40% 时，其冻胀性按充填物土的类别判断。

6. 碎石土、砾砂、粗砂、中砂（粒径小于 0.075mm 颗粒含量不大于 15%）、细砂（粒径小于 0.075mm 颗粒含量不大于 10%）均按不冻胀考虑。

冻土层的平均冻胀率 $\eta$ 应按下式计算

$$\eta = \frac{\Delta z}{h - \Delta z} \times 100\% \tag{3-3}$$

式中　$\Delta z$——地表冻胀量，mm；

　　　$h$——冻结层厚度，mm。

（3）季节性冻土地基的场地冻结深度

依据《建筑地基基础设计规范》（GB 50007—2011）第 5.1.7 条，季节性冻土地基的场

地冻结深度应按下式计算

$$z_d = z_0 \psi_{zs} \psi_{zw} \psi_{ze} \tag{3-4}$$

式中　$z_d$——场地冻结深度，m，当有实测资料时按 $z_d = h' - \Delta z$ 计算。

　　　　$h'$——最大冻深出现时场地最大冻土层厚度，m。

　　　　$\Delta z$——最大冻深出现时场地地表冻胀量，m。

　　　　$z_0$——标准冻结深度，m；当无实测资料时，按《建筑地基基础设计规范》(GB 50007—2011)附录 F 采用。

　　　　$\psi_{zs}$——土的类别对冻结深度的影响系数，按表 3-4 采用。

　　　　$\psi_{zw}$——土的冻胀性对冻结深度的影响系数，按表 3-5 采用。

　　　　$\psi_{ze}$——环境对冻结深度的影响系数，按表 3-6 采用。

**表 3-4　土的类别对冻结深度的影响系数**

| 土的类别 | 影响系数 $\psi_{zs}$ | 土的类别 | 影响系数 $\psi_{zs}$ |
|---|---|---|---|
| 黏性土 | 1.00 | 中、粗、砾砂 | 1.30 |
| 细砂、粉砂、粉土 | 1.20 | 大块碎石土 | 1.40 |

**表 3-5　土的冻胀性对冻结深度的影响系数**

| 冻胀性 | 影响系数 $\psi_{zw}$ | 冻胀性 | 影响系数 $\psi_{zw}$ |
|---|---|---|---|
| 不冻胀 | 1.00 | 强冻胀 | 0.85 |
| 弱冻胀 | 0.95 | 特强冻胀 | 0.80 |
| 冻胀 | 0.90 | | |

**表 3-6　环境对冻结深度的影响系数**

| 周围环境 | 影响系数 $\psi_{ze}$ | 周围环境 | 影响系数 $\psi_{ze}$ |
|---|---|---|---|
| 村、镇、旷野 | 1.00 | 城市市区 | 0.90 |
| 城市近郊 | 0.95 | | |

注：环境影响系数一项，当城市市区人口为 20 万～50 万时，按城市近郊取值；当城市市区人口大于 50 万且小于或等于 100 万时，只计入市区影响；当城市市区人口超过 100 万时，除计入市区影响外，尚应考虑 5km 以内的近郊影响系数。

（4）基础最小埋深

季节性冻土地区基础埋置深度宜大于场地冻结深度。对于深厚季节冻土地区，当建筑基础底面土层为不冻胀、弱冻胀、冻胀土时，基础埋置深度可以小于场地冻结深度，基础底面下允许冻土层最大厚度应根据当地经验确定。没有地区经验时可按表 3-7 查取。此时，基础最小埋置深度 $d_{min}$ 可按下式计算：

$$d_{min} = z_d - h_{max} \tag{3-5}$$

式中　$h_{max}$——基础底面下允许冻土层最大厚度，m。

**表 3-7　建筑基础底面下允许冻土层最大厚度 $h_{max}$**　　　　　单位：m

| 冻胀性 | 基础形式 | 采暖情况 | 基底平均压力/kPa | | | | | |
|---|---|---|---|---|---|---|---|---|
| | | | 110 | 130 | 150 | 170 | 190 | 210 |
| 弱冻胀土 | 方形基础 | 采暖 | 0.90 | 0.95 | 1.00 | 1.10 | 1.15 | 1.20 |
| | | 不采暖 | 0.70 | 0.80 | 0.95 | 1.00 | 1.05 | 1.10 |
| | 条形基础 | 采暖 | >2.50 | >2.50 | >2.50 | >2.50 | >2.50 | >2.50 |
| | | 不采暖 | 2.20 | 2.50 | >2.50 | >2.50 | >2.50 | >2.50 |

| 冻胀性 | 基础形式 | 采暖情况 | 基底平均压力/kPa | | | | | |
|---|---|---|---|---|---|---|---|---|
| | | | 110 | 130 | 150 | 170 | 190 | 210 |
| 冻胀土 | 方形基础 | 采暖 | 0.65 | 0.70 | 0.75 | 0.80 | 0.85 | — |
| | | 不采暖 | 0.55 | 0.60 | 0.65 | 0.70 | 0.75 | — |
| | 条形基础 | 采暖 | 1.55 | 1.80 | 2.00 | 2.20 | 2.50 | — |
| | | 不采暖 | 1.15 | 1.35 | 1.55 | 1.75 | 1.95 | — |

注：1. 本表只计算法向冻胀力，如果基侧存在切向冻胀力，应采取防切向力措施。

2. 基础宽度小于0.6m时不适用，矩形基础取短边尺寸按方形基础计算。

3. 表中数据不适用于淤泥、淤泥质土和欠固结土。

4. 计算基底平均压力时取永久作用的标准组合值乘以0.9，可以内插。

# 3.4　地基计算

## 3.4.1　地基承载力的确定

地基承载力（subgrade bearing capacity）是地基在同时满足变形和稳定的条件下，单位面积所能承受的最大荷载。地基承载力的确定在地基基础设计中是一个非常重要且复杂的问题，它不仅与土的物理、力学性质指标有关，还与基础形式、底面尺寸、埋深、类型、结构特点和施工速度等因素有关。依据《建筑与市政地基基础通用规范》（GB 55003—2021）第4.2.3条，天然地基承载力特征值应通过载荷试验或其他原位测试、公式计算，并结合工程实践经验等方法综合确定。

（1）按地基静载荷试验确定

《建筑地基基础设计规范》（GB 50007—2011）第3.0.4条规定，对于设计等级为甲级的建筑物应提供载荷试验指标，因为采用现场载荷试验，可以取得较精确可靠的地基承载力数值。对于成分或结构很不均匀的土层，如杂填土、裂隙土、风化岩等，载荷试验显示出其他方法难以替代的作用。

载荷试验主要有浅层平板载荷试验［图3-24（a）］和深层平板载荷试验［图3-24（b）］。浅层平板载荷试验的承压板面积不应小于$0.25m^2$，对于软土不应小于$0.5m^2$，可测定浅部地基土层在承压板下应力主要影响范围内的承载力。深层平板载荷试验的承压板采用直径为0.8m的刚性板，紧靠承压板周围外侧的土层高度应不少于80cm。

载荷试验成果$p\text{-}s$曲线有呈现急剧破坏的"陡降型"［图3-25（a）］与呈现渐进破坏的"缓变型"［图3-25（b）］，前者一般为密实砂土、硬塑黏土等低压缩性土的$p\text{-}s$曲线，后者一般为松砂、填土、可塑黏土等中、高压缩性土的$p\text{-}s$曲线。

地基承载力特征值的确定应符合下列规定：

① 当$p\text{-}s$曲线上有比例界限时，取该比例界限所对应的荷载值；

② 当极限荷载值小于对应比例界限荷载值的2倍时，取极限荷载值的一半；

③ 当不能按上述两款要求确定时，若压板面积为$0.25\sim0.50m^2$，可取$s/b=0.01\sim0.015$所对应的荷载，但其值不应大于最大加载量的一半。

现场试验时，同一土层参加统计的试验点不应少于三点，各试验实测值的极差不得超过其平均值的30%，取此平均值作为该土层的地基承载力特征值$f_{ak}$。

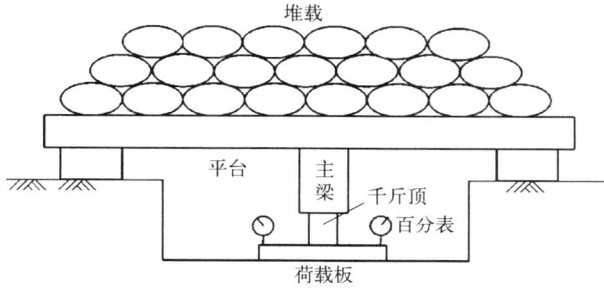

(a) 堆载反力系统浅层平板载荷试验装置示意图与现场试验照片

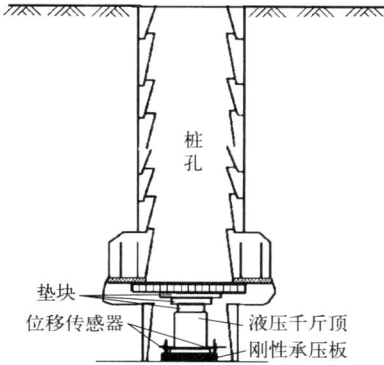

(b) 深层平板载荷试验装置示意图与现场试验照片

图 3-24　平板载荷试验

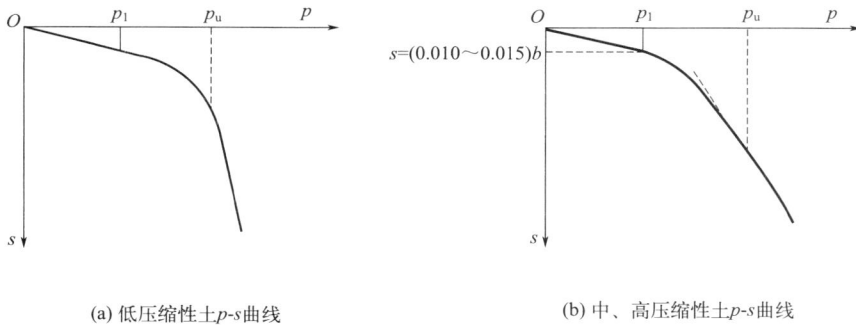

(a) 低压缩性土 $p$-$s$ 曲线

(b) 中、高压缩性土 $p$-$s$ 曲线

图 3-25　载荷试验 $p$-$s$ 曲线

（2）按土的抗剪强度指标确定

依据《建筑地基基础设计规范》（GB 50007—2011）第 5.2.5 条，当偏心距 $e \leqslant 0.033b$（基础底面宽度）时，根据土的抗剪强度指标确定地基承载力特征值可按下式计算，并应满足变形要求：

$$f_a = M_b \gamma b + M_d \gamma_m d + M_c c_k \tag{3-6}$$

式中　　　$f_a$——由土的抗剪强度指标确定的地基承载力特征值，kPa；

$M_b$、$M_d$、$M_c$——承载力系数，按表 3-8 确定；

$b$——基础底面宽度，m，大于 6m 时按 6m 取值，对于砂土小于 3m 时按 3m 取值；

$c_k$——基底下一倍短边宽度的深度范围内土的黏聚力标准值，kPa。

表 3-8　承载力系数 $M_b$、$M_d$、$M_c$

| 土的内摩擦角标准值 $\varphi_k/(°)$ | $M_b$ | $M_d$ | $M_c$ | 土的内摩擦角标准值 $\varphi_k/(°)$ | $M_b$ | $M_d$ | $M_c$ |
| --- | --- | --- | --- | --- | --- | --- | --- |
| 0 | 0 | 1.00 | 3.14 | 22 | 0.61 | 3.44 | 6.04 |
| 2 | 0.03 | 1.12 | 3.32 | 24 | 0.80 | 3.87 | 6.45 |
| 4 | 0.06 | 1.25 | 3.51 | 26 | 1.10 | 4.37 | 6.90 |
| 6 | 0.10 | 1.39 | 3.71 | 28 | 1.40 | 4.93 | 7.40 |
| 8 | 0.14 | 1.55 | 3.93 | 30 | 1.90 | 5.59 | 7.95 |
| 10 | 0.18 | 1.73 | 4.17 | 32 | 2.60 | 6.35 | 8.55 |
| 12 | 0.23 | 1.94 | 4.42 | 34 | 3.40 | 7.21 | 9.22 |
| 14 | 0.29 | 2.17 | 4.69 | 36 | 4.20 | 8.25 | 9.97 |
| 16 | 0.36 | 2.43 | 5.00 | 38 | 5.00 | 9.44 | 10.80 |
| 18 | 0.43 | 2.72 | 5.31 | 40 | 5.80 | 10.84 | 11.73 |
| 20 | 0.51 | 3.06 | 5.66 | | | | |

注：$\varphi_k$——基底下一倍短边宽度的深度范围内土的内摩擦角标准值，(°)。

（3）地基承载力特征值的深宽修正

依据《建筑地基基础设计规范》（GB 50007—2011）第 5.2.4 条，当基础宽度大于 3m 或埋置深度大于 0.5m 时，从载荷试验或其他原位测试、经验值等方法确定的地基承载力特征值，尚应按下式修正：

$$f_a = f_{ak} + \eta_b \gamma (b-3) + \eta_d \gamma_m (d-0.5) \tag{3-7}$$

式中　$f_a$——修正后的地基承载力特征值，kPa。

$f_{ak}$——地基承载力特征值，kPa。

$\eta_b$、$\eta_d$——基础宽度和埋置深度的地基承载力修正系数，按基底下土的类别查表 3-9 取值。

$\gamma$——基础底面以下土的重度，$kN/m^3$，地下水位以下取浮重度。

$b$——基础底面宽度，m，当基础底面宽度小于 3m 时按 3m 取值，大于 6m 时按 6m 取值。

$\gamma_m$——基础底面以上土的加权平均重度，$kN/m^3$，位于地下水位以下的土层取有效重度。

$d$——基础埋置深度，m，宜自室外地面标高算起。在填方整平地区，可自填土地面标高算起，但填土在上部结构施工后完成时，应从天然地面标高算起。对于地下室，当采用箱基或筏基时，基础埋置深度自室外地面标高算起；当采用独立基础或条形基础时，应从室内地面标高算起。

表 3-9　承载力修正系数

| 土的类别 | | $\eta_b$ | $\eta_d$ |
| --- | --- | --- | --- |
| 淤泥和淤泥质土 | | 0 | 1.0 |
| 人工填土<br>$e$ 或 $I_L$ 大于等于 0.85 的黏性土 | | 0 | 1.0 |
| 红黏土 | 含水比 $\alpha_w > 0.8$ | 0 | 1.2 |
| | 含水比 $\alpha_w \leq 0.8$ | 0.15 | 1.4 |

| 土的类别 | | $\eta_b$ | $\eta_d$ |
|---|---|---|---|
| 大面积压实填土 | 压实系数大于 0.95、黏粒含量 $\rho_c \geq 10\%$ 的粉土 | 0 | 1.5 |
| | 最大干密度大于 2100kg/m³ 的级配砂石 | 0 | 2.0 |
| 粉土 | 黏粒含量 $\rho_c \geq 10\%$ 的粉土 | 0.3 | 1.5 |
| | 黏粒含量 $\rho_c < 10\%$ 的粉土 | 0.5 | 2.0 |
| $e$ 及 $I_L$ 均小于 0.85 的黏性土 | | 0.3 | 1.6 |
| 粉砂、细砂(不包括很湿与饱和时的稍密状态) | | 2.0 | 3.0 |
| 中砂、粗砂、砾砂和碎石土 | | 3.0 | 4.4 |

注：1. 强风化和全风化的岩石，可参照所风化成的相应土类取值，其他状态下的岩石不修正。
　　2. 地基承载力特征值按《建筑地基基础设计规范》(GB 50007—2011) 附录 D 深层平板载荷试验确定时 $\eta_d$ 取 0。
　　3. 含水比是指土的天然含水量与液限的比值。
　　4. 大面积压实填土是指填土范围大于两倍基础宽度的填土。
　　5. $e$——土的孔隙比；$I_L$——土的液性指数。

### 3.4.2　地基承载力的验算

根据地基基础设计的基本原则，地基基础首先必须保证在基底压力作用下地基土体不发生剪切破坏和丧失稳定性，并具有足够的安全度。因此，对各级建筑物均应进行地基承载力计算。

（1）地基承载力应满足基底压力的需求

依据《建筑地基基础设计规范》(GB 50007—2011) 第 5.2.1 条，基础底面的压力，应符合下列规定：

① 当轴心荷载作用时

$$p_k \leq f_a \tag{3-8}$$

式中　$p_k$——相应于作用的标准组合时，基础底面处的平均压力值，kPa；
　　　$f_a$——修正后的地基承载力特征值，kPa。

② 当偏心荷载作用时，除符合式(3-8) 要求外，尚应符合下式规定：

$$p_{kmax} \leq 1.2 f_a \tag{3-9}$$

式中　$p_{kmax}$——相应于作用的标准组合时，基础底面边缘的最大压力值，kPa。

（2）基底压力的计算

依据《建筑地基基础设计规范》(GB 50007—2011) 第 5.2.2 条，基础底面的压力，可按下列公式确定：

① 轴心荷载作用时 (图 3-26)

$$p_k = \frac{F_k + G_k}{A} \tag{3-10}$$

式中　$F_k$——相应于作用的标准组合时，上部结构传至基础顶面的竖向力值，kN；
　　　$G_k$——基础自重和基础上的土重，kN；
　　　$A$——基础底面面积，m²。

② 偏心荷载作用时 (图 3-27)

$$p_{kmax} = \frac{F_k + G_k}{A} + \frac{M_k}{W} \tag{3-11}$$

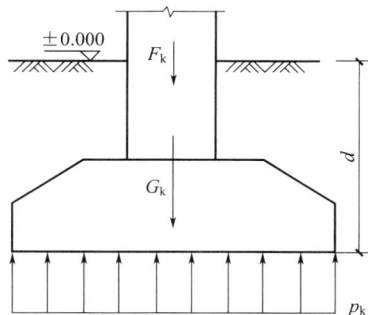

图 3-26　轴心荷载作用下基础底面的压力

$$p_{kmin} = \frac{F_k + G_k}{A} - \frac{M_k}{W} \qquad (3-12)$$

式中　$M_k$——相应于作用的标准组合时，作用于基础底面的力矩值，kN·m；

　　　$W$——基础底面的抵抗矩，m³；

　　　$p_{kmin}$——相应于作用的标准组合时，基础底面边缘的最小压力值，kPa。

③ 当基础底面形状为矩形且偏心距 $e > b/6$ 时（图 3-28），$p_{kmax}$ 应按下式计算：

$$p_{kmax} = \frac{2(F_k + G_k)}{3la} \qquad (3-13)$$

式中　$l$——垂直于力矩作用方向的基础底面边长，m；

　　　$a$——合力作用点至基础底面最大压力边缘的距离，m。

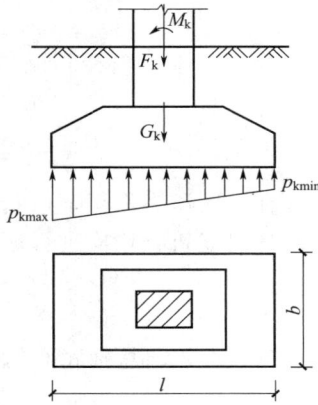

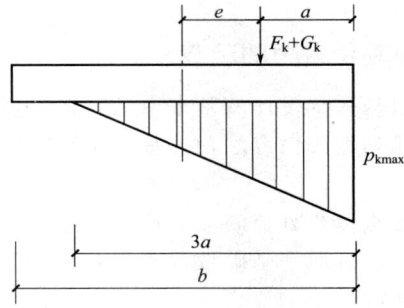

图 3-27　偏心荷载作用下基础底面的压力　　图 3-28　偏心荷载（$e > b/6$）下基底压力计算示意图

$b$—力矩作用方向基础底面边长

### 3.4.3　地基变形计算

（1）地基变形特征

地基变形（deformation of foundation）是指地基在上部荷载作用下，岩土体被压缩而产生的相应变形。若地基变形量过大，将会影响建筑物的正常使用，甚至危及建筑物的安全。因不同建筑物的结构类型、整体刚度、使用要求的差异，对地基变形的敏感程度、地基变形可能造成的危害、对地基变形的要求也就不同。因此，对于各类建筑物，如何控制对其不利的沉降形式（也称为"地基变形特征"），使地基变形不会影响建筑物的正常使用或者破坏，是地基基础设计中必须予以考虑的一个基本问题。

地基变形特征表现为建筑物的沉降量、沉降差、倾斜和局部倾斜等。

① 沉降量——基础某点的绝对沉降值，对独立基础来说，一般以基础中心沉降值表示基础中心的沉降量。

② 沉降差——一般指相邻柱基中点的沉降量之差。相邻柱基沉降差过大，就会导致上部结构产生附加应力，严重时，建筑物将产生裂缝、发生倾斜甚至被破坏。

③ 倾斜——基础倾斜方向两端点的沉降差与其距离的比值。

④ 局部倾斜——指砌体承重结构沿纵向 6～10m 基础两点的沉降差与其距离的比值。墙体局部倾斜大时，将会使其产生挠曲变形、开裂，影响正常使用。

由建筑地基不均匀、荷载差异很大、体型复杂等因素引起的地基变形，对于砌体承重结构应由局部倾斜值控制；对于框架结构和单层排架结构应由相邻柱基的沉降差控制；对于多层或高层建筑和高耸结构应由倾斜值控制；必要时尚应控制平均沉降量。

建筑物的地基变形计算值，不应大于地基变形允许值。建筑物的地基变形允许值应按表 3-10 的规定采用。对表中未包括的建筑物，其地基变形允许值应根据上部结构对地基变形的适应能力和使用上的要求确定。

**表 3-10　建筑物的地基变形允许值**

| 变形特征 | | 地基土类别 | |
| --- | --- | --- | --- |
| | | 中、低压缩性土 | 高压缩性土 |
| 砌体承重结构基础的局部倾斜 | | 0.002 | 0.003 |
| 工业与民用建筑相邻柱基的沉降差 | 框架结构 | 0.002$l$ | 0.003$l$ |
| | 砌体墙填充的边排柱 | 0.0007$l$ | 0.001$l$ |
| | 当基础不均匀沉降时不产生附加应力的结构 | 0.005$l$ | 0.005$l$ |
| 单层排架结构(柱距为 6m)柱基的沉降量/mm | | (120) | 200 |
| 桥式吊车轨面的倾斜(按不调整轨道考虑) | 纵向 | 0.004 | |
| | 横向 | 0.003 | |
| 多层和高层建筑的整体倾斜 | $H_g \leqslant 24$ | 0.004 | |
| | $24 < H_g \leqslant 60$ | 0.003 | |
| | $60 < H_g \leqslant 100$ | 0.0025 | |
| | $H_g > 100$ | 0.002 | |
| 体型简单的高层建筑基础的平均沉降量/mm | | 200 | |
| 高耸结构基础的倾斜 | $H_g \leqslant 20$ | 0.008 | |
| | $20 < H_g \leqslant 50$ | 0.006 | |
| | $50 < H_g \leqslant 100$ | 0.005 | |
| | $100 < H_g \leqslant 150$ | 0.004 | |
| | $150 < H_g \leqslant 200$ | 0.003 | |
| | $200 < H_g \leqslant 250$ | 0.002 | |
| 高耸结构基础的沉降量/mm | $H_g \leqslant 100$ | 400 | |
| | $100 < H_g \leqslant 200$ | 300 | |
| | $200 < H_g \leqslant 250$ | 200 | |

注：1. 本表数值为建筑物地基实际最终变形允许值。
2. 有括号者仅适用于中压缩性土。
3. $l$ 为相邻柱基的中心距离，mm；$H_g$ 为自室外地面起算的建筑物高度，m。
4. 倾斜指基础倾斜方向两端点的沉降差与其距离的比值。
5. 局部倾斜指砌体承重结构沿纵向 6～10m 内基础两点的沉降差与其距离的比值。

（2）地基变形计算方法

计算地基变形时，地基内的应力分布，可采用各向同性均质线性变形体理论。其最终变形量可按下式进行计算：

$$s = \psi_s s' = \psi_s \sum_{i=1}^{n} \frac{p_0}{E_{si}} (z_i \bar{\alpha}_i - z_{i-1} \bar{\alpha}_{i-1}) \tag{3-14}$$

式中　　$s$——地基最终变形量，mm；

$s'$——按分层总和法计算出的地基变形量，mm；

$\psi_s$——沉降计算经验系数，根据地区沉降观测资料及经验确定，无地区经验时可根据变形计算深度范围内压缩模量的当量值$\overline{E}_s$、基底附加压力按表3-11取值；

$n$——地基变形计算深度范围内所划分的土层数（图3-29）；

$p_0$——相应于作用的准永久组合时基础底面处的附加压力，kPa；

$E_{si}$——基础底面下第$i$层土的压缩模量，MPa，应取土的自重压力至土的自重压力与附加压力之和的压力段计算；

$z_i$、$z_{i-1}$——基础底面至第$i$层土、第$i-1$层土底面的距离，m；

$\overline{\alpha}_i$、$\overline{\alpha}_{i-1}$——基础底面计算点至第$i$层土、第$i-1$层土底面范围内平均附加应力系数，可按《建筑地基基础设计规范》（GB 50007—2011）附录K采用。

表 3-11　沉降计算经验系数 $\psi_s$

| 基底附加压力 | $\overline{E}_s$/MPa | | | | |
|---|---|---|---|---|---|
| | 2.5 | 4.0 | 7.0 | 15.0 | 20.0 |
| $p_0 \geqslant f_{ak}$ | 1.4 | 1.3 | 1.0 | 0.4 | 0.2 |
| $p_0 \leqslant 0.75 f_{ak}$ | 1.1 | 1.0 | 0.7 | 0.4 | 0.2 |

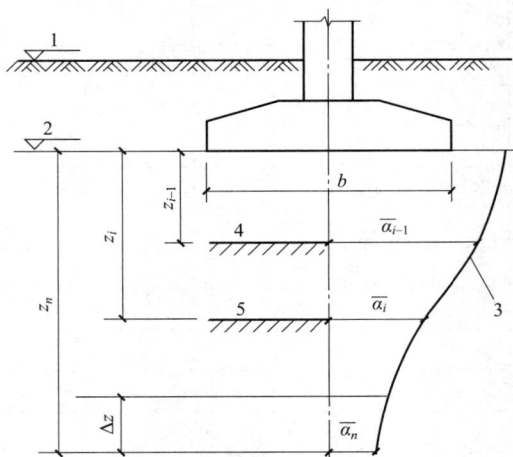

图 3-29　基础沉降计算的分层示意

1—天然地面标高；2—基底标高；3—平均附加应力系数$\overline{\alpha}$曲线；4—$i-1$层；5—$i$层

变形计算深度范围内压缩模量的当量值$\overline{E}_s$，应按下式计算：

$$\overline{E}_s = \frac{\sum A_i}{\sum \dfrac{A_i}{E_{si}}} \tag{3-15}$$

式中　$A_i$——第$i$层土附加应力系数沿土层厚度的积分值。

地基变形计算深度$z_n$（图3-29），应符合式(3-16)的规定。当计算深度下部仍有较软土层时，应继续计算。

$$\Delta s'_n \leqslant 0.025 \sum_{i=1}^{n} \Delta s'_i \tag{3-16}$$

式中　$\Delta s'_i$——在计算深度范围内，第$i$层土的计算变形值，mm；

$\Delta s_n'$——在由计算深度向上取厚度为 $\Delta z$ 的土层计算变形值，mm，$\Delta z$ 见图 3-29 并按表 3-12 确定。

表 3-12　$\Delta z$ 值

| $b/\text{m}$ | $\leqslant 2$ | $2 < b \leqslant 4$ | $4 < b \leqslant 8$ | $b > 8$ |
|---|---|---|---|---|
| $\Delta z/\text{m}$ | 0.3 | 0.6 | 0.8 | 1.0 |

当无相邻荷载影响，基础宽度在 1～30m 范围内时，基础中点的地基变形计算深度也可按简化公式（3-17）进行计算。

$$z_n = b(2.5 - 0.4\ln b) \tag{3-17}$$

式中　$b$——基础宽度，m。

当存在相邻荷载时，应计算相邻荷载引起的地基变形，其值可按应力叠加原理，采用角点法计算。

### 3.4.4　软弱下卧层强度验算

在成层地基中，有时在持力层以下有高压缩性的土层，将此土层称为软弱下卧层。当地基受力层范围内有软弱下卧层时，依据《建筑地基基础设计规范》（GB 50007—2011）第 5.2.7 条，应按下式验算软弱下卧层的地基承载力（见图 3-30）：

$$p_z + p_{cz} \leqslant f_{az} \tag{3-18}$$

式中　$p_z$——相应于作用的标准组合时，软弱下卧层顶面处的附加压力值，kPa；

$p_{cz}$——软弱下卧层顶面处土的自重压力值，kPa；

$f_{az}$——软弱下卧层顶面处经深度修正后的地基承载力特征值，kPa。

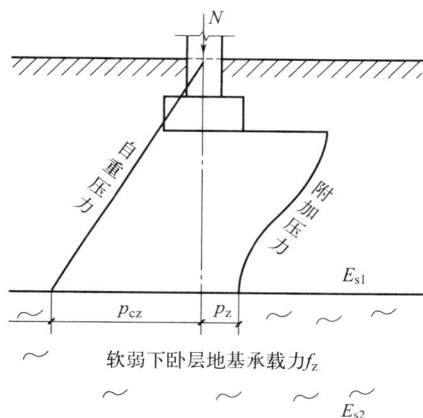

图 3-30　软弱下卧层强度验算

计算附加压力 $p_z$ 时，一般采用简化方法，即参照双层地基中附加应力分布的理论解答按压力扩散角的概念计算。当上层土的压缩模量 $E_{s1}$ 与下层土的压缩模量 $E_{s2}$ 的比值 $E_{s1}/E_{s2} \geqslant 3$ 时，基础底面处附加压力 $p_0$ 按 $\theta$ 角向下扩散，至深度 $z$ 处（即软弱下卧层顶面处）为 $p_z$。基底处与深度 $z$ 处，两个平面上的附加压力总和相等。对于矩形基础，附加压力沿两个方向扩散，由图 3-31 可知：

$$p_0 lb = p_z(l + 2z\tan\theta)(b + 2z\tan\theta) \tag{3-19}$$

可得

$$p_z = \frac{p_0 lb}{(l + 2z\tan\theta)(b + 2z\tan\theta)} \tag{3-20}$$

$$p_0 = p_k - p_c \tag{3-21}$$

式中　$l$、$b$——矩形基础底边的长度和宽度，m；

$p_0$——基础底面处附加压力，kPa；

$p_k$——相应于作用的标准组合时，基础底面处的平均压力值，kPa；

$p_c$——基础底面处土的自重压力值，kPa；

$z$——基础底面至软弱下卧层顶面的距离，m；

$\theta$——地基压力扩散线与垂直线的夹角，（°），可按表 3-13 采用。

同理，对于条形基础

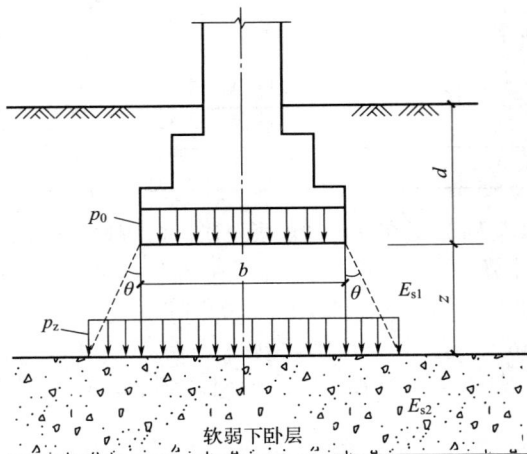

图 3-31　附加压力 $p_z$ 简化计算示意图

$$p_z = \frac{p_0 b}{b + 2z\tan\theta} \tag{3-22}$$

式中　$b$——条形基础底边的宽度，m。

表 3-13　地基压力扩散角 $\theta$

| $E_{s1}/E_{s2}$ | $z/b$ | |
|---|---|---|
| | 0.25 | 0.5 |
| 3 | 6° | 23° |
| 5 | 10° | 25° |
| 10 | 20° | 30° |

注：1. $E_{s1}$ 为上层土压缩模量；$E_{s2}$ 为下层土压缩模量。

2. $z/b<0.25$ 时取 $\theta=0°$，必要时，宜由试验确定；$z/b>0.50$ 时 $\theta$ 值不变。

3. $z/b$ 在 0.25 与 0.50 之间可插值使用。

### 3.4.5　地基稳定性验算

一般建筑物不需要进行地基稳定性计算，但遇下列建筑物，则应进行地基稳定性计算：

① 经常受水平荷载作用的高层建筑和高耸结构；

② 建造在斜坡或坡顶上的建（构）筑物；

③ 挡土墙。

（1）地基稳定性计算方法

地基稳定性可采用圆弧滑动面法进行验算。最危险的滑动面上诸力对滑动中心所产生的抗滑力矩与滑动力矩应符合下式要求：

$$\frac{M_R}{M_S} \geqslant 1.2 \tag{3-23}$$

式中　$M_S$——滑动力矩，kN·m；

　　　$M_R$——抗滑力矩，kN·m。

（2）坡顶上的建（构）筑物地基稳定性要求

若建筑场地靠近各种土坡，包括山坡、河岸、海滨、湖边等，则基础埋深应考虑邻近土

坡临空面的稳定性。依据《建筑地基基础
设计规范》（GB 50007—2011）第 5.4.2
条，位于稳定土坡坡顶上的建筑，应符合
下列规定：

① 对于条形基础或矩形基础，当垂
直于坡顶边缘线的基础底面边长小于或等
于 3m 时，其基础底面外边缘线至坡顶的
水平距离（图 3-32）应符合下式要求，且
不得小于 2.5m：

图 3-32　基础底面外边缘线至坡顶的水平距离示意

条形基础　　　　　　　　$a \geqslant 3.5b - (d/\tan\beta)$　　　　　　　　　　（3-24）

矩形基础　　　　　　　　$a \geqslant 2.5b - (d/\tan\beta)$　　　　　　　　　　（3-25）

式中　$a$——基础底面外边缘线至坡顶的水平距离，m；

$b$——垂直于坡顶边缘线的基础底面边长，m；

$d$——基础埋置深度，m；

$\beta$——边坡坡角，（°）。

② 当基础底面外边缘线至坡顶的水平距离不满足式(3-24)、式(3-25) 的要求时，可根
据基底平均压力按式(3-23) 确定基础距坡顶边缘的距离和基础埋深。

③ 当边坡坡角 $\beta > 45°$、坡高大于 8m 时，应采用圆弧滑动面法按式(3-23) 验算坡体稳
定性。

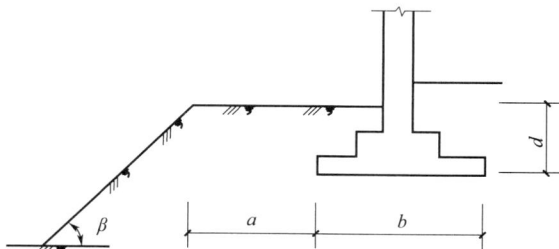

## 3.5　基础尺寸设计

基础尺寸设计，包括基础底面的长度、宽度与基础的高度。根据已确定的基础类型、埋
置深度 $d$，计算地基承载力特征值 $f_a$ 和作用在基础底面的荷载值，进行基础尺寸设计。

### 3.5.1　轴心荷载作用下基础尺寸

当基础承受轴心荷载作用时，如图 3-33 所示，取基础底面处诸力的平衡得：

$$F_k + G_k \leqslant f_a A \tag{3-26}$$

从而可得：
$$F_k \leqslant f_a A - G_k = f_a A - \gamma_G d A \tag{3-27}$$

$$A \geqslant \frac{F_k}{f_a - \gamma_G d} \tag{3-28}$$

式中　$f_a$——修正后的地基持力层承载力特征
值，kPa；

$F_k$——相应于作用的标准组合时，上部结构传
至基础顶面的竖向力值，kN；

$G_k$——基础自重和基础上的土重，kN；

$d$——基础的埋置深度，m；

$A$——基础底面面积，$m^2$；

$\gamma_G$——基础及其台阶上填土的平均重度，通常
采用 $\gamma_G = 20kN/m^3$。

（1）独立基础

对于独立基础，由式(3-28) 计算得 $A = lb$，通常

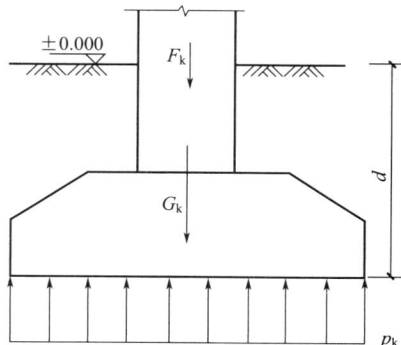

图 3-33　轴心荷载作用下的基础

轴心荷载作用下常采用方形基础，即 $l=b$，则可得基础的宽度

$$b \geqslant \sqrt{\frac{F_k}{f_a - \gamma_G d}} \qquad (3-29)$$

（2）条形基础

对于条形基础，按平面问题计算，沿基础长度方向取 1m 作为计算单元，则可得基础的宽度

$$b \geqslant \frac{F_k}{f_a - \gamma_G d} \qquad (3-30)$$

需要说明的是，按式(3-28)、式(3-29) 和式(3-30) 计算时，承载力特征值 $f_a$ 只能先按基础埋深 $d$ 修正。待基底尺寸算出之后，再看基底宽度 $b$ 是否超过 3.0m，若 $b > 3.0$m 时，需重新修正承载力特征值，再验算基底尺寸是否满足地基承载力要求。

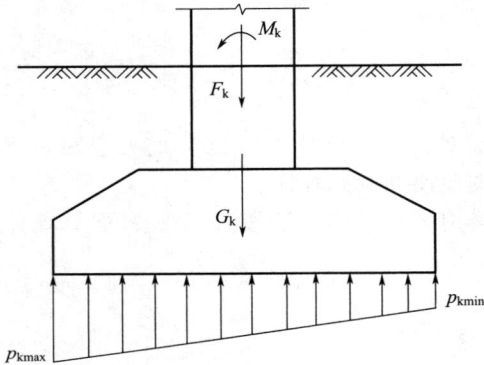

图 3-34　偏心荷载作用下的基础

### 3.5.2　偏心荷载作用下基础尺寸

当作用在基底形心处的荷载不仅有竖向荷载，还存在力矩或水平力时，为偏心受压基础（图 3-34）。偏心受压基础基底面积的确定，通常是先按轴心受压基础底面积确定方法计算，再增大底面积（考虑力矩作用）进行试估，并验算承载力，直到满足为止。其算法具体步骤如下：

① 进行深度修正，初步确定修正后的地基承载力特征值 $f_a$；

② 先按轴心荷载作用下式(3-28) 初算得到基础底面积 $A_1$；

③ 考虑偏心不利的影响，基底面积增大 10%～40%。偏心小时可用 10%，偏心大时可用 40%。偏心荷载作用下基础底面积为：

$$A = (1.1 \sim 1.4) A_1 \qquad (3-31)$$

④ 初步确定 $b$、$l$ 的尺寸，对单独基础，$l/b$ 不宜大于 3，以保证基础的侧向稳定；

⑤ 计算基底边缘最大、最小压力（图 3-34）；

$$p_{\substack{kmax \\ kmin}} = \frac{F_k + G_k}{A} \pm \frac{M_k}{W} \qquad (3-32)$$

式中　$p_{kmax}$——相应于作用的标准组合时，基础底面边缘的最大压力值，kPa；

　　　$p_{kmin}$——相应于作用的标准组合时，基础底面边缘的最小压力值，kPa；

　　　$M_k$——相应于作用的标准组合时，作用于基础底面的力矩值，kN·m；

　　　$W$——基础底面的抵抗矩，m³。

⑥ 基底应力验算。

$$p_k = \frac{1}{2}(p_{kmax} + p_{kmin}) \leqslant f_a \qquad (3-33)$$

$$p_{kmax} \leqslant 1.2 f_a \qquad (3-34)$$

式(3-33) 是验算基础底面平均应力 $p_k$ 是否满足要求的公式，$p_k$ 应满足地基承载力设计值的要求。式(3-34) 指基础边缘最大应力不能超过地基承载力设计值的 20%，防止基底应力严重不均匀导致基础发生倾斜。若计算的基底应力满足式(3-33)、式(3-34) 的要求，

说明确定的基底面积 $A$ 合适。

⑦ 若基底面积 $A$ 不满足要求，可调整尺寸再行验算，如此反复 1~2 次，便可定出合适的尺寸。

# 3.6　无筋扩展基础

## 3.6.1　无筋扩展基础设计

为控制无筋扩展基础的挠曲变形，防止基础内拉应力超过材料的抗拉强度而产生裂缝，设计中必须控制基础内的拉应力和剪应力。结构设计时可以通过控制材料强度等级和台阶宽高比（台阶的宽度与其高度之比）来确定基础的截面尺寸，无须进行内力分析和截面强度计算。

无筋扩展基础每个台阶的宽高比（$b_2 : H_0$）都不得超过表 3-2 所列的台阶宽高比的允许值。设计时一般先选择适当的基础埋深和基础底面尺寸，设基底宽度为 $b$，则按上述要求，基础高度应满足式(3-1)的要求。

混凝土基础单侧扩展范围内基础底面处的平均压力值超过 300kPa 时，应按下式验算墙（柱）边缘或变阶处的受剪承载力：

$$V_s \leqslant 0.366 f_t A \tag{3-35}$$

式中　$V_s$——相应于作用的基本组合时的地基土平均净反力产生的沿墙（柱）边缘或变阶处的剪力设计值，kN；

　　　$A$——沿墙（柱）边缘或变阶处基础的垂直截面面积，$m^2$；

　　　$f_t$——混凝土抗拉强度设计值，$kN/m^2$。

## 3.6.2　无筋扩展基础的构造

（1）砖基础细部构造

砖基础各部分的尺寸应符合砖的模数，一般做成台阶式，下部通常扩大，称为大放脚。大放脚有等高式和不等高式两种（图 3-35）。等高式大放脚是"两皮一收"，即每砌两皮砖，两边各收进 1/4 砖长；不等高式大放脚是"两皮一收"与"一皮一收"相间隔，即砌两皮砖，收进 1/4 砖长，再砌一皮砖，收进 1/4 砖长，如此往复。在相同底宽的情况下，后者可减小基础高度，但为保证基础的强度，底层需用"两皮一收"砌筑。大放脚的底宽应根据计算而定，各层大放脚的宽度应为半砖长的整倍数（包括灰缝）。

为了保证砖基础的砌筑质量（并能起到省工和平整、保护基槽的作用）常常在砖基础底面以下先做垫层。垫层材料可选用灰土、三合土或混凝土。垫层每边伸出基础底面 50mm，厚度一般为 100mm，设计时垫层不作为基础结构部分考虑，因此垫层的高度和宽度都不计入基础的埋深 $d$ 和宽度 $b$ 之内。

（2）毛石基础

毛石基础每阶高度 $h_1$ 一般不宜小于 300mm，通常取 400~600mm，并由两层毛石错缝砌成，如图 3-36 所示。毛石基础的每阶伸出宽度不宜大于 200mm。石块应错缝搭砌，缝内砂浆应饱满，且每步台阶不应少于两皮毛石，石块上下皮竖缝必须错开（不少于 100mm，角石不少于 150mm），做到丁顺交错排列。毛石基础底面以下一般铺设 100mm 厚的 C10 混凝土垫层。

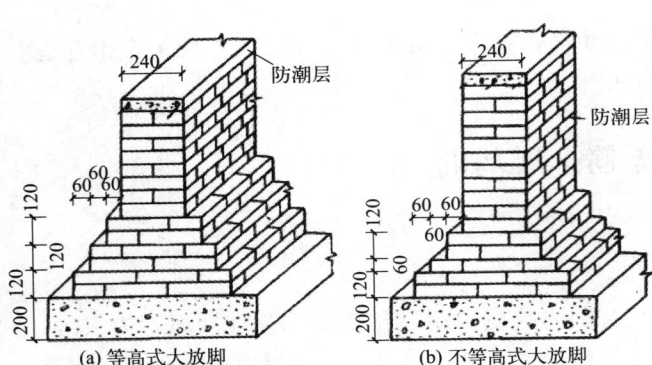

图 3-35　砖基础大放脚

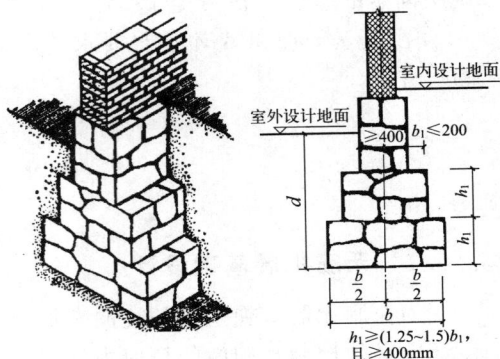

图 3-36　毛石基础构造

（3）**素混凝土基础**

素混凝土基础可以做成台阶形或梯形断面。做成台阶形时，总高度在 350mm 以内做一层台阶；总高度为 350mm＜$H_0$≤900mm 时做成两层台阶；总高度大于 900mm 时，做成三层台阶，每个台阶的高度不宜大于 500mm（图 3-37）。

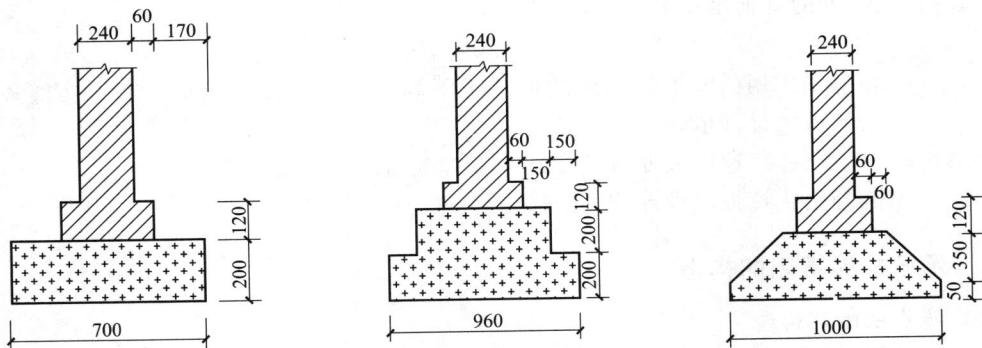

图 3-37　素混凝土基础构造

【**例 3-1**】　某住宅楼柱子断面 600mm×400mm，已知由上部结构传至柱端的荷载为：荷载效应标准组合下，作用于柱地表处的竖向力 $F_k$＝800kN，弯矩值 $M_k$＝200kN·m 和水平力 $H_k$＝25kN（作用于基础长边方向），地层剖面如图 3-38 所示，基础埋置深度 2.0m，地下水位－3.0m，试设计柱下无筋扩展基础（刚性基础）。

【**解**】　（1）确定地基持力层，先仅进行深度修正，初步确定修正后的地基承载力特征值 $f_a$。

柱基础埋置在第二层粉质黏土上，埋置深度 2.0m，孔隙比 $e$＝0.843，液性指数 $I_L$＝0.76，均小于 0.85，查表 3-9，取 $\eta_b$＝0.3、$\eta_d$＝1.6，基础埋置深度以上土的加权平均重度

$$\gamma_m = (17.6×1.5＋19.2×0.5)/2 = 18(kN/m^3)$$

根据式（3-7）

$$f_a = f_{ak} + \eta_b\gamma(b-3) + \eta_d\gamma_m(d-0.5) = 185＋1.6×18×(2-0.5) = 228(kPa)$$

（2）先按轴心荷载作用下公式式（3-28）初算得到基础底面积 $A_1$。

$$A_1 ≥ \frac{F_k}{f_a - \gamma_G d} = \frac{800}{228-20×2} = 4.26(m^2)$$

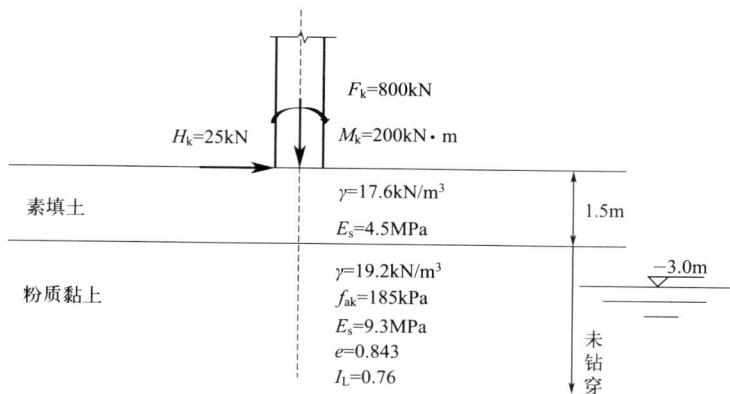

图 3-38 【例 3-1】地层剖面

（3）考虑偏心的不利影响，基底面积增大 $40\%$，偏心荷载作用下基础底面积为：

$$A=1.4A_1=5.96(\text{m}^2)$$

（4）初步确定 $b$、$l$ 的尺寸，对单独基础，$b/l$ 不宜大于 3，采用 $b\times l=3\times2.2=6.6(\text{m}^2)$ 基础，基础宽度 $b=3\text{m}$，因此无须进行二次宽度承载力特征值修正。

（5）计算基底边缘最大、最小压力。根据式（3-32）

$$p_{\substack{kmax\\kmin}}=\frac{F_k+G_k}{A}\pm\frac{M_k}{W}=\frac{800+20\times2\times6.6}{6.6}\pm\frac{200+25\times2}{\frac{1}{6}\times3^2\times2.2}=161.2\pm75.8(\text{kPa})$$

可得 $\qquad\qquad p_{kmax}=237\text{kPa},p_{kmin}=85.4\text{kPa}$

偏心距 $\qquad e=M_k/(F_k+G_k)=250/1040=0.24(\text{m})<b/6=0.5(\text{m})$

（6）基底应力验算。

根据式（3-33）、式（3-34）验算基底应力：

$\dfrac{1}{2}(p_{kmax}+p_{kmin})=173.3(\text{kPa})\leqslant f_a=228(\text{kPa})$，安全；

$p_{kmax}=249.1(\text{kPa})\leqslant1.2f_a=1.2\times228=273.6(\text{kPa})$，安全；

因此，基础尺寸 $b\times l=3\times2.2=6.6(\text{m}^2)$，满足设计要求。

（7）确定基础高度和构造尺寸。采用 C25 素混凝土基础，标准组合作用时基础底面处的平均压力值 $p_k=173.3\text{kPa}$，$100\text{kPa}<p_k<200\text{kPa}$，查表 3-2，台阶宽高比的允许值为 $1:1.00$，如图 3-39 所示，基础做成三个台阶，初定混凝土基础高度为 $1.2\text{m}$，根据式（3-1）

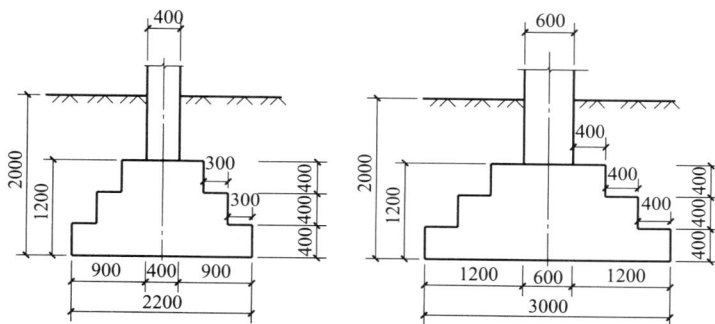

图 3-39 【例 3-1】基础剖面图（单位：mm）

长度方向：$\dfrac{l-l_0}{2H_0}=\dfrac{3-0.6}{2\times1.2}=0.9<[\tan\alpha]=1.00$，满足要求；

宽度方向：$\dfrac{b-b_0}{2H_0}=\dfrac{2.2-0.4}{2\times1.2}=0.54<[\tan\alpha]=1.00$，满足要求。

由上可知，混凝土基础单侧扩展范围内基础底面处的平均压力值小于300kPa，因此无须进行抗剪验算。

# 3.7  扩展基础设计

钢筋混凝土扩展基础系指柱下钢筋混凝土独立基础和墙下钢筋混凝土条形基础，如图 3-40 所示。扩展基础的底面向外扩展，基础外伸的宽度大于基础高度，由于采用钢筋承担弯曲所产生的拉应力，故可以不满足刚性角的要求，基础高度可以较小，但仍需要满足抗弯、抗剪切和抗冲切破坏的要求。

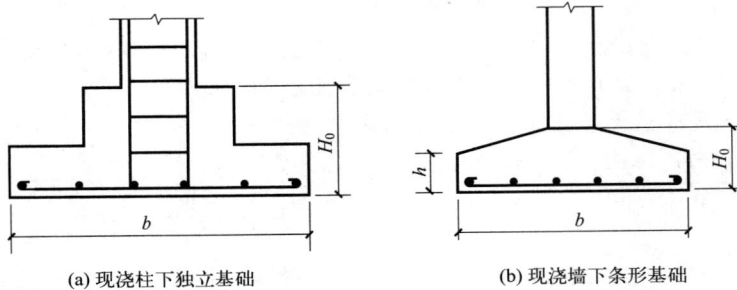

(a) 现浇柱下独立基础          (b) 现浇墙下条形基础

图 3-40  扩展基础

扩展基础适用于上部结构荷载较大，有时为偏心荷载或承受弯矩、水平荷载的建筑物的基础。在地基表层土质较好、下层土质软弱，需利用表层好土层设计浅埋基础的情况下，最适宜采用扩展基础。

## 3.7.1  基础破坏模式

柱下钢筋混凝土独立基础受荷载作用时，处于典型的局部受压状态。大量试验结果证实，柱下独立基础受荷载后可能出现以下的破坏形式。

（1）冲切破坏

钢筋混凝土结构理论研究表明，构件在弯、剪荷载共同作用下，主要的破坏形式是先在弯剪区域出现斜裂缝，随着荷载增加，裂缝向上扩展，未开裂部分的正应力和剪应力迅速增加。当正应力和剪应力组合后的主应力出现拉应力，且大于混凝土的抗拉强度时，发生斜拉破坏，这种破坏形式在扩展基础上也称冲切破坏。

（2）弯曲破坏

基础在基底净反力作用下，底板在纵、横向均可能发生向上弯曲，基础底部受拉，顶部受压，当荷载增大至一定程度时，在危险截面内的设计弯矩会超过底板的抗弯强度，致使底板产生弯曲破坏。这种破坏沿着墙边或柱边发生，裂缝平行于墙边或柱边。

（3）剪切破坏

剪切破坏是指沿墙或柱子边缘以及基础变截面处产生的竖向剪切破坏。对于弯矩、剪力共同作用的构件，这种纯剪切破坏通常不起控制作用。

### 3.7.2　扩展基础的构造要求

（1）垫层

钢筋混凝土基础底板下一般需浇筑一层厚度 70～100mm 的素混凝土垫层，它既是基础底板钢筋绑扎的工作面，又可保证基础底板的质量，并保护地基土不被扰动。垫层混凝土强度等级不低于 C10，每边伸出基础边缘 100mm，如图 3-41 所示。

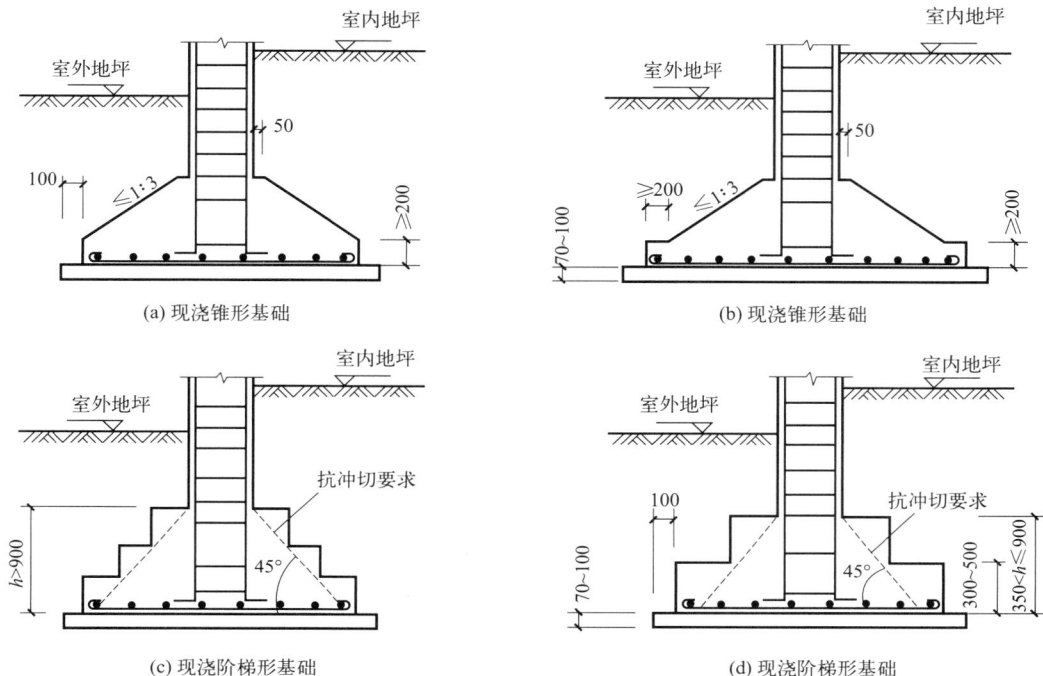

图 3-41　扩展基础构造

（2）底板与台阶高度

现浇钢筋混凝土基础底板厚度除按计算确定外，锥形基础的边缘高度不宜小于 200mm，且两个方向的坡度不宜大于 1∶3 ［图 3-41(a)、图 3-41(b)］；阶梯形基础的每阶高度，宜为 300～500mm ［图 3-41(c)、图 3-41(d)］。

（3）混凝土与配筋

依据《建筑与市政地基基础通用规范》（GB 55003—2021）第 6.2.4 条，扩展基础的混凝土强度等级不应低于 C25，受力钢筋最小配筋率不应小于 0.15%，底板受力钢筋的最小直径不应小于 10mm，间距不应大于 200mm，也不应小于 100mm。墙下钢筋混凝土条形基础纵向分布钢筋的直径不应小于 8mm；间距不应大于 300mm；每延米分布钢筋的面积不应小于受力钢筋面积的 15%。当有垫层时钢筋保护层的厚度不应小于 40mm；无垫层时不应小于 70mm。

（4）底板受力钢筋布置

当柱下钢筋混凝土独立基础的边长和墙下钢筋混凝土条形基础的宽度大于或等于 2.5m 时，底板受力钢筋的长度可取边长或宽度的 0.9 倍，并宜交错布置（图 3-42）。

钢筋混凝土条形基础底板在 T 形及十字形交接处，底板横向受力钢筋仅沿一个主要受力方向通长布置，另一方向的横向受力钢筋可布置到主要受力方向底板宽度 1/4 处，在拐角

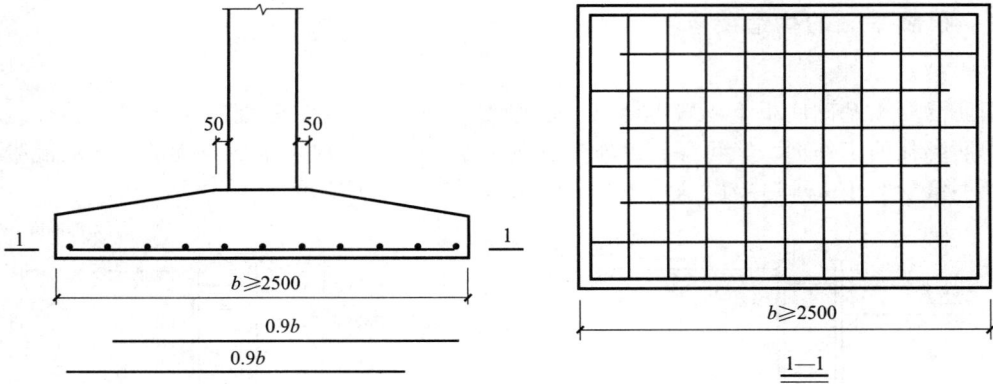

图 3-42　柱下独立基础底板受力钢筋布置

处底板横向受力钢筋应沿两个方向布置（图 3-43）。

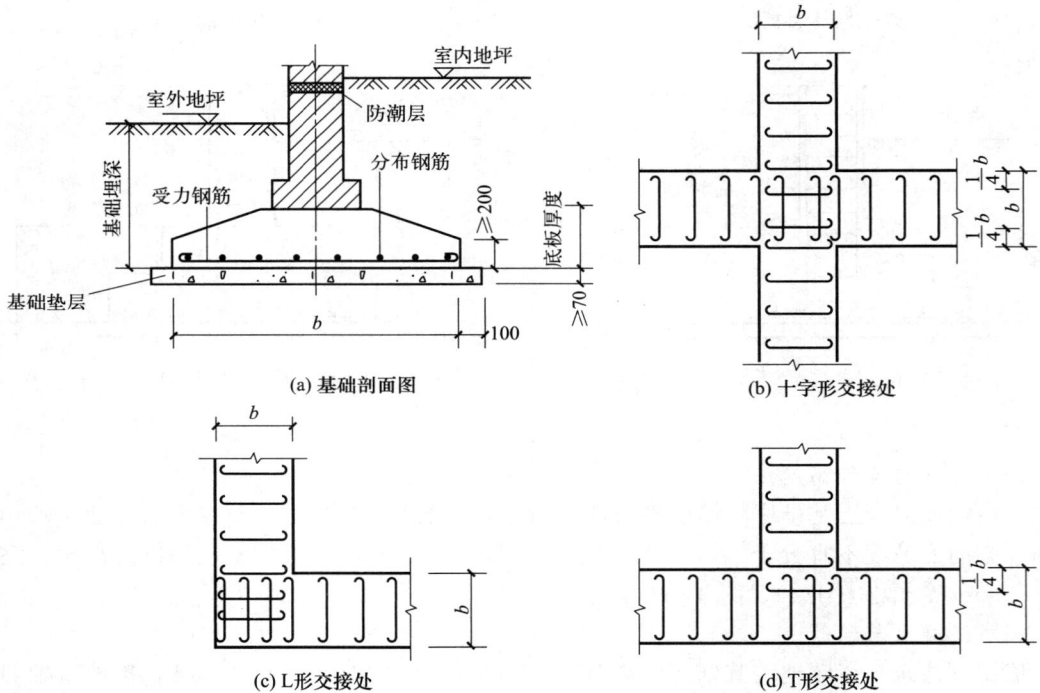

(a) 基础剖面图　　　　(b) 十字形交接处

(c) L形交接处　　　　(d) T形交接处

图 3-43　墙下条形基础纵横交叉处底板受力钢筋布置

（5）纵向受力钢筋在基础内的锚固长度

钢筋混凝土柱和剪力墙纵向受力钢筋在基础内的锚固长度 $l_a$ 应根据现行国家标准《混凝土结构设计标准（2024 年版）》（GB/T 50010—2010）有关规定确定。抗震设防烈度为 6 度、7 度、8 度和 9 度地区的建筑工程，纵向受力钢筋的抗震锚固长度 $l_{aE}$ 应按下式计算：

① 一、二级抗震等级纵向受力钢筋的抗震锚固长度 $l_{aE}$ 应按下式计算：

$$l_{aE}=1.15l_a \tag{3-36}$$

② 三级抗震等级纵向受力钢筋的抗震锚固长度 $l_{aE}$ 应按下式计算：

$$l_{aE}=1.05l_a \tag{3-37}$$

③ 四级抗震等级纵向受力钢筋的抗震锚固长度 $l_{aE}$ 应按下式计算：

$$l_{aE}=l_a \tag{3-38}$$

式中　$l_a$——纵向受拉钢筋的锚固长度，m。

当基础高度小于 $l_a$（$l_{aE}$）时，纵向受力钢筋的锚固总长度除符合上述要求外，其最小直锚段的长度不应小于 $20d$，弯折段的长度不应小于 150mm。

（6）现浇柱基础的插筋

现浇柱的基础，其插筋的数量、直径以及钢筋种类应与柱内纵向受力钢筋相同。插筋与柱的纵向受力钢筋的连接方法，应符合现行国家标准《混凝土结构设计标准（2024 年版）》（GB/T 50010—2010）的有关规定。插筋的下端宜做成直钩放在基础底板钢筋网上。当符合下列条件之一时，可仅将四角的插筋伸至底板钢筋网上，其余插筋锚固在基础顶面下 $l_a$ 或 $l_{aE}$ 处（图 3-44）。

① 柱为轴心受压或小偏心受压，基础高度大于或等于 1200mm；

② 柱为大偏心受压，基础高度大于或等于 1400mm。

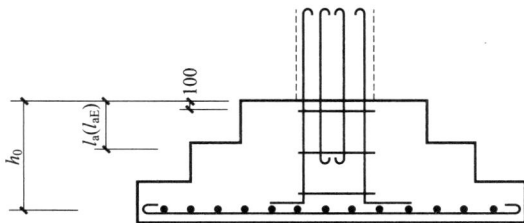

图 3-44　现浇柱基础的插筋构造示意

$l_a$—纵向受拉钢筋的锚固长度，m；$l_{aE}$—纵向受力钢筋的抗震锚固长度

（7）预制钢筋混凝土柱与杯口基础的连接

预制钢筋混凝土柱与杯口基础的连接（图 3-45），应符合下列规定：

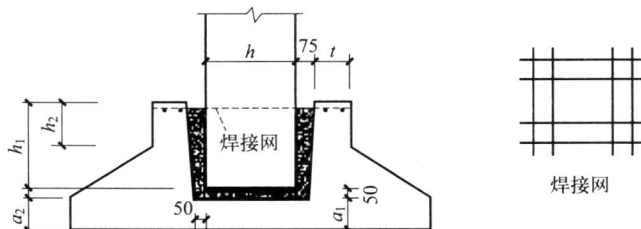

图 3-45　预制钢筋混凝土柱与杯口基础的连接示意（注：$a_2 \geqslant a_1$）

① 柱的插入深度，可按表 3-14 选用，并应满足钢筋锚固长度 $l_a$（$l_{aE}$）的要求及吊装时柱的稳定性。

表 3-14　柱的插入深度 $h_1$　　　　　　　　　单位：mm

| 矩形或工字形柱 | | | | 双支柱 |
|---|---|---|---|---|
| $h<500$ | $500 \leqslant h<800$ | $800 \leqslant h<1000$ | $h>1000$ | |
| $h \sim 1.2h$ | $h$ | $0.9h$，且$\geqslant 800$ | $0.8h$，且$\geqslant 1000$ | $(1/3 \sim 2/3)h_a$ $(1.5 \sim 1.8)h_b$ |

注：1. $h$ 为柱截面长边尺寸；$h_a$ 为双肢柱全截面长边尺寸；$h_b$ 为双肢柱全截面短边尺寸。

2. 柱轴心受压或小偏心受压时，$h_1$ 可适当减小，偏心距大于 $2h$ 时，$h_1$ 应适当加大。

② 基础的杯底厚度和杯壁厚度，可按表 3-15 选用。

**表 3-15　基础的杯底厚度和杯壁厚度**

| 柱截面长边尺寸 $h$/mm | 杯底厚度 $a_1$/mm | 杯壁厚度 $t$/mm |
|---|---|---|
| $h<500$ | ≥150 | 150～200 |
| $500≤h<800$ | ≥200 | ≥200 |
| $800≤h<1000$ | ≥200 | ≥300 |
| $1000≤h<1500$ | ≥250 | ≥350 |
| $1500≤h<2000$ | ≥300 | ≥400 |

注：1. 双肢柱的杯底厚度值，可适当加大。

2. 当有基础梁时，基础梁下的杯壁厚度应满足其支承宽度的要求。

3. 柱子插入杯口部分的表面应凿毛，柱子与杯口之间的空隙，应用比基础混凝土强度等级高一级的细石混凝土充填密实，当达到材料设计强度的 70% 以上时，方能进行上部吊装。

③ 当柱为轴心受压或小偏心受压且 $t/h_2≥0.65$ 时，或大偏心受压且 $t/h_2≥0.75$ 时，杯壁可不配筋；当柱为轴心受压或小偏心受压且 $0.5≤t/h_2<0.65$ 时，杯壁可按表 3-16 构造配筋；其他情况下，应按计算配筋。

**表 3-16　杯壁构造配筋**

| 柱截面长边尺寸 $h$/mm | $h<1000$ | $1000≤h<1500$ | $1500≤h<2000$ |
|---|---|---|---|
| 钢筋直径/mm | 8～10 | 10～12 | 12～16 |

注：表中钢筋置于杯口顶部，每边两根（图 3-45）。

### 3.7.3　扩展基础计算

扩展基础基底面积计算方法与无筋扩展基础的计算方法一致，参照 3.5 节基础尺寸设计。

依据《建筑与市政地基基础通用规范》（GB 55003—2021）第 6.2.1 条，扩展基础的计算应符合下列规定：

① 对柱下独立基础，当冲切破坏锥体落在基础底面以内时，应验算柱与基础交接处以及基础变阶处的受冲切承载力；

② 对基础底面短边尺寸小于或等于柱宽加两倍基础有效高度的柱下独立基础以及墙下条形基础，应验算柱（墙）与基础交接处的基础受剪切承载力；

③ 基础底板的配筋，应按抗弯计算确定；

④ 当基础混凝土强度等级小于柱或桩的混凝土强度等级时，应验算柱下基础或桩上承台的局部受压承载力。

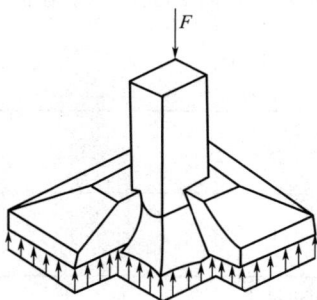

#### 3.7.3.1　扩展基础的高度

（1）柱下独立基础的高度

① 受冲切承载力验算。当基底面积较大而基础厚度较薄时，基础受荷载后，可能会沿柱边缘或台阶变截面处产生近 45°方向的斜拉裂缝，形成冲切角锥体（图 3-46），即冲切破坏。

为保证基础不发生冲切破坏，应使地基净反力产生的冲切力不大于基础冲切面上的混凝土抗冲切承载力，从而确定基础的最小容许高度。

图 3-46　基础冲切破坏

对柱下独立基础，当冲切破坏锥体落在基础底面以内时，应按式（3-39）验算柱与基础交接处和基础变阶处的受冲切承载力，如图 3-47 所示。

$$F_l \leqslant 0.7\beta_{\mathrm{hp}} f_{\mathrm{t}} a_{\mathrm{m}} h_0 \tag{3-39}$$

$$a_m = (a_{\mathrm{t}} + a_{\mathrm{b}})/2 \tag{3-40}$$

$$F_l = p_{\mathrm{j}} A_l \tag{3-41}$$

式中　$\beta_{\mathrm{hp}}$——受冲切承载力截面高度影响系数，当基础高度 $h \leqslant 800\mathrm{mm}$ 时，$\beta_{\mathrm{hp}}$ 取 1.0；当 $h \geqslant 2000\mathrm{mm}$ 时，$\beta_{\mathrm{hp}}$ 取 0.9，其间按线性内插法取用。

$f_{\mathrm{t}}$——混凝土轴心抗拉强度设计值，kPa。

$h_0$——基础冲切破坏锥体的有效高度，m。

$a_{\mathrm{m}}$——冲切破坏锥体最不利一侧计算长度，m。

$a_{\mathrm{t}}$——冲切破坏锥体最不利一侧斜截面的上边长，当计算柱与基础交接处的受冲切承载力时，取柱宽；当计算基础变阶处的受冲切承载力时，取上阶宽，m。

$a_{\mathrm{b}}$——冲切破坏锥体最不利一侧斜截面在基础底面积范围内的下边长，当冲切破坏锥体的底面落在基础底面以内 [图 3-47(a)、(b)]，计算柱与基础交接处的受冲切承载力时，取柱宽加两倍基础有效高度；当计算基础变阶处的受冲切承载力时，取上阶宽加两倍该处的基础有效高度，m。

$p_{\mathrm{j}}$——扣除基础自重及其上土重后相应于作用的基本组合时的地基土单位面积净反力，对偏心受压基础可取基础边缘处最大地基土单位面积净反力，kPa。

$A_l$——冲切验算时取用的部分基底面积 [图 3-47(a)、(b) 中的阴影面积 ABC-DEF]，m²。

$F_l$——相应于作用的基本组合时作用在 $A_l$ 上的地基土净反力设计值，kPa。

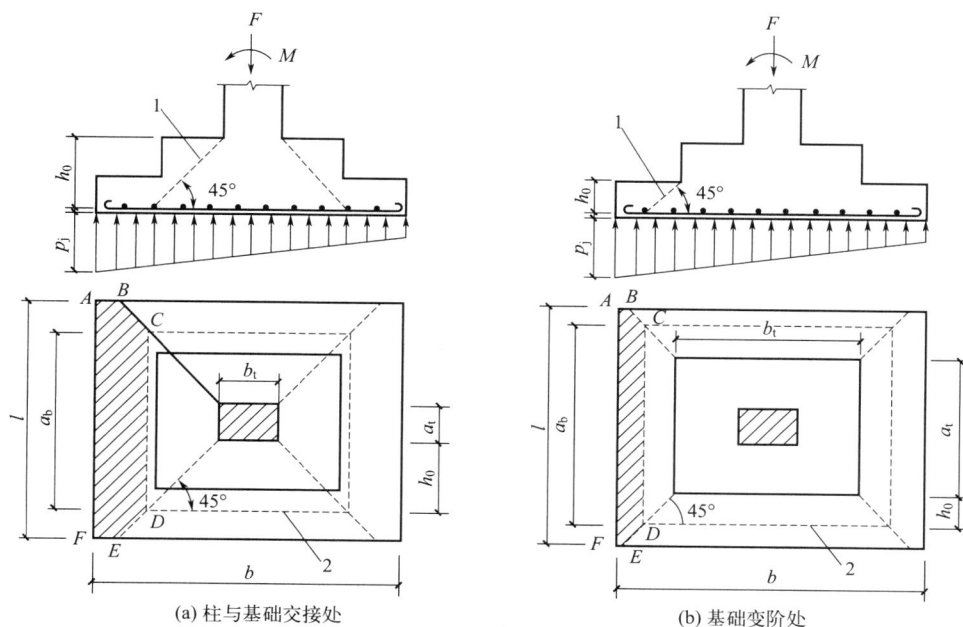

图 3-47　计算阶形基础的受冲切承载力截面位置

1—冲切破坏锥体最不利一侧的斜截面；2—冲切破坏锥体的底面线

由式（3-39）、式（3-41）可得：

$$p_{\mathrm{j}} A_l \leqslant 0.7\beta_{\mathrm{hp}} f_{\mathrm{t}} a_{\mathrm{m}} h_0 \tag{3-42}$$

而图 3-47 中的阴影面积 $ABCDEF$：

$$A_l = \left(\frac{b}{2} - \frac{b_t}{2} - h_0\right)l - \left(\frac{l}{2} - \frac{a_t}{2} - h_0\right)^2 \tag{3-43}$$

$$a_m = \frac{a_t + a_b}{2} = \frac{a_t + (a_t + 2h_0)}{2} = a_t + h_0 \tag{3-44}$$

将式(3-43) 代入式(3-41)，可得：

$$F_l = p_j A_l = p_j\left[\left(\frac{b}{2} - \frac{b_t}{2} - h_0\right)l - \left(\frac{l}{2} - \frac{a_t}{2} - h_0\right)^2\right] \tag{3-45}$$

将式(3-45) 代入式(3-42)，可得：

$$p_j\left[\left(\frac{b}{2} - \frac{b_t}{2} - h_0\right)l - \left(\frac{l}{2} - \frac{a_t}{2} - h_0\right)^2\right] \leqslant 0.7\beta_{hp}f_t(a_t + h_0)h_0 \tag{3-46}$$

从而可得

$$h_0^2 + a_t h_0 - \frac{2l(b - b_t) - (l - a_t)^2}{4\left(1 + 0.7\beta_{hp}\dfrac{f_t}{p_j}\right)} \geqslant 0 \tag{3-47}$$

由此，可得基础有效高度：

$$h_0 \geqslant \frac{1}{2}\left(-a_t + \sqrt{a_t^2 + C}\right) \tag{3-48}$$

式中　$h_0$——基础底板的有效高度，m；

　　　$a_t$——柱截面的长边，m；

　　　$b_t$——柱截面的短边，m；

　　　$C$——系数。

对于矩形基础

$$C = \frac{2l(b - b_t) - (l - a_t)^2}{1 + 0.7\beta_{hp}\dfrac{f_t}{p_j}} \tag{3-49}$$

对于正方形基础

$$C = \frac{l^2 - a_t^2}{1 + 0.7\beta_{hp}\dfrac{f_t}{p_j}} \tag{3-50}$$

基础底板厚度 $h$ 为基础有效高度 $h_0$ 与基础底面钢筋形心至基础底面间距离之和。

有垫层时　　　　　　　　　　　$h = h_0 + 45\text{mm}$ 　　　　　　　　　　　(3-51)

无垫层时　　　　　　　　　　　$h = h_0 + 75\text{mm}$ 　　　　　　　　　　　(3-52)

钢筋的保护层的厚度不应小于 70mm，当设置混凝土垫层且厚度不小于 70mm 时，保护层厚度可以适当减少，但不应小于 40mm。

② 受剪切承载力验算。当基础底面短边尺寸小于或等于柱宽加两倍基础有效高度时，应按下列公式验算柱与基础交接处截面受剪承载力：

$$V_s \leqslant 0.7\beta_{hs}f_t A_0 \tag{3-53}$$

$$\beta_{hs} = \left(\frac{800}{h_0}\right)^{1/4} \tag{3-54}$$

式中　$V_s$——相应于作用的基本组合时，柱与基础交接处的剪力设计值，图 3-48 中的阴影面积乘以基底平均净反力，kN。

　　　$\beta_{hs}$——受剪切承载力截面高度影响系数，当 $h_0 < 800\text{mm}$ 时，取 $h_0 = 800\text{mm}$；当

$h_0 > 2000 \text{mm}$ 时，取 $h_0 = 2000 \text{mm}$。

$A_0$——验算截面处基础的有效截面面积，当验算截面为阶形或锥形时，可将其截面折算成矩形截面，$\text{m}^2$。

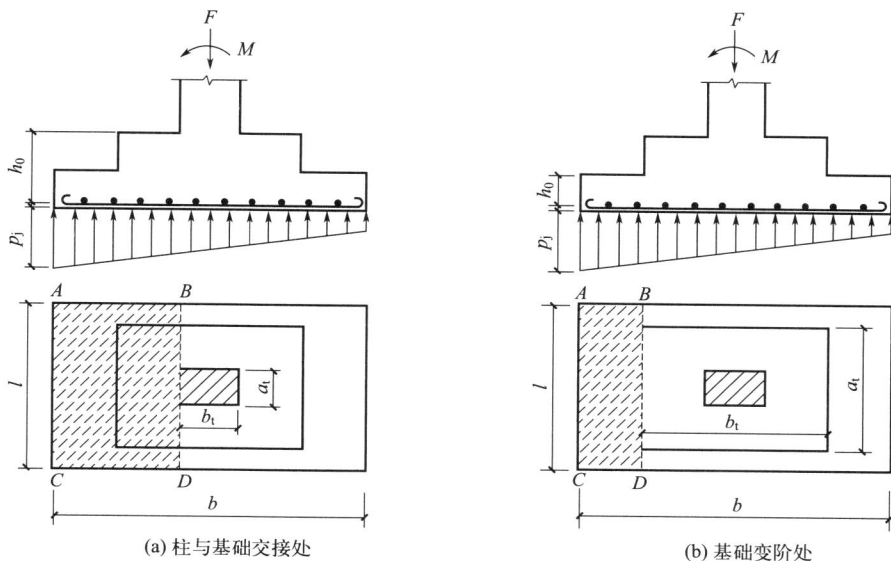

(a) 柱与基础交接处  (b) 基础变阶处

图 3-48 验算阶形基础受剪切承载力示意图

a. 阶形截面验算（图 3-49）。对于阶梯形承台应分别在变阶处（$A_1$—$A_1$，$B_1$—$B_1$）及柱边处（$A_2$—$A_2$，$B_2$—$B_2$）进行斜截面受剪计算。

计算变阶处截面 $A_1$—$A_1$，$B_1$—$B_1$ 的斜截面受剪承载力时，其截面有效高度均为 $h_{01}$，截面计算宽度分别为 $b_{y1}$ 和 $b_{x1}$。

计算柱边截面 $A_2$—$A_2$，$B_2$—$B_2$ 处的斜截面受剪承载力时，其截面有效高度均为 $h_{01} + h_{02}$，截面计算宽度按下式进行计算：

对 $A_2$—$A_2$

$$b_{y0} = \frac{h_{01} b_{y1} + h_{02} b_{y2}}{h_{01} + h_{02}} \tag{3-55}$$

对 $B_2$—$B_2$

$$b_{x0} = \frac{h_{01} b_{x1} + h_{02} b_{x2}}{h_{01} + h_{02}} \tag{3-56}$$

b. 锥形截面验算（图 3-50）。对于锥形承台应对 $A$—$A$ 及 $B$—$B$ 两个截面进行受剪承载力计算（图 3-50），截面有效高度均为 $h_0$，截面的计算宽度按下式计算：

对 $A$—$A$

$$b_{y0} = \left[1 - 0.5 \frac{h_1}{h_0} \left(1 - \frac{b_{y2}}{b_{y1}}\right)\right] b_{y1} \tag{3-57}$$

对 $B$—$B$

$$b_{x0} = \left[1 - 0.5 \frac{h_1}{h_0} \left(1 - \frac{b_{x2}}{b_{x1}}\right)\right] b_{x1} \tag{3-58}$$

（2）墙下条形基础的高度

墙下条形基础底板应按式（3-53）验算墙与基础底板交接处截面受剪承载力，其中 $A_0$

为验算截面处基础底板的单位长度垂直截面有效面积，$V_s$ 为相应于作用的基本组合时，墙与基础交接处由基底平均净反力产生的单位长度剪力设计值。

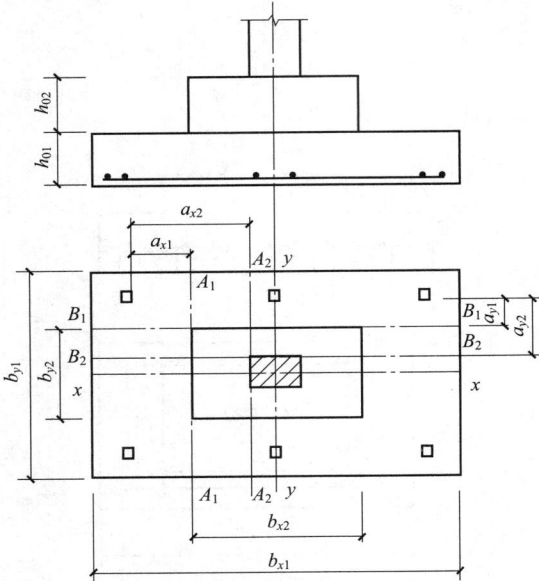

图 3-49　阶梯形基础斜截面受剪计算

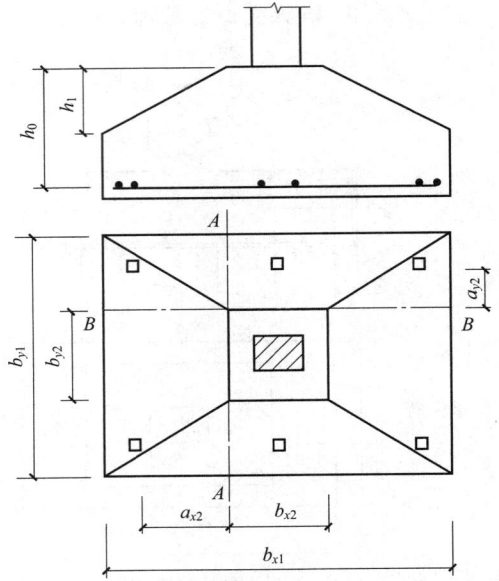

图 3-50　验算锥形基础受剪切承载力示意图

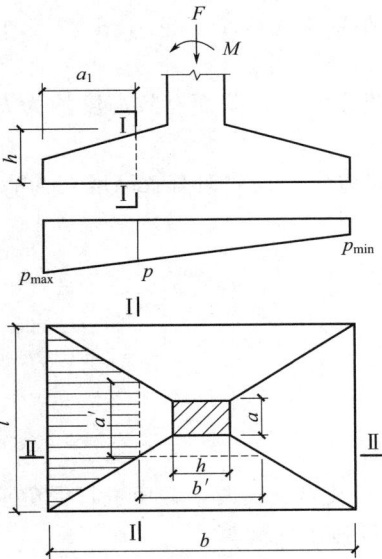

图 3-51　矩形基础底板的计算示意

### 3.7.3.2　扩展基础底板配筋计算

基底在基底净反力作用下，底板在纵横向向上弯曲，为避免底板产生弯曲破坏，需在底板配置足量钢筋。

（1）扩展基础弯矩计算

① 柱下独立基础弯矩计算。由于独立基础的长宽尺寸一般较为接近，故基础底板按双向弯曲板考虑。进行内力计算时常采用简化计算方法，即将独立基础的底板看作固定在柱子周边四面挑出的悬臂板，将地基净反力近似按对角线划分为 4 个梯形区域，如图 3-51 所示，并认为基础纵横两方向的弯矩等于所对应的梯形基底面积上地基净反力所产生的力矩。

在轴心荷载或单向偏心荷载作用下，底板受弯，当台阶的宽高比小于或等于 2.5 且偏心距小于或等于 1/6 基础宽度时，柱下矩形独立基础任意截面的底板弯矩可按下列简化方法进行计算（图 3-51）：

$$M_{\mathrm{I}} = \frac{1}{12} a_1^2 \left[ (2l + a') \left( p_{\max} + p - \frac{2G}{A} \right) + (p_{\max} - p) l \right] \tag{3-59}$$

$$M_{\mathrm{II}} = \frac{1}{48} (l - a')^2 (2b + b') \left( p_{\max} + p_{\min} - \frac{2G}{A} \right) \tag{3-60}$$

式中　$M_{\mathrm{I}}$、$M_{\mathrm{II}}$——相应于作用的基本组合时，任意截面 I—I、II—II 处的弯矩设计值，kN·m；

$a_1$——任意截面 I—I 至基底边缘最大反力处的距离，m；

$l$、$b$——基础底面的边长，m；

$p_{max}$、$p_{min}$——相应于作用的基本组合时的基础底面边缘最大和最小地基反力设计
值，kPa；

$p$——相应于作用的基本组合时在任意截面 I—I 处基础底面地基反力设计
值，kPa；

$G$——考虑作用分项系数的基础自重及其上的土自重，当组合值由永久作用
控制时，作用分项系数可取 1.35，kN。

② 条形基础弯矩计算。墙下条形基础（图 3-52）任意截面每延米宽度的弯矩，可按下
式进行计算

$$M_I = \frac{1}{6}a_1^2\left(2p_{max} + p - \frac{3G}{A}\right)$$ (3-61)

其最大弯矩截面的位置，当墙体材料为混凝土时，取 $a_1 = b_1$；如为砖墙且放脚不大于
1/4 砖长时，取 $a_1 = b_1 + 1/4$ 砖长。

（2）配筋计算

基础底板配筋除满足计算和最小配筋率要求外，尚应符合现行《建筑地基基础设计规
范》的构造要求。基础底板钢筋受力面积可按下式计算：

$$A_s = \frac{M}{0.9f_yh_0}$$ (3-62)

式中　$A_s$——基础底板受力钢筋面积，mm；

$f_y$——钢筋抗拉强度设计值，N/mm²。

当柱下独立柱基底面长短边之比 $\omega$ 在大于或等于 2、小于或等于 3 的范围时，基础底板
短向钢筋应按下述方法布置：将短向全部钢筋面积乘以 $\lambda$ 后求得的钢筋面积，均匀分布在与
柱中心线重合的宽度等于基础短边的中间带宽范围内（图 3-53），其余的短向钢筋则均匀分
布在中间带宽的两侧。长向配筋应均匀分布在基础全宽范围内。$\lambda$ 按下式计算：

$$\lambda = 1 - \frac{\omega}{6}$$ (3-63)

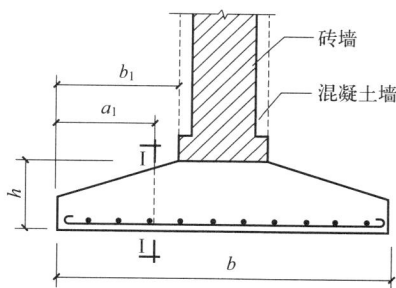

图 3-52　墙下条形基础底板的计算示意

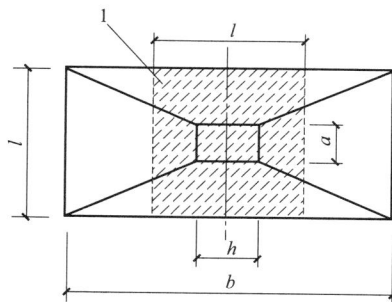

图 3-53　基础底板短向钢筋布置示意
1—$\lambda$ 倍短向全部钢筋面积均匀配置在阴影范围内

## 3.7.4　扩展基础设计步骤

扩展基础的设计内容与步骤可以分为如下几个方面。

① 调查研究，收集设计资料。包括：建筑物类型、荷载、场地和地基的勘察成果，以
及当地的设计与施工经验等。

② 选定持力层，确定基础埋深。

③ 确定基础的底面积。

④ 地基承载力验算。

⑤ 地基变形计算，如有需要，还需进行软弱下卧层与稳定性验算。

⑥ 扩展基础构造设计。

⑦ 绘制扩展基础施工图。

### 3.7.5 扩展基础设计例题

【例 3-2】 某住宅楼柱子断面尺寸 $600\text{mm} \times 400\text{mm}$，已知由上部结构传来的荷载为：荷载效应标准组合下，作用于柱地表处的竖向力恒载 $F_{gk}=320\text{kN}$，活载 $F_{qk}=480\text{kN}$（其准永久值系数取 0.4），活载弯矩 $M_{yk}=100\text{kN·m}$ 和水平力 $H_{xk}=40\text{kN}$（作用于基础长边方向），地层剖面如图 3-54 所示，地下水位 $-3.0\text{m}$。试设计柱下扩展基础。

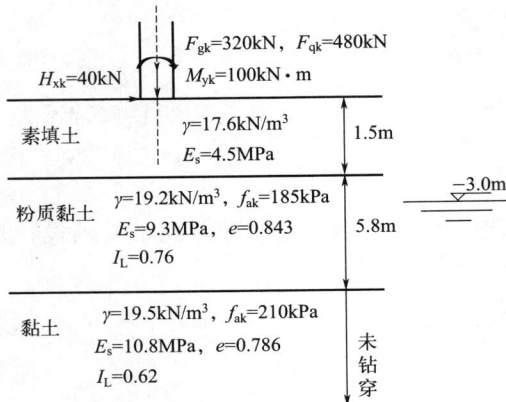

图 3-54　【例 3-2】地层剖面

图中标注：
$F_{gk}=320\text{kN}$，$F_{qk}=480\text{kN}$
$H_{xk}=40\text{kN}$
$M_{yk}=100\text{kN·m}$
素填土　$\gamma=17.6\text{kN/m}^3$　$E_s=4.5\text{MPa}$　1.5m
粉质黏土　$\gamma=19.2\text{kN/m}^3$，$f_{ak}=185\text{kPa}$　$E_s=9.3\text{MPa}$，$e=0.843$　$I_L=0.76$　5.8m
黏土　$\gamma=19.5\text{kN/m}^3$，$f_{ak}=210\text{kPa}$　$E_s=10.8\text{MPa}$，$e=0.786$　$I_L=0.62$　未钻穿
$-3.0\text{m}$

【解】 （1）选定持力层、确定基础埋深

根据地层条件，初步选定粉质黏土层为持力层，基础埋置深度 2.0m，进入持力层 0.5m。

（2）确定基础的底面积

① 第二层粉质黏土孔隙比 $e=0.843$，液性指数 $I_L=0.76$，均小于 0.85，根据表 3-9，取 $\eta_b=0.3$、$\eta_d=1.6$，基础埋置深度以上土的加权平均重度 $\gamma_m=(17.6 \times 1.5+19.2 \times 0.5)/2=18$（$\text{kN/m}^3$），根据式（3-7）

$$f_a=f_{ak}+\eta_b\gamma(b-3)+\eta_d\gamma_m(d-0.5)=185+1.6 \times 18 \times (2-0.5)=228(\text{kPa})$$

② 先按轴心荷载作用下公式式（3-28）初算得到基础底面积 $A_1$：

$$A_1 \geqslant \frac{F_k}{f_a-\gamma_G d}=\frac{320+480}{228-20 \times 2}=4.26(\text{m}^2)$$

③ 考虑偏心的不利影响，基底面积增大 30%，偏心荷载作用下基础底面积为：

$$A=1.3A_1=5.54(\text{m}^2)$$

④ 初步确定 $b$、$l$ 的尺寸，对单独基础，$b/l$ 不宜大于 3，采用 $b \times l=2.6 \times 2.2=5.72(\text{m}^2)$ 基础，基础宽度 $b=2.6\text{m}$，因此无须进行二次宽度承载力特征值修正。

（3）地基承载力验算

① 计算基底边缘最大、最小压力，根据式（3-32）

$$p_{kmax \atop kmin}=\frac{F_k+G_k}{A} \pm \frac{M_k}{W}=\frac{320+480+20 \times 2 \times 5.72}{5.72} \pm \frac{100+40 \times 2}{\frac{1}{6} \times 2.6^2 \times 2.2}=(179.86 \pm 72.62)(\text{kPa})$$

可得 $p_{kmax}=252.48\text{kPa}$，$p_{kmin}=107.24\text{kPa}$。

偏心距 $e=M_k/(F_k+G_k)=180/1028.8=0.175(\text{m})<b/6=0.43(\text{m})$

② 基底应力验算

根据式（3-33）、式（3-34）验算基底应力：

$$\frac{1}{2}(p_{kmax}+p_{kmin})=179.86\text{kPa} \leqslant f_a=228\text{kPa}，安全；$$

$$p_{kmax}=252.48\text{kPa} \leqslant 1.2f_a=1.2 \times 228=273.6\text{kPa}，安全；$$

因此，基础尺寸 $b \times l = 2.6 \times 2.2 = 5.72 \mathrm{m}^2$，满足设计要求。

（4）地基变形计算

地基的最终变形量可按式（3-14）进行计算。

$$s = \psi_s s' = \psi_s \sum_{i=1}^{n} \frac{p_0}{E_{si}} (z_i \bar{\alpha}_i - z_{i-1} \bar{\alpha}_{i-1})$$

其中，相应于作用的准永久组合时基础底面处的附加压力

$$p_0 = \frac{F_{gk} + 0.4 F_{qk} + G_k}{A} - \sigma_{cz} = \frac{320 + 0.4 \times 480 + 228.8}{5.72} - (17.6 \times 1.5 + 19.2 \times 0.5)$$
$$= 93.51 (\mathrm{kPa})$$

根据式（3-14）计算沉降如表 3-17 所示。

**表 3-17　沉降量计算表**

| $i$ | $z_i/\mathrm{m}$ | $l/b$ | $z_i/b$ | $\bar{\alpha}_i$ | $z_i \bar{\alpha}_i$ | $z_i \bar{\alpha}_i - z_{i-1} \bar{\alpha}_{i-1}$ | $E_{si}/\mathrm{MPa}$ | $\Delta s = 4 p_0 \dfrac{z_i \bar{\alpha}_i - z_{i-1} \bar{\alpha}_{i-1}}{E_{si}}$ /mm | $s' = \sum \Delta s$ /mm |
|---|---|---|---|---|---|---|---|---|---|
| 0 | 0 | 1.18 | 0 | 0.25 | 0 | | | | |
| 1 | 5.3 | 1.18 | 4.818 | 0.1026 | 0.494 | 0.4943 | 9.3 | 19.882 | 19.882 |
| 2 | 8.8 | 1.18 | 8.000 | 0.0673 | 0.538 | 0.0441 | 10.8 | 1.526 | 21.408 |
| 3 | 9.4 | 1.18 | 8.273 | 0.0635 | 0.543 | 0.0042 | 10.8 | 0.147 | 21.555 |

注：平均附加应力系数 $\bar{\alpha}_i$ 依据《建筑地基基础设计规范》（GB 50007—2011）附录 K 内插法确定。

变形计算深度范围内压缩模量的当量值 $\bar{E}_s$，按式（3-15）计算：

$$\bar{E}_s = \frac{\sum A_i}{\sum \dfrac{A_i}{E_{si}}} = \frac{0.4943 + 0.0441 + 0.0042}{\dfrac{0.4943}{9.3} + \dfrac{0.0441}{10.8} + \dfrac{0.0042}{10.8}} = 9.41 (\mathrm{MPa})$$

$p_0 = 93.51 \mathrm{kPa} < 0.75 f_{ak} = 0.75 \times 185 = 138.75$，查表 3-11，沉降计算经验系数 $\psi_s = 0.61$，故该基础的沉降为

$$s = \psi_s s' = 0.61 \times 21.555 = 13.1 (\mathrm{mm})$$

地基变形计算深度 $z_n$ 按式（3-16）确定，$2\mathrm{m} < b = 2.2\mathrm{m} < 4\mathrm{m}$，在计算深度范围内，查表 3-12 取 $\Delta z = 0.6 \mathrm{m}$，在由计算深度向上取厚度为 $\Delta z = 0.6 \mathrm{m}$ 的土层计算变形值 $\Delta s_n' = 0.147 \mathrm{mm}$，

$$\Delta s_n' = 0.147 (\mathrm{mm}) \leqslant 0.025 \sum_{i=1}^{n} \Delta s_i' = 0.025 \times 21.555 = 0.539 (\mathrm{mm})$$

沉降计算深度符合要求。

持力层下无软弱下卧层，故无须进行软弱下卧层验算。

（5）扩展基础构造设计

基础混凝土采用 C30，受力钢筋选用 HRB400 钢筋，设置厚 100mm 的 C20 混凝土垫层。依据《混凝土结构设计标准（2024 年版）》（GB/T 50010—2010），C30 混凝土轴心抗压强度的设计值 $f_c = 14.3 \mathrm{N/mm}^2$；轴心抗拉强度的设计值 $f_t = 1.43 \mathrm{N/mm}^2$；HRB400 钢筋抗拉强度设计值 $f_y = 360 \mathrm{N/mm}^2$，抗压强度设计值 $f_y' = 360 \mathrm{N/mm}^2$。

① 基底净反力。因基础为偏心受压基础，所以扣除基础自重及其上土重后相应于作用的基本组合时的地基土单位面积净反力 $p_j$ 取基础边缘处最大地基土单位面积净反力

$$p_{jmax} = \frac{1.3 F_{gk} + 1.5 F_{qk}}{A} + \frac{1.5 M_k}{W} = \frac{1.3 \times 320 + 1.5 \times 480}{5.72} + \frac{1.5 \times (100 + 40 \times 2)}{\dfrac{1}{6} \times 2.6^2 \times 2.2}$$

$$= 198.6 + 108.9 = 307.5 (\mathrm{kPa})$$

同理，可得 $p_{jmin}=198.6-108.9=89.7$ （kPa）。

② 系数 $C$。采用矩形基础，初步暂定 $h \leqslant 800$mm，$\beta_{hp}$ 取 1.0，根据式(3-49)，则

$$C=\frac{2l(l-a_t)-(b-b_t)^2}{1+0.7\beta_{hp}\dfrac{f_t}{p_j}}=\frac{2\times2.2\times(2.6-0.6)-(2.2-0.4)^2}{1+0.7\times1.0\times\dfrac{1430}{307.5}}=1.31$$

③ 基础有效高度。根据式(3-48)，基础有效高度：

$$h_0 \geqslant \frac{1}{2}\left(-b_t+\sqrt{b_t^2+C}\right)=\frac{1}{2}\times\left(-0.4+\sqrt{0.4^2+1.31^2}\right)=0.48\text{(m)}$$

④ 基础底板厚度。根据式(3-51)，基础底板厚度 $h$ 为基础有效高度 $h_0$ 与基础底面钢筋形心至基础底面间距离之和

$$h=h_0+45=480+45=525\text{(mm)}$$

⑤ 设计采用基础底板厚度 $h$。取 2 级台阶，每级台阶高度为 350mm，则 $h=2\times350=700$mm$<800$mm，故上述系数 $C$ 的计算结果无须修改。采用实际基础的有效高度，$h_0=h-45=655\text{(mm)}$。

其抗冲切验算简图如图 3-55 所示，其柱与基础交接处、基础变阶处的冲切破坏锥体的底面均落在基础底面以内，故上述有效高度 $h_0$ 计算合理。

当基础底面短边尺寸 $l=2.2\text{(m)}>2(h_0+a_t)=2\times(0.655+0.4)=2.11\text{(m)}$，故无须验算柱与基础交接处截面受剪承载力。

⑥ 基础底板配筋计算。由图 3-56 可知，基础的台阶宽高比分别为 $500/350=1.43<2.5$，$450/350=1.29<2.5$。基础底面地基反力设计值

$$p_{\substack{max\\min}}=\frac{1.3(F_{gk}+G_k)+1.5F_{qk}}{A}+\frac{1.5M_k}{W}=\frac{1.3\times(320+20\times2\times5.72)+1.5\times480}{5.72}$$

$$\pm\frac{1.5\times(100+40\times2)}{\dfrac{1}{6}\times2.6^2\times2.2}=250.6\pm108.9$$

可得 $p_{max}=250.6+108.9=359.5$kPa；$p_{min}=250.6-108.9=141.7$kPa；其最大弯矩 $M_I$、$M_{II}$ 位于柱与基础交界处，由式(3-59)、式(3-60) 得：

$$M_I=\frac{1}{12}a_1^2\left[(2l+a')\left(p_{max}+p-\frac{2G}{A}\right)+(p_{max}-p)l\right]$$

$$=\frac{1}{12}\times1^2\times\left[(2\times2.2+0.4)\times\left(359.5+275.7-\frac{2\times1.3\times228.8}{5.72}\right)+(359.5+275.7)\times2.2\right]$$

$$=329\text{kN}\cdot\text{m}$$

$$M_{II}=\frac{1}{48}(l-a')^2(2b+b')\left(p_{max}+p_{min}-\frac{2G}{A}\right)$$

$$=\frac{1}{48}\times(2.2-0.4)^2\times(2\times2.6+0.6)\times\left(359.5+141.7-\frac{2\times1.3\times228.8}{5.72}\right)$$

$$=155.5\text{(kN}\cdot\text{m)}$$

根据 $M_I$、$M_{II}$ 与式(3-62)，计算基础底板配筋

基础长度方向 $\qquad A_s=\dfrac{M_I}{0.9f_yh_0}=\dfrac{329}{0.9\times360\times0.655}=1550\text{(mm}^2)$

基础宽度方向 $\qquad A_s=\dfrac{M_{II}}{0.9f_yh_0}=\dfrac{155.5}{0.9\times360\times0.655}=733\text{(mm}^2)$

沿着基础长度方向，采用直径 14mm 的 HRB400 钢筋，公称横截面面积为 153.9mm$^2$，间距 200mm，实际 $A_s = 13 \times 153.9 = 2000.7 (mm^2) > 1550 (mm^2)$，满足设计要求；

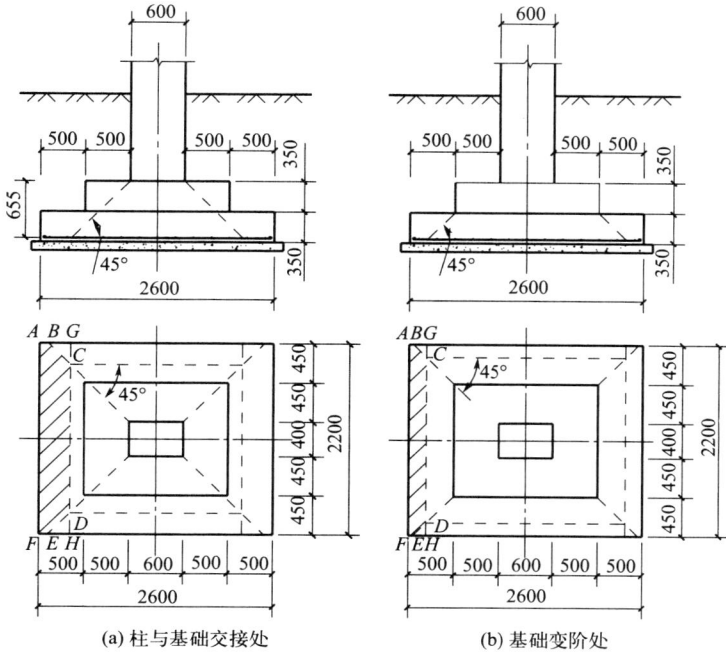

图 3-55　【例 3-2】抗冲切验算简图
（单位：mm）

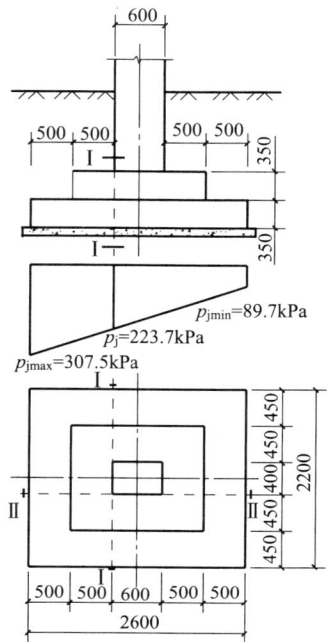

(a) 柱与基础交接处　　(b) 基础变阶处

图 3-56　【例 3-2】抗弯计算
简图（单位：mm）

沿着基础宽度方向，采用直径 12mm 的 HRB400 钢筋，公称横截面面积为 113.1mm$^2$，间距 200mm，实际 $A_s = 11 \times 113.1 = 1244.1 (mm^2) > 733 (mm^2)$，满足设计要求。

扩展基础的平面图与剖面图如图 3-57 所示。

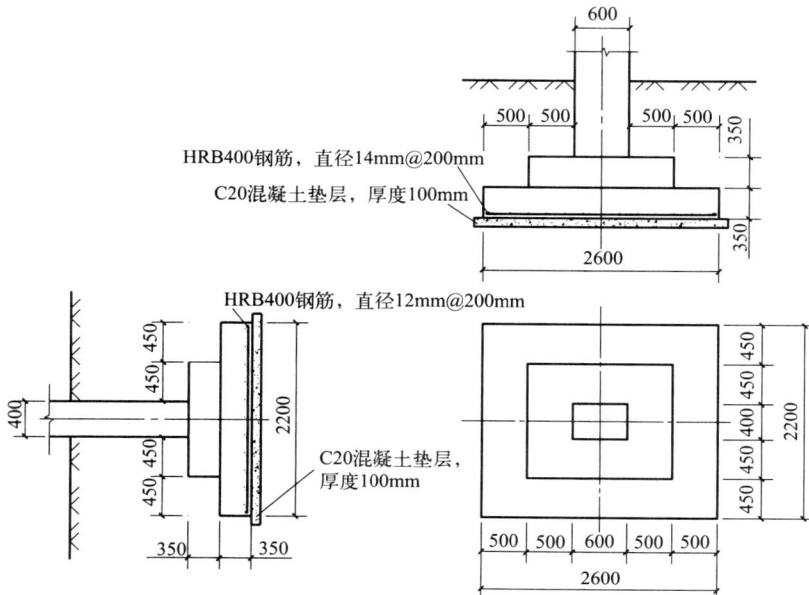

图 3-57　【例 3-2】扩展基础的平面图与剖面图（单位：mm）

# 3.8  柱下条形基础

当荷载较大，地基土层软弱时，若采用独立基础，基底尺寸会较大，基础之间的净距会很小，甚至有可能出现相邻基础碰撞现象。此时，可以考虑把各独立基础之间的净距取消，连在一起，形成柱下条形基础。

当各柱荷载差异过大，或地基土强度不均，若采用柱下独立基础，则可能引起各基础间较大的沉降差，为防止过大的不均匀沉降，减小地基变形，则应加大基础整体刚度。此时也可采用柱下钢筋混凝土条形基础。

## 3.8.1  构造要求

（1）截面类型

柱下条形基础可分别采用以下两种形式：

① 等截面条形基础。此类基础的横截面通常呈倒 T 形，底部挑出部分为翼板，其余部分为肋部。

② 局部扩大条形基础。此类基础的横截面，在与柱交接处局部加高或扩大，以适应柱与基础梁的荷载传递和牢固联结。

（2）构造要求

柱下条形基础的构造，除应符合扩展基础的构造要求［3.7.2 节（1）～（4）点］外，尚应符合下列规定：

① 柱下条形基础梁的高度宜为柱距的 1/8～1/4。翼板厚度不应小于 200mm。当翼板厚度大于 250mm 时，宜采用变厚度翼板，其顶面坡度宜小于或等于 1：3，如图 3-58（c）所示。

② 条形基础的端部宜向外伸出，其长度宜为第一跨距的 0.25 倍，如图 3-58（a）所示，

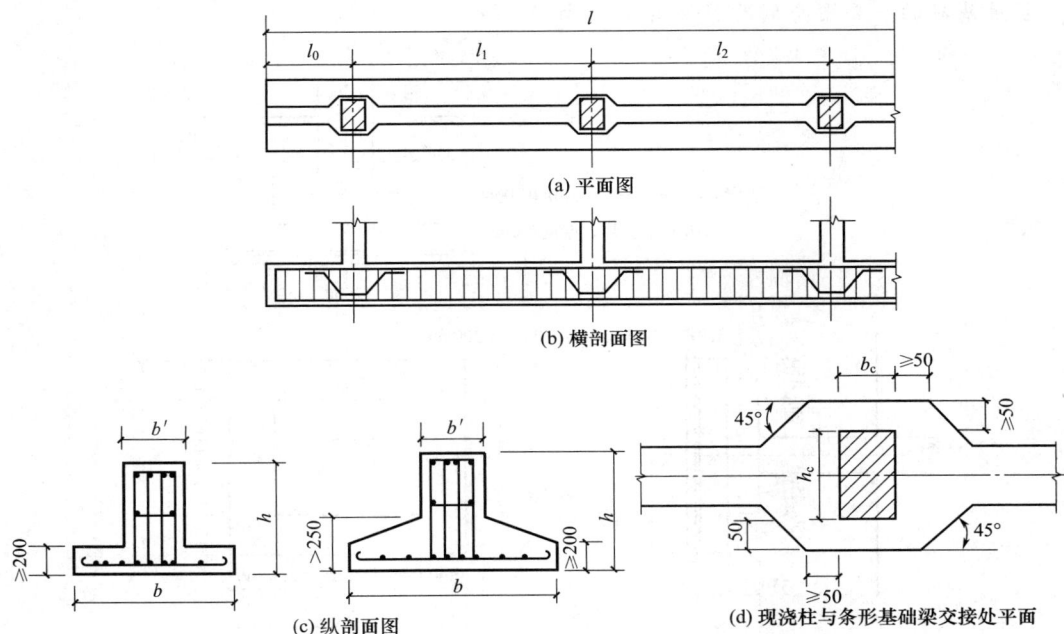

(a) 平面图

(b) 横剖面图

(c) 纵剖面图

(d) 现浇柱与条形基础梁交接处平面

图 3-58  等截面柱下条形基础

即 $l_0 = 0.25 l_1$（$l_1$ 为边跨柱距）。

③ 现浇柱与条形基础梁的交接处，基础梁的平面尺寸应大于柱的平面尺寸，且柱的边缘至基础梁边缘的距离不得小于 50mm[图 3-58（d）]。

④ 条形基础梁顶部和底部的纵向受力钢筋除应满足计算要求外，顶部钢筋应按计算配筋全部贯通，底部通长钢筋不应少于底部受力钢筋截面总面积的 1/3。

⑤ 依据《建筑与市政地基基础通用规范》（GB 55003—2021）第 6.2.4 条，柱下条形基础的混凝土强度等级不应低于 C25。

### 3.8.2　设计计算

柱下钢筋混凝土条形基础因梁长度方向的尺寸与其截面高度相比较大，可以看成地基上的受弯构件，它的挠曲特性、基底反力和截面内力相互关联，并且与地基-基础-上部结构的相对刚度特性有关。因此，应该从地基、基础以及上部结构三者相互作用的观点出发，选择适当的方法进行设计计算。

柱下钢筋混凝土条形基础的设计计算方法主要有两类：一类是考虑地基基础与上部结构相互作用的弹性地基梁法，另一类是工程中常用的简化计算方法。

在比较均匀的地基上，上部结构刚度较好，荷载分布较均匀，且条形基础梁的高度不小于 1/6 柱距时，地基反力可按直线分布，条形基础梁的内力可按连续梁计算，此时边跨跨中弯矩及第一内支座的弯矩值宜乘以 1.2 的系数；当不满足上述要求时，宜按弹性地基梁计算。

#### 3.8.2.1　基础底面面积

与无筋扩展基础底面面积确定方法一致，柱下条形基础可视为一狭长的矩形基础进行计算：

$$A = lb \geqslant \frac{F_k}{f_a - \gamma_G d} \tag{3-64}$$

式中　　$f_a$——修正后的地基持力层承载力特征值，kPa；

　　　　$F_k$——相应于作用的标准组合时，上部结构传至基础顶面的竖向力值，kN；

　　　　$d$——基础的埋置深度，m；

　　　　$A$——基础底面面积，$m^2$；

　　　　$\gamma_G$——基础及其台阶上填土的平均重度，通常采用 20kN/$m^3$；

　　　　$l$——条形基础长度，按构造要求设计，m；

　　　　$b$——条形基础宽度，m。

基底面积确定后，按轴心荷载作用下或偏心荷载作用下的计算方法［式（3-8）或式（3-33）、式（3-34）］验算地基承载力。

#### 3.8.2.2　基础梁内力计算方法

基础梁的内力计算方法有：倒梁法、静力平衡法（静定分析方法）和弹性地基梁法。倒梁法与静力平衡法是工程中常用的简化计算方法，都是按线性分布的基底净反力计算的方法，这种假定计算基底反力的前提是基础具有足够的相对刚度。即基础与地基土相比为绝对刚性，基础的弯曲挠度不改变地基压力，地基压力呈直线或平面分布，其重心与作用于板上的荷载合力作用线重合。

（1）静力平衡法

用基础各截面的静力平衡条件求解内力的方法称为静力平衡法。在实际工程中，因结构本身的需要，柱荷载及间距不一定均匀分布。当柱距较小，即使柱荷载和间距不同，基础梁较短，上部结构和基础的刚度较大，且地基土性状较均匀时，可认为基础是绝对刚性的，在荷载作用下不产生相对变形，此时可近似地用静力平衡法计算条基的内力。

基础梁任意截面的弯矩和剪力可取脱离体按静力平衡条件求得，如图 3-59 所示。由于基础自重不会引起基础内力，故基础的内力分析用基底净反力，根据柱传至梁上的荷载，按偏心受压计算基础梁边缘处最大和最小地基净反力 $p_{jmax}$、$p_{jmin}$。求出最大和最小地基净反力 $p_{jmax}$、$p_{jmin}$ 后，按静力平衡求任意截面的剪力 $V$ 及弯矩 $M$，以此进行抗剪计算及配筋。

静力平衡法没有考虑地基基础与上部结构的相互关系，计算所得的不利截面上弯矩绝对值一般较大，适用于上部为柔性结构且基础本身刚度较大的条形基础。

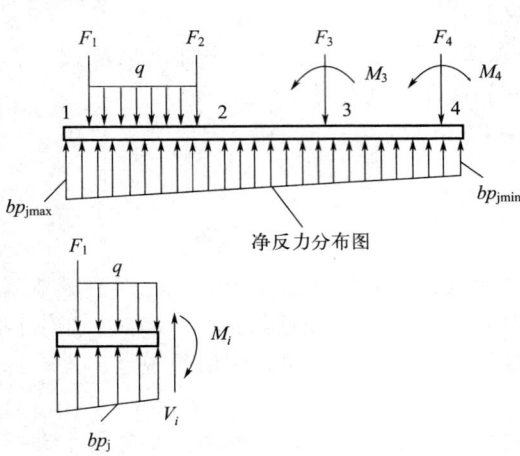

图 3-59　静力平衡法示意图

（2）倒梁法

倒梁法属简化计算法，使用方便，对一般中小型工程是适用的。倒梁法是假定柱下条形基础的基底反力为直线分布，以柱子为固定铰支座，基底净反力为荷载，将基础视为倒置的连续梁计算内力的方法。当基础或上部结构的刚度较大，柱距不大且接近等间距，相邻柱荷载相差不大时，用倒梁法计算内力比较接近实际。但按这种方法计算的支座反力一般不等于柱荷载，这主要是因为没有考虑地基、基础以及上部结构的共同作用，假设地基反力按直线分布与事实不符。为了消除这个矛盾，可用逐次渐进的方法，将支座处的不平衡力均匀分布在本支座附近 1/3 跨度范围内，调整后的地基反力呈阶梯形分布，然后再进行连续梁分析，可反复多次，直到支座反力接近柱荷载为止。

① 基本假定。采用倒梁法分析基础梁内力时，假定上部结构与基础均为绝对刚性体，地基土为弹性体，因而地基土受荷载后即使产生变形，基础底面仍为一平面。实践证明，地基土较均匀时，当建筑物长度较短、柱距较小、上部结构及基础刚度较大时，条基能迫使地基产生均匀下沉。

计算时作如下假定：

a. 将条形基础视为一倒置的连续梁，把柱脚视为基础梁的铰支座，将地基净反力作为基础梁上的荷载，如图 3-60 所示。

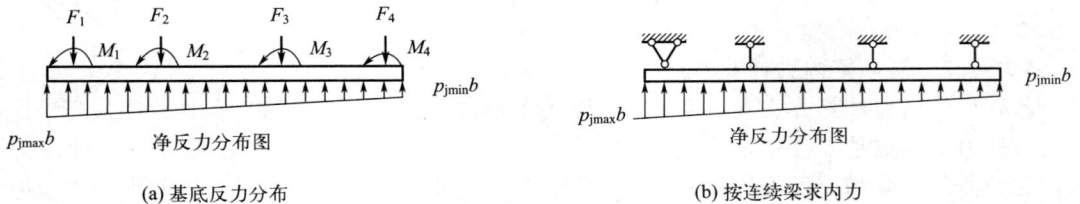

（a）基底反力分布　　　　　　　　　　　（b）按连续梁求内力

图 3-60　倒梁法计算简图

b. 梁下地基反力呈直线分布，按柱子传到梁上的荷载，利用平衡条件即可求得地基反力的分布。

c. 将竖向荷载的合力重心尽量调整至与基础的形心重合，两者的偏心距以不大于基础长度的 3% 为宜。

　　d. 当呈现对称荷载和对称基础时，地基反力按均布考虑。

　　e. 基础翼板按悬臂板计算，当横向有弯矩荷载时，地基反力以悬臂外伸部分的净反力值计算。

　　② 计算步骤。

　　a. 绘出计算简图，包括有关尺寸、荷载、埋深等。

　　b. 求荷载合力重心位置。设合力作用点离边柱的距离为 $x$，用合力矩定理，以 $A$ 点为参考点，则 $\sum M_A = 0$，如图 3-61 所示，荷载 $F_1$ 作用点至荷载合力重心的距离为

$$x = \frac{\sum F_i x_i + \sum M_i}{\sum F_i} \qquad (3-65)$$

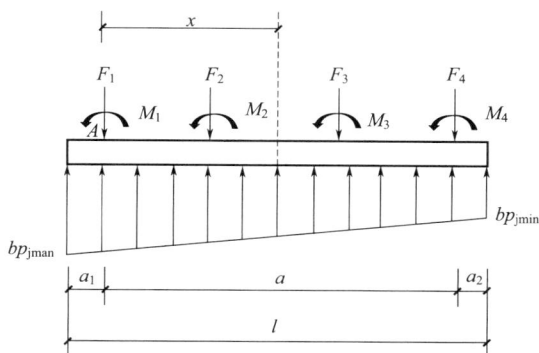

图 3-61　倒梁法计算简图

式中　$F_i$——上部结构传至基础顶面的竖向力值，kN；

　　　　$M_i$——作用于基础底面的力矩值，kN·m；

　　　　$x_i$——竖向力 $F_i$ 到 $A$ 点的距离，m。

　　c. 确定基础梁的长度。使荷载重心与基础形心重合，将偏心地基反力变为均布反力，确定悬臂长及基础梁总长度，见图 3-61。

$$l = 2x + a_1 + a_2 = a + 2a_1 \qquad (3-66)$$

式中　$a_1$、$a_2$——基础梁左、右边柱轴线的外伸长度，一般 $a_1 = a_2$，m；

　　　　$a$——基础梁左、右边柱轴线之间的距离，m；

　　　　$x$——基础梁左、右边柱轴线距荷载重心或基础形心的距离，m；

　　　　$l$——基础梁的长度，m。

　　d. 按基础梁总长确定底板宽度，计算横向地基净反力。即

$$p_{\substack{jmax \\ jmin}} = \frac{\sum F_i}{bl}\left(1 \pm \frac{6e}{b}\right) \qquad (3-67)$$

$$e = \frac{\sum M_i}{\sum F_i} \qquad (3-68)$$

式中　$F_i$——相应作用的基本组合时，上部结构传至基础顶面的竖向力值，kN；

　　　　$M_i$——相应作用的基本组合时，作用于基础底面的力矩值，kN·m；

　　　　$p_{jmax}$——相应于作用的基本组合时，基础底面边缘最小地基净反力值，kPa；

　　　　$p_{jmin}$——相应于作用的基本组合时，基础底面边缘最小地基净反力值，kPa；

　　　　$e$——偏心距，m。

　　e. 算出底板悬臂的地基平均净反力，并按斜截面受剪承载力确定翼板厚度，计算配筋量，如图 3-62 所示。

剪力：
$$V = \left(\frac{p_{j1}}{2} + p_{j2}\right)l_1 \qquad (3-69)$$

弯矩：
$$M = \left(\frac{p_{j1}}{3} + \frac{p_{j2}}{2}\right)l_1^2 \qquad (3-70)$$

式中　　$M$——柱边弯矩，kN·m；

$V$——柱边剪力，kN；

$p_{j1}$、$p_{j2}$、$l_1$——如图 3-62 所示。

底板厚度及配筋计算同墙下条基。

f. 按倒梁法计算条基纵向肋梁的内力，以确定肋梁高度及配筋量。

在计算中，如果认为上部刚度较大时，宜采用倒梁法；上部刚度较小时，宜采用静定分析法；中等刚度时，可采用这两种方法进行分析调整。

（3）弹性地基梁法

当上部结构刚度不大，荷载分布不均匀，且条形基础梁高 $H < l/6$（$l$ 为柱距）时，地基反力不按直线分布时，可按弹性地基梁计算内力。通常采用文克尔（Winkler）地基上梁的基本解。

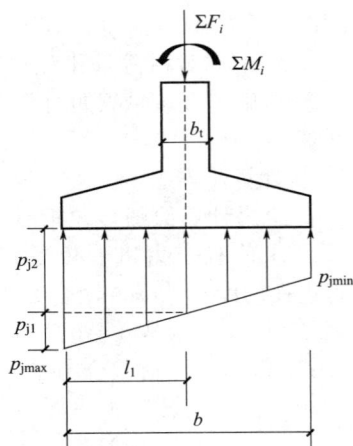

图 3-62　剪力与弯矩计算简图

文克尔地基模型假定地基单位面积上所受的压应力 $p$ 与该处竖向位移 $s$ 成正比。

$$p = Ks \qquad (3-71)$$

式中　$K$——基床系数，$kN/m^3$。

$K$ 值的大小与地基土的种类、松密程度、软硬状态、基础底面尺寸大小和形状以及基础荷载和刚度等因素有关。$K$ 值应由现场载荷试验确定。

文克尔地基模型假定的实质是把地基看成无数分割开的小土柱组成的体系［图 3-63(a)］，或用一根根弹簧代替土柱，则地基由许多互不相连的弹簧所组成［图 3-63(b)］，由式(3-71)可知，文克尔模型的基底反力图与基础的竖向位移图是相似的。如果基础是刚性的，则基底反力图按线性分布［图 3-63(c)］。

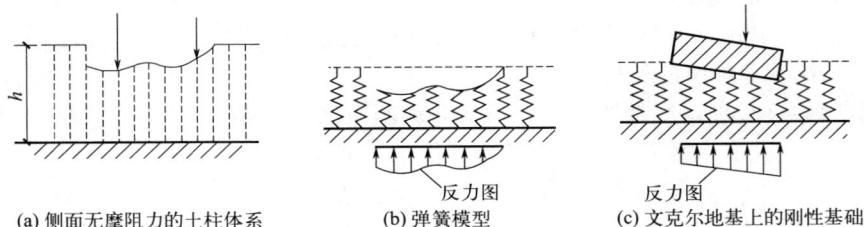

(a) 侧面无摩阻力的土柱体系　　(b) 弹簧模型　　(c) 文克尔地基上的刚性基础

图 3-63　文克尔地基模型

# 3.9　十字交叉基础

当柱网下地基土的强度不均，或柱荷载在柱列的两个方向分布很不均时，若沿柱列的一个方向设置成单向条形基础，地基承载力及变形值往往不易满足上部结构的要求，此时，可沿柱列的两个方向设置成条形基础，形成十字交叉基础，如图 3-14 所示（3.2 节）。由于基础底面积进一步扩大，基础的刚度增加，这对减小基底附加压力及基础不均匀沉降是有利的。此类基础是具有较大抗弯刚度的超静定体系，对地基的不均匀变形有较好的调节作用，是工业与民用建筑中较广泛采用的基础形式。

## 3.9.1　节点荷载分配

十字交叉条形基础的内力分析采用节点荷载分配法，即在基础交叉节点上，将柱荷载在纵横两个方向条形基础上进行分配（图 3-64），柱荷载分配完成后，将交叉条形基础分离为若干单独的柱下条形基础，按单向条形基础方法计算。

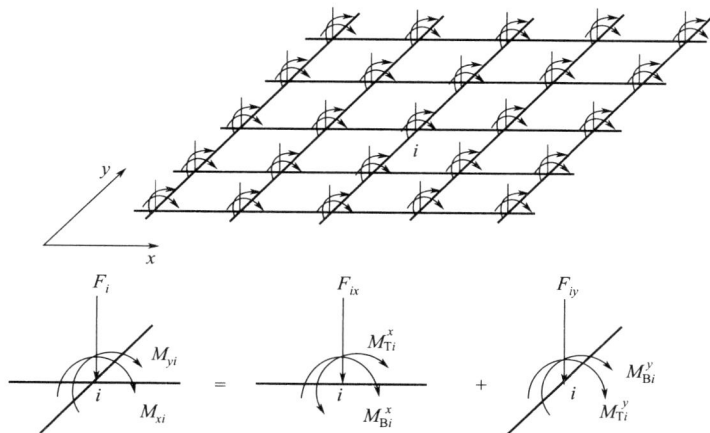

图 3-64  柱下十字交叉条形基础荷载分配示意图

对任意节点 $i$，荷载分配必须满足以下两个条件：

① 静力平衡条件：分配在 $x$，$y$ 方向的竖向荷载之和应等于节点处荷载；

$$F_i = F_{ix} + F_{iy} \tag{3-72}$$

$$M_{yi} = M_{Ti}^x + M_{Bi}^y \tag{3-73}$$

$$M_{xi} = M_{Bi}^x + M_{Ti}^y \tag{3-74}$$

式中    $F_i$——第 $i$ 个节点柱传至基础顶面的荷载，kN；

$M_{xi}$、$M_{yi}$——作用于第 $i$ 个节点 $x$、$y$ 方向的弯矩，kN·m；

$F_{ix}$、$F_{iy}$——第 $i$ 个节点 $F_i$ 分配在 $x$、$y$ 方向条形基础梁上的竖向荷载，kN；

$M_{Ti}^x$、$M_{Bi}^y$——第 $i$ 个节点的 $M_{yi}$ 分配在 $x$、$y$ 方向条形基础梁上的力矩，kN·m；

$M_{Bi}^x$、$M_{Ti}^y$——第 $i$ 个节点的 $M_{xi}$ 分配在 $x$、$y$ 方向条形基础梁上的力矩，kN·m。

② 变形协调条件：$x$ 和 $y$ 方向基础在交叉处的位移相等。即纵、横基础梁在交叉节点处的位移应相等。

$$w_{ix} = w_{iy} \tag{3-75}$$

$$\theta_{Ti}^x = \theta_{Bi}^y \tag{3-76}$$

$$\theta_{Bi}^x = \theta_{Ti}^y \tag{3-77}$$

式中    $w_{ix}$、$w_{iy}$——第 $i$ 个节点处 $x$、$y$ 方向产生的挠度，m；

$\theta_{Ti}^x$、$\theta_{Bi}^y$——第 $i$ 个节点处 $M_{yi}$ 在 $x$、$y$ 方向产生的扭转转角，(°)；

$\theta_{Bi}^x$、$\theta_{Ti}^y$——第 $i$ 个节点处 $M_{xi}$ 在 $x$、$y$ 方向产生的扭转转角，(°)。

### 3.9.2  简化计算方法

式(3-72)、式(3-73)、式(3-74) 三个方程属静力平衡方程，式(3-75)、式(3-76)、式(3-77) 三个方程属变形协调方程。若有 $n$ 个节点，可建立由 $6n$ 个未知数组成的 $6n$ 个联立方程，求解较困难，应设法简化才便于计算。

目前简化计算方法采用实用荷载分配方法，通常不考虑扭转变形的影响，即一个方向的条形基础有转角时，不引起另一方向条形基础的内力，$M_{ix}$、$M_{iy}$ 分别由 $x$、$y$ 方向基础梁承担，这相当于把原浇筑在一起的两个方向上的梁看成上下搁置的。

此外，设交叉节点处为铰接，并认为节点间距大于 $1.75s$（$s=1/\lambda$，即柔性指数的倒数，称基础梁特征长度），此时可忽略相邻节点处集中力对该节点的影响。此时，式(3-72)～式(3-77) 可简化为：

$$F_i=F_{ix}+F_{iy} \tag{3-78}$$

$$w_{ix}=w_{iy} \tag{3-79}$$

分配方法中不考虑条形基础承受扭矩，实际上扭矩还是存在的，因此在构造配筋上应满足抗扭要求。在构造上，于柱所在位置的前后左右，基础梁都必须配置封闭型的抗扭箍筋，并适当增加基础梁的纵向配筋量。

用基床系数法文克尔模型计算基础梁的挠度：

无限长梁 $$w=\frac{F}{2Kbs} \tag{3-80}$$

半无限长梁 $$w=\frac{2F}{Kbs} \tag{3-81}$$

式中　$s$——基础弹性特征长度，$s=1/\lambda$，$s=\sqrt[4]{\dfrac{4E_cI}{Kb}}$，m；

$\lambda$——基础梁柔性指数，$\lambda=\sqrt[4]{\dfrac{Kb}{4E_cI}}$，$m^{-1}$；

$K$——基床系数，$kN/m^3$；

$I$——基础横截面的惯性矩，$m^4$；

$E_c$——混凝土弹性模量，kPa。

对中柱，可将节点两方向梁视为无限长梁；对角柱，则可将两方向梁视为半无限长梁。

**（1）中柱（十字）节点荷载分配**

对中柱节点（如图 3-65 所示），$F_{ix}$、$F_{iy}$ 分别为柱荷载 $F_i$ 分配在 $x$、$y$ 方向条形基础梁上的竖向荷载。根据文克尔地基上无限长梁的解[式(3-80)]，$x$ 方向条形基础梁在 $F_{ix}$ 作用下，$i$ 节点产生的挠度为

$$w_{ix}=\frac{F_{ix}}{2Kb_xs_x} \tag{3-82}$$

同理，$y$ 方向条形基础梁在 $F_{iy}$ 作用下，$i$ 节点产生的挠度为

$$w_{iy}=\frac{F_{iy}}{2Kb_ys_y} \tag{3-83}$$

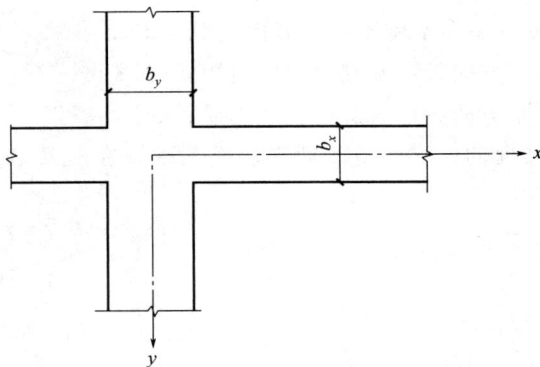

图 3-65　中柱节点

由式(3-79) 可知，$w_{ix}=w_{iy}$，将式(3-82)、式(3-83)代入式(3-78)、可得

$$F_{ix}=F_i\frac{b_xs_x}{b_xs_x+b_ys_y} \tag{3-84}$$

$$F_{iy}=F_i\frac{b_ys_y}{b_xs_x+b_ys_y} \tag{3-85}$$

**（2）边柱（T 字）节点荷载分配**

对边柱节点（如图 3-66 所示），节点柱荷载 $F_i$ 可分解为作用在无限长梁上的 $F_{ix}$ 和作

用在半无限长梁上的 $F_{iy}$。因此，$x$ 方向条形基础梁在 $F_{ix}$ 作用下，$i$ 节点产生的挠度 $w_{ix}$ 与中柱节点一致，见式(3-82)。而 $y$ 方向条形基础梁在 $F_{iy}$ 作用下，根据文克尔地基上半无限长梁的解 [式(3-81)]，$i$ 节点产生的挠度为

$$w_{iy} = \frac{2F_{iy}}{Kb_y s_y} \tag{3-86}$$

由式(3-79) 可知，$w_{ix} = w_{iy}$，将式(3-82)、式(3-86) 代入式(3-78)，可得

$$F_{ix} = F_i \frac{4b_x s_x}{4b_x s_x + b_y s_y} \tag{3-87}$$

$$F_{iy} = F_i \frac{b_y s_y}{4b_x s_x + b_y s_y} \tag{3-88}$$

（3）角柱（Γ字）节点荷载分配

对边柱节点（如图 3-67 所示），节点柱荷载 $F_i$ 可分解为作用在半无限长梁上的 $F_{ix}$ 和 $F_{iy}$。因此，$i$ 节点 $x$ 方向产生的挠度为

$$w_{ix} = \frac{2F_{ix}}{Kb_x s_x} \tag{3-89}$$

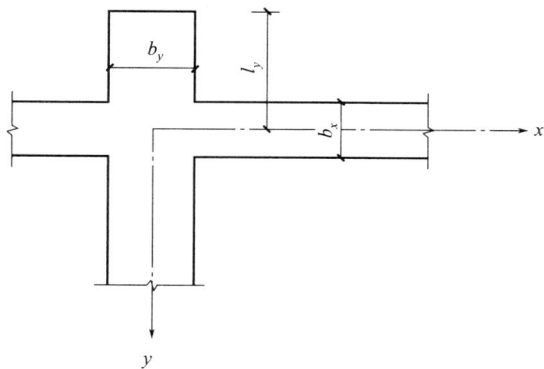

图 3-66　边柱节点　　　　　　　　　　图 3-67　角柱节点

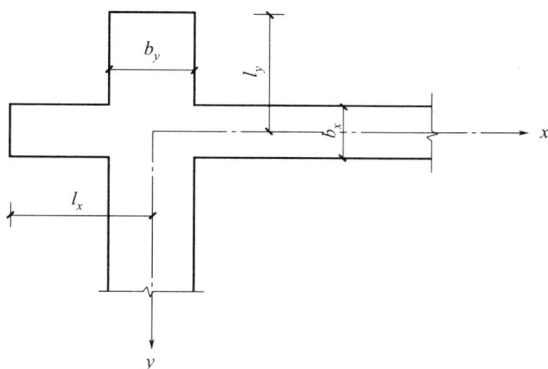

$i$ 节点 $y$ 方向产生的挠度与边柱节点 $y$ 方向一致，见式(3-86)。

同理，将式(3-86)、式(3-89) 代入式(3-78)，可得角柱荷载分配 $F_{ix}$、$F_{iy}$ 与中柱荷载分配结果一致，见式(3-84)、式(3-85)。

### 3.9.3　节点分配荷载的调整

当基础梁节点纵横方向分配荷载确定后，按理可由某一方向梁上所分配的荷载确定基底反力，但对整个十字交叉基础而言，在计算基底面积时，交叉点处的基底面积因重叠而重复计算了一次，一般交叉点处重复计算的底面积可达十字交叉基础总面积的 $20\% \sim 30\%$，使地基反力减少，导致计算结果偏于不安全。按前述计算确定的各节点分配荷载 $F_{ix}$、$F_{iy}$，只能用来确定基底反力的初值。

荷载调整的思路实际上是将节点荷载适当放大，以保持基底反力不因重复利用节点面积而减小。设调整前的地基平均净反力为

$$p_j = \frac{\sum F_i}{A + \sum \Delta A_i} \tag{3-90}$$

式中　$\sum F_i$ ——各节点总竖向荷载；

　　　　$A$——十字交叉基础基底实际总面积；

　$\sum \Delta A_i$——各节点重叠面积之和。

调整后地基平均反力为

$$p'_j = \frac{\sum F_i}{A} \tag{3-91}$$

将式(3-90)代入式(3-91)，可得

$$p'_j = \left(1 + \frac{\sum \Delta A_i}{A}\right) p_j = p_j + \Delta p_j \tag{3-92}$$

其中，$\Delta p_j = \dfrac{\sum \Delta A_i}{A} p_j$，$\Delta p_j$ 为地基反力增量。对于某一交叉节点，重叠面积内反力增量应为：

$$\Delta P_j = \Delta p_j \Delta A_i \tag{3-93}$$

为使该交叉点反力增量达到 $\Delta P_j$，可使该节点荷载在理论上也相应增加，即该节点荷载理论增量应为：

$$\Delta F_j = \Delta P_j = \Delta p_j \Delta A_i \tag{3-94}$$

将该点荷载增量按分配系数往纵横向分配，则纵横梁上的荷载增量分别为：

$$\Delta F_{ix} = \Delta P_j \frac{F_{ix}}{F_i} = \Delta A_i \Delta p_j \frac{F_{ix}}{F_i} \tag{3-95}$$

$$\Delta F_{iy} = \Delta P_j \frac{F_{iy}}{F_i} = \Delta A_i \Delta p_j \frac{F_{iy}}{F_i} \tag{3-96}$$

式中　$\Delta F_{ix}$、$\Delta F_{iy}$——第 $i$ 个节点 $x$、$y$ 方向条形基础梁上的分配荷载增量，kN。

于是，调整后节点荷载在 $x$、$y$ 两向的分配荷载分别为：

$$F'_{ix} = F_{ix} + \Delta F_{ix} \tag{3-97}$$

$$F'_{iy} = F_{iy} + \Delta F_{iy} \tag{3-98}$$

按调整后的分配荷载确定纵横向条基的地基净反力，更符合实际情况。

当求出十字交叉基础所有节点在纵、横向调整后的分配荷载 $F'_{ix}$、$F'_{iy}$ 后，就可以按柱下条形基础的设计方法进行设计。

# 3.10　地基基础与上部结构的共同作用

建筑结构设计必须考虑地基、基础与上部结构的相互作用。地基基础问题的解决，不宜单纯着眼于地基基础本身，更应把地基、基础与上部结构视为一个统一的整体，从三者相互作用的概念出发考虑地基基础方案。

## 3.10.1　地基、基础与上部结构的关系

（1）常规考虑方法

在建筑结构的设计计算中，通常将上部结构、地基和基础三者分开考虑，作为彼此离散的独立结构单元进行静力平衡分析计算。在上部结构的设计计算中不考虑基础刚度的影响；而在设计基础时也未考虑上部结构的刚度，只计算作用在基础顶面的荷载；在验算地基承载力和进行地基沉降计算时亦忽略了基础的刚度，而将基底反力简化为直线分布，反向施加于地基，并视其为柔性荷载。

常规方法在计算如单层排架结构一类的上部柔性结构和地基土质较好的独立基础时可以

得到满意的结果。但在以下几方面存在缺陷：

① 软弱地基上单层砖石砌体承重结构和条形基础，按常规方法计算结果与实际差别较大；

② 对于如钢筋混凝土框架结构一类的敏感性结构下的条形基础，上述常规计算结果与实际不同；

③ 对于高层建筑剪力墙结构下箱形基础置于一般土质天然地基上的工程，常规计算方法也不能令人满意。

（2）合理的分析计算方法

对常规方法稍加推敲，即可发现有不合理之处。任何一幢建筑物都是由上部结构、地基和基础三部分组成的，构成了一个完整的受力体系，三者的变形相互制约、相互协调，也就是共同工作的，其中任一部分的内力和变形都是三者共同工作的结果。把三者隔离开来分别设计和计算与实际工况不同，必然会造成较大误差。

合理的设计计算方法是将三者视为一整体，进行耦合分析。在外荷载作用下，地基、基础和上部结构作为一互联的整体会产生相应的变形，三者按各自的刚度对相互的变形产生制约作用，进而制约整个体系的内力、基底反力和结构变形及地基沉降。在三者共同工作时，应同时满足静力平衡和变形协调两个条件，以达到安全经济的目的。在分析三者的相互作用时，三者各自的刚度大小是一个关键因素，因而需要建立能正确反映结构刚度影响的理论，同时也要研究合理反映土的变形特性的地基计算模型及其参数。

## 3.10.2　上部结构刚度的影响

上部结构的刚度，意指全体上部结构对于基础不均匀的下沉或者挠曲的抵抗能力。图 3-68（a）将上部结构假想为绝对刚性结构，当基础受到上部荷载作用使地基变形时，各柱只能同时均匀下沉，若忽略各柱端的抗转动能力，则柱支座可视为条形基础（基础梁）的不动铰支座，基底分布反力可视为基础梁的外荷载，此时，基础梁如同倒置的连续梁，不产生整体弯曲，但在基底反力作用下会产生局部弯曲。

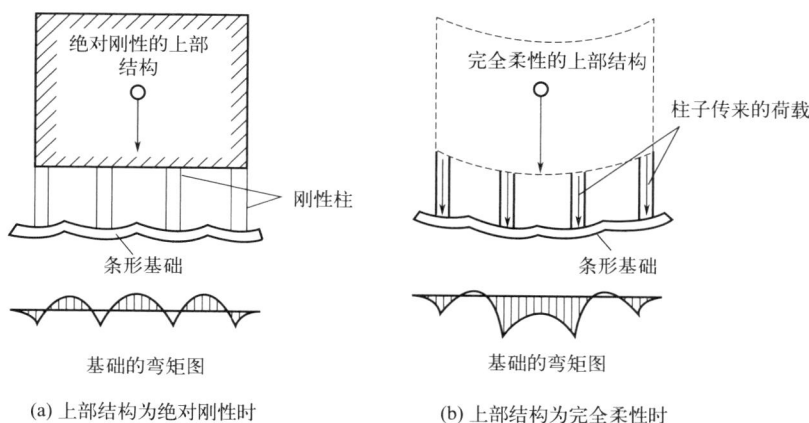

(a) 上部结构为绝对刚性时　　　　(b) 上部结构为完全柔性时

图 3-68　上部结构刚度对基础受力状况的影响

图 3-68（b）将上部结构假想为完全柔性结构，此时上部结构除传递荷载外，对基础毫无约束，即柔性结构不参与地基、基础的共同工作，于是基础梁在产生局部弯曲的同时，还要承受很大的整体弯曲作用。

实际上，除烟囱、水塔、高炉一类高耸结构可认为是绝对刚性的外，大多数上部结构刚度在这两者之间，在现实工程中大多依据经验定性判别。

研究表明，增大上部结构刚度，可以减小基础挠曲和内力。框架结构的刚度随层数增加而增加，但增加的速度逐渐减缓，到一定层数后便趋于稳定。但上部结构刚度增大的同时也会使结构产生次生应力，严重时可以导致上部结构的破坏，例如钢筋混凝土框架结构，由于框架结构构件之间的刚性连接，在调整地基不均匀沉降的同时，也引起了结构中的次生应力。

### 3.10.3 基础刚度的影响

在常规设计法中，通常假设基底反力呈线性分布。但事实上，基底反力的分布是非常复杂的，除了与地基因素有关外，还受基础及上部结构的制约。为了便于说明问题，下面仅考虑基础本身刚度的作用而忽略上部结构的影响。

（1）柔性基础

抗弯刚度很小的基础可视为柔性基础，柔性基础可随地基的变形而任意弯曲。例如，土工聚合物上填土可视为柔性基础。柔性基础不能扩散应力，因此基底反力分布与作用于基础上的荷载分布完全一致，如图 3-69 所示。

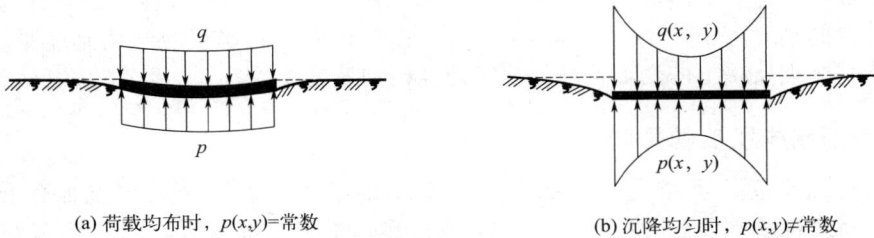

(a) 荷载均布时，$p(x,y)$=常数　　　　　(b) 沉降均匀时，$p(x,y)\neq$常数

图 3-69　柔性基础的基底反力与沉降

按弹性半空间理论所得的计算结果以及工程实践经验都表明，均布荷载下柔性基础的沉降呈碟形，即中部大、边缘小，如图 3-69（a）所示。显然，若要使柔性基础的沉降趋于均匀，就必须增大基础边缘的荷载，并使中部的荷载相应减少，这样，荷载和反力就变成了图 3-69（b）所示的非均布的形状了。

（2）刚性基础

刚性基础具有极大的抗弯刚度，在荷载作用下基础不产生挠曲。例如，沉井基础可视为刚性基础。

根据上述柔性基础沉降均匀时基底反力不均匀的论述，可以推断，轴心荷载下的刚性基础基底反力分布也应该是边缘大、中部小。图 3-70 中的实线反力图为按弹性半空间理论求

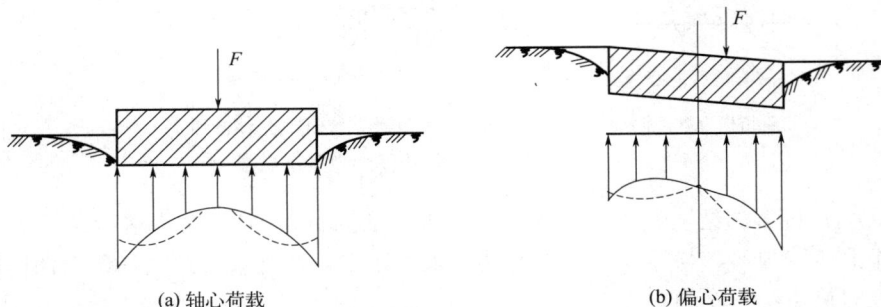

(a) 轴心荷载　　　　　　　　　　(b) 偏心荷载

图 3-70　刚性基础

得的刚性基础基底反力图，在基底边缘处，其值趋于无穷大。事实上，由于地基土的抗剪强度有限，基底边缘处的土体将首先发生剪切破坏，因此，此处的反力将被限制在一定的数值范围内，随着反力的重新分布，最终的反力图可呈如图 3-70 中虚线所示的马鞍形。由此可见，刚性基础能跨越基底中部，将所承担的荷载相对集中地传至基底边缘，这种现象被称为基础的"架越作用"。

图 3-71(a) 表示黏性土地基上相对刚度很大的基础。当荷载不大时，地基中的塑性区很小，其架越作用很明显，随着荷载的增加，塑性区不断扩大，基底反力将逐渐趋于均匀。在接近液态的软土中，反力近乎呈直线分布。

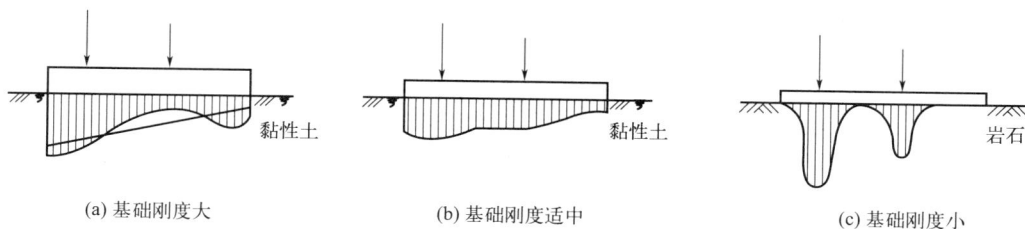

| (a) 基础刚度大 | (b) 基础刚度适中 | (c) 基础刚度小 |

图 3-71　基础相对刚度与架越作用

图 3-71(c) 表示岩石地基上相对刚度很小的基础，其扩散能力很低，基底出现反力集中的现象，此时基础的内力很小。

对于一般黏性土地基上相对刚度中等的基础[图 3-71(b)]，其情况介于上述两者之间。

基础架越作用的强弱取决于基础的相对刚度、土的压缩性以及基底下塑性区的大小。一般来说，基础的相对刚度愈强，沉降就愈均匀，但基础的内力将相应增大，故当地基局部软硬变化较大时，可以采用整体刚度较大的连续基础，而当地基为岩石或压缩性很低的土层时，宜优先考虑采用扩展基础，如采用连续基础，抗弯刚度不宜太大，这样可以取得较为经济的效果。

## 3.10.4　地基条件的影响

基础的受力状况（乃至上部结构的受力状况），还取决于地基土的压缩性（即软硬程度或刚度）及其分布的均匀性。由于地基土的分布有时呈非均匀状态，土层分布的变化和非均质性对基础挠曲和内力的影响同样不能忽视。

当地基压缩性显著不均匀时，按常规设计法求得的基础内力可能与实际情况相差很大。图 3-72 表示地基压缩性不均匀时的两种相反情况，两基础的柱荷载相同，但其挠曲情况和弯矩图截然不同。

柱荷载分布情况的不同也会对基础内力造成不同的影响。

（1）有利的影响。①地基中部坚硬，两侧软弱，上部荷载大小不同，$P_1 \ll P_2$ 对基础受力有利，如图 3-73(a) 所示。②地基中部软弱，两侧坚硬，上部荷载不等，$P_1 \ll P_2$，$P_2$ 荷载大，地基坚硬；$P_1$ 荷载小，地基软弱，这样比 $P_1 = P_2$ 的情况对基础受力有利，如图 3-73(b) 所示。

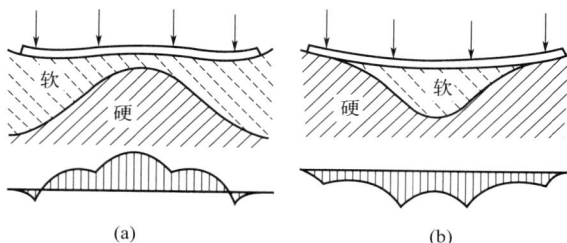

| (a) | (b) |

图 3-72　地基压缩性不均匀的影响

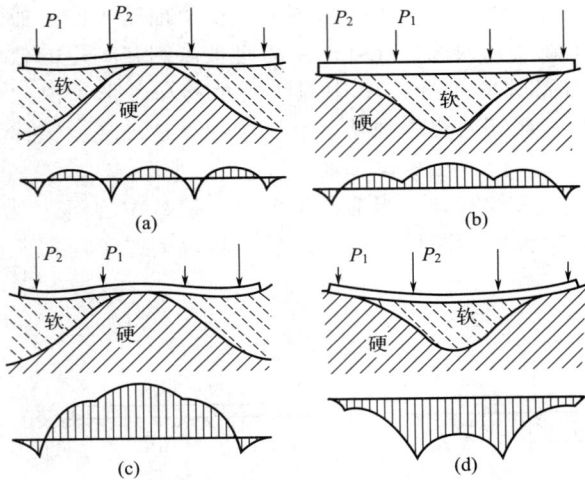

图 3-73　不均匀地基上条形基础柱荷载分布的影响

（2）不利的影响。①地基中部坚硬，两侧软弱，上部荷载不同，$P_1 \ll P_2$，地基坚硬处荷载 $P_1$ 小，地基软弱处荷载 $P_2$ 大，这样对基础受力不利，如图 3-73（c）所示。②地基中部软弱，两侧坚硬，上部荷载大小不等，$P_1 \ll P_2$，两侧坚硬处荷载 $P_1$ 小，中部软弱处荷载 $P_2$ 大，这种情况对基础受力也不利，如图 3-73(d) 所示。

以上仅介绍了地基、基础与上部结构相互作用的概念，具体的分析及设计方法已在某些重大工程中实施，但由于该理论仍处于研究阶段，目前多数工程仍主要采用常规方法进行设计。

## 思考题与习题

一、思考题

3-1　浅基础有哪些类型？简述其特点与适用范围。

3-2　确定基础埋深时要考虑哪些因素？

3-3　基础底面尺寸如何确定？

3-4　为什么要验算软弱下卧层的承载力？若不满足，应如何处理？

3-5　建筑物地基变形特征及确定因素是什么？

3-6　无筋扩展基础与扩展基础有什么区别？

3-7　如何进行无筋扩展基础的设计？

3-8　如何进行柱下独立基础的设计？基本步骤是什么？

3-9　柱下独立基础的高度是如何确定的？

3-10　柱下条形基础的设计方法有哪些？

3-11　柱下条形基础的构造要求有哪些？

3-12　柱下十字交叉基础梁的荷载怎样分配？

3-13　减轻不均匀沉降危害的措施有哪些？

二、习题

3-14　某墙下条形基础，在荷载效应标准组合时，作用在基础顶面的轴向力 $F_k = 288 \text{kN/m}$，基础埋深为 1.6m，地基为黏土，重度 $\gamma = 18.0 \text{kN/m}^3$，地基承载力特征值为 $f_{ak} = 160 \text{kPa}$，$\eta_b = 0.4$，$\eta_d = 1.5$。试确定基础宽度。

3-15　某厂房内柱在荷载效应的标准组合下，作用于柱地表处的竖向力恒载 $F_{gk} = 600 \text{kN}$，活载 $F_{qk} = 800 \text{kN}$（其准永久值系数取 0.4），$M_k = 80 \text{kN} \cdot \text{m}$，$H_k = 25 \text{kN}$，现浇柱截面 500mm×800mm，基础埋深 $d = 2 \text{m}$，基底以上土的加权平均重度 $\gamma_m = 18 \text{kN/m}^3$，基底处土的重度 $\gamma = 18.4 \text{kN/m}^3$，地基承载力设计值 $f_{ak} = 200 \text{kPa}$，地下水位 −3m，基础宽度和埋置深度的地基承载力修正系数 $\eta_b = 0.3$，$\eta_d = 1.6$。混凝土强度等级 C30，HRB400 钢筋，试设计此独立基础。

# 第4章　筏形基础和箱形基础

**案例导读**

长沙九龙仓国际金融中心主体建成于 2017 年，是由 T1 塔楼（452m 高）、T2 塔楼（315m 高）、满堂 6 层裙房和 7 层地下室组成的超级城市综合体。其中 T1 塔楼共计 95 层，结构大屋面高度 440.45m，筏形基础，埋深 37.8m，板厚 5m，如图 4-1 所示为筏形基础施工现场，持力层为中风化泥质粉砂岩。

图 4-1　长沙九龙仓国际金融中心项目 T1 塔楼筏板混凝土浇筑作业

**讨论**

什么是筏形基础？筏形基础的地基设计包括哪些内容？筏形基础的板厚如何确定？可以采取哪些方法分析其内力？

## 4.1　筏形基础

当地基土较软弱，且强度不均，上部结构荷载较大，采用十字交叉基础不能满足地基承载力或变形要求，或采用人工地基不经济时，则可将基础底面积进一步扩大，使基础面积等于甚至大于底层面积，形成连续的钢筋混凝土大板基础，简称筏形基础，又叫筏板基础，或满堂基础，分为平板式筏基和梁板式筏基，如图 4-2 所示。

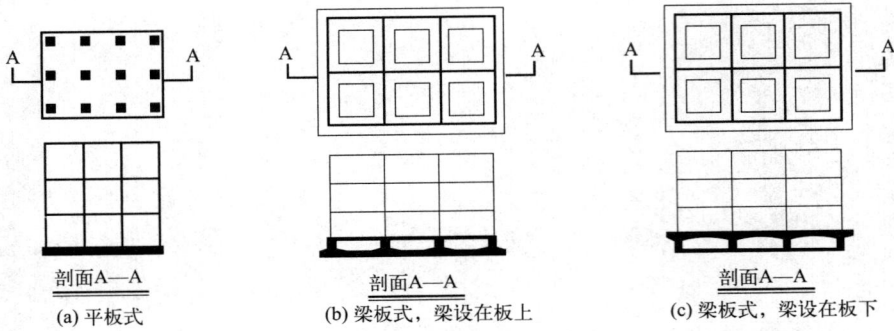

图 4-2　筏形基础示意图

筏形基础基底面积的加大减少了地基附加压力，地基沉降和不均匀沉降也因而减少，但是由于筏形基础的宽度较大，从而压缩层厚度也较大，应用于深厚软弱地基时尤应注意。筏形基础还具有较大的整体刚度，在一定程度上能调整地基的不均匀沉降。筏形基础能提供宽敞的地下使用空间，当设置地下室时具有补偿功能。

高层建筑地下室通常作为地下停车库，建筑上不允许设置过多的内墙，因而限制了箱形基础的使用；筏形基础既能充分发挥地基承载力，调整不均匀沉降，又能满足停车库的空间使用要求，因而成为较理想的基础形式。筏形基础主要构造形式有平板式筏形基础和梁板式筏形基础，平板式筏形基础由于施工简单，在高层建筑中得到了广泛的应用。

### 4.1.1　筏形基础的主要构造

（1）平面尺寸

筏形基础的平面尺寸，应根据工程地质条件、上部结构的布置、地下结构底层平面以及荷载分布等因素按地基承载力、变形及稳定性计算等综合确定。

对单幢建筑物，在地基土比较均匀的条件下，基底平面形心宜与结构竖向永久荷载重心重合。当不能重合时，在准永久组合作用下，偏心距 $e$ 宜符合下式规定：

$$e \leqslant 0.1W/A$$

式中　$W$——与偏心距方向一致的基础底面边缘抵抗矩，$m^3$；

　　　$A$——基础底面面积，$m^2$。

（2）板厚

平板式筏基的板厚应满足抗冲切承载力的要求，板的最小厚度不应小于 500mm。梁板式筏基底板应计算正截面受弯承载力，其厚度尚应满足抗冲切承载力、抗剪切承载力的要求。

（3）混凝土

依据《建筑与市政地基基础通用规范》（GB 55003—2021）第 6.3.5 条，筏形基础、桩筏基础的混凝土强度等级不应低于 C30。

当有地下室时应采用防水混凝土。防水混凝土的抗渗等级应按表 4-1 选用。对重要建筑，宜采用自防水并设置架空排水层。

表 4-1　防水混凝土抗渗等级

| 埋置深度/m | 设计抗渗等级 | 埋置深度/m | 设计抗渗等级 |
|---|---|---|---|
| $d<10$ | P6 | $20 \leqslant d<30$ | P10 |
| $10 \leqslant d<20$ | P8 | $30 \leqslant d$ | P12 |

（4）配筋

梁板式筏基的底板和基础梁的配筋除满足计算要求外，纵横方向的底部钢筋尚应有不少于 1/3 贯通全跨，顶部钢筋按计算配筋全部连通，底板上下贯通钢筋的配筋率不应小于 0.15%。

平板式筏基柱下板带和跨中板带的底部支座钢筋应有不少于 1/3 贯通全跨，顶部钢筋应按计算配筋全部连通，上下贯通钢筋的配筋率不应小于 0.15%。

钢筋配置量除应满足承载力要求外，尚应考虑变形、抗裂及外墙防渗等要求。水平钢筋的直径不应小于 12mm，竖向钢筋的直径不应小于 10mm，间距不应大于 200mm。当筏板的厚度大于 2000mm 时，宜在板厚中间部位设置直径不小于 12mm、间距不大于 300mm 的双向钢筋。

筏形基础、桩筏基础设置混凝土垫层时，其纵向受力钢筋的混凝土保护层厚度应从筏板底面算起，且不应小于 40mm；当未设置混凝土垫层时，其纵向受力钢筋的混凝土保护层厚度不应小于 70mm。

（5）连接构造

地下室底层柱、剪力墙与梁板式筏基的基础梁连接的构造应符合下列规定：

① 柱、墙的边缘至基础梁边缘的距离不应小于 50mm（图 4-3）；

② 当交叉基础梁的宽度小于柱截面的边长时，交叉基础梁连接处应设置八字角，柱角与八字角之间的净距不宜小于 50mm [图 4-3(a)]；

③ 单向基础梁与柱的连接，可按图 4-3(b)、(c) 采用；

④ 基础梁与剪力墙的连接，可按图 4-3(d) 采用。

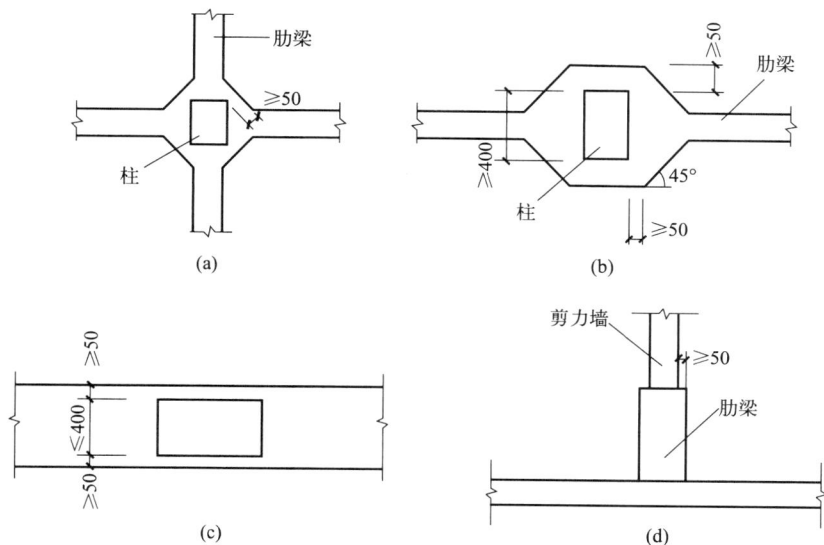

图 4-3 地下室底层柱或剪力墙与梁板式筏基的基础梁连接的构造要求

## 4.1.2 筏形基础地基设计

### 4.1.2.1 地基承载力验算

基础底面积根据基础持力层的地基承载力要求确定。若将坐标原点置于筏基底板形心处，则基底压力可按式(4-1)、式(4-2) 计算：

$$p_{\substack{kmax \\ kmin}} = \frac{\sum F_k + G_k}{A} \pm \frac{M_{xk}}{W_x} \pm \frac{M_{yk}}{W_y} \qquad (4\text{-}1)$$

$$p_{\substack{1 \\ 2}} = \frac{\sum F_k + G_k}{A} \mp \frac{M_{xk}}{W_x} \pm \frac{M_{yk}}{W_y} \qquad (4\text{-}2)$$

式中　$p_{kmax}$、$p_{kmin}$——相应于荷载效应标准组合时，筏形基础底面边缘的最大、最小压力值，$kN/m^3$；

$p_1$、$p_2$——相应于荷载效应标准组合时，筏形基础底面边缘的角点处压力值，$kN/m^3$，如图 4-4 所示；

$\sum F_k$——相应于荷载效应标准组合时，上部结构传至筏形基础顶面的竖向力值的总和，$kN$；

$G_k$——筏形基础自重和基础上的土重，在稳定的地下水位以下的部分，应扣除水的浮力，$kN$；

$A$——筏形基础底面面积，$m^2$；

$M_{xk}$、$M_{yk}$——相应于荷载效应标准组合时，分别为竖向荷载对通过筏形基础形心的 $x$ 轴与 $y$ 轴的力矩，$kN \cdot m$；

$W_x$，$W_y$——分别为筏形基础底面积对 $x$，$y$ 轴的抵抗矩，$m^3$。

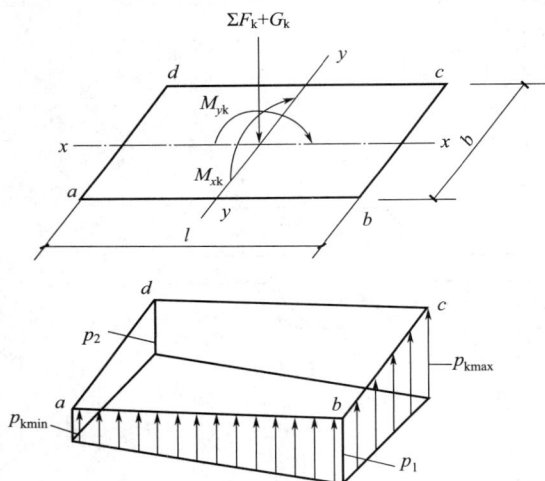

图 4-4　矩形筏板基础基底压力计算

筏形与箱形基础的底面压力应符合下列公式规定：

$$p_k \leqslant f_a \qquad (4\text{-}3)$$

$$p_{kmax} \leqslant 1.2 f_a \qquad (4\text{-}4)$$

式中　$p_k$——相应于作用的标准组合时，基础底面处的平均压力值，$kPa$；

$f_a$——修正后的地基承载力特征值，$kPa$；

$p_{kmax}$——相应于作用的标准组合时，基础底面边缘的最大压力值，$kPa$。

在验算基础底面压力时，对于非地震区的高层建筑箱形和筏形基础要求 $p_{kmax} \leqslant 1.2 f_a$；$p_{kmin} \geqslant 0$。前者与一般建筑物基础的要求是一致的，而 $p_{kmin} \geqslant 0$ 是根据高层建筑的特点提出的。因为高层建筑的高度大、重量大，本身对倾斜的限制也比较严格，所以它对地基的强度和变形的要求也较一般建筑严格。

依据《高层建筑筏形与箱形基础技术规范》(JGJ 6—2011) 第 5.3.3 条，对于抗震设防的建筑，筏形与箱形基础的底面压力除应符合式(4-3)、式(4-4) 的要求外，尚应按下列公式验算地基抗震承载力：

$$p_{kE} \leqslant f_{aE} \qquad (4\text{-}5)$$

$$p_{kmax} \leqslant 1.2 f_{aE} \qquad (4\text{-}6)$$

$$f_{aE} = \zeta_a f_a \qquad (4\text{-}7)$$

式中　$p_{kE}$——相应于地震作用效应标准组合时，基础底面的平均压力值，$kPa$；

$p_{kmax}$——相应于地震作用效应标准组合时，基础底面边缘的最大压力值，$kPa$；

$f_{aE}$——调整后的地基抗震承载力，kPa；

$\zeta_a$——地基抗震承载力调整系数，按表 4-2 确定。

表 4-2　地基抗震承载力调整系数 $\zeta_a$

| 岩土名称与性状 | $\zeta_a$ |
|---|---|
| 岩石，密实的碎石土，密实的砾、粗、中砂，$f_{ak} \leqslant 300$kPa 的黏性土和粉土 | 1.5 |
| 中密、稍密的碎石土，中密和稍密的砾、粗、中砂，密实和中密的细、粉砂，$150$kPa$\leqslant f_{ak} < 300$kPa 的黏性土和粉土 | 1.3 |
| 稍密的细、粉砂，$100$kPa$\leqslant f_{ak} < 150$kPa 的黏性土和粉土，新近沉积的黏性土和粉土 | 1.1 |
| 淤泥，淤泥质土，松散的砂，填土 | 1.0 |

注：$f_{ak}$ 为地基承载力的特征值。

在地震作用下，对于高宽比大于 4 的高层建筑，基础底面不宜出现零应力区；对于其他建筑，当基础底面边缘出现零应力时，零应力区的面积不应超过基础底面面积的 15%；与裙房相连且采用天然地基的高层建筑，在地震作用下主楼基础底面不宜出现零应力区。

#### 4.1.2.2　地基变形计算

由于筏形基础埋深较大，随着施工的进展，地基的受力状态和变形十分复杂。基坑开挖前，需降水使地下水位降低，以便进行基坑开挖和基础施工，同时降水也使地基产生压缩；在基坑开挖阶段，卸去土重引起了地基的回弹变形，根据某些工程的实测，回弹变形不容忽视；基础施工时，由于逐步加载，地基再次产生压缩变形；而基础施工完后停止降水，地基回弹；最后，在上部结构施工和使用阶段，由于继续加载，地基继续产生压缩变形。

高层建筑筏形与箱形基础的地基变形计算值，不应大于建筑物的地基变形允许值，建筑物的地基变形允许值应按地区经验确定，当无地区经验时应符合现行国家标准《建筑地基基础设计规范》的规定。

当采用土的压缩模量计算筏形与箱形基础的最终沉降量 $s$ 时，应按下列公式计算：

$$s = s_1 + s_2 \tag{4-8}$$

$$s_1 = \psi' \sum_{i=1}^{m} \frac{p_c}{E'_{si}} (z_i \bar{\alpha}_i - z_{i-1} \bar{\alpha}_{i-1}) \tag{4-9}$$

$$s_2 = \psi_s \sum_{i=1}^{n} \frac{p_0}{E_{si}} (z_i \bar{\alpha}_i - z_{i-1} \bar{\alpha}_{i-1}) \tag{4-10}$$

式中　$s$——最终变形量，mm；

$s_1$——基坑底面以下地基土回弹再压缩引起的沉降量，mm；

$s_2$——由基底附加压力引起的沉降量，mm；

$\psi'$——考虑回弹影响的沉降计算经验系数，无经验时取 $\psi' = 1$；

$\psi_s$——沉降计算经验系数，根据地区沉降观测资料及经验确定，当缺乏地区经验时，可按现行国家标准《建筑地基基础设计规范》的有关规定采用；

$p_c$——相当于基础底面处地基土的自重产生的基底压力，计算时地下水位以下部分取土的浮重度，kPa；

$p_0$——准永久组合下的基础底面处的附加压力，kPa；

$E'_{si}$、$E_{si}$——基础底面下第 $i$ 层土的回弹再压缩模量和压缩模量，MPa；

$m$——基础底面以下回弹影响深度范围内所划分的地基土层数；

$n$——沉降计算深度范围内所划分的地基土层数；

$z_i$、$z_{i-1}$——基础底面至第 $i$ 层、第 $i-1$ 层土底面的距离，m；

$\overline{\alpha}_i$、$\overline{\alpha}_{i-1}$——基础底面计算点至第 $i$ 层土、第 $i-1$ 层土底面范围内平均附加应力系数，可按《高层建筑筏形与箱形基础技术规范》（JGJ 6—2011）附录 B 采用。

式(4-9)中的沉降计算深度应按地区经验确定，当无地区经验时可取基坑开挖深度；式(4-10)中的沉降计算深度可按现行国家标准《建筑地基基础设计规范》确定。

当采用土的变形模量计算筏形与箱形基础的最终沉降量 $s$ 时，应按下式计算：

$$s = p_k b \eta \sum_{i=1}^{n} \frac{\delta_i - \delta_{i-1}}{E_{0i}} \tag{4-11}$$

式中    $p_k$——相应于作用准永久组合时的基础底面处的平均压力值，kPa；

     $b$——基础底面宽度，m；

$\delta_i$、$\delta_{i-1}$——与基础长宽比 $l/b$ 及基础底面至第 $i$ 层土和第 $i-1$ 层土底面的距离深度 $z$ 有关的无量纲系数，可按《高层建筑筏形与箱形基础技术规范》（JGJ 6—2011）附录 C 中的表 C 确定；

     $E_{0i}$——基础底面下第 $i$ 层土的变形模量，MPa，通过试验或按地区经验确定；

     $\eta$——沉降计算修正系数，可按表 4-3 确定。

表 4-3    沉降计算修正系数 $\eta$

| $m = 2z_n/b$ | $0 < m \leqslant 0.5$ | $0.5 < m \leqslant 1$ | $1 < m \leqslant 2$ | $2 < m \leqslant 3$ | $3 < m \leqslant 5$ | $5 < m \leqslant \infty$ |
|---|---|---|---|---|---|---|
| $\eta$ | 1.00 | 0.95 | 0.90 | 0.80 | 0.75 | 0.70 |

按式(4-11)进行沉降计算时，沉降计算深度 $z_n$ 宜按下式计算：

$$z_n = (z_m + \zeta b)\beta \tag{4-12}$$

式中    $z_m$——与基础长宽比有关的经验值，可按表 4-4 确定，m；

     $\zeta$——折减系数，可按表 4-4 确定；

     $\beta$——调整系数，可按表 4-5 确定。

表 4-4    $z_m$ 值和折减系数 $\zeta$

| $l/b$ | $\leqslant 1$ | 2 | 3 | 4 | $\geqslant 5$ |
|---|---|---|---|---|---|
| $z_m$ | 11.6 | 12.4 | 12.5 | 12.7 | 13.2 |
| $\zeta$ | 0.42 | 0.49 | 0.53 | 0.60 | 1.00 |

表 4-5    调整系数 $\beta$

| 土类 | 碎石 | 砂土 | 粉土 | 黏性土 | 软土 |
|---|---|---|---|---|---|
| $\beta$ | 0.30 | 0.50 | 0.60 | 0.75 | 1.00 |

### 4.1.2.3 稳定性计算

（1）抗滑移稳定性

高层建筑在承受地震作用、风荷载或其他水平荷载时。筏形与箱形基础的抗滑移稳定性（图 4-5）应符合下式的要求：

$$K_s Q \leqslant F_1 + F_2 + (E_p - E_a)l \tag{4-13}$$

式中    $F_1$——基底摩擦力合力，kN。

     $F_2$——平行于剪力方向的侧壁摩擦力合力，kN。

$E_a$、$E_p$——垂直于剪力方向的地下结构外墙面单位长度上主动土压力合力、被动土压力合力，kN/m。

     $l$——垂直于剪力方向的基础边长，m。

$Q$——作用在基础顶面的风荷载、水平地震作用或其他水平荷载，kN。风荷载、地震作用分别按现行国家标准《建筑结构荷载规范》《建筑抗震设计规范》确定，其他水平荷载按实际发生的情况确定。

$K_s$——抗滑移稳定性安全系数，取 1.3。

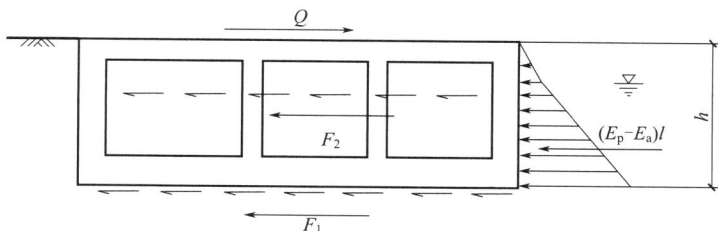

图 4-5  抗滑移稳定性验算示意

（2）抗倾覆稳定性

高层建筑在承受地震作用、风荷载、其他水平荷载或偏心竖向荷载时，筏形与箱形基础的抗倾覆稳定性应符合下式的要求：

$$K_r M_c \leqslant M_r \tag{4-14}$$

式中   $M_r$——抗倾覆力矩，kN·m；

$M_c$——倾覆力矩，kN·m；

$K_r$——抗倾覆稳定性安全系数，取 1.5。

（3）抗浮稳定性

当建筑物地下室的一部分或全部在地下水位以下时，应进行抗浮稳定性验算。抗浮稳定性验算应符合下式的要求：

$$F_k' + G_k \geqslant K_f F_f \tag{4-15}$$

式中   $F_k'$——上部结构传至基础顶面的竖向永久荷载，kN。

$G_k$——基础自重和基础上的土重之和，kN。

$F_f$——水浮力，在建筑物使用阶段按与设计使用年限相应的最高水位计算；在施工阶段，按分析地质状况、施工季节、施工方法、施工荷载等因素后确定的水位计算，kN。

$K_f$——抗浮稳定安全系数，可根据工程重要性和确定水位时统计数据的完整性取 1.0～1.1。

## 4.1.3  筏形基础结构设计

筏形基础底板的厚度是由它的内力确定的。一般情况下，板厚由冲切承载力决定，冲切强度满足后，其他如弯矩等一般均能满足。而板的冲切力不仅与其荷载（与层数基本成正比）有关，同时与其跨度有关。另外在某些特定条件下，板厚还需满足受剪切承载力的要求。

### 4.1.3.1  抗冲切验算

（1）平板式筏基抗冲切验算

平板式筏基的板厚除应符合受弯承载力的要求外，尚应符合受冲切承载力的要求。平板式筏基柱下冲切验算时应考虑作用在冲切临界截面重心上的不平衡弯矩产生的附加剪力。对基础的边柱和角柱进行冲切验算时，其冲切力应分别乘以 1.1 和 1.2 的增大系数。距柱边

$h_0/2$ 处冲切临界截面的最大剪应力 $\tau_{max}$ 应按式（4-16）、式（4-17）进行计算（图4-6）。

$$\tau_{max} = \frac{F_1}{u_m h_0} + \alpha_s \frac{M_{unb} c_{AB}}{I_s} \tag{4-16}$$

$$\tau_{max} \leqslant 0.7 \left( 0.4 + \frac{1.2}{\beta_s} \right) \beta_{hp} f_t \tag{4-17}$$

$$\alpha_s = 1 - \frac{1}{1 + \frac{2}{3}\sqrt{\dfrac{c_1}{c_2}}} \tag{4-18}$$

式中　$F_1$——相应于作用的基本组合时的冲切力，对内柱取轴力设计值减去筏板冲切破坏锥体内的基底净反力设计值；对边柱和角柱，取轴力设计值减去筏板冲切临界截面范围内的基底净反力设计值，kN。

$u_m$——距柱边缘不小于 $h_0/2$ 处冲切临界截面的最小周长，m。

$h_0$——筏板的有效高度，m。

$M_{unb}$——作用在冲切临界截面重心上的不平衡弯矩设计值，kN·m。

$c_{AB}$——沿弯矩作用方向，冲切临界截面重心至冲切临界截面最大剪应力点的距离，m。

$I_s$——冲切临界截面对其重心的极惯性矩，$m^4$。

$\beta_s$——柱截面长边与短边的比值，当 $\beta_s < 2$ 时，$\beta_s$ 取2，当 $\beta_s > 4$ 时，$\beta_s$ 取4。

$\beta_{hp}$——受冲切承载力截面高度影响系数，当 $h \leqslant 800mm$ 时，取 $\beta_{hp} = 1.0$；当 $h \geqslant 2000mm$ 时，取 $\beta_{hp} = 0.9$；其间按线性内插法取值。

$f_t$——混凝土轴心抗拉强度设计值，kPa。

$c_1$——与弯矩作用方向一致的冲切临界截面的边长，m。

$c_2$——垂直于 $c_1$ 的冲切临界截面的边长，m。

$\alpha_s$——不平衡弯矩通过冲切临界截面上的偏心剪力传递的分配系数。

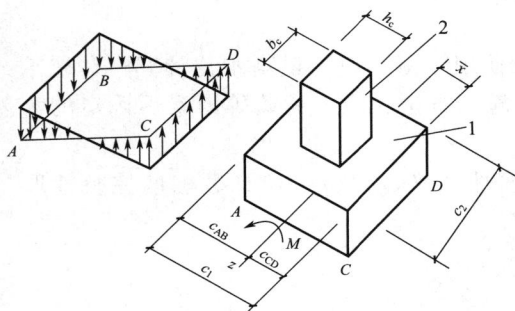

图4-6　内柱冲切临界截面示意
1—筏板；2—柱

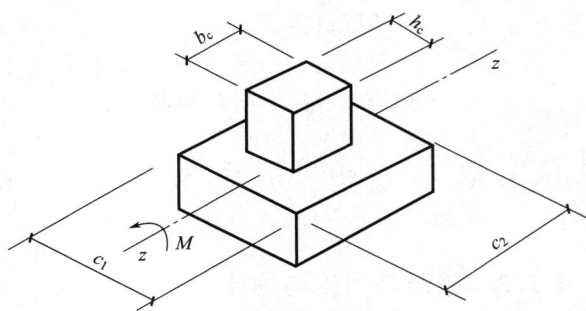

图4-7　内柱冲切临界截面周长
$u_m$ 及极惯性矩 $I_s$ 计算

冲切临界截面的周长 $u_m$ 以及冲切临界截面对其重心的极惯性矩 $I_s$，如图4-7所示，应根据柱所处的部位分别计算。对于内柱，应按下列公式进行计算：

$$u_m = 2c_1 + 2c_2 \tag{4-19}$$

$$I_s = \frac{c_1 h_0^3}{6} + \frac{c_1^3 h_0}{6} + \frac{c_2 h_0 c_1^2}{6} \tag{4-20}$$

$$c_1 = h_c + h_0 \tag{4-21}$$

$$c_2 = b_c + h_0 \tag{4-22}$$

$$c_{AB} = c_1/2 \tag{4-23}$$

式中　$h_c$——与弯矩作用方向一致的柱截面的边长，m；

　　　$b_c$——垂直于 $h_c$ 的柱截面边长，m。

对于边柱，如图 4-8 所示，应按式（4-24）～式（4-29）进行计算。式（4-24）～式（4-29）适用于柱外侧齐筏板边缘的边柱。对外伸式筏板，边柱柱下筏板冲切临界截面的计算模式应根据边柱外侧筏板的悬挑长度和柱子的边长确定。当边柱外侧的悬挑长度小于或等于（$h_0 + 0.5b_c$）时，冲切临界截面可计算至垂直于自由边的板端，计算 $c_1$ 及 $I_s$

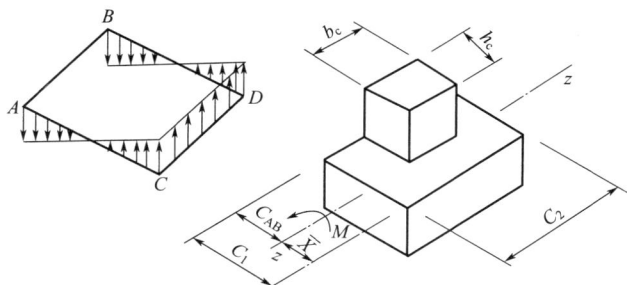

图 4-8　边柱冲切临界截面示意

值时应计及边柱外侧的悬挑长度；当边柱外侧筏板的悬挑长度大于（$h_0 + 0.5b_c$）时，边柱柱下筏板冲切临界截面的计算模式同内柱。

$$u_m = 2c_1 + c_2 \tag{4-24}$$

$$I_s = \frac{c_1 h_0^3}{6} + \frac{c_1^3 h_0}{6} + 2c_1 h_0 \left(\frac{c_1}{2} - \overline{X}\right)^2 + c_2 h_0 \overline{X}^2 \tag{4-25}$$

$$c_1 = h_c + h_0/2 \tag{4-26}$$

$$c_2 = b_c + h_0/2 \tag{4-27}$$

$$c_{AB} = c_1 - \overline{X} \tag{4-28}$$

$$\overline{X} = \frac{c_1^2}{2c_1 + c_2} \tag{4-29}$$

式中　$\overline{X}$——冲切临界截面重心位置，m。

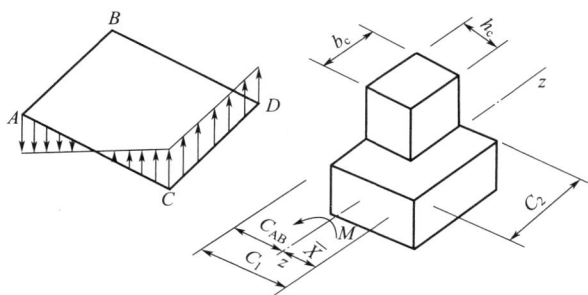

图 4-9　角柱冲切临界截面示意

对于角柱，如图 4-9 所示，应按式(4-30)～式(4-35)进行计算。式(4-30)～式(4-35)适用于柱两相邻外侧齐筏板边缘的角柱。对外伸式筏板，角柱柱下筏板冲切临界截面的计算模式应根据角柱外侧筏板的悬挑长度和柱子的边长确定。当角柱两相邻外侧筏板的悬挑长度分别小于或等于（$h_0 + 0.5b_c$）和（$h_0 + 0.5h_c$）时，冲切临界截面可计算至垂直于自由边的板端，计算 $c_1$、$c_2$ 及 $I_s$ 值应计及角柱外侧

筏板的悬挑长度；当角柱两相邻外侧筏板的悬挑长度大于（$h_0 + 0.5b_c$）和（$h_0 + 0.5h_c$）时，角柱柱下筏板冲切临界截面的计算模式同内柱。

$$u_m = c_1 + c_2 \tag{4-30}$$

$$I_s = \frac{c_1 h_0^3}{12} + \frac{c_1^3 h_0}{12} + c_1 h_0 \left(\frac{c_1}{2} - \overline{X}\right)^2 + c_2 h_0 \overline{X}^2 \tag{4-31}$$

$$c_1 = h_c + h_0/2 \tag{4-32}$$

$$c_2 = b_c + h_0/2 \tag{4-33}$$

$$c_{AB} = c_1 - \overline{X} \tag{4-34}$$

$$\overline{X} = \frac{c_1^2}{2c_1 + 2c_2} \tag{4-35}$$

当柱荷载较大，等厚度筏板的受冲切承载力不能满足要求时，可在筏板上面增设柱墩或在筏板下局部增加板厚或采用抗冲切钢筋等措施满足受冲切承载能力要求。

平板式筏基内筒下的板厚应满足受冲切承载力的要求，受冲切承载力 $F_1$ 应按下式进行计算：

$$\frac{F_1}{u_m h_0} \leqslant 0.7 \frac{\beta_{hp} f_t}{\eta} \tag{4-36}$$

式中　$F_1$——相应于作用的基本组合时，内筒所承受的轴力设计值减去内筒下筏板冲切破坏锥体内的基底净反力设计值，kN；

$u_m$——距内筒外表面 $h_0/2$ 处冲切临界截面的周长，见图 4-10，m；

$h_0$——距内筒外表面 $h_0/2$ 处筏板的截面有效高度，m；

$\eta$——内筒冲切临界截面周长影响系数，取 1.25。

当需要考虑内筒根部弯矩的影响时，距内筒外表面 $h_0/2$ 处冲切临界截面的最大剪应力可按式(4-16) 计算，此时 $\tau_{max} \leqslant 0.7\beta_{hp} f_t/\eta$。

（2）梁板式筏基抗冲切验算

梁板式筏基底板受冲切承载力应按下式进行计算：

$$F_1 \leqslant 0.7\beta_{hp} f_t u_m h_0 \tag{4-37}$$

式中　$F_1$——相应于作用的基本组合时，图 4-11 中阴影部分面积上的基底平均净反力设计值，kN；

$u_m$——距基础梁边 $h_0/2$ 处冲切临界截面的周长，m，见图 4-11。

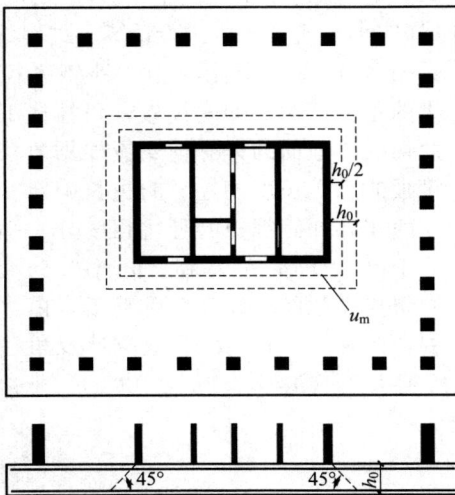

图 4-10　筏板受内筒冲切的临界截面位置

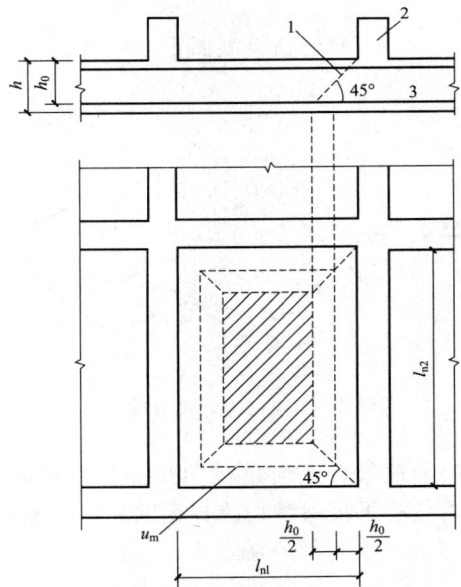

图 4-11　底板的冲切计算示意

1—冲切破坏锥体的斜截面；2—梁；3—底板

当底板区格为矩形双向板时，底板受冲切所需的厚度 $h_0$ 应按式(4-38)进行计算，其底板厚度与最大双向板格的短边净跨之比不应小于 $1/14$，且板厚不应小于 400mm。

$$h_0 = \frac{(l_{n1}+l_{n2})-\sqrt{(l_{n1}+l_{n2})^2-\dfrac{4p_n l_{n1} l_{n2}}{p_n+0.7\beta_{hp}f_t}}}{4} \tag{4-38}$$

式中　$l_{n1}$、$l_{n2}$——计算板格的短边和长边的净长度，m；

　　　$p_n$——扣除底板及其上填土自重后，相应于作用的基本组合时的基底平均净反力设计值，kPa。

#### 4.1.3.2　抗剪切验算

（1）平板式筏基抗剪切验算

平板式筏基应验算距内筒和柱边缘 $h_0$ 处截面的受剪承载力，当筏板变厚度时，尚应验算变厚度处筏板的受剪承载力。

平板式筏基受剪承载力应按式(4-39)验算，当筏板的厚度大于 2000mm 时，宜在板厚中间部位设置直径不小于 12mm、间距不大于 300mm 的双向钢筋网。

$$V_s \leqslant 0.7\beta_{hs}f_t b_w h_0 \tag{4-39}$$

$$\beta_{hs} = \left(\frac{800}{h_0}\right)^{1/4} \tag{4-40}$$

式中　$V_s$——相应于作用的基本组合时，基底净反力平均值产生的距内筒或柱边缘 $h_0$ 处筏板单位宽度的剪力设计值，kN。

　　　$b_w$——筏板计算截面单位宽度，m。

　　　$h_0$——距内筒或柱边缘 $h_0$ 处筏板的截面有效高度，m。

　　　$\beta_{hs}$——受剪承载力截面高度影响系数：当 $h_0<800$mm 时，取 $h_0=800$mm；当 $h_0>2000$mm 时，取 $h_0=2000$mm；其间按内插法取值。

（2）梁板式筏基抗剪切验算

梁板式筏基双向底板斜截面受剪承载力应按下式进行计算：

$$V_s \leqslant 0.7\beta_{hs}f_t(l_{n2}-2h_0)h_0 \tag{4-41}$$

式中　$V_s$——距梁边缘 $h_0$ 处，作用在图 4-12 中阴影部分面积上的基底平均净反力产生的剪力设计值，kN。

当底板板格为单向板时，其斜截面受剪承载力应按墙下条形基础底板验算，其底板厚度不应小于 400mm。

### 4.1.4　筏形基础内力分析

当地基土比较均匀、地基压缩层范围内无软弱土层或可液化土层，上部结构刚度较好，柱网和荷载较均匀、相邻柱荷载及柱间距的变化不超过 20%，且平板式筏基板的厚跨比或梁板式筏基梁的高跨比不小于 $1/6$ 时，筏形基础可仅考虑底板局部弯曲作用，计算筏形基础的内力时，基底反力可按直线分布，并扣除底板及其上填土的自重。

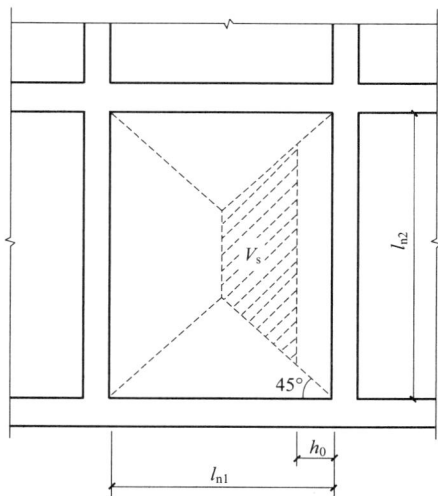

图 4-12　底板剪切计算示意

当不符合上述要求时，筏基内力可按弹性地基梁板等理论进行分析。计算分析时应根据土层情况和地区经验选用地基模型和参数。

当梁板式筏基的基底反力按直线分布计算时，其基础梁的内力可按连续梁分析，此时，可以采用简化方法近似进行筏形基础内力计算，假定基础是绝对刚性，并按静力学方法计算基底反力。筏板基础的简化计算法分为倒梁法、倒楼盖法和静定分析法三种。

（1）倒梁法

当平板式筏形基础较规则，柱距较均匀，板截面形状一致时，将筏板划分成条带（或称板条、板带、截条），如图 4-13 所示，并忽略各条带间剪力产生的静力不平衡情况，将各板条近似地按基础梁计算其内力，此方法称为倒梁法，或称刚性板条法。倒梁法以基底净反力作为荷载，将基础视为倒置的连续梁计算内力。

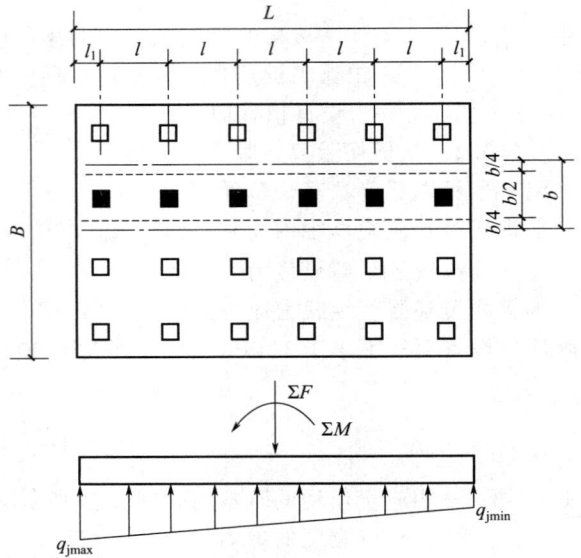

图 4-13　倒梁法计算筏板基础示意图

筏板基础的基底净反力分布为：

$$p_{j(x,y)} = \frac{\sum F}{A} + \frac{\sum F e_y}{I_x} + \frac{\sum F e_x}{I_y}$$

（4-42）

式中　$\sum F$——相应作用的基本组合时，上部结构传至筏板基础顶面的竖向力合力，kN；

$e_x$、$e_y$——竖向力合力在 $x$、$y$ 形心轴方向的偏心距；

$I_x$、$I_y$——对 $x$、$y$ 轴的截面惯性矩。

把筏板划分为独立的条带，条带宽度为相邻柱列间跨中到跨中的距离，如图 4-13 所示，忽略条带间的剪力传递，条带下的基底净线反力为：

$$q_{\substack{j\max \\ j\min}} = \frac{\sum F}{L} \pm \frac{6 \sum M}{L^2}$$

（4-43）

式中　$\sum F$——相应于作用的基本组合时，上部结构传至该条带的竖向力合力，kN；

$\sum M$——相应于作用的基本组合时，作用于该条带的弯矩设计值，kN·m；

$L$——筏形基础的长度，m。

倒梁法具体计算与柱下条形基础倒梁法计算一致（见 3.8 节）。计算时可以采用经验系数，例如对均布线荷载支座弯矩取 $ql^2/10$，跨中弯矩取 $(1/12 \sim 1/10)ql^2$（$l$——跨中取柱距，支座取相邻柱距平均值）。计算弯矩的 2/3 由中间 $b/2$ 宽度的板带承受，两边 $b/4$ 宽的板带则各承受 1/6 的计算弯矩，并按此分配的弯矩配筋。

依据《高层建筑筏形与箱形基础技术规范》（JGJ 6—2011）第 6.2.13 条，按基底反力直线分布计算的平板式筏基，可按柱下板带和跨中板带分别进行内力分析，并应符合下列要求：

柱下板带中在柱宽及其两侧各 0.5 倍板厚且不大于 1/4 板跨的有效宽度范围内，其钢筋配置量不应小于柱下板带钢筋的一半，且应能承受部分不平衡弯矩 $a_m M_{unb}$，$M_{unb}$ 为作用在冲切临界面重心上的部分不平衡弯矩，$a_m$ 可按下式计算：

$$a_m = 1 - \alpha_s$$

（4-44）

式中　$a_m$——不平衡弯矩通过弯曲传递的分配系数；

　　　$\alpha_s$——按式（4-18）计算。

$M_{unb}$ 是指作用在柱边 $h_0/2$ 处冲切临界截面重心上的弯矩，对边柱它包括由柱根处轴力设计值 $N$ 和该处筏板冲切临界截面范围内相应的地基反力 $P$ 对临界截面重心产生的弯矩。由于设计过程中筏板和上部结构是分别计算的，因此计算 $M_{unb}$ 值时尚应包括柱子根部的弯矩 $M_c$，如图 4-14 所示，$M_{unb}$ 的表达式为：

$$M_{unb} = Ne_N - Pe_P \pm M_c \qquad (4-45)$$

对于内柱，由于对称关系，柱截面形心与冲切临界截面重心重合，$e_N = e_P = 0$，因此冲切临界截面重心上的弯矩，取柱根弯矩设计值。

梁板式筏基的基底反力按直线分布计算时，其基础梁的内力可按连续梁分析，计算配筋时，边跨的跨中弯矩以及第一内支座的弯矩值宜乘以 1.2 的增大系数。考虑到整体弯曲的影响，梁板式筏基的底板和基础梁的配筋除应满足计算要求外，基础梁和底板的顶部跨中钢筋应按实际配筋全部连通。

（2）倒楼盖法

当梁板式筏基上柱网的长短跨比值不大时，可将筏基视为双向多跨连续板，用双向板法（倒楼盖法）计算筏基的内力。

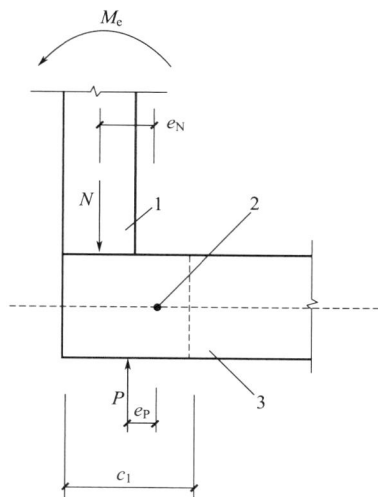

图 4-14　边柱 $M_{unb}$ 计算示意图

1—柱；2—冲切临界截面重心；3—筏板

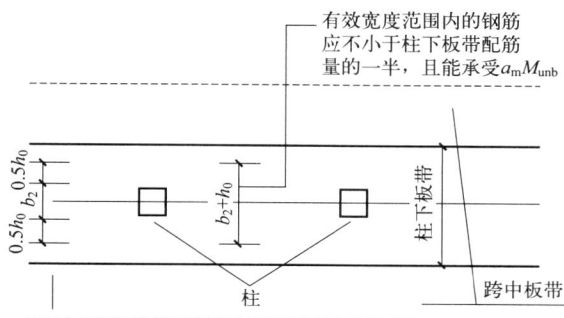

图 4-15　柱两侧有效宽度范围示意图

倒楼盖法将筏形基础视为一放置在地基上的楼盖，柱或墙视为该楼盖的支座，直线分布的地基净反力视为作用在该楼盖上的外荷载。此时，平板式筏板按倒无梁楼盖计算，可参照无梁楼盖方法截取柱下板带和跨中板带进行计算。柱下板带中在柱宽及其两侧各 0.5 倍板厚且不大于 1/4 板跨的有效宽度范围内的钢筋配置量不应小于柱下板带钢筋的一半，且应能承受作用在冲切临界截面重心上的部分不平衡弯矩 $a_m M_{unb}$ 的作用（图 4-15 所示）。

梁板式筏板则根据肋梁布置的情况按倒双向板楼盖或倒单向板楼盖计算，其中底板分别按连续的双向板或单向板计算，肋梁均按多跨连续梁计算，与平板式筏形基础一样，求得的连续梁边跨跨中弯矩以及第一内支座的弯矩宜乘以 1.2 的系数。

（3）静定分析法

当上部结构刚度很小时，可采用静定分析法。静定分析法同样按柱列布置划分板带，可以采用修正荷载的方法近似考虑板带间剪力传递的影响（图 4-16）。例如图中第 $j$ 条板带的第 $i$ 列柱的荷载由 $F_{i,j}$ 修正为 $F_{i,jm}$：

$$F_{i,jm} = \frac{F_{i,j-1} + 2F_{i,j} + F_{i,j+1}}{4} \qquad (4-46)$$

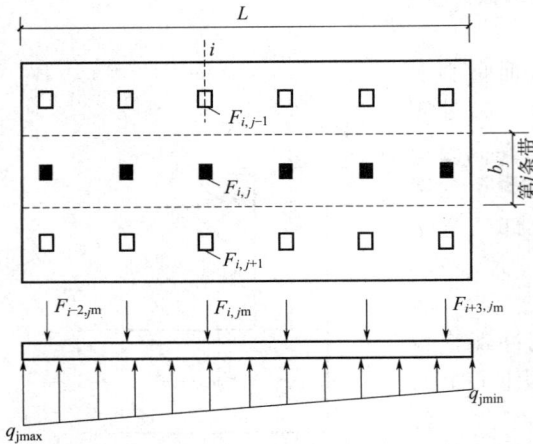

图 4-16 静定分析法计算筏板基础

限单元法进行分析。

由 $F_{i,jm}$ 按式（4-43）计算基底净线反力，最后用静定分析法计算任一截面上的内力。

（4）弹性地基上梁板设计法

当地基比较复杂、上部结构刚度较差或柱荷载及柱距变化较大时，应按弹性地基上梁板的理论方法计算筏基内力。这类方法考虑了地基与基础的相互作用，它与弹性地基梁的设计方法相类似，分析计算时，随地基的条件不同，而选用不同的地基模型，其分析方法也不相同。

对于平板式筏基，可用有限差分法或有限单元法进行分析；对于梁板式筏基，则先划分肋梁单元和薄板单元，然后以有限单元法进行分析。

在同一大面积整体筏形基础上有多幢高层和低层建筑时，筏基的结构计算宜考虑上部结构、基础与地基土的共同作用。筏基可采用弹性地基梁板的理论进行整体计算；也可按各建筑物的有效影响区域将筏基划分为若干单元分别进行计算，计算时应考虑各单元的相互影响和交界处的变形协调条件。

## 4.2　箱形基础

箱形基础是指由底板、顶板、侧墙及一定数量内隔墙构成的整体刚度较好的单层或多层钢筋混凝土基础，简称箱基，如图 4-17 所示。箱形基础具有较大的基础底面、较深的埋置深度和中空的结构形式，上部结构的部分荷载可用开挖卸去的土的重量得以补偿。与一般的实体基础相比，能显著地提高地基的稳定性，降低基础沉降量。

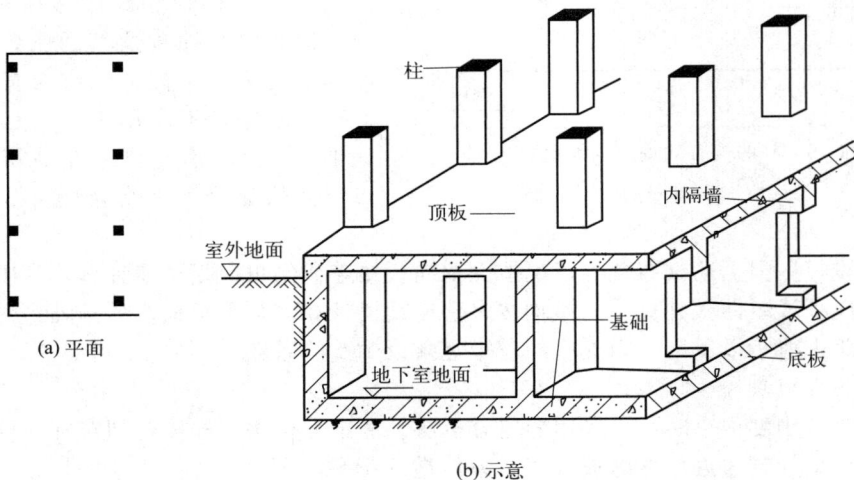

图 4-17　箱形基础

箱形基础适用于软弱地基上的面积较小、平面形状简单、荷载较大或上部结构分布不均的高层重型建筑物及对沉降有严格要求的设备基础或特殊构筑物，但混凝土及钢材用量较多，造价也较高。

### 4.2.1 箱形基础的特点

① 有很大的刚度和整体性，因而能有效地调整基础的不均匀沉降，常用于上部荷载较大、地基软弱且分布不均的情况，当地基特别软弱且复杂时，可采用箱基下设桩基的方案。

② 有较好的抗震性能。箱形基础能将上部结构较好地嵌固于地基，基础埋置较深，因而可降低建筑物的重心，从而提高建筑物的整体性。箱基的底板、顶板与内外墙体厚度都较大，而且箱基的长度、宽度和埋深都大，不仅整体刚度大，在地震作用下箱基发生滑移或倾覆的概率很小，箱基本身的变形也不大。在地震区，对抗震、人防和地下室有要求的高层建筑，宜采用箱形基础。

③ 有较好的补偿性。箱形基础的埋置深度一般较大，基础底面处的土自重应力和水压力在很大程度上补偿了由建筑物自重和荷载产生的基底压力。如果箱形基础有足够埋深，基底土自重应力等于基底接触压力，从理论上讲，基底附加压力等于零，在地基中不会产生附加应力，因而也不会产生地基沉降，也不存在地基承载力问题，按照这种概念进行的地基基础设计称为补偿性设计。但施工过程中，由于基坑开挖解除了土自重，坑底发生回弹，当建造上部结构和基础时，土体会因再度受压而发生沉降，在这一过程中，地基中的应力发生一系列变化，实际上不存在那种无沉降和强度问题的理想情况，但如果能精心设计、合理施工，就能有效发挥箱基的补偿作用。

但是，箱形基础的纵横隔墙给地下空间的利用带来了诸多限制。由于这个原因，近年来许多建筑物采用了筏形基础，并通过增加筏形基础的厚度来获得足够的整体性和刚度。

### 4.2.2 箱形基础主要构造

（1）尺寸要求

箱形基础的平面尺寸，应根据工程地质条件、上部结构布置、地下结构底层平面及荷载分布等因素，按现行国家标准《高层建筑筏形与箱形基础技术规范》的地基承载力、变形及稳定性要求的有关规定综合确定。

当需要扩大底板面积时，宜优先扩大基础的宽度。当采用整体扩大箱形基础方案时，扩大部分的墙体应与箱形基础的内墙或外墙连通成整体，且扩大部分墙体的挑出长度不宜大于地下结构埋入土中的深度。

对单幢建筑物，在地基土比较均匀的条件下，箱形基础的基底平面形心宜与结构竖向永久荷载重心重合。当不能重合时，在准永久组合作用下，偏心距 $e$ 宜符合下式规定：

$$e \leqslant 0.1W/A \tag{4-47}$$

式中　$W$——与偏心距方向一致的基础底面边缘抵抗矩，$\mathrm{m}^3$；

　　　　$A$——基础底面面积，$\mathrm{m}^2$。

箱形基础的内、外墙应沿上部结构柱网和剪力墙纵横均匀布置，当上部结构为框架或框剪结构时，墙体水平截面总面积不宜小于箱基水平投影面积的 1/12；当基础平面长宽比大于 4 时，纵墙水平截面面积不宜小于箱形基础水平投影面积的 1/18。在计算墙体水平截面面积时，可不扣除洞口部分。

从已建工程的统计资料来看，箱形基础的高度与长度的比值在 1/21.1 至 1/3.8 之间，这些工程的实测相对挠曲值，软土地区一般都在万分之三以下，硬土地区一般都小于万分之一。说明箱形基础具有一定的刚度，能适应地基的不均匀沉降，满足使用功能上的要求，减少不均匀沉降引起的上部结构附加应力。为此，箱形基础的高度应满足结构承载力和刚度的要求，不宜小于箱形基础长度（不包括底板悬挑部分）的 1/20，且不宜小于 3m。

高层建筑同一结构单元内，箱形基础的埋置深度宜一致，且不得局部采用箱形基础。

（2）板厚与墙厚

箱形基础的底板厚度应根据实际受力情况、整体刚度及防水要求确定，底板厚度不应小于 400mm，且板厚与双向板格的短边净跨之比不应小于 1/14。

箱形基础的墙身厚度应根据实际受力情况、整体刚度及防水要求确定。外墙厚度不应小于 250mm；内墙厚度不宜小于 200mm。墙体内应设置双面钢筋。竖向和水平钢筋的直径均不应小于 10mm，间距不应大于 200mm。除上部为剪力墙外，内、外墙的墙顶处宜配置两根直径不小于 20mm 的通长构造钢筋。

（3）门洞

箱基上的门洞宜设在柱间居中部位，洞边至上层柱中心的水平距离不宜小于 1.2m，洞口上过梁的高度不宜小于层高的 1/5，洞口面积不宜大于柱距与箱形基础全高乘积的 1/6。

墙体洞口周围应设置加强钢筋，洞口四周附加钢筋面积不应小于洞口内被切断钢筋面积的一半，且不应少于两根直径为 14mm 的钢筋，此钢筋应从洞口边缘处延长 40 倍钢筋直径。

（4）混凝土

箱形基础的混凝土强度等级不应低于 C30。当采用防水混凝土时，防水混凝土的抗渗等级应按表 4-6 选用。对重要建筑，宜采用自防水并设置架空排水层。

表 4-6　防水混凝土抗渗等级

| 埋置深度/m | 设计抗渗等级 | 埋置深度/m | 设计抗渗等级 |
| --- | --- | --- | --- |
| $d<10$ | P6 | $20\leqslant d<30$ | P10 |
| $10\leqslant d<20$ | P8 | $30\leqslant d$ | P12 |

（5）配筋

当地基压缩层深度范围内的土层在竖向和水平方向较均匀且上部结构为平、立面布置较规则的剪力墙、框架、框架-剪力墙体系时，箱形基础的顶、底板可仅按局部弯曲计算，计算时地基反力应扣除板的自重。顶、底板钢筋配置量除满足局部弯曲的计算要求外，跨中钢筋应按实际配筋全部连通，支座钢筋尚应有 1/4 贯通全跨，底板上下贯通钢筋的配筋率均不应小于 0.15%。

## 4.2.3　箱形基础基底反力计算

对于天然地基上的箱形基础，箱形基础设计包括地基承载力验算，地基变形计算、稳定性验算等，验算方法与筏形基础相同。

在箱形基础的设计中，基底反力的确定是甚为重要的，因为其分布规律和大小不仅影响箱基内力的数值，还可能改变内力的正负号，因此基底反力的分布成为箱基计算分析中的关键问题。

实际工程中，箱形基础的基底反力分布受诸多因素影响，如土的性质、上部结构的刚度、基础刚度、形状、埋深、相邻荷载等，若要精确分析十分困难。

我国于 20 世纪 70～80 年代在北京、上海等地进行的典型工程的实测资料表明：一般的软黏土地基上，纵向基底反力分布呈马鞍形（如图 4-18），反力最大值出现在距基底端部约为基础长边的 1/9～1/8 处，反力最大值为平均值的 1.06～1.34 倍；一般第四纪黏土地基纵向基底反力分布呈抛物线形，基底反力最大值为平均值的 1.25～1.37 倍。

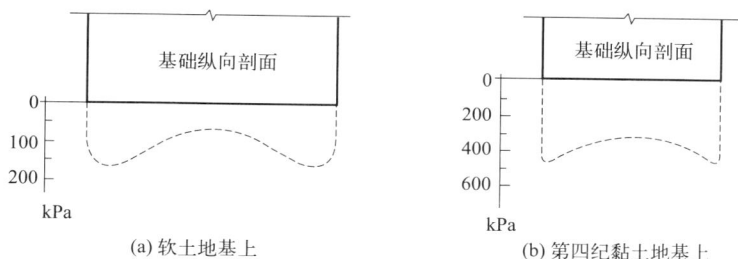

(a) 软土地基上　　　　　　　(b) 第四纪黏土地基上

图 4-18　箱形基础实测基底反力分布图

在大量实测资料的统计结果上，《高层建筑筏形与箱形基础技术规范》（JGJ 6—2011）中规定了基底反力的实用计算法，将箱形基础底面划分成数个区格，某 $i$ 区格的基底反力按下式确定：

$$p_i = \frac{\sum P}{bl} \alpha_i \tag{4-48}$$

式中　$\sum P$——上部结构竖向荷载加箱形基础重，kN；

　　　$b$、$l$——分别为箱形基础的宽度和长度，m；

　　　$\alpha_i$——相应于每个区格的基底反力系数，如表 4-7、表 4-8 所示。

表 4-7、表 4-8 适用于上部结构与荷载比较均匀的框架结构，地基土比较均匀，底板悬挑部分不超过 0.8m，不考虑相邻建筑物影响及满足各项构造要求的单幢建筑物的箱形基础。当纵横方向荷载不很均匀时，应分别求出由于荷载偏心引起的不均匀的地基反力，将该地基反力与按反力系数表求得的反力叠加，此时偏心所引起的基底反力可按直线分布考虑。对于上部结构刚度及荷载不对称、地基土层分布不均匀等不符合基底反力系统法计算的情况，应采用其他有效的方法进行基底反力的计算，如考虑地基基础共同作用的方法。

**表 4-7　黏性土地基反力系数**

| | | | | | | | |
|---|---|---|---|---|---|---|---|
| $l/b = 1$ | | | | | | | |
| 1.381 | 1.179 | 1.128 | 1.108 | 1.108 | 1.128 | 1.179 | 1.381 |
| 1.179 | 0.952 | 0.898 | 0.879 | 0.879 | 0.898 | 0.952 | 1.179 |
| 1.128 | 0.898 | 0.841 | 0.821 | 0.821 | 0.841 | 0.898 | 1.128 |
| 1.108 | 0.879 | 0.821 | 0.800 | 0.800 | 0.821 | 0.879 | 1.108 |
| 1.108 | 0.879 | 0.821 | 0.800 | 0.800 | 0.821 | 0.879 | 1.108 |
| 1.128 | 0.898 | 0.841 | 0.821 | 0.821 | 0.841 | 0.898 | 1.128 |
| 1.179 | 0.952 | 0.898 | 0.879 | 0.879 | 0.898 | 0.952 | 1.179 |
| 1.381 | 1.179 | 1.128 | 1.108 | 1.108 | 1.128 | 1.179 | 1.381 |
| $l/b = 2～3$ | | | | | | | |
| 1.265 | 1.115 | 1.075 | 1.061 | 1.061 | 1.075 | 1.115 | 1.265 |
| 1.073 | 0.904 | 0.865 | 0.853 | 0.853 | 0.865 | 0.904 | 1.073 |
| 1.046 | 0.875 | 0.835 | 0.822 | 0.822 | 0.835 | 0.875 | 1.046 |
| 1.073 | 0.904 | 0.865 | 0.853 | 0.853 | 0.865 | 0.904 | 1.073 |
| 1.265 | 1.115 | 1.075 | 1.061 | 1.061 | 1.075 | 1.115 | 1.265 |

| $l/b=4\sim5$ | | | | | | | |
|---|---|---|---|---|---|---|---|
| 1.229 | 1.042 | 1.014 | 1.003 | 1.003 | 1.014 | 1.042 | 1.229 |
| 1.096 | 0.929 | 0.904 | 0.895 | 0.895 | 0.904 | 0.929 | 1.096 |
| 1.081 | 0.918 | 0.893 | 0.884 | 0.884 | 0.893 | 0.918 | 1.081 |
| 1.096 | 0.929 | 0.904 | 0.895 | 0.895 | 0.904 | 0.929 | 1.096 |
| 1.229 | 1.042 | 1.014 | 1.003 | 1.003 | 1.014 | 1.042 | 1.229 |
| $l/b=6\sim8$ | | | | | | | |
| 1.214 | 1.053 | 1.013 | 1.008 | 1.008 | 1.013 | 1.053 | 1.214 |
| 1.083 | 0.939 | 0.903 | 0.899 | 0.899 | 0.903 | 0.939 | 1.083 |
| 1.069 | 0.927 | 0.892 | 0.888 | 0.888 | 0.892 | 0.927 | 1.069 |
| 1.083 | 0.939 | 0.903 | 0.899 | 0.899 | 0.903 | 0.939 | 1.083 |
| 1.214 | 1.053 | 1.013 | 1.008 | 1.008 | 1.013 | 1.053 | 1.214 |

注：表中 $l$、$b$ 分别为包括悬挑部分在内的箱形基础底板的长度和宽度。

表 4-8　软土地基反力系数

| 0.906 | 0.966 | 0.814 | 0.738 | 0.738 | 0.814 | 0.966 | 0.906 |
|---|---|---|---|---|---|---|---|
| 1.124 | 1.197 | 1.009 | 0.914 | 0.914 | 1.009 | 1.197 | 1.124 |
| 1.235 | 1.314 | 1.109 | 1.006 | 1.006 | 1.109 | 1.314 | 1.235 |
| 1.124 | 1.197 | 1.009 | 0.914 | 0.914 | 1.009 | 1.197 | 1.124 |
| 0.906 | 0.966 | 0.811 | 0.738 | 0.738 | 0.811 | 0.966 | 0.906 |

## 4.2.4　箱形基础内力分析

箱形基础的内力计算是比较复杂的问题。从整体来看，箱基承受着上部结构荷载和地基反力的作用，在基础内产生整体弯曲应力，可以将箱基当作一空心厚板，用静定分析法计算任一截面的弯矩和剪力，弯矩使顶、底板轴向受压或受拉，剪力由横墙或纵墙承受。另一方面，顶、底板还分别由于顶板荷载和地基反力的作用产生局部弯曲应力，可以视顶、底板为周边固定的连续板计算内力。

在上部结构荷载和基底反力共同作用下，箱形基础其实是一个复杂的空间多次超静定体系，将同时产生整体弯曲和局部弯曲。

（1）若上部结构为剪力墙体系，箱基墙体与上部结构的剪力墙直接相连，可认为箱基的抗弯刚度为无穷大，此时顶、底板犹如一支撑在不动支座上的受弯构件，仅产生局部弯曲，而不产生整体弯曲，故只需计算顶、底板的局部弯曲效应。顶板按实际荷载（包括板自重）普通楼盖计算；底板按均布的基底净反力（计入箱基自重后扣除底板自重所余的反力）倒楼盖法计算。底板一般均设计成双向肋梁板或双向平板，根据板边界实际支撑条件按弹性理论的双向板计算。

（2）当上部结构为框架体系时，上部结构刚度较弱，基础的整体弯曲效应增大，箱形基础内力分析应同时考虑整体弯曲与局部弯曲的共同作用。

在按静定梁法计算总弯矩时，将上部结构简化为等代梁，等代梁的等效刚度和箱形基础的刚度叠加得总刚度，按静定梁分析各截面的弯矩和剪力。将箱基视为一块空心的厚板，沿纵、横两个方向分别进行单向受弯计算，荷载及基底反力均重复使用一次。其中基底反力值可按前述基底反力系数法确定。

先将箱基沿纵向（长度方向）作为梁，用静定分析法可计算出任一横截面上的总弯矩 $M_x$ 和总剪力 $V_x$，并假定它们沿截面均匀分布。同样地，再沿横向将箱基作为梁计算出 $M_y$、$V_y$。弯矩 $M_x$ 和 $V_x$ 使顶、底板在两个方向均处于轴向受压或轴向受拉状态，压力或拉力值分别为 $C_x$、$C_y$、$T_x$、$T_y$，如图 4-19 所示，剪力 $V_x$ 和 $V_y$ 则分别由箱基的纵墙和横墙承受。其中：

$x$—$x$ 轴向：

$$C_x = T_x = \frac{M_x}{BH} \tag{4-49}$$

$y$—$y$ 轴向：

$$C_y = T_y = \frac{M_y}{LH} \tag{4-50}$$

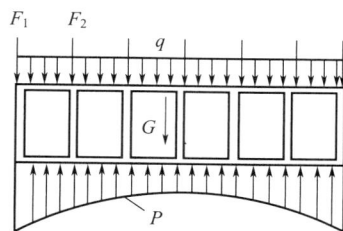

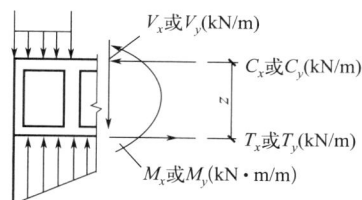

图 4-19　箱基整体弯曲时在顶板和底板内引起的轴向力

式中　$T_x$、$T_y$——$x$、$y$ 轴向底板每米的拉力，kN/m；
　　　$C_x$、$C_y$——$x$、$y$ 轴向顶板每米的压力，kN/m；
　　　$M_x$、$M_y$——整体弯曲时 $x$、$y$ 方向的弯矩，kN·m/m；
　　　$B$、$L$——底板宽度及长度，m；
　　　$H$——箱基的计算高度，即顶板与底板的中距，m。

按上述方法算得的箱基整体弯曲应力是偏大的，因为把箱基当作梁沿两个方向分别计算时荷载并未折减，且在按静定分析法计算内力时也未考虑上部结构刚度的影响。由于上部结构共同工作，上部结构刚度对基础的受力有一定的调整与分担作用，基础的实际弯矩值要比计算值小，因此，应将计算的弯矩值按上部结构刚度的大小进行调整。可以按等代刚度梁法对上述得到的 $M_x$、$M_y$ 分别予以折减，由式（4-51）计算箱形基础所分配到的整体弯矩 $M_F$，即：

$$M_F = \frac{E_F I_F}{E_F I_F + E_B I_B} M \tag{4-51}$$

式中　$M_F$——考虑上部结构共同作用时箱形基础的整体弯矩（折减后），kN·m；
　　　$M$——不考虑上部结构共同作用时箱形基础的整体弯矩，kN·m；
　　　$E_F$——箱形基础混凝土的弹性模量，MPa；
　　　$I_F$——按工字形截面计算的惯性矩，箱形基础的抗弯刚度按工字形截面计算，工字形截面的上、下翼缘宽度分别为箱形基础顶、底板的全宽，腹板厚度为在弯曲方向墙体厚度的总和，m⁴；
　　　$E_B I_B$——上部框架结构等效刚度，按式（4-52）计算（图 4-20）。

$$E_B I_B = \sum_{i=1}^{n} \left[ E_b I_{bi} \left( 1 + \frac{K_{ui} + K_{li}}{2K_{bi} + K_{ui} + K_{li}} m^2 \right) \right] \tag{4-52}$$

式中　$E_b$——梁、柱的混凝土弹性模量，kPa。
　$K_{ui}$、$K_{li}$、$K_{bi}$——第 $i$ 层上柱、下柱和梁的线刚度，其值分别为 $I_{ui}/h_{ui}$、$I_{li}/h_{li}$ 和 $I_{bi}/l$，m³。
　　$I_{ui}$、$I_{li}$、$I_{bi}$——第 $i$ 层上柱、下柱和梁的截面惯性矩，m⁴。
　　　$h_{ui}$、$h_{li}$——第 $i$ 层上柱及下柱的高度，m。
　　　$l$——上部结构弯曲方向的柱距，$l = L/m$，m。

$L$——上部结构弯曲方向的总长度，m。

$m$——在弯曲方向的节间数。

$n$——建筑物层数，当层数不大于5层时，$n$取实际层数；当层数大于5层时，$n$取5。

式(4-52)适用于等柱距的框架结构。对柱距相差不超过20%的框架结构也可适用，此时，$l$取柱距的平均值。

在整体弯曲作用下，箱基的顶、底板可看成工字形截面的上、下翼缘。靠翼缘的拉、压形成的力矩与荷载效应相抗衡，其拉力或压力等于箱基所承受的整体弯矩除以箱基的高度。

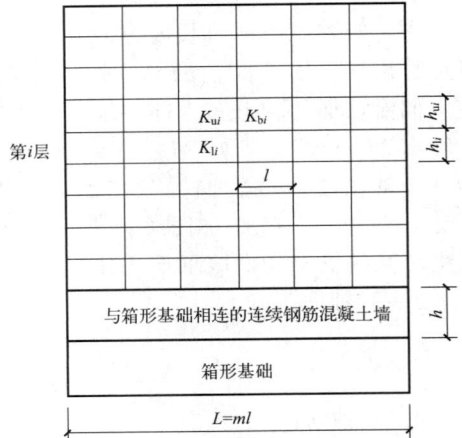

图 4-20　框架结构等效刚度计算示意图

在局部弯曲作用下，顶、底板犹如一个支撑在箱基内墙上，承受横向力的双向或单向多跨连续板，顶板在实际使用荷载及自重作用下，底板在基底压力扣除底板自重后的均布荷载（地基净反力）作用下，按弹性理论的双向或单向多跨连续板可求出局部弯曲作用时的弯矩值，由于整体弯曲的影响，局部弯曲时计算的弯矩值乘以0.8的折减系数后再用其计算顶、底板的配筋量。

在箱形基础顶、底板配筋时，应综合考虑承受整体弯曲的钢筋与局部弯曲的钢筋的配置部位，使截面各部位的钢筋能充分发挥作用。

### 4.2.5　箱形基础结构设计

（1）底板

底板除应满足正截面受弯承载力的要求外，尚应满足受冲切承载力的要求（图4-21）。当底板区格为矩形双向板时，底板的截面有效高度 $h_0$ 应符合下式规定：

$$h_0 \geqslant \frac{(l_{n1}+l_{n2})-\sqrt{(l_{n1}+l_{n2})^2-\dfrac{4p_n l_{n1} l_{n2}}{p_n+0.7\beta_{hp}f_t}}}{4} \qquad (4\text{-}53)$$

式中　$p_n$——扣除底板及其上填土自重后，相应于荷载效应基本组合的基底平均净反力设计值，基底反力系数可按《高层建筑筏形与箱形基础技术规范》（JGJ 6—2011）附录E选用，kPa。

$l_{n1}$、$l_{n2}$——计算板格的短边和长边的净长度，m。

$\beta_{hp}$——受冲切承载力截面高度影响系数，当 $h \leqslant 800$mm 时，取 $\beta_{hp}=1.0$；当 $h \geqslant 2000$mm 时，取 $\beta_{hp}=0.9$；其间按线性内插法取值。

箱形基础的底板应满足斜截面受剪承载力的要求。当底板板格为矩形双向板时，其斜截面受剪承载力可按下式计算：

$$V_s \leqslant 0.7\beta_{hs}f_t(l_{n2}-2h_0)h_0 \qquad (4\text{-}54)$$

式中　$V_s$——距强边缘 $h_0$ 处，作用在图4-22阴影部分面积上的扣除底板及其上填土自重后，相应于荷载效应基本组合的基底平均净反力产生的剪力设计值，kN；

$\beta_{hs}$——受剪承载力截面高度影响系数，按式(4-40)确定。

当底板板格为单向板时，其斜截面受剪承载力应按式(4-39)计算，其中 $V_s$ 为支座边缘处由基底平均净反力产生的剪力设计值。

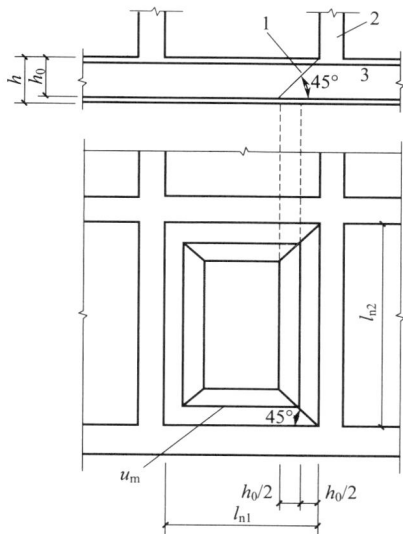

图 4-21 底板的冲切计算示意
1—冲切破坏锥体的斜截面；2—墙；3—底板

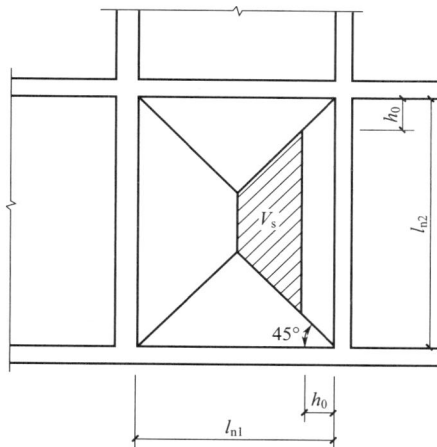

图 4-22 $V_s$ 计算方法的示意图

（2）内墙与外墙

当采用整体扩大箱形基础方案时，扩大部分的墙体应与箱形基础的内墙或外墙连通成整体，且扩大部分墙体的挑出长度不宜大于地下结构埋入土中的深度。与内墙连通的箱形基础扩大部分墙体可视为由箱基内、外墙伸出的悬挑梁，扩大部分悬挑墙体根部的竖向受剪截面应符合下式规定：

$$V \leqslant 0.2 f_c b h_0 \tag{4-55}$$

式中　$V$——扩大部分墙体根部的竖向剪力设计值，kN；

　　　$f_c$——混凝土轴心抗压强度设计值，kPa；

　　　$b$——扩大部分墙体的厚度，m；

　　　$h_0$——扩大部分墙体的竖向有效高度，m。

箱形基础的内、外墙，除与上部剪力墙连接者外，各片墙的墙身的竖向受剪截面应符合式(4-55) 要求。计算各片墙竖向剪力设计值时，地基反力按基础底板等角分线与板中分线所围区域传给对应的纵横基础墙（图 4-23），并假设底层柱为支点，按连续梁计算基础墙上各点竖向剪力。其中：地基反力系数可按《高层建筑筏形与箱形基础技术规范》（JGJ 6—2011）附录 E 的地基反力系数表确定。

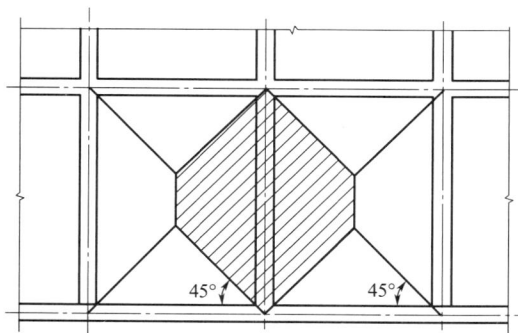

图 4-23 计算墙竖向剪力时地基反力分配图

（3）洞口

① 洞口过梁正截面受剪承载力计算。单层箱基洞口上、下过梁的受剪截面应分别符合下列公式的规定：

当 $h_i/b \leqslant 4$ 时：

$$V_i \leqslant 0.25 f_c A_i (i=1,为上过梁;i=2,为下过梁) \tag{4-56}$$

当 $h_i/b \geqslant 6$ 时：

$$V_i \leqslant 0.20 f_c A_i (i=1,为上过梁;i=2,为下过梁) \tag{4-57}$$

当 $4 < h_i/b < 6$ 时，按线性内插法确定：

$$V_1 = \mu V + \frac{q_1 l}{2} \tag{4-58}$$

$$V_2 = (1-\mu)V + \frac{q_2 l}{2} \tag{4-59}$$

$$\mu = \frac{1}{2}\left(\frac{b_1 h_1}{b_1 h_1 + b_2 h_2} + \frac{b_1 h_1^3}{b_1 h_1^3 + b_2 h_2^3}\right) \tag{4-60}$$

式中　$V_1$、$V_2$——上、下过梁的剪力设计值，kN；

　　　　$V$——洞口中点处的剪力设计值，kN；

　　　　$\mu$——剪力分配系数；

　　$q_1$、$q_2$——作用在上、下过梁上的均布荷载设计值，kPa；

　　　　$l$——洞口的净宽；

　　$A_1$、$A_2$——上、下过梁的有效截面积，$m^2$，可按图 4-24(a) 及图 4-24(b) 的阴影部分计算，并取其中较大值。

多层箱基洞口过梁的剪力设计值也可按式(4-56)～式(4-60) 计算。

② 洞口过梁正截面抗弯承载力计算。单层箱基洞口上、下过梁截面的顶部和底部纵向钢筋，应分别按式(4-61)、式(4-62) 求得的弯矩设计值配置：

$$M_1 = \mu V \frac{l}{2} + \frac{q_1 l^2}{12} \tag{4-61}$$

$$M_2 = (1-\mu)V \frac{l}{2} + \frac{q_2 l^2}{12} \tag{4-62}$$

式中　$M_1$、$M_2$——上、下过梁的弯矩设计值，kN·m。

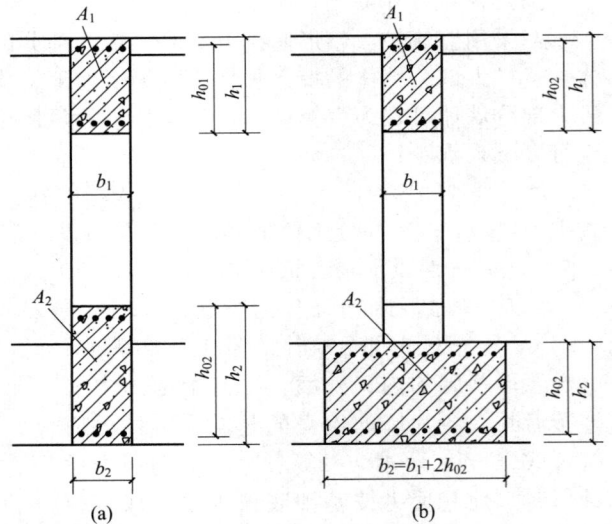

图 4-24　洞口上下过梁的有效截面积

## 思考题与习题

4-1　什么是筏形基础？筏形基础有哪些类型？

4-2　筏形基础地基设计包括哪些内容？

4-3　筏形基础稳定性验算包括哪些内容？

4-4　筏形基础简化内力计算方法有哪些？

4-5　什么是箱形基础？简述箱形基础的特点。

4-6　对箱基的顶、底板进行内力分析时，什么情况下主要考虑局部弯曲作用？什么情况下应同时考虑局部弯曲及整体弯曲作用？

# 第5章　桩基础

　　北京大兴国际机场航站楼核心区基础桩设计概况：深槽轨道区采用桩筏基础，板顶标高−18.25m，板厚2.5m；非轨道区（浅区）采用桩基独立承台＋抗水板基础；基础桩共计8273根，其中深槽轨道区5981根，桩长有40m（直径1000mm）和21m（直径800mm）两种规格，两侧浅区2292根，桩长32～39m（直径1000mm），桩基础现场施工如图5-1所示。基础桩采用旋挖钻孔灌注施工工艺，并在桩侧和桩端进行后注浆。

图 5-1　北京大兴国际机场航站楼核心区基础桩施工现场照片

**讨论**

　　什么是桩基础？桩基础由哪几部分组成？竖向荷载作用下单桩荷载如何传递？单桩竖向承载力如何确定？桩基础的设计包括哪几部分内容？桩基础可以采用什么方法施工？成桩后桩基础质量如何检测？

# 5.1 桩基础的特点与分类

## 5.1.1 桩基础的概念

当天然地基上的浅基础无法满足建筑物对地基变形和承载力等方面的要求，而地基处理也不适宜时，可以考虑利用下部坚实土层或岩层作为持力层，采用深基础方案。深基础主要有桩基础、沉井、箱形基础、地下连续墙等类型，尤以桩基础应用最广泛。

桩是一种由混凝土、钢材或木材等制成的细长结构物，通常埋置于地基中。桩基础是由设置于岩土中的桩和与桩顶连接的承台共同组成的基础，或由柱与桩直接连接的单桩基础，如图 5-2 所示。通常将桩基础中的单桩称为基桩，承台为承受并分布由墩身传递的荷载，在桩基顶部设置的联结各桩顶的钢筋混凝土平台。

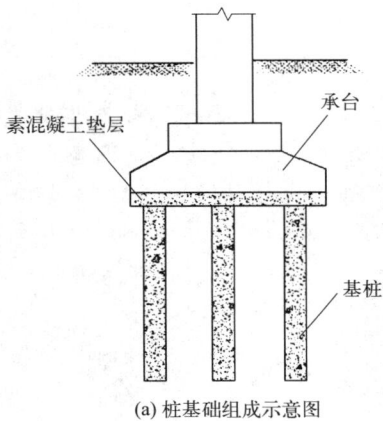

(a) 桩基础组成示意图          (b) 桩基础照片

图 5-2 桩基础

## 5.1.2 桩基础的特点

桩基础的作用是将荷载传至地下较深处的承载性能好的岩土层，以满足承载力和沉降的要求。桩基础的承载能力高，稳定性好，沉降量相对较小，能承受竖直荷载，也能承受水平荷载，能抵抗上拔荷载，也能承受振动荷载。

桩基础的应用范围最广，而且也是优先考虑的深基础方案。

（1）桩支承于坚硬的（基岩、密实的卵砾石层）或较硬的（硬塑黏性土、中密砂等）持力层，具有很高的竖向单桩承载力或群桩承载力，足以承担高层建筑的全部竖向荷载（包括偏心荷载）。

（2）桩基具有很大的竖向单桩刚度（端承桩）或群刚度（摩擦桩），在自重或相邻荷载影响下，不产生过大的不均匀沉降，并确保建筑物的倾斜不超过允许范围。

（3）凭借巨大的单桩侧向刚度（大直径桩）或群桩基础的侧向刚度及其整体抗倾覆能力，抵御由于风和地震引起的水平荷载与力矩荷载，保证高层建筑的抗倾覆稳定性。

（4）桩身穿过可液化土层而支承于稳定的坚实土层或嵌固于基岩，在地震造成浅部土层液化与震陷的情况下，桩基凭靠深部稳固土层仍具有足够的抗压与抗拔承载力，从而确保高层建筑的稳定，且不产生过大的沉陷与倾斜。

### 5.1.3 桩与桩基础的分类

#### 5.1.3.1 按承载性状分类

（1）摩擦型桩

摩擦型桩可以分为以下两种类型：

① 摩擦桩：在极限承载力作用下，桩顶荷载由桩侧阻力承受，桩端阻力可忽略不计，如图 5-3(a) 所示。

② 端承摩擦桩：在极限承载力作用下，桩顶荷载主要由桩侧阻力承受，桩端阻力占少量比例。"端承"为形容摩擦桩的，但不能忽略不计。置于软塑状态黏性土中的长桩，桩端土为可塑状态的黏性土，就属于端承摩擦桩，如图 5-3(b) 所示。

（2）端承型桩

端承型桩可以分为以下两种类型：

① 端承桩：在极限承载力作用下，桩顶荷载由桩端阻力承受，桩侧阻力可忽略不计，如图 5-3(c) 所示。

② 摩擦端承桩：在极限承载力作用下，桩顶荷载主要由桩端阻力承受，桩侧阻力占少量比例。"摩擦"为形容端承桩的，但不能忽略不计。例如：预制桩截面 400mm×400mm，桩长 5.0m，桩周土为流塑状态黏性土，桩端土为密实状态粗砂，则此桩为摩擦端承桩，桩侧摩擦力约占单桩承载力的 20%，如图 5-3(d) 所示。

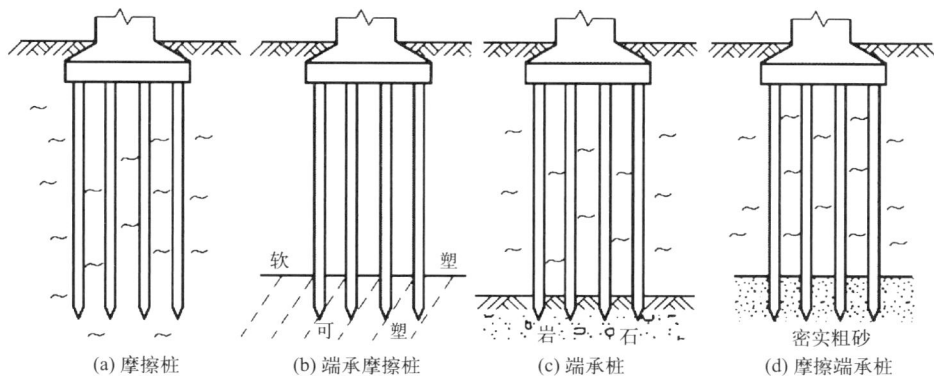

图 5-3 桩按承载性状分类

#### 5.1.3.2 按桩的使用功能分类

（1）竖向抗压桩

大多数建筑桩基础为竖向抗压桩，竖向抗压桩是指用来承受建筑物竖向压力的桩。

（2）竖向抗拔桩

竖向抗拔桩是指用来承受建筑物的竖向上拔力的桩。竖向抗拔桩广泛应用于大型地下室抗浮、高耸建（构）筑物抗拔、海上码头平台抗拔、悬索桥和斜拉桥的锚桩基础、大型船坞底板的桩基础和静荷载试桩中的锚桩基础等。

（3）水平受荷桩

主要为抵抗水平荷载的桩，如基坑桩锚支护结构中的护坡桩。

（4）复合受荷桩

承受竖向和水平荷载均较大的桩。如高耸建筑物的桩基。

### 5.1.3.3　按桩身材料分类和按桩的施工方法分类

按桩身材料分类，桩可以分为木桩、素混凝土或钢筋混凝土桩、钢（板、管）桩、组合材料桩。

按桩的施工方法分为：

（1）预制桩

一般指钢筋混凝土预制桩，是指在预制构件加工厂预制，经过养护，达到设计强度后，运至施工现场，用打桩设备将桩打（或压）入土中的桩，如图 5-4 所示。

| (a) 预制钢筋混凝土方桩 | (b) 预应力混凝土管桩 |

图 5-4　预制桩

（2）灌注桩

灌注桩是一种现场成孔，灌注混凝土或钢筋混凝土而制成的桩。

### 5.1.3.4　按成桩挤土效应分类

（1）非挤土桩：在成桩过程中对桩身周围的土无挤压作用的桩，即非挤土桩。该类桩在施工过程中一般通过人工或成桩设备将桩位的土清除，然后再灌注混凝土成桩，常见的非挤土桩有人工挖孔桩、泥浆护壁钻孔灌注桩等。

（2）部分挤土桩：成桩过程中，对桩周土体有轻微挤土效应的桩，常见的桩型有预钻孔打入式预制桩、打入式敞口钢管桩等。

（3）挤土桩：在成桩过程中，不清除桩位的土，桩周土被挤开的桩，常见的挤土桩有打入或压入的预制混凝土桩、封底钢管桩、混凝土管桩和沉管灌注桩。

### 5.1.3.5　按桩径大小分类

可以分为小直径桩：$d \leqslant 250mm$；中等直径桩：$250mm < d < 800mm$；大直径桩：$d \geqslant 800mm$。

### 5.1.3.6　按承台位置分类

（1）低承台桩基：凡是承台底面埋置于地面或局部冲刷线以下的桩基称为低承台桩基，如图 5-5(a) 所示。房屋建筑工程的桩基多属于这一类。

（2）高承台桩基：由于结构设计上的需要，群桩承台底面有时设在地面或局部冲刷线之上，这种桩基称为高承台桩基，如图 5-5(b) 所示。这种桩基在桥梁、港口等工程中常用。

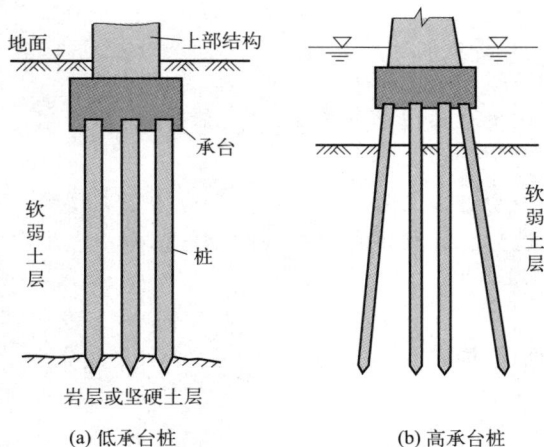

| (a) 低承台桩 | (b) 高承台桩 |

图 5-5　桩基按承台位置分类

# 5.2　竖向荷载下单桩受力性状分析

## 5.2.1　荷载传递机理

　　桩到土的荷载传递机理较为复杂。如图 5-6 所示，桩顶受竖向荷载后，桩身压缩产生向下位移，桩侧表面受到土的向上摩阻力，桩侧土体产生剪切变形，并将桩身荷载传递到桩周土层，从而使桩身荷载与桩身压缩变形随深度递减。随着荷载的增加，桩端出现竖向位移和桩端反力。桩端位移加大了桩身各截面的位移，并促使桩侧阻力进一步发挥。当桩身侧摩阻力发挥达到极限后，若继续增加荷载，其荷载增量将全部由桩端阻力承担，直至桩端阻力达到极限，导致位移迅速增加而破坏。桩侧阻力与桩端阻力的发挥过程就是桩土体系荷载的传递过程。

　　因此，在荷载作用下桩的承载力可用下式表示：

$$Q = Q_s + Q_p \tag{5-1}$$

式中　$Q$——相应于荷载效应基本组合时的单桩竖向承载力设计值，kN；

　　　$Q_s$——桩周土施加的桩侧阻力，kN；

　　　$Q_p$——桩端土施加的桩端阻力，kN。

　　以桩长为 $l$ 的桩为例，桩顶荷载 $Q$ 的一部分由桩侧阻力 $Q_s$ 来承担，另一部分由桩端阻力 $Q_p$ 承担。若任意深度处桩的轴向荷载为 $Q_z$，其沿深度变化规律就可能如图 5-7(b) 的曲线所示。在深度为 $z$ 处的单位面积的摩擦阻力 $f_z$ 可表示为：

$$f_z = \frac{\Delta Q_z}{u_p \Delta z} \tag{5-2}$$

式中　$u_p$——桩的截面周长，m。

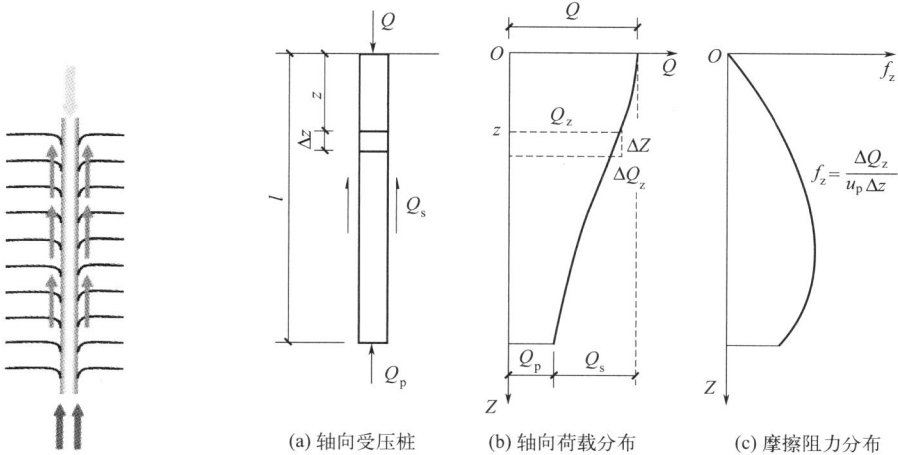

图 5-6　单桩的荷载传递

(a) 轴向受压桩　　(b) 轴向荷载分布　　(c) 摩擦阻力分布

图 5-7　单桩的轴向荷载传递

　　$f_z$ 沿深度变化的规律，如图 5-7(c) 所示。一般来说，靠近桩身上部土层的阻力先于下部土层发挥，而侧阻力先于端阻力发挥出来。

　　当桩顶荷载 $Q$ 逐级增加，桩与桩周土之间的相对位移约为 5～10mm 时，桩身摩擦阻力完全发挥达到最大值，这与桩的截面尺寸和长度无关。桩端摩擦阻力在桩端位移达到桩宽或桩径的 10%～25% 时完全发挥达到最大值。上述位移界限的下限值对应于打入桩，而上限值对应于钻孔灌注桩。$Q_s$ 充分发挥所需桩端摩擦位移要比桩端摩擦阻力充分发挥所需桩端位移小得多。

不同土层侧阻与端阻充分发挥的桩土相对位移值不同，侧阻充分发挥桩土相对位移值：黏性土为 4～6mm；砂土为 6～10mm。端阻充分发挥桩底极限位移值：砂类土为 $(0.08～0.1)d$（桩径）；黏性土为 $0.25d$；硬黏土为 $0.1d$。

端承桩则忽略桩周土的摩擦力，由式(5-1)可知，沿整个桩长所有截面的轴向荷载 $Q$ 为常量，就等于桩顶荷载，即 $Q_z = Q_p = Q$。

### 5.2.2 桩侧负摩阻力

#### 5.2.2.1 负摩阻力及其产生条件

桩土之间相对位移的方向决定了桩侧摩阻力的方向。在桩顶竖向荷载作用下，当桩相对周围土体向下位移，土对桩产生向上作用的摩阻力，称为正摩阻力；当桩周土层相对于桩侧向下位移时，桩侧摩阻力方向向下，称为负摩阻力。

产生负摩阻力的原因有多种，例如：

（1）桩穿过较厚的松散填土、自重湿陷性黄土、欠固结土、液化土层，进入相对较硬土层时；

（2）桩周存在软弱土层，邻近地面承受局部较大的长期荷载，地面大面积堆载（包括填土）时；

（3）由于降低地下水位，桩周土中的有效应力增大，并产生显著沉降时。

负摩阻力会对桩产生向下的拉力，即在桩顶所受荷载 $Q$ 之外，又附加一分布在桩身侧表面的向下的外荷载，对桩的承载不利。如果负摩阻力产生的向下拉力较大，可能导致桩基础附加下沉、桩身应力增加、强度不足破坏或上部结构开裂。

#### 5.2.2.2 负摩阻力的分布

桩侧负摩阻力的分布范围视桩身与桩周土的相对位移情况而定。如图 5-8 所示，一根承受竖向荷载的桩，桩身穿过欠固结土层，桩端嵌入坚实土层。在 $O_1$ 处，即桩与土之间不产

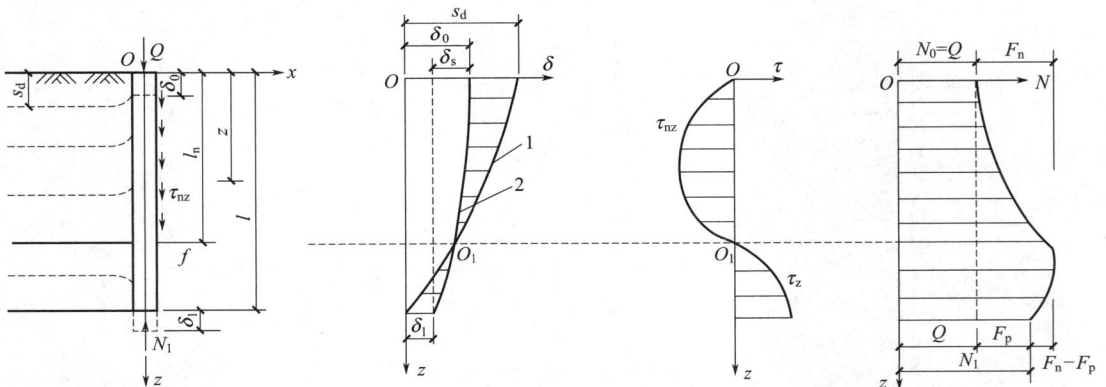

(a) 桩及桩周土受力、沉降示意图  (b) 各断面深度的桩、土沉降及相对位移 (c) 摩阻力分布及中性点($O_1$) (d) 桩身轴力

图 5-8　单桩在产生负摩阻力时的荷载传递

1—各深度桩周土的沉降；2—桩身各断面的沉降；$Q$—桩顶荷载，kN；$s_d$—地面沉降，mm；$l$—桩长，m；

$l_n$—中性点的深度，m；$\delta_0$—中性点部位沉降，mm；$\tau_{nz}$—桩身单位负摩阻力，kPa；$f$—桩身所受负摩阻力，kN；

$\delta$—沉降，mm；$\delta_1$—桩底沉降，mm；$\delta_s$—桩顶部位沉降，mm；$\tau_z$—桩身单位正摩阻力，kPa；$N$—轴力，kN；

$N_0$—桩顶处轴力，kN；$N_1$—桩底处轴力，kN；$F_n$—负摩阻力产生的轴力（下拉力），kN；

$F_p$—中性点上负摩阻力减去中性点下正摩阻力所剩余的轴力，kN

生相对位移的截面位置，称为中性点。在中性点 $O_1$ 之上，桩侧出现负摩阻力，桩身轴力随深度递增；在中性点 $O_1$ 之下，桩侧产生正摩阻力，桩身轴力随深度递减。在中性点处桩身轴力达到最大值。可见，桩侧负摩阻力的产生，将使桩侧土的部分重力和地面荷载通过负摩阻力传递给桩。因此，桩侧负摩阻力非但不能成为桩承载力的一部分，反而相当于是施加于桩上的外荷载，导致桩的承载力降低，桩基础的沉降加大。

中性点的深度 $l_n$ 与桩周土的压缩性和变形条件、土层分布及桩的刚度等因素有关。中性点深度应按桩周土层沉降与桩沉降相等的条件计算确定。在桩周软弱土层深度范围内，中性点深度 $l_n$ 随桩端持力层的强度和刚度的增大而增加。由于桩周土固结随时间而发展，所以中性点的位置也随时间而变化。

# 5.3　单桩竖向承载力

桩的承载力是设计桩基础的关键所在。单桩的承载力包括竖向承载力和水平承载力，其中竖向承载力一般指承受向下作用荷载的能力，此外，还有承受向上作用荷载的能力，即抗拔承载力。

单桩竖向承载力是由以下三个条件决定的：在荷载作用下，桩在地基土中不丧失稳定性、桩顶不产生过大的位移、桩身材料不发生破坏。

因此，单桩竖向承载力的确定主要分为两个方面：一是按照桩身材料强度确定，防止桩身被压坏或拉坏等；二是按地基对桩体的支承能力来确定，防止地基承载力不足导致不宜继续承载或桩体位移过大。设计时分别按这两方面确定后取其中的较小值，一般是后者起控制作用。

目前，确定单桩竖向承载力的方法有很多，有理论分析与计算、现场原位测试、动力分析和规范经验公式法等。我国桩基础设计确定桩的承载力的方法有两种：①《建筑地基基础设计规范》方法；②《建筑桩基技术规范》方法。

《建筑地基基础设计规范》（GB 50007—2011）8.5.6 条规定：单桩竖向承载力特征值应通过单桩竖向静载荷试验确定；在同一条件下的试桩数量，不宜少于总桩数的 1％ 且不应少于 3 根；地基基础设计等级为丙级的建筑物，可采用静力触探及标贯试验参数结合工程经验确定单桩竖向承载力特征值；初步设计时单桩竖向承载力特征值可按土的物理指标与承载力参数之间的经验关系确定。

## 5.3.1　单桩静载荷试验法

单桩静载荷试验是确定单桩竖向承载力最可靠的方法，在工程现场实际工程地质和实际工作条件下，采用与工程规格尺寸完全相同的试桩，进行竖向抗压静载荷试验，直至加载破坏，由此确定单桩竖向极限承载力，作为桩基设计的依据。

### 5.3.1.1　试验设备

试验设备主要由以下几部分组成：试验加载装置、加载反力装置及测量装置。

试验加载装置宜采用液压千斤顶。当采用两台或两台以上千斤顶加载时，应并联同步工作，且应符合下列规定：采用的千斤顶型号、规格应相同；千斤顶的合力中心应与受检桩的横截面形心重合。

加载反力装置可根据现场条件，选择锚桩反力装置、压重平台反力装置、锚桩压重联合反力装置等，如图 5-9、图 5-10 所示。

测量装置包括荷载测量与沉降测量装置，荷载测量可用放置在千斤顶上的荷重传感器直

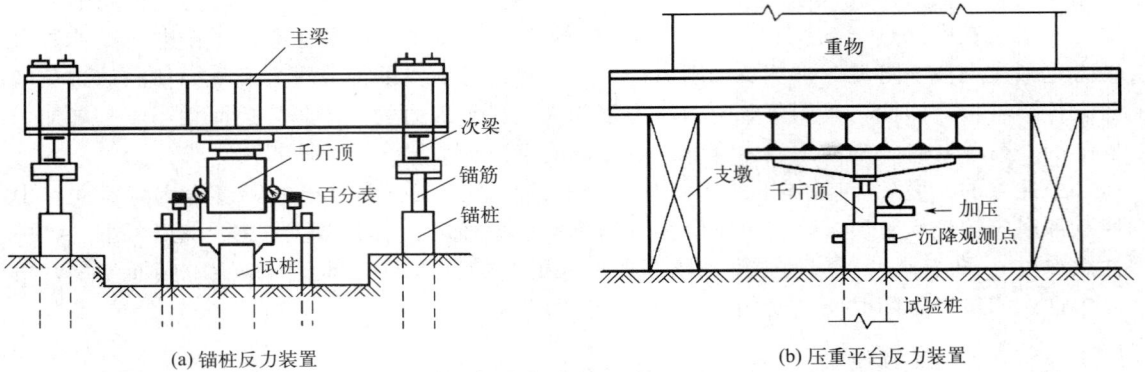

(a) 锚桩反力装置          (b) 压重平台反力装置

图 5-9 单桩竖向静载荷试验加载反力装置示意图

(a) 锚桩反力装置          (b) 压重平台反力装置

图 5-10 单桩竖向静载荷试验现场照片

接测定；沉降测量宜采用大量程的位移传感器或百分表测定。

### 5.3.1.2 试验要点

（1）试验加载方式

为设计提供依据的单桩竖向抗压静载试验应采用慢速维持荷载法，即逐级等量加载。每级荷载达到相对稳定后，加下一级荷载，直到试桩达到终止加载条件，然后分级卸载到零。

（2）分级加载

加载应分级进行，且采用逐级等量加载；分级荷载宜为最大加载值或预估极限承载力的 1/10，其中，第一级加载量可取分级荷载的 2 倍；卸载应分级进行，每级卸载量宜取加载时分级荷载的 2 倍，且应逐级等量卸载。

加、卸载时，应使荷载传递均匀、连续、无冲击，且每级荷载在维持过程中的变化幅度不得超过分级荷载的 ±10%。

（3）沉降观测及稳定标准

每级荷载施加后，应分别在第 5min、15min、30min、45min、60min 测读桩顶沉降量，以后每隔 30min 测读一次桩顶沉降量。

试桩沉降相对稳定标准：每一小时内的桩顶沉降量不得超过 0.1mm，并连续出现两次（以从分级荷载施加后的第 30min 开始，按 1.5h 连续三次每 30min 的沉降观测值计）；当桩顶沉降速率达到相对稳定标准时，可施加下一级荷载。

卸载时，每级荷载应维持 1h，分别在第 15min、30min、60min 测读桩顶沉降量后，即可卸下一级荷载；卸载至零后，应测读桩顶残余沉降量，维持时间不得少于 3h，测读时间分别为第 15min、30min，以后每隔 30min 测读一次桩顶残余沉降量。

（4）终止加载条件

当出现下列情况之一时，可终止加载：

① 某级荷载作用下，桩顶沉降量大于前一级荷载作用下沉降量的 5 倍，且桩顶总沉降量超过 40mm；

② 某级荷载作用下，桩顶沉降量大于前一级荷载作用下的沉降量的 2 倍，且经 24h 尚未达到沉降相对稳定标准；

③ 已达到设计要求的最大加载值且桩顶沉降达到相对稳定标准；

④ 工程桩作锚桩时，锚桩上拔量已达到允许值；

⑤ 荷载-沉降曲线呈缓变型时，可加载至桩顶总沉降量 60～80mm；当桩端阻力尚未充分发挥时，可加载至桩顶累计沉降量超过 80mm。

（5）单桩竖向抗压极限承载力 $Q_u$ 的确定

① 单桩竖向抗压极限承载力实测值

单桩竖向抗压极限承载力 $Q_u$ 应按下列方法分析确定：

a. 对于陡降型 $Q$-$s$ 曲线，应取其发生明显陡降的起始点对应的荷载值，如图 5-11 曲线 1 所示。

b. 对于缓变型 $Q$-$s$ 曲线，宜根据桩顶总沉降量，取 $s$ 等于 40mm 对应的荷载值，如图 5-11 曲线 2 所示；对 $D$（$D$ 为桩端直径）大于等于 800mm 的桩，可取 $s$ 等于 $0.05D$ 对应的荷载值；当桩长大于 40m 时，宜考虑桩身弹性压缩。

c. 根据沉降随时间变化的特征确定：应取 $s$-$\lg t$ 曲线尾部出现明显向下弯曲的前一级荷载值作为 $Q_u$，如图 5-12 所示。

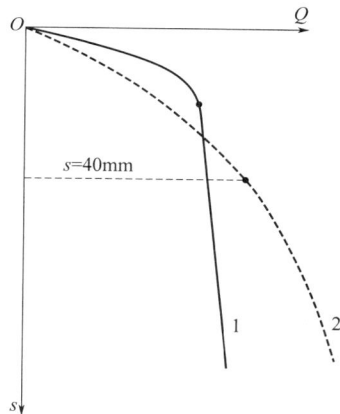

图 5-11　单桩荷载-沉降（$Q$-$s$）曲线

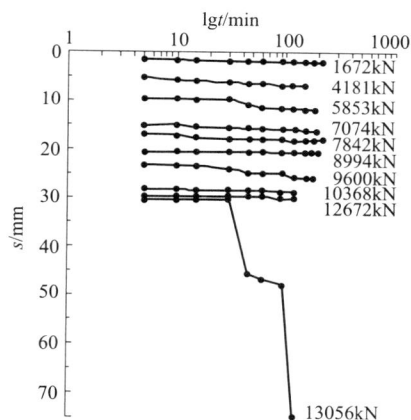

图 5-12　单桩 $s$-$\lg t$ 曲线

d. 根据终止加载条件确定，当桩顶沉降量大于前一级荷载作用下的沉降量的 2 倍，且经 24h 尚未达到沉降相对稳定标准，取前一级荷载值作为 $Q_u$。

② 单桩竖向抗压极限承载力标准值

按以上方法测出每根试桩的极限承载力值 $Q_{ui}$ 后，通过统计确定单桩竖向极限承载力标准值 $Q_{uk}$，方法如下：

a. 计算 $n$ 根试桩实测极限承载力平均值 $Q_{um}$：

$$Q_{um} = \frac{1}{n} \sum_{i=1}^{n} Q_{ni} \tag{5-3}$$

b. 对参加算术平均的试验桩检测结果，当极差不超过平均值的 30% 时，$Q_{uk} = Q_{um}$；

c. 当极差超过平均值的 30% 时，应分析原因，结合桩型、施工工艺、地基条件、基础形式等工程具体情况综合确定极限承载力；不能明确极差过大的原因时，宜增加试桩数量。

d. 试验桩数量小于 3 根或桩基承台下的桩数不大于 3 根时，应取低值。

（6）单桩竖向承载力特征值 $R_a$ 的确定

单桩竖向承载力特征值 $R_a$ 应按下式确定：

$$R_a = \frac{Q_{uk}}{K} \tag{5-4}$$

式中　$Q_{uk}$——单桩竖向极限承载力标准值；

　　　$K$——安全系数，取 $K = 2$。

### 5.3.2　经验参数法

#### 5.3.2.1　《建筑桩基技术规范》的规定

（1）一般预制桩和中小直径灌注桩

由竖向荷载下的单桩承载性状可知，其竖向承载力一般由桩侧摩阻力和桩端阻力两部分组成。因此，对于一般预制桩和中小直径灌注桩，单桩竖向抗压极限承载力标准值 $Q_{uk}$ 可以依据土的物理指标与承载力参数之间的经验关系确定：

$$Q_{uk} = Q_{sk} + Q_{pk} = u \sum q_{sik} l_i + q_{pk} A_p \tag{5-5}$$

式中　$Q_{sk}$、$Q_{pk}$——分别为总极限侧阻力标准值和总极限端阻力标准值；

　　　$u$——桩身周长；

　　　$q_{sik}$——桩侧第 $i$ 层土的极限侧阻力标准值，如无当地经验，可按表 5-1 取值；

　　　$q_{pk}$——极限端阻力标准值，如无当地经验，可按表 5-2 取值；

　　　$l_i$——桩周第 $i$ 层土的厚度；

　　　$A_p$——桩端面积。

表 5-1　桩的极限侧阻力标准值　　　　　　　　　　　　单位：kPa

| 土的名称 | 土的状态 | | 混凝土预制桩 | 泥浆护壁钻（冲）孔桩 | 干作业钻孔桩 |
|---|---|---|---|---|---|
| 填土 | — | | 22～30 | 20～28 | 20～28 |
| 淤泥 | — | | 14～20 | 12～18 | 12～18 |
| 淤泥质土 | — | | 22～30 | 20～28 | 20～28 |
| 黏性土 | 流塑 | $I_L > 1$ | 24～40 | 21～38 | 21～38 |
| | 软塑 | $0.75 < I_L \leqslant 1$ | 40～55 | 38～53 | 38～53 |
| | 可塑 | $0.50 < I_L \leqslant 0.75$ | 55～70 | 53～68 | 53～66 |
| | 硬可塑 | $0.25 < I_L \leqslant 0.50$ | 70～86 | 68～84 | 66～82 |
| | 硬塑 | $0 < I_L \leqslant 0.25$ | 86～98 | 84～96 | 82～94 |
| | 坚硬 | $I_L \leqslant 0$ | 98～105 | 96～102 | 94～104 |
| 红黏土 | $0.7 < a_w \leqslant 1$ | | 13～32 | 12～30 | 12～30 |
| | $0.5 < a_w \leqslant 0.7$ | | 32～74 | 30～70 | 30～70 |

续表

| 土的名称 | 土的状态 | | 混凝土预制桩 | 泥浆护壁钻（冲）孔桩 | 干作业钻孔桩 |
|---|---|---|---|---|---|
| 粉土 | 稍密 | $e>0.9$ | 26～46 | 24～42 | 24～42 |
| | 中密 | $0.75{\leqslant}e{\leqslant}0.9$ | 46～66 | 42～62 | 42～62 |
| | 密实 | $e<0.75$ | 66～88 | 62～82 | 62～82 |
| 粉细砂 | 稍密 | $10<N{\leqslant}15$ | 24～48 | 22～46 | 22～46 |
| | 中密 | $15<N{\leqslant}30$ | 48～66 | 46～64 | 46～64 |
| | 密实 | $N>30$ | 66～88 | 64～86 | 64～86 |
| 中砂 | 中密 | $15<N{\leqslant}30$ | 54～74 | 53～72 | 53～72 |
| | 密实 | $N>30$ | 74～95 | 72～94 | 72～94 |
| 粗砂 | 中密 | $15<N{\leqslant}30$ | 74～95 | 74～95 | 76～98 |
| | 密实 | $N>30$ | 95～116 | 95～116 | 98～120 |
| 砾砂 | 稍密 | $5<N_{63.5}{\leqslant}15$ | 70～110 | 50～90 | 60～100 |
| | 中密（密实） | $N_{63.5}>15$ | 116～138 | 116～130 | 112～130 |
| 圆砾、角砾 | 中密、密实 | $N_{63.5}>10$ | 160～200 | 135～150 | 135～150 |
| 碎石、卵石 | 中密、密实 | $N_{63.5}>10$ | 200～300 | 140～170 | 150～170 |
| 全风化软质岩 | — | $30<N{\leqslant}50$ | 100～120 | 80～100 | 80～100 |
| 全风化硬质岩 | — | $30<N{\leqslant}50$ | 140～160 | 120～140 | 120～150 |
| 强风化软质岩 | — | $N_{63.5}>10$ | 160～240 | 140～200 | 140～220 |
| 强风化硬质岩 | — | $N_{63.5}>10$ | 220～300 | 160～240 | 160～260 |

注：1. 对于尚未完成自重固结的填土和以生活垃圾为主的杂填土，不计算其侧阻力。

2. $a_{w}$ 为含水比，$a_{w}=\omega/\omega_{l}$，$\omega$ 为土的天然含水量，$\omega_{l}$ 为土的液限。

3. $N$ 为标准贯入击数；$N_{63.5}$ 为重型圆锥动力触探数。

4. 全风化、强风化软质岩和全风化、强风化硬质岩系指其母岩分别为岩石单轴抗压强度标准值 $f_{rk}{\leqslant}15MPa$、$f_{rk}>30MPa$ 的岩石。

（2）大直径桩（$d{\geqslant}800mm$）

大直径桩施工过程中，由于桩孔直径较大，施工时难以避免对桩周和桩端土体产生影响，同时成孔后土体会产生应力释放，造成孔底土回弹或孔壁松弛，因此，计算大直径桩的单桩竖向承载力，需考虑桩侧阻、端阻尺寸效应。

① 大直径桩端阻力的尺寸效应。桩成孔卸载造成的孔底土回弹，导致端阻力的降低，类似于深基坑的回弹。大直径桩静载试验曲线均呈缓变型，反映出其桩端破坏是以压剪变形为主导的渐进破坏。有文献指出，砂土中大直径桩的极限端阻随桩径增大而呈双曲线减小。

② 大直径桩侧阻尺寸效应。桩成孔后产生应力释放，孔壁出现松弛变形，导致侧阻力有所降低，侧阻力随桩径增长呈双曲线减小。

单位：kPa

**表5-2　桩的极限端阻力标准值**

| 土名称 | 土的状态 | 混凝土预制桩桩长 l/m | | | | 泥浆护壁钻（冲）孔桩桩长 l/m | | | | 干作业钻孔桩桩长 l/m | | |
|---|---|---|---|---|---|---|---|---|---|---|---|---|
| | | $l \le 9$ | $9 < l \le 16$ | $16 < l \le 30$ | $l > 30$ | $5 \le l < 10$ | $10 \le l < 15$ | $15 \le l < 30$ | $30 \le l$ | $5 \le l < 10$ | $10 \le l < 15$ | $15 \le l$ |
| 黏性土 | 软塑 $0.75 < I_L \le 1$ | 210~850 | 650~1400 | 1200~1800 | 1300~1900 | 150~250 | 250~300 | 300~450 | 300~450 | 200~400 | 400~700 | 700~950 |
| | 可塑 $0.50 < I_L \le 0.75$ | 850~1700 | 1400~2200 | 1900~2800 | 2300~3600 | 350~450 | 450~600 | 600~750 | 750~800 | 500~700 | 800~1100 | 1000~1600 |
| | 硬可塑 $0.25 < I_L \le 0.50$ | 1500~2300 | 2300~3300 | 2700~3600 | 3600~4400 | 800~900 | 900~1000 | 1000~1200 | 1200~1400 | 850~1100 | 1500~1700 | 1700~1900 |
| | 硬塑 $0 < I_L \le 0.25$ | 2500~3800 | 3800~5500 | 5500~6000 | 6000~6800 | 1100~1200 | 1200~1400 | 1400~1600 | 1600~1800 | 1600~1800 | 2200~2400 | 2600~2800 |
| 粉土 | 中密 $0.75 < e \le 0.9$ | 950~1700 | 1400~2100 | 1900~2700 | 2500~3400 | 300~500 | 500~650 | 650~750 | 750~850 | 800~1200 | 1200~1400 | 1400~1600 |
| | 密实 $e < 0.75$ | 1500~2600 | 2100~3000 | 2700~3600 | 3600~4400 | 650~900 | 750~950 | 900~1100 | 1100~1200 | 1200~1700 | 1400~1900 | 1600~2100 |
| 粉砂 | 稍密 $10 < N \le 15$ | 1000~1600 | 1500~2300 | 1900~2700 | 2100~3000 | 350~500 | 450~600 | 600~700 | 650~750 | 500~950 | 1300~1600 | 1500~1700 |
| | 中密、密实 $N > 15$ | 1400~2200 | 2100~3000 | 3000~4500 | 3800~5500 | 600~750 | 750~900 | 900~1100 | 1100~1200 | 900~1000 | 1700~1900 | 1700~1900 |
| 细砂 | $N > 15$ | 2500~4000 | 3600~5000 | 4400~6000 | 5300~7000 | 650~850 | 900~1200 | 1200~1500 | 1500~1800 | 1200~1600 | 2000~2400 | 2400~2700 |
| 中砂 | 中密、密实 $N > 15$ | 4000~6000 | 5500~7000 | 6500~8000 | 7500~9000 | 850~1050 | 1100~1500 | 1500~1900 | 1900~2100 | 1800~2400 | 2800~3800 | 3600~4400 |
| 粗砂 | $N > 15$ | 5700~7500 | 7500~8500 | 8500~10000 | 9500~11000 | 1500~1800 | 2100~2400 | 2400~2600 | 2600~2800 | 2900~3600 | 4000~4600 | 4600~5200 |
| 砾砂 | $N > 15$ | 6000~9500 | | 9000~10500 | | 1400~2000 | | 2000~3200 | | 3500~5000 | | |
| 角砾、圆砾 | 中密、密实 $N_{63.5} > 10$ | 7000~10000 | | 9500~11500 | | 1800~2200 | | 2200~3600 | | 4000~5500 | | |
| 碎石、卵石 | $N_{63.5} > 10$ | 8000~11000 | | 10500~13000 | | 2000~3000 | | 3000~4000 | | 4500~6500 | | |
| 全风化软质岩 | $30 < N \le 50$ | 4000~6000 | | | | 1000~1600 | | | | 1200~2000 | | |
| 全风化硬质岩 | $30 < N \le 50$ | 5000~8000 | | | | 1200~2000 | | | | 1400~2400 | | |
| 强风化软质岩 | $N_{63.5} > 10$ | 6000~9000 | | | | 1400~2200 | | | | 1600~2600 | | |
| 强风化硬质岩 | $N_{63.5} > 10$ | 7000~11000 | | | | 1800~2800 | | | | 2000~3000 | | |

注：1. 砂土和碎石类土中桩的极限端阻力取值，宜综合考虑土的密实度，桩端进入持力层的深径比 $h_b/d$，土愈密实，$h_b/d$ 愈大，取值愈高。

2. 预制桩的岩石极限端阻力指桩端支承于中、微风化基岩表面或进入强风化岩、软质岩一定深度条件下极限端阻力。

3. 全风化、强风化软质岩和全风化、强风化硬质岩指其母岩分别为 $f_{rk} \le 15MPa$、$f_{rk} > 30MPa$ 的岩石。

大直径桩的单桩竖向抗压极限承载力标准值可以依据土的物理指标与承载力参数之间的经验关系确定：

$$Q_{uk} = Q_{sk} + Q_{pk} = u \sum \psi_{si} q_{sik} l_i + \psi_p q_{pk} A_p \tag{5-6}$$

式中　$q_{sik}$——桩侧第 $i$ 层土的极限侧阻力标准值，如无当地经验，可按表 5-1 取值，对于扩底桩变截面以上 $2d$ 范围不计侧阻力；

$q_{pk}$——桩径为 800mm 的极限端阻力标准值，对于干作业挖孔（清底干净）可采用深层载荷板试验确定，当不能进行深层载荷板试验时，可按表 5-3 取值；

$\psi_{si}$、$\psi_p$——大直径桩侧阻、端阻尺寸效应系数，按表 5-4 取值；

$u$——桩身周长，当人工挖孔桩桩周护壁为振捣密实的混凝土时，桩身周长可按护壁外直径计算。

**表 5-3　干作业挖孔桩（清底干净，$D = 800mm$）极限端阻力标准值 $q_{pk}$**　单位：kPa

| 土名称 | | 状态 | | |
|---|---|---|---|---|
| 黏性土 | | $0.25 < I_L \leqslant 0.75$ | $0 < I_L \leqslant 0.25$ | $I_L \leqslant 0$ |
| | | 800~1800 | 1800~2400 | 2400~3000 |
| 粉土 | | — | $0.75 \leqslant e \leqslant 0.9$ | $e < 0.75$ |
| | | — | 1000~1500 | 1500~2000 |
| | | 稍密 | 中密 | 密实 |
| 砂土碎石类土 | 粉砂 | 500~700 | 800~1100 | 1200~2000 |
| | 细砂 | 700~1100 | 1200~1800 | 2000~2500 |
| | 中砂 | 1000~2000 | 2200~3200 | 3500~5000 |
| | 粗砂 | 1200~2200 | 2500~3500 | 4000~5500 |
| | 砾砂 | 1400~2400 | 2600~4000 | 5000~7000 |
| | 圆砾、角砾 | 1600~3000 | 3200~5000 | 6000~9000 |
| | 卵石、碎石 | 2000~3000 | 3300~5000 | 7000~11000 |

注：1. 当桩进入持力层的深度 $h_b$ 分别为：$h_b \leqslant D$，$D < h_b \leqslant 4D$，$h_b > 4D$ 时，$q_{pk}$ 可相应取低、中、高值。
2. 砂土密实度可根据标贯击数判定，$N \leqslant 10$ 为松散，$10 < N \leqslant 15$ 为稍密，$15 < N \leqslant 30$ 为中密，$N > 30$ 为密实。
3. 当桩的长径比 $l/d \leqslant 8$ 时，$q_{pk}$ 宜取较低值。
4. 当对沉降要求不严时，$q_{pk}$ 可取高值。

**表 5-4　大直径桩侧阻、端阻尺寸效应系数 $\psi_{si}$、$\psi_p$**

| 土的类型 | 黏性土、粉土 | 砂土、碎石土 |
|---|---|---|
| $\psi_{si}$ | $(0.8/d)^{1/5}$ | $(0.8/d)^{1/3}$ |
| $\psi_p$ | $(0.8/D)^{1/4}$ | $(0.8/D)^{1/3}$ |

注：当为等直径桩时，表中 $D = d$。

（3）钢管桩

闭口钢管桩的承载变形机理与混凝土预制桩相同。钢管桩表面性质与混凝土管桩表面虽有所不同，但大量试验表明，两者的极限侧阻力可视为相等，因为除坚硬黏性土外，侧阻剪切破坏面发生于靠近桩表面的土体中，而不是发生于桩土界面。因此，闭口钢管桩承载力的计算可采用与混凝土预制桩相同的模式与承载力参数。

敞口钢管桩的承载力机理与承载力随有关因素的变化比闭口钢管桩复杂。这是由于沉桩过程中，桩端部分土将涌入管内形成"土塞"，土塞的高度及闭塞效果随土性、管径、壁厚、桩进入持力层的深度等诸多因素变化，而桩端土的闭塞程度又直接影响桩的承载力性状（称为土塞效应）。闭塞程度的不同导致端阻力以两种不同模式破坏。

一种是土塞沿管内向上挤出，或由于土塞压缩量大而导致桩端土大量涌入。这种状态称为非完全闭塞，这种非完全闭塞将导致端阻力降低。

另一种是如同闭口桩一样破坏，称其为完全闭塞。土塞的闭塞程度主要随桩端进入持力层的相对深度 $h_b/d$（$h_b$ 为桩端进入持力层的深度，$d$ 为桩外径）而变化。

钢管桩的单桩竖向抗压极限承载力标准值可以依据土的物理指标与承载力参数之间的经验关系确定：

$$Q_{uk} = Q_{sk} + Q_{pk} = u \sum q_{sik} l_i + \lambda_p q_{pk} A_p \tag{5-7}$$

$$当 h_b/d < 5 时, \lambda_p = 0.16 h_b/d \tag{5-8}$$

$$当 h_b/d \geq 5 时, \lambda_p = 0.8 \tag{5-9}$$

式中　$q_{sik}$、$q_{pk}$——分别按表 5-1、表 5-2 取与混凝土预制桩相同值；

$\lambda_p$——桩端土塞效应系数，对于闭口钢管桩 $\lambda_p = 1$，对于敞口钢管桩按式(5-8)、式(5-9) 取值；

$h_b$——桩端进入持力层的深度；

$d$——钢管桩外径。

**（4）混凝土空心桩**

与实心混凝土预制桩相同的是，桩端阻力由于桩端敞口，类似于钢管桩也存在桩端的土塞效应；不同的是，混凝土管桩壁厚度较钢管桩大得多，计算端阻力时，不能忽略管壁端部提供的端阻力，故分为两部分：一部分为管壁端部的端阻力，另一部分为敞口部分的端阻力。对于后者按类似于钢管桩的承载机理考虑桩端土塞效应。

混凝土空心桩的单桩竖向抗压极限承载力标准值可以依据土的物理指标与承载力参数之间的经验关系确定：

$$Q_{uk} = Q_{sk} + Q_{pk} = u \sum q_{sik} l_i + q_{pk}(A_j + \lambda_p A_{p1}) \tag{5-10}$$

$$当 h_b/d < 5 时, \lambda_p = 0.16 h_b/d \tag{5-11}$$

$$当 h_b/d \geq 5 时, \lambda_p = 0.8 \tag{5-12}$$

式中　$q_{sik}$、$q_{pk}$——分别按表 5-1、表 5-2 取与混凝土预制桩相同值。

$A_j$——空心桩桩端净面积，管桩：$A_j = \frac{\pi}{4}(d^2 - d_1^2)$；空心方桩：$A_j = b^2 - \frac{\pi}{4}d_1^2$。

$A_{p1}$——空心桩敞口面积：$A_{p1} = \frac{\pi}{4}d_1^2$。

$\lambda_p$——桩端土塞效应系数。

$h_b$——桩端进入持力层的深度。

$d$、$b$——空心桩外径、边长。

$d_1$——空心桩内径。

**（5）嵌岩桩**

桩端置于完整、较完整基岩的嵌岩桩单桩竖向极限承载力，由桩周土总极限侧阻力、嵌岩段总侧阻力和总端阻力三部分组成，计算时可以将后面两部分合并成嵌岩段总极限阻力，并通过岩石抗压强度计算。嵌岩桩单桩竖向极限承载力标准值可以依据岩石单轴抗压强度确定：

$$Q_{uk} = Q_{sk} + Q_{rk} = u \sum q_{sik} l_i + \zeta_r f_{rk} A_p \tag{5-13}$$

式中　$Q_{sk}$、$Q_{rk}$——分别为土的总极限侧阻力标准值、嵌岩段总极限阻力标准值。

　　　　$q_{sik}$——桩侧第 $i$ 层土的极限侧阻力标准值，如无当地经验，可按表 5-1 取值。

　　　　$f_{rk}$——岩石饱和单轴抗压强度标准值，黏土岩取天然湿度单轴抗压强度标准值。

　　　　$\zeta_r$——桩嵌岩段侧阻和端阻综合系数，与嵌岩深径比 $h_r/d$、岩石软硬程度和成桩工艺有关，可按表 5-5 采用；表中数值适用于泥浆护壁成桩，对于干作业成桩（清底干净）和泥浆护壁成桩后注浆，$\zeta_r$ 应取表列数值的 1.2 倍。

**表 5-5　桩嵌岩段侧阻和端阻综合系数**

| 嵌岩深径比 $h_r/d$ | 0 | 0.5 | 1.0 | 2.0 | 3.0 | 4.0 | 5.0 | 6.0 | 7.0 | 8.0 |
|---|---|---|---|---|---|---|---|---|---|---|
| 极软岩、软岩 | 0.60 | 0.80 | 0.95 | 1.18 | 1.35 | 1.48 | 1.57 | 1.63 | 1.66 | 1.70 |
| 较硬岩、硬岩 | 0.45 | 0.65 | 0.81 | 0.90 | 1.00 | 1.04 | — | — | — | — |

注：1. 极软岩、软岩指 $f_{rk} \leq 15\mathrm{MPa}$，较硬岩、坚硬岩指 $f_{rk} > 30\mathrm{MPa}$，介于二者之间可内插取值。
　　2. $h_r$ 为桩身嵌岩深度，当岩面倾斜时，以坡下方嵌岩深度为准，当 $h_r/d$ 为非表列值时，$\zeta_r$ 可内插取值。

#### 5.3.2.2　《建筑地基基础设计规范》的规定

根据《建筑地基基础设计规范》（GB 50007—2011）8.5.6 条，初步设计时单桩竖向承载力特征值可按下式进行估算：

$$R_a = u\sum q_{sia}l_i + q_{pa}A_p \tag{5-14}$$

式中　$q_{pa}$、$q_{sia}$——桩端阻力特征值、桩侧阻力特征值，由当地静载荷试验结果统计分析算得。

桩端嵌入完整及较完整的硬质岩中，当桩长较短且入岩较浅时，可按下式估算单桩竖向承载力特征值：

$$R_a = q_{pa}A_p \tag{5-15}$$

式中　$q_{pa}$——桩端岩石承载力特征值。

### 5.3.3　桩身材料验算

在桩基设计计算中，按土对桩的阻力确定单桩承载力后，还要验算桩身材料强度是否满足桩的承载力设计要求。对于混凝土桩而言，也就是要验算混凝土强度是否满足桩的承载力设计要求。

当桩顶以下 $5d$ 范围的桩身螺旋式箍筋间距不大于 $100\mathrm{mm}$，且符合规范配筋规定时，钢筋混凝土轴心受压桩正截面受压承载力应符合下列规定：

$$N \leq \varphi_c f_c A_p + 0.9 f'_y A'_s \tag{5-16}$$

式中　$N$——荷载效应基本组合下的桩顶轴向压力设计值。

　　　　$\varphi_c$——基桩成桩工艺系数，混凝土预制桩、预应力混凝土空心桩：$\varphi_c = 0.75$；干作业非挤土灌注桩：$\varphi_c = 0.90$；泥浆护壁和套管护壁非挤土灌注桩、部分挤土灌注桩、挤土灌注桩：$\varphi_c = 0.7 \sim 0.8$；软土地区挤土灌注桩，$\varphi_c = 0.6$。

　　　　$f_c$——混凝土轴心抗压强度设计值。

　　　　$f'_y$——纵向主筋抗压强度设计值。

　　　　$A'_s$——纵向主筋截面面积。

当桩身配筋不符合规范配筋规定时，则：

$$N \leq \varphi_c f_c A_p \tag{5-17}$$

### 5.3.4 单桩竖向承载力的若干特殊问题

#### 5.3.4.1 单桩竖向抗拔承载力

国内外研究者通过一系列的拔桩试验，并结合实际工程，提出了抗拔桩的荷载传递方式。即：当桩顶向上起拔荷载较小时，桩与桩周土之间紧密接触，这时桩土之间无相对位移；随着起拔荷载的不断增加，桩体的向上位移促使桩周土也产生向上的位移，同时桩周土体又带动周围远处的土体产生向上位移，使得桩周土体之间产生剪切变形。随着起拔荷载的继续增加，桩体位移和桩周土位移不断增加，当某一土层的剪切变形超过了极限后，这一土层就与桩周土之间产生相对位移；而当桩周土体的剪切变形均超过极限时，桩与土之间的相对位移就迅速增加，从而桩被整根拔起。

对于自重比较轻而水平荷载又比较大的高耸结构物，或地下室承受地下水的浮力作用而自重不足时，桩基可能承受上拔荷载。此时必须验算桩的抗拔承载能力，单桩抗拔极限承载力可用抗拔静载荷试验测定或用经验方法确定。

（1）单桩竖向抗拔静载荷试验

对于设计等级为甲级和乙级的建筑桩基，基桩的抗拔极限承载力应通过现场单桩抗拔静载荷试验确定。单桩竖向抗拔静载试验是检测单桩竖向抗拔承载力最直观、可靠的方法。与抗压静载试验相似，国内外抗拔静载试验多采用慢速维持荷载法。

单桩竖向抗拔静载试验的试验设备组成与单桩竖向抗压静载试验基本一致，但反力加载系统宜采用反力桩，反力桩可采用工程桩，如图 5-13 所示。

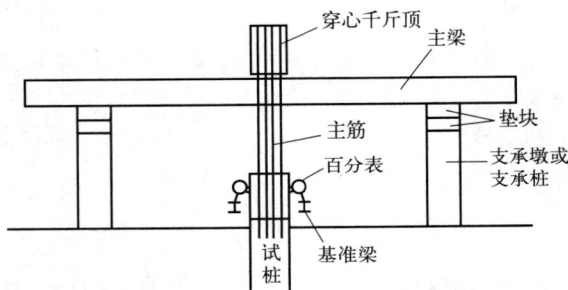

(a) 试验设备示意图　　　　(b) 现场竖向抗拔静载试验

图 5-13　单桩竖向抗拔静载试验

（2）单桩竖向抗拔承载力的计算

桩基的抗拔承载力破坏可能呈单桩拔出或群桩整体拔出，即呈非整体破坏或整体破坏模式，对两种破坏模式的承载力均应进行验算。

桩的抗拔承载力主要取决于桩身材料强度及桩与土之间的抗拔侧阻力和桩自重。《建筑桩基技术规范》以抗拔桩试验资料为基础，采用抗压极限承载力计算模式乘以抗拔系数 $\lambda$（抗拔极限承载力/抗压极限承载力的比值）的经验公式。

① 群桩基础及设计等级为丙级的建筑桩基，群桩呈非整体破坏时，基桩的抗拔极限承载力标准值 $T_{uk}$ 可按下式计算：

$$T_{uk} = \sum \lambda_i u_i q_{sik} l_i \tag{5-18}$$

式中　$u_i$——桩身周长，对于等直径桩取 $u = \pi d$；对于扩底桩则按表 5-6 取值；

　　　$q_{sik}$——桩侧第 $i$ 层土的极限侧阻力标准值，如无当地经验，可按表 5-1 取值；

　　　$l_i$——桩周第 $i$ 层土的厚度；

$\lambda_i$——抗拔系数，可按表 5-7 取值。

表 5-6　扩底桩破坏表面周长 $u_i$

| 自桩底起算的长度 $l_i$ | $\leqslant(4\sim10)d$ | $>(4\sim10)d$ |
|---|---|---|
| $u_i$ | $\pi D$ | $\pi d$ |

注：1. $l_i$ 对于软土取低值，对于卵石、砾石取高值；$l_i$ 取值按内摩擦角增大而增加。

2. $D$——桩端扩底设计直径；$d$——桩身设计直径。

表 5-7　抗拔系数 $\lambda$

| 土类 | $\lambda$ 值 |
|---|---|
| 砂土 | $0.50\sim0.70$ |
| 黏性土、粉土 | $0.70\sim0.80$ |

注：桩长 $l$ 与桩径 $d$ 之比小于 20 时，$\lambda$ 取小值。

② 群桩基础及设计等级为丙级的建筑桩基，群桩呈整体破坏时，基桩的抗拔极限承载力标准值 $T_{gk}$ 可按下式计算：

$$T_{gk}=\frac{1}{n}u_1\sum\lambda_i q_{sik}l_i \tag{5-19}$$

式中　$u_1$——桩群的外围周长。

#### 5.3.4.2　负摩阻力的计算

影响负摩阻力的因素很多，例如桩侧与桩端土的性质、土层的应力历史、地面堆载大小与范围、降低地下水位的深度与范围、桩顶荷载施加时间与发生负摩阻力时间之间的关系、桩的类型和成桩工艺等，要精确地计算负摩阻力是十分困难的，国内外大都采用近似的经验公式估算。根据实测结果分析，认为采用有效应力方法比较符合实际。

当无实测资料时，中性点以上单桩桩周第 $i$ 层土负摩阻力标准值可按下式计算：

$$q_{si}^n=\varepsilon_{ni}\sigma'_i \tag{5-20}$$

式中　$q_{si}^n$——第 $i$ 层土桩侧负摩阻力标准值，当按式(5-20)计算值大于正摩阻力标准值时，取正摩阻力标准值进行设计；

$\varepsilon_{ni}$——桩周第 $i$ 层土负摩阻力系数，可按表 5-8 取值；

$\sigma'_i$——桩周第 $i$ 层土平均竖向有效应力。

表 5-8　负摩阻力系数 $\varepsilon_n$

| 土类 | $\varepsilon_n$ | 土类 | $\varepsilon_n$ |
|---|---|---|---|
| 饱和软土 | $0.15\sim0.25$ | 砂土 | $0.35\sim0.50$ |
| 黏性土、粉土 | $0.25\sim0.40$ | 自重湿陷性黄土 | $0.20\sim0.35$ |

注：1. 在同一类土中，对于挤土桩，取表中较大值，对于非挤土桩，取表中较小值。

2. 填土按其组成取表中同类土的较大值。

当填土、自重湿陷性黄土湿陷、欠固结土层产生固结和地下水降低时，$\sigma'_i=\sigma'_{\gamma i}$。当地面分布大面积荷载时，$\sigma'_i=p+\sigma'_{\gamma i}$，其中 $p$ 为地面均布荷载，$\sigma'_{\gamma i}$ 由土自重引起的桩周第 $i$ 层土平均竖向有效应力，按下式计算：

$$\sigma'_{\gamma i}=\sum_{e=1}^{i-1}\gamma_e\Delta z_e+\frac{1}{2}\gamma_i\Delta z_i \tag{5-21}$$

式中　$\gamma_i$、$\gamma_e$——分别为第 $i$ 计算土层和其上第 $e$ 土层的自重，地下水位以下取浮重度；

$\Delta z_i$、$\Delta z_e$——第 $i$ 层土、第 $e$ 层土的厚度。

计算 $\sigma'_{\gamma i}$ 时要注意，桩群外围桩自地面算起，桩群内部桩自承台底算起。

# 5.4 单桩水平承载力

## 5.4.1 单桩在水平荷载下的性状分析

高层建筑和高耸结构物承受风荷载或地震荷载时，会传给基础很大的水平力和力矩，此时需依靠桩基的水平承载力来平衡，桩在水平力作用下的工作机理不同于竖向力作用下的工作机理。

在竖向荷载作用下，桩一般受压，而桩身材料的抗压强度比较高，因此桩的作用是将荷载传给桩侧土和桩端土，竖向的承载力一般由土的破坏条件控制。在水平荷载作用下，桩的工作性状极为复杂，涉及桩与土体之间的相互作用问题。其水平承载能力不仅与桩身材料强度有关，而且在很大程度上取决于桩侧土的水平抗力。

在水平力和力矩作用下，桩为受弯构件，桩身产生水平变位和弯曲应力。在水平荷载施加的初始阶段，桩克服本身材料强度产生挠曲变形，随着挠曲变形的发展，桩侧土体受到挤压而产生抗力，这一抗力将阻止桩身挠曲变形的进一步发展。此时，外力的一部分由桩身承担，另一部分通过桩身传给桩侧土体，从而构成复杂的桩土相互作用体系。

桩身挠曲变形沿桩轴而变，导致桩侧土体所发挥的水平抗力也随深度而变化。当桩顶未受约束时，桩身的水平荷载首先由靠近地面的土体承担。荷载较小时，土体虽处于弹性压缩阶段，但桩身水平位移足以使部分压力传递到较深土体。随着荷载的增加，土体逐渐产生塑性变形，并将所受水平荷载传递到更大的深度。当变形增加到桩身材料所不能容许的程度或桩侧土失去稳定时，桩土体系便趋于破坏。

## 5.4.2 单桩水平承载力的影响因素

影响单桩水平承载力的因素很多，包括桩的截面刚度、材料强度、桩侧土质条件、桩顶约束情况以及桩的入土深度等。

（1）桩身强度和刚度。桩的直径愈大，桩身材料强度愈高（如桩身为高强度混凝土或钢材等），桩身的抗弯刚度则愈高，其抵抗水平荷载的能力就愈强。对于抗弯性能差的桩，其水平承载能力由桩身强度控制，如低配筋率的灌注桩通常桩身首先出现裂缝，然后断裂破坏；而对于抗弯性能好的桩，如钢筋混凝土预制桩和钢桩，在水平荷载作用下，桩身虽然未断裂，但当桩侧土体显著隆起，或桩顶水平位移超过上部结构的允许值时，可以认为桩已达到水平承载力的极限状态。

（2）桩侧土质条件。桩侧土质愈好，其水平抗力愈大，或地基土水平抗力系数愈大，桩的水平承载能力就愈高，尤其是桩侧表层土（3～4倍桩径范围内）的承载能力极大地影响桩身的水平承载力。因此，当表层土较差时，一般应采取回填碎石等改良加固表层土的方案进行处理，可较大地提高桩身的水平承载力。

（3）桩顶约束条件。地基土的水平抗力系数随桩身水平位移的增大呈指数衰减。因此，对桩顶水平位移的约束愈好，则桩侧土的水平抗力愈大。建筑桩基桩顶与承台连接的实际工作状态介于刚接与铰接之间，这是由于桩顶嵌入承台长度较短（5～10cm），承台混凝土为二次浇筑，桩顶主筋锚入承台，在较小水平力作用下桩顶周边混凝土出现塑变，形成传递剪力和部分弯矩的非完全嵌固状态，其既能减少桩顶位移（相对于桩顶自由情况），又能降低桩顶约束弯矩（相对于完全嵌固情况），重新分配桩身弯矩。

（4）桩的入土深度。随着桩的入土深度增大，桩侧土将获得足够的嵌固作用，使地面位移趋于最小。当桩的入土深度较小时，桩侧土嵌固作用不足，很可能导致桩顶水平位移较大，并超过上部结构的允许值；同时桩底也承受较大的力矩和位移，因此桩底土也需对应具有足够的嵌固能力。但当桩的入土深度达到一定值，再增加桩的入土深度，对桩的水平承载力不再起作用。因此，在工程中无限地利用增加桩的入土深度来提高基桩的水平承载力是不可取的。

### 5.4.3　单桩水平静载试验

该方法是确定单桩水平承载力最可靠的方法，水平静载试验加载方法宜根据工程桩实际受力特性，选用单向多循环加载法或慢速维持荷载法。当对试桩桩身横截面弯曲应变进行测量时，宜采用维持荷载法。

单桩水平静载试验的试验设备组成与单桩竖向抗压静载试验基本一致，水平推力加载设备宜采用卧式千斤顶，水平推力的反力可由相邻桩提供，如图 5-14 所示。

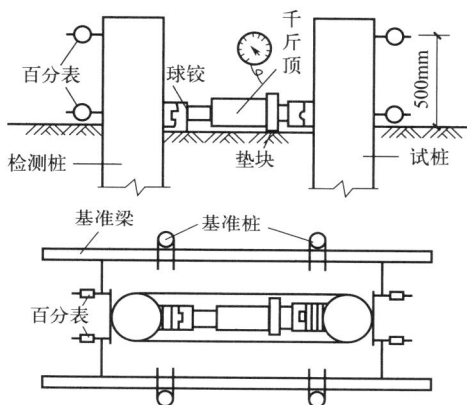

(a) 试验设备示意图　　　　　　　　　(b) 现场水平静载试验

图 5-14　单桩水平静载试验

单桩水平极限承载力通过绘制试验关系曲线等方法确定：

（1）单向多循环加载法时的 $H_0$-$t$-$X_0$（水平力-时间-作用点位移）曲线［图 5-15（a）］产生明显陡降的前一级，或慢速维持荷载法时的 $H_0$-$X_0$（水平力-力作用点位移）曲线发生明显陡降的起始点对应的水平荷载值；

（2）取慢速维持荷载法时的 $X_0$-$\lg t$（力作用点位移-时间对数）曲线尾部出现明显弯曲的前一级水平荷载值；

（3）取 $H_0$-$\Delta X_0/\Delta H$（水平力-位移梯度）曲线［图 5-15（b）］或 $\lg H_0$-$\lg X_0$（水平力对数-力作用点位移对数）曲线上第二拐点对应的水平荷载值；

（4）取桩身折断或受拉钢筋屈服时的前一级水平荷载值。

### 5.4.4　单桩水平承载力的计算

桩的水平承载力设计值，一般采用现场静荷载试验和理论计算两类方法确定。理论计算一般采用 $m$ 法计算。

对于受水平荷载较大的设计等级为甲级、乙级的建筑桩基，单桩水平承载力特征值应通过单桩水平静载试验确定，试验方法可按现行标准《建筑基桩检测技术规范》执行。

对于钢筋混凝土预制桩、钢桩、桩身配筋率不小于 0.65％的灌注桩，根据静载试验结

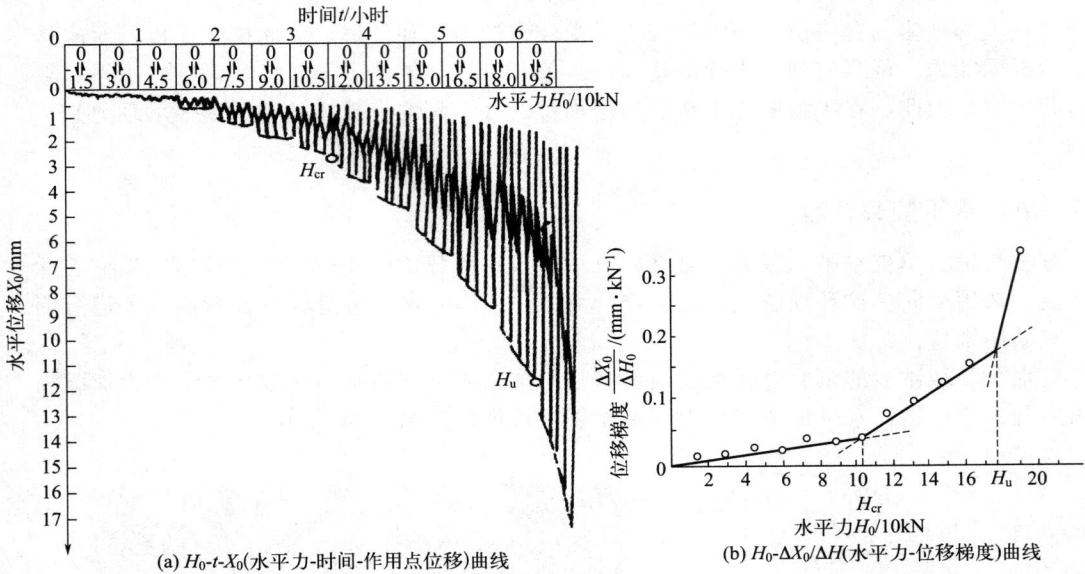

(a) $H_0$-$t$-$X_0$(水平力-时间-作用点位移)曲线　　　　(b) $H_0$-$\Delta X_0/\Delta H$(水平力-位移梯度)曲线

图 5-15　水平静载试验成果曲线

果，取地面处水平位移为 10mm（对于水平位移敏感的建筑物取水平位移 6mm）所对应的荷载的 75% 为单桩水平承载力特征值。

对于桩身配筋率小于 0.65% 的灌注桩，取单桩水平静载试验的临界荷载的 75% 作为单桩水平承载力特征值。

当缺少单桩水平静载试验资料时，可按下列公式估算桩身配筋率小于 0.65% 的灌注桩的单桩水平承载力的特征值：

$$R_{ha} = \frac{0.75\alpha\gamma_m f_t W_0}{\nu_M}(1.25 + 22\rho_g)\left(1 \pm \frac{\zeta_N N_k}{\gamma_m f_t A_n}\right) \tag{5-22}$$

式中　$\alpha$——桩的水平变形系数。

$\quad R_{ha}$——单桩水平承载力特征值，$\pm$ 号根据桩顶竖向力性质确定，压力取"+"，拉力取"一"。

$\quad \gamma_m$——桩截面模量塑性系数，圆形截面 $\gamma_m = 2$，矩形截面 $\gamma_m = 1.75$。

$\quad f_t$——桩身混凝土抗拉强度设计值，MPa。

$\quad W_0$——桩身换算截面受拉边缘的截面模量，圆形截面为：$W_0 = \dfrac{\pi d}{32}$

$\qquad [d^2 + 2(\alpha_E - 1)\rho_g d_0^2]$；方形截面为 $W_0 = \dfrac{b}{6}[b^2 + 2(\alpha_E - 1)\rho_g b_0^2]$，m³。

$\quad \nu_M$——桩身最大弯矩系数，按表 5-9 取值，当单桩基础和单排桩基纵向轴线与水平力方向相垂直时，按桩顶铰接考虑。

$\quad \rho_g$——桩身配筋率。

$\quad A_n$——桩身换算截面积，圆形截面为：$A_n = \dfrac{\pi d^2}{4}[1 + (\alpha_E - 1)\rho_g]$；方形截面为：$A_n = b^2$

$\qquad [1 + (\alpha_E - 1)\rho_g]$，m²。

$\quad \zeta_N$——桩顶竖向力影响系数，竖向压力取 0.5；竖向拉力取 1.0。

$\quad N_k$——在荷载效应标准组合下桩顶的竖向力，kN。

$d$——桩直径，m。

$d_0$——扣除保护层厚度的桩直径，m。

$\alpha_E$——钢筋弹性模量与混凝土弹性模量的比值。

$b_0$——扣除保护层厚度的桩截面宽度，m。

表 5-9　桩顶（身）最大弯矩系数 $\nu_M$ 和桩顶水平位移系数 $\nu_x$

| 桩顶约束情况 | 桩的换算埋深($\alpha h$) | $\nu_M$ | $\nu_x$ |
|---|---|---|---|
| 铰接、自由 | 4.0 | 0.768 | 2.441 |
|  | 3.5 | 0.750 | 2.502 |
|  | 3.0 | 0.703 | 2.727 |
|  | 2.8 | 0.675 | 2.905 |
|  | 2.6 | 0.639 | 3.163 |
|  | 2.4 | 0.601 | 3.526 |
| 固接 | 4.0 | 0.926 | 0.940 |
|  | 3.5 | 0.934 | 0.970 |
|  | 3.0 | 0.967 | 1.028 |
|  | 2.8 | 0.990 | 1.055 |
|  | 2.6 | 1.018 | 1.079 |
|  | 2.4 | 1.045 | 1.095 |

注：1. 铰接（自由）的 $\nu_M$ 系桩身的最大弯矩系数，固结的 $\nu_M$ 系桩顶的最大弯矩系数。

2. $\alpha h > 4.0$ 时取 $\alpha h = 4.0$，$h$ 为桩的入土深度。

其中：桩的水平变形系数 $\alpha$ 可按下式计算：

$$\alpha = \left[\frac{mb_0}{EI}\right]^{\frac{1}{5}}$$
（5-23）

式中　$m$——地基土水平抗力系数的比例系数，$\mathrm{MN/m^4}$。

$EI$——桩身抗弯刚度，其中 $E$ 为桩身材料弹性模量，$I$ 为桩身换算截面惯性矩，$\mathrm{kN \cdot m^2}$。对于钢筋混凝土桩，$EI = 0.85E_c I_0$，其中 $E_c$ 为混凝土弹性模量，$I_0$ 为桩身换算截面惯性矩：圆形截面为 $I_0 = W_0 d_0/2$；矩形截面为 $I_0 = W_0 b_0/2$。

$b_0$——桩身计算宽度，m。对于圆形桩：当桩径 $D \leqslant 1m$ 时，$b_0 = 0.9(1.5D + 0.5)$；当桩径 $D > 1m$ 时，$b_0 = 0.9(D+1)$。对于矩形桩，当边宽 $B \leqslant 1m$ 时，$b_0 = 1.5B + 0.5$，当边宽 $B > 1m$ 时，$b_0 = B + 1$。

地基土水平抗力系数的比例系数 $m$，宜通过单桩水平静载试验确定，当无静载试验资料时，可按表 5-10 取值。

表 5-10　地基土水平抗力系数的比例系数 $m$ 值

| 序号 | 地基土类别 | 预制桩、钢桩 | | 灌注桩 | |
|---|---|---|---|---|---|
|  |  | $m/(\mathrm{MN/m^4})$ | 相应单桩在地面处水平位移/mm | $m/(\mathrm{MN/m^4})$ | 相应单桩在地面处水平位移/mm |
| 1 | 淤泥；淤泥质土；饱和湿陷性黄土 | 2～4.5 | 10 | 2.5～6 | 6～12 |
| 2 | 流塑($I_L > 1$)、软塑($0.75 < I_L \leqslant 1$)状黏性土；$e > 0.9$ 粉土；松散粉细砂；松散、稍密填土 | 4.5～6.0 | 10 | 6～14 | 4～8 |

| 序号 | 地基土类别 | 预制桩、钢桩 | | 灌注桩 | |
|---|---|---|---|---|---|
| | | $m/(\mathrm{MN/m^4})$ | 相应单桩在地面处水平位移/mm | $m$ /(MN/m$^4$) | 相应单桩在地面处水平位移/mm |
| 3 | 可塑($0.25<I_L\leqslant0.75$)状黏性土、湿陷性黄土;$e=0.75\sim0.9$粉土;中密填土;稍密细砂 | $6.0\sim10$ | 10 | $14\sim35$ | $3\sim6$ |
| 4 | 硬塑($0<I_L\leqslant0.25$)、坚硬($I_L\leqslant0$)状黏性土、湿陷性黄土;$e<0.75$粉土;中密的中粗砂;密实老填土 | $10\sim22$ | 10 | $35\sim100$ | $2\sim5$ |
| 5 | 中密、密实的砾砂、碎石类土 | — | — | $100\sim300$ | $1.5\sim3$ |

注:1. 当桩顶水平位移大于表列数值或灌注桩配筋率较高（≥0.65%）时,$m$ 值应适当降低;当预制桩的水平向位移小于10mm时,$m$ 值可适当提高。

2. 当水平荷载为长期或经常出现的荷载时,应将表列数值乘以 0.4 降低采用。

3. 当地基为可液化土层时,应将表列数值乘以相应的土层液化影响折减系数 $\psi_1$。

当桩顶自由且水平力作用位置位于地面处时,$m$ 值可按下列公式确定:

$$m=\frac{(\nu_x H)^{\frac{5}{3}}}{b_0 X_0^{\frac{5}{3}}(EI)^{\frac{2}{3}}}\tag{5-24}$$

式中　$\nu_x$——桩顶水平位移系数,按表 5-9 取值,由式(5-23)试算 $\alpha$ 时,当 $\alpha h\geqslant4.0$ 时（$h$ 为桩的入土深度）,$\nu_{x0}=2.441$;

　　　$H$——作用于地面的水平力,kN;

　　　$X_0$——水平力作用点的水平位移,m。

当桩的水平承载力由水平位移控制,且缺少单桩水平静载试验资料时,可按下式估算预制桩、钢桩、桩身配筋率不小于 0.65% 的灌注桩的单桩水平承载力特征值:

$$R_{ha}=0.75\frac{\alpha^3 EI}{\nu_x}X_{0a}\tag{5-25}$$

式中　$X_{0a}$——桩顶允许水平位移,m。

# 5.5　群桩基础

实际工程中,除少量的大直径桩可作为柱下单桩基础外,当建筑物上部荷载较大,远远大于单桩竖向承载力时,通常由多根桩组成群桩,共同承受上部荷载。

## 5.5.1　群桩效应

大多数情况下,桩成群出现在桩基础中,承台浇筑在群桩上,群桩基础如图 5-16 所示。5.3 节讨论了单桩的竖向承载力,而群桩承载力的确定是一个极其复杂的问题,至今还未完全厘清群桩间的相互影响以及承台承担的竖向荷载。

以端承摩擦桩为例加以说明,如图 5-17(a) 所示为单桩受力情况,桩顶轴向荷载由桩端阻力与桩侧摩擦力共同承受。图 5-17(b) 所示为群桩情况,由于桩侧摩阻力将荷载传到深层地基土的过程中,会在桩的侧面形成一个锥状扩散面,所以在桩底处水平面上各桩与地基土作用面积要比桩底接触面积大得多。对群桩来说,当桩距较大,大到在桩底处水平面上各桩与地基土作用面积彼此不相重合,则同样每根桩的桩顶轴向荷载由桩端阻力与桩侧摩擦力共同承受，群桩承载力等于各单桩承载力之和。但若桩距较小，桩底处作用面彼此有一部分重合，则群桩桩底处水平面上压力经过叠加后，地基土单位面积受到的压力要比单桩大，这样群桩沉降量要比单桩大，影响各桩的侧阻和端阻的发挥，此时群桩承载力不等于各单桩承载力之和，要小于各单桩承载力之和，即产生群桩效应：

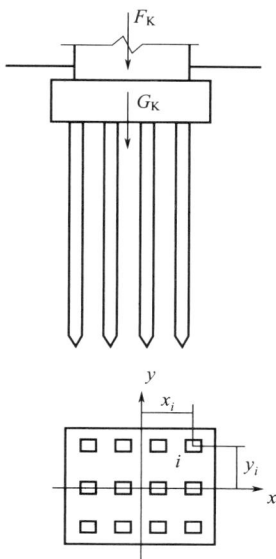

图 5-16　群桩基础

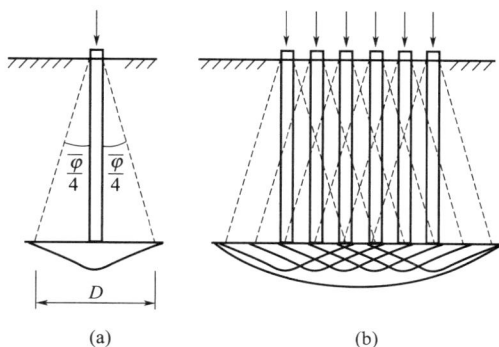

图 5-17　端承摩擦桩单桩与群桩应力分布

$$R_n < nR \tag{5-26}$$

式中　　$R_n$——群桩竖向承载力设计值，kN；

　　　　$n$——群桩中的桩数；

　　　　$R$——单桩竖向承载力设计值，kN。

因此，群桩效应可以这样描述，群桩基础受竖向荷载后，由于承台、桩、土的相互作用，其桩侧阻力、桩端阻力、沉降等性状发生变化而与单桩明显不同，承载力往往不等于各单桩承载力之和。

$R_n$ 与 $nR$ 之比值称为群桩效应系数，以 $\eta$ 表示：

$$\eta = \frac{R_n}{nR} \tag{5-27}$$

群桩效应受土性、桩距、桩数、桩的长径比、桩长与承台宽度比、成桩方法等多因素的影响，其中以桩距为主要因素。为避免或减小群桩效应，摩擦型桩的中心距不宜小于桩身直径的 3 倍；扩底灌注桩的中心距不宜小于扩底直径的 1.5 倍，当扩底直径大于 2m 时，桩端净距不宜小于 1m。在确定桩距时尚应考虑施工工艺中挤土等效应对邻近桩的影响。

### 5.5.2　桩基承台效应

摩擦型群桩在竖向荷载作用下，由于桩土相对位移，桩间土对承台产生一定竖向抗力，成为桩基竖向承载力的一部分而分担荷载，称此种效应为承台效应。

传统的桩基设计中，考虑承台与地基土脱开，承台只起分配上部荷载至各桩并将桩联合成整体共同承担上部荷载的联系作用。大量工程实践表明，这种考虑是不合理的。承台与地基土脱空的情况是极少数特殊情况：例如：①土的侵蚀或工程使用期限内的开挖；②受动力荷载的反复作用，如铁路桥梁桩基；③承台底面以下有欠固结土、可液化土、湿陷性黄土、新填土或高灵敏度软土；④饱和软土因沉桩产生超孔隙水压力和土体隆起，其后，桩间土固结下沉；⑤地下水位下降引起地基土沉降。绝大多数情况承台为现浇钢筋混凝土结构，与地基土直接接触，而且在上部荷载作用下，承台与地基压得更紧。因此，这时可将桩基础视为实体基础来验算地基承载力和地基变形。

# 5.6 桩基础设计

## 5.6.1 桩基础设计原则与步骤

### 5.6.1.1 桩基础设计原则
桩基础应按下列两类极限状态设计：

（1）承载能力极限状态：桩基达到最大承载能力、整体失稳或发生不适于继续承载的变形；

（2）正常使用极限状态：桩基达到建筑物正常使用所规定的变形限值或达到耐久性要求的某项限值。

根据建筑规模、功能特征、对差异变形的适应性、场地地基和建筑物体型的复杂性以及由于桩基问题可能造成建筑破坏或影响正常使用的程度，应将桩基设计分为表 5-11 所列的三个设计等级。桩基设计时，应根据表 5-11 确定设计等级。

表 5-11 建筑桩基设计等级

| 设计等级 | 建筑类型 |
| --- | --- |
| 甲级 | ①重要的建筑；<br>②30 层以上或高度超过 100m 的高层建筑；<br>③体型复杂且层数相差超过 10 层的高低层（含纯地下室）连体建筑；<br>④20 层以上框架-核心筒结构及其他对差异沉降有特殊要求的建筑；<br>⑤场地和地基条件复杂的 7 层以上的一般建筑及坡地、岸边建筑；<br>⑥对相邻既有工程影响较大的建筑 |
| 乙级 | 除甲级、丙级以外的建筑 |
| 丙级 | 场地和地基条件简单、荷载分布均匀的 7 层及 7 层以下的一般建筑 |

### 5.6.1.2 设计步骤
桩基础的设计内容与步骤可以分为如下几个方面。

（1）调查研究，收集设计资料。包括：建筑物类型、荷载、场地和地基的勘察成果，桩基础的材料来源和施工设备情况，以及当地的设计、施工和使用经验等。

（2）选择桩的类型；

（3）确定桩的规格及单桩竖向承载力；

（4）确定桩的数量及布置；

（5）桩基础验算，包括承载力与沉降验算；

（6）桩身构造设计及强度验算；

（7）承台设计；

（8）绘制桩基础施工图。

### 5.6.2　选择桩型

桩型应根据建筑结构类型、荷载性质、桩的使用功能、穿越土层、桩端持力层、地下水位、施工设备、施工环境、施工经验、制桩材料供应条件等，按安全适用、经济合理的原则选择。例如某住宅区地表为粉质黏土，层厚为 1.50m，第②层为淤泥，层厚达 22m，第③层为坚实土层。如为低层房屋，可采用摩擦桩；如为大中型工程，可用端承摩擦桩，长桩穿透软弱层，桩端进入坚实土层。

桩的材料与施工方法宜根据当地材料供应、施工机具与技术水平、造价、工期及场地环境等具体情况选择。例如：城市人口密集区域施工，宜采用混凝土灌注桩或静压法施工预制桩，以减少噪声污染。对于高层建筑与重型设备基础，则可考虑选用扩底桩或嵌岩桩。

### 5.6.3　确定桩的规格及单桩承载力

#### 5.6.3.1　确定桩的规格

（1）桩长

应选择较硬土层作为桩端持力层。桩端全断面进入持力层的深度，对于黏性土、粉土不宜小于 $2d$，砂土不宜小于 $1.5d$，碎石类土不宜小于 $1d$。当存在软弱下卧层时，桩端以下硬持力层厚度不宜小于 $3d$。桩顶嵌入承台，以此确定桩长。

对于嵌岩桩，嵌岩深度应综合荷载、上覆土层、基岩、桩径、桩长诸因素确定；对于嵌入倾斜的完整和较完整岩的全断面深度不宜小于 $0.4d$ 且不小于 0.5m，倾斜度大于 30% 的中风化岩，宜根据倾斜度及岩石完整性适当加大嵌岩深度；对于嵌入平整、完整的坚硬岩和较硬岩的深度不宜小于 $0.2d$，且不应小于 0.2m。

（2）桩的横截面积

桩的横截面面积根据桩顶荷载大小与当地施工机具及建筑经验确定，一般灌注桩由施工机具尺寸确定，预制桩则取决于荷载大小与制作规格。如为钢筋混凝土预制桩：中小工程常用 250mm×250mm 或 300mm×300mm，大工程常用 400mm×400mm。若小工程用大截面桩，则浪费；大工程用小截面桩，因单桩承载力低，需增加桩的数量，则桩的排列难、承台尺寸大，而且打桩费工，不可取。

#### 5.6.3.2　确定单桩承载力

根据结构物对桩功能的要求及荷载特性，需明确单桩承载力的类型，如抗压、抗拔及水平承载力等，并根据确定承载力的具体方法及有关规范要求给出单桩承载力的设计值或特征值等，具体见 5.3 与 5.4 节。

### 5.6.4　确定桩的数量及布置

#### 5.6.4.1　确定桩的数量

初步估算桩数时，先不考虑群桩效应，根据单桩竖向承载力，桩数可按下面公式估算。

（1）轴心竖向力作用

$$n \geqslant \frac{F_k + G_k}{N_k} \qquad (5\text{-}28)$$

（2）偏心竖向力作用

$$n \geqslant \mu \frac{F_k + G_k}{N_k} \qquad (5\text{-}29)$$

式中　$F_k$——荷载效应标准组合下，作用于桩基承台顶面的竖向力，kN；

$G_k$——桩基承台及承台上土自重标准值，对稳定地下水以下部分应扣除水的浮力，kN；

$N_k$——荷载效应标准组合轴心竖向力作用下，基桩或复合基桩的平均竖向力，kN；

$n$——桩基中的桩数；

$\mu$——偏心受压桩基增大系数，取 $\mu=1.1\sim1.2$。

偏心竖向力作用时，一般先按轴心受压初估桩数，然后按偏心荷载大小将桩数增加 $10\%\sim20\%$，后面再依照桩基总承载力与变形、单桩受力、承台结构强度等要求确定。

### 5.6.4.2 桩的平面布置

在桩的数量初步确定后，可根据上部结构的特点与荷载性质，进行桩的平面布置。

（1）基桩的最小中心距

基桩的最小中心距应符合表 5-12 的规定；当施工中采取减小挤土效应的可靠措施时，可根据当地经验适当减小。

表 5-12　基桩的最小中心距

| 土类与成桩工艺 | | 排数不少于 3 排且桩数不少于 9 根的摩擦型桩基 | 其他情况 |
|---|---|---|---|
| 非挤土灌注桩 | | 3.0$d$ | 3.0$d$ |
| 部分挤土桩 | 非饱和土、饱和非黏性土 | 3.5$d$ | 3.0$d$ |
| | 饱和黏性土 | 4.0$d$ | 3.5$d$ |
| 挤土桩 | 非饱和土、饱和非黏性土 | 4.0$d$ | 3.5$d$ |
| | 饱和黏性土 | 4.5$d$ | 4.0$d$ |
| 钻挖孔扩底桩 | | 2$D$ 或 $D+2.0$m（当 $D>2$m） | 1.5$D$ 或 $D+1.5$m（当 $D>2$m） |
| 沉管夯扩、钻孔挤扩桩 | 非饱和土、饱和非黏性土 | 2.2$D$ 且 4.0$d$ | 2.0$D$ 且 3.5$d$ |
| | 饱和黏性土 | 2.5$D$ 且 4.5$d$ | 2.2$D$ 且 4.0$d$ |

注：1. $d$——圆桩设计直径或方桩设计边长，$D$——扩大端设计直径。

2. 当纵横向桩距不相等时，其最小中心距应满足"其他情况"一栏的规定。

3. 当为端承桩时，非挤土灌注桩的"其他情况"一栏可减小至 2.5$d$。

（2）桩的平面布置

排列基桩时，宜使桩群承载力合力点与竖向永久荷载合力作用点重合，并使基桩受水平力和力矩较大方向有较大抗弯截面模量。

① 柱基——独立基础：梅花形布置，如图 5-18（a）所示，受力条件均匀；行列式布置，如图 5-18（b）所示，施工方便。

② 条形基础：通常布置成一字形，小型工程一排桩，大中型工程多排桩，如图 5-18（c）所示。

③ 圆形基础：如烟囱、水塔基础通常为圆形，桩的平面布置呈圆环形放射状，如图 5-18（d）所示。

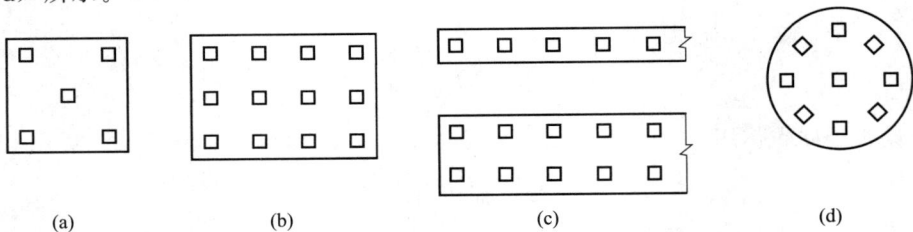

| (a) | (b) | (c) | (d) |

图 5-18　桩的平面布置

④ 桩箱基础、剪力墙结构桩筏（含平板和梁板式承台）基础：宜将桩布置于墙下。

⑤ 框架-核心筒结构桩筏基础：应按荷载分布考虑相互影响，将桩相对集中布置于核心筒和柱下。

⑥ 大直径桩：宜采用一柱一桩。

### 5.6.5　桩基础验算

#### 5.6.5.1　承载力验算

（1）竖向承载力验算

群桩基础的基桩竖向力可按下面公式计算。

① 轴心竖向力作用下

$$N_k = \frac{F_k + G_k}{n} \tag{5-30}$$

② 偏心竖向力作用下

$$N_{ik} = \frac{F_k + G_k}{n} \pm \frac{M_{xk} y_i}{\Sigma y_j^2} \pm \frac{M_{yk} x_i}{\Sigma x_j^2} \tag{5-31}$$

式中　　$N_{ik}$——荷载效应标准组合偏心竖向力作用下，第 $i$ 基桩或复合基桩的平均竖向力，kN；

$M_{xk}$、$M_{yk}$——荷载效应标准组合下，作用于承台底面，绕过桩群形心的 $x$、$y$ 主轴的力矩，kN·m；

$x_i$、$x_j$、$y_i$、$y_j$——第 $i$、$j$ 基桩和复合基桩至 $y$、$x$ 轴的距离，m，如图 5-19 所示。

基桩的竖向承载力应符合下列要求：

① 荷载效应标准组合

a. 轴心竖向力作用下

$$N_k \leqslant R_a \tag{5-32}$$

式中　$R_a$——单桩竖向承载力特征值，kN。

b. 偏心竖向力作用下

$$N_{kmax} \leqslant 1.2 R_a \tag{5-33}$$

式中　$N_{kmax}$——荷载效应标准组合偏心竖向力作用下，基桩或复合基桩的最大竖向力，kN。

② 地震作用效应和荷载效应标准组合

a. 轴心竖向力作用下

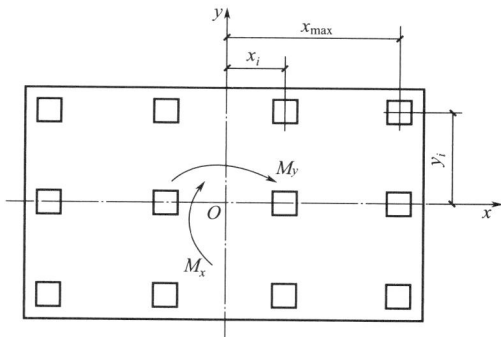

图 5-19　群桩中各桩受力验算

$$N_{Fk} \leqslant 1.25 R_a \tag{5-34}$$

式中　$N_{Fk}$——地震作用效应和荷载效应标准组合轴心竖向力作用下，基桩或复合基桩的平均竖向力，kN。

b. 偏心竖向力作用下

$$N_{Fkmax} \leqslant 1.5 R_a \tag{5-35}$$

式中　$N_{Fkmax}$——地震作用效应和荷载效应标准组合轴心竖向力作用下，基桩或复合基桩的最大竖向力，kN。

（2）水平承载力验算

$$H_{ik} = \frac{H_k}{n} \tag{5-36}$$

式中　　$H_{ik}$——荷载效应标准组合下，第 $i$ 基桩或复合基桩的水平力，kN；

　　　　$H_k$——荷载效应标准组合下，作用于桩基承台底面的水平力，kN。

受水平荷载的一般建筑物和水平荷载较小的高大建筑物单桩基础和群桩中基桩应满足下式要求：

$$H_{ik} \leqslant R_h \tag{5-37}$$

式中　　$R_h$——单桩或群桩中基桩的水平承载力特征值，对于单桩基础可取单桩水平承载力特征值 $R_{ha}$，kN。

群桩基础（不含水平力垂直于单排桩基纵向轴线和力矩较大的情况）基桩水平承载力特征值应考虑由承台、桩群、土相互作用产生的群桩效应，可按下列公式确定：

$$R_h = \eta_h R_{ha} \tag{5-38}$$

式中　　$\eta_h$——群桩效应综合系数。

### 5.6.5.2　桩基沉降验算

一般桩基础的沉降由三部分组成，桩身材料的弹性压缩、桩端以下土层在桩侧阻力和桩端阻力两者反力作用下的压缩变形，以及桩周土在桩侧阻力的反力和承台底部压力共同作用下的压缩变形。桩基础设计时，桩基沉降变形计算值不应大于桩基沉降变形允许值，即不得超过建筑物的沉降允许值。

根据《建筑地基基础设计规范》（GB 50007—2011）8.5.13 条，对以下建筑物的桩基应进行沉降验算：

① 地基基础设计等级为甲级的建筑物桩基；

② 体型复杂、荷载不均匀或桩端以下存在软弱土层的设计等级为乙级的建筑物桩基；

③ 摩擦型桩基。

计算桩基沉降时，最终沉降量可以采用等效作用分层总和法与单向压缩分层总和法计算。

（1）等效作用分层总和法

对于桩中心距不大于 6 倍桩径的桩基，其最终沉降量计算可采用等效作用分层总和法。

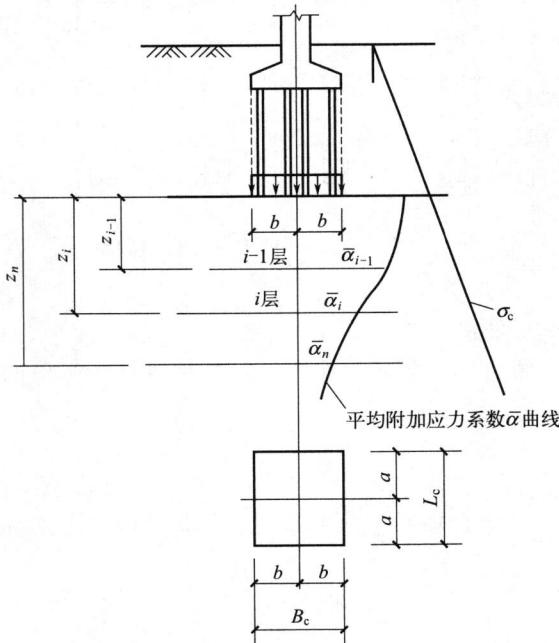

图 5-20　桩基沉降计算示意图

等效作用面位于桩端平面，等效作用面积为桩承台投影面积，等效作用附加压力近似取承台底平均附加压力。等效作用面以下的应力分布采用各向同性均质直线变形体理论。

计算模式如图 5-20 所示，桩基中任意一点最终沉降量可用角点法按下式计算：

$$
\begin{aligned}
s &= \psi \psi_e s' \\
&= \psi \psi_e \sum_{j=1}^{m} p_{0j} \sum_{i=1}^{n} \frac{z_{ij}\bar{\alpha}_{ij} - z_{(i-1)j}\bar{\alpha}_{(i-1)j}}{E_{si}}
\end{aligned}
\tag{5-39}
$$

式中　　$s$——桩基最终沉降量，mm；

　　　　$s'$——采用布辛奈斯克（Boussinesq）解，按实体深基础分层总和法计算出来的桩基沉降量，mm；

$\psi$——桩基沉降计算经验系数；

$\psi_e$——桩基等效沉降系数；

$m$——角点法计算点对应的矩形荷载分块数；

$p_{0j}$——第 $j$ 块矩形底面在荷载效应准永久组合下的附加压力，kPa；

$n$——桩基沉降计算深度范围内所划分的土层数；

$E_{si}$——等效作用面以下第 $i$ 层土的压缩模量，MPa，采用地基土在自重压力至自重压力加附加压力作用时的压缩模量；

$z_{ij}$、$z_{(i-1)j}$——桩端平面第 $j$ 块荷载作用面第 $i$ 层土、第 $i-1$ 层土底面的距离，m；

$\overline{\alpha}_{ij}$、$\overline{\alpha}_{(i-1)j}$——桩端平面第 $j$ 块荷载作用面第 $i$ 层土、第 $i-1$ 层土底面深度范围内平均附加应力系数。

计算矩形桩基中点沉降时，可按下式简化计算：

$$s = \psi\psi_e s' = 4\psi\psi_e p_0 \sum_{i=1}^{n} \frac{z_i\overline{\alpha}_i - z_{i-1}\overline{\alpha}_{i-1}}{E_{si}} \tag{5-40}$$

式中　$p_0$——在荷载效应准永久组合下承台底的平均附加压力，kPa；

$\overline{\alpha}_i$、$\overline{\alpha}_{i-1}$——平均附加应力系数，按矩形长宽比 $a/b$ 及深度比 $z_i/b = 2z_i/B_c$，$z_{i-1}/b = 2z_{i-1}/B_c$，依据《建筑桩基技术规范》（JGJ 94—2008）附录 D 选用。

桩基等效沉降系数 $\psi_e$ 可按下式简化计算：

$$\psi_e = C_0 + \frac{n_b - 1}{C_1(n_b - 1) + C_2} \tag{5-41}$$

$$n_b = \sqrt{\frac{nB_c}{L_c}} \tag{5-42}$$

式中　$n_b$——矩形布桩时的短边布桩数，当布桩不规则时，可按式(5-41)近似计算；

$C_0$、$C_1$、$C_2$——根据群桩距径比 $s_a/d$，长径比 $l/d$ 及基础长宽比 $L_c/B_c$ 确定，依据《建筑桩基技术规范》（JGJ 94—2008）附录 E 确定；

$L_c$、$B_c$、$n$——分别为矩形承台的底面长、宽及总桩数。

桩基沉降计算经验系数 $\psi$ 可按表 5-13 选用。对于采用后注浆施工工艺的灌注桩，桩基沉降计算经验系数应根据桩端持力土层类别，乘以 0.7（砂、砾、卵石）～0.8（黏性土、粉土）折减系数；饱和土中采用预制桩（不含复打、复压、引孔沉桩）时，应根据桩距、土质、沉桩速率和顺序等因素，乘以 1.3～1.8 挤土效应系数，土的渗透性低，桩距小、桩数多，沉降速率快时取大值。

表 5-13　桩基沉降计算经验系数 $\psi$

| $\overline{E}_s$/MPa | ≤10 | 15 | 20 | 35 | ≥50 |
|---|---|---|---|---|---|
| $\psi$ | 1.2 | 0.9 | 0.65 | 0.50 | 0.40 |

注：1. $\overline{E}_s$ 为沉降计算深度范围内压缩模量的当量值，可按下式计算：$\overline{E}_s = \Sigma A_i / \left(\Sigma \frac{A_i}{E_{si}}\right)$，式中 $A_i$ 为第 $i$ 层土附加压力系数沿土层厚度的积分值，可近似按分块面积计算。

2. $\psi$ 可根据 $\overline{E}_s$ 内插取值。

桩基沉降计算深度 $z_n$ 应按应力比法确定，即计算深度处的附加应力 $\sigma_z$ 与土的自重应力 $\sigma_{cz}$ 应符合

$$\sigma_z \leq 0.2\sigma_{cz} \tag{5-43}$$

$$\sigma_z = \sum_{j=1}^{m} a_j p_{0j} \tag{5-44}$$

式中　$a_j$——附加应力系数，根据角点法划分的矩形长宽比及深度比，按《建筑桩基技术规范》（JGJ 94—2008）附录 D 选用。

（2）单向压缩分层总和法

对于单桩、单排桩、桩中心距大于 6 倍桩径的疏桩基础的沉降计算，采用单向压缩分层总和法计算土层的沉降。

① 承台底地基土不分担荷载的桩基

桩端平面以下地基中由基桩引起的附加应力，按考虑桩径影响的明德林（Mindlin）解 [《建筑桩基技术规范》（JGJ 94—2008）附录 F] 计算确定。将沉降计算点水平面影响范围内各基桩对应力计算点产生的附加应力叠加，采用单向压缩分层总和法计算土层的沉降，并计入桩身压缩 $s_e$。桩基的最终沉降量可按下列公式计算：

$$s = \psi \sum_{i=1}^{n} \frac{\sigma_{zi}}{E_{si}} \Delta z_i + s_e \tag{5-45}$$

$$\sigma_{zi} = \sum_{j=1}^{m} \frac{Q_j}{l_j^2} \left[ \alpha_j I_{p,ij} + (1 - \alpha_j) I_{s,ij} \right] \tag{5-46}$$

$$s_e = \xi_e \frac{Q_j l_j}{E_c A_{ps}} \tag{5-47}$$

式中　$m$——以沉降计算点为圆心，0.6 倍桩长为半径的水平面影响范围内的基桩数。

$n$——沉降计算深度范围内土层的计算分层数，分层数应结合土层性质，分层厚度不应超过计算深度的 0.3 倍。

$\sigma_{zi}$——水平面影响范围内各基桩对应力计算点桩端平面以下第 $i$ 层土 1/2 厚度处产生的附加竖向应力之和；应力计算点应取与沉降计算点最近的桩中心点，kPa。

$\Delta z_i$——第 $i$ 计算土层厚度，m。

$E_{si}$——第 $i$ 计算土层的压缩模量，采用土的自重压力至土的自重压力加附加压力作用时的压缩模量，MPa。

$Q_j$——第 $j$ 桩在荷载效应准永久组合作用下（对于复合桩基应扣除承台底土分担荷载），桩顶的附加荷载，当地下室埋深超过 5m 时，取荷载效应准永久组合作用下的总荷载为考虑回弹再压缩的等代附加荷载，kN。

$l_j$——第 $j$ 桩桩长，m。

$A_{ps}$——桩身截面面积，$m^2$。

$\alpha_j$——第 $j$ 桩总桩端阻力与桩顶荷载之比，近似取极限总端阻力与单桩极限承载力之比。

$I_{p,ij}$、$I_{s,ij}$——分别为第 $j$ 桩的桩端阻力和桩侧阻力对计算轴线第 $i$ 计算土层 1/2 厚度处的应力影响系数，可按《建筑桩基技术规范》（JGJ 94—2008）附录 F 确定。

$E_c$——桩身混凝土的弹性模量，MPa。

$s_e$——计算桩身压缩量，mm。

$\xi_e$——桩身压缩系数。端承型桩，取 $\xi_e = 1.0$；摩擦型桩，当 $l/d \leqslant 30$ 时，取 $\xi_e = 2/3$；$l/d \geqslant 50$ 时，取 $\xi_e = 1/2$；介于两者之间可线性插值。

$\psi$——沉降计算经验系数，无当地经验时，可取 1.0。

② 承台底地基土分担荷载的复合桩基

将承台底土压力对地基中某点产生的附加应力按 Boussinesq 解计算，与基桩产生的附加应力叠加，采用与承台底地基土不分担荷载的桩基相同方法计算沉降。其最终沉降量可按下列公式计算：

$$s = \psi \sum_{i=1}^{n} \frac{\sigma_{zi} + \sigma_{zci}}{E_{si}} \Delta z_i + s_e \tag{5-48}$$

$$\sigma_{zci} = \sum_{k=1}^{m} \alpha_{ki} p_{c,k} \tag{5-49}$$

式中　$\sigma_{zci}$——承台压力对应力计算点桩端平面以下第 $i$ 计算土层 1/2 厚度处产生的应力；可将承台板划分为 $u$ 个矩形块，按《建筑桩基技术规范》（JGJ 94—2008）附录 D 采用角点法计算。

$p_{c,k}$——第 $k$ 块承台底均布压力，可按 $p_{c,k} = \eta_{c,k} f_{ak}$ 取值，其中 $\eta_{c,k}$ 为第 $k$ 块承台底板的承台效应系数，按表 5-14 确定；$f_{ak}$ 为承台底地基承载力特征值。

$\alpha_{ki}$——第 $k$ 块承台底角点处，桩端平面以下第 $i$ 计算土层 1/2 厚度处的附加应力系数，可按《建筑桩基技术规范》（JGJ 94—2008）附录 D 确定。

表 5-14　承台效应系数 $\eta_c$

| $B_c/l$ | $s_a/d$ | | | | |
|---|---|---|---|---|---|
| | 3 | 4 | 5 | 6 | >6 |
| ≤0.4 | 0.06～0.08 | 0.14～0.17 | 0.22～0.26 | 0.32～0.38 | 0.50～0.80 |
| 0.4～0.8 | 0.08～0.10 | 0.17～0.20 | 0.26～0.30 | 0.38～0.44 | |
| >0.8 | 0.10～0.12 | 0.20～0.22 | 0.30～0.34 | 0.44～0.50 | |
| 单排桩条形承台 | 0.15～0.18 | 0.25～0.30 | 0.38～0.45 | 0.50～0.60 | |

注：1. 表中 $s_a/d$ 为桩中心距与桩径之比；$B_c/l$ 为承台宽度与桩长之比，当计算基桩为非正方形排列时，$s_a = \sqrt{A/n}$，$A$ 为承台计算域面积，$n$ 为总桩数。

2. 对于桩布置于墙下的箱、筏承台，$\eta_c$ 可按单排桩条形承台取值。

3. 对于单排桩条形承台，当承台宽度小于 $1.5d$ 时，$\eta_c$ 按非条形承台取值。

4. 对于采用后注浆灌注桩的承台，$\eta_c$ 宜取低值。

5. 对于饱和黏性土中的挤土桩基、软土地基上的桩基承台，$\eta_c$ 宜取低值的 0.8 倍。

对于单桩、单排桩、疏桩复合桩基础的最终沉降计算深度 $Z_n$，可按应力比法确定，即 $Z_n$ 处由桩引起的附加应力 $\sigma_z$、由承台土压力引起的附加应力 $\sigma_{zc}$ 与土的自重应力 $\sigma_{cz}$。应符合下式要求：

$$\sigma_z + \sigma_{zc} = 0.2\sigma_{cz} \tag{5-50}$$

### 5.6.6　桩身构造设计及强度验算

#### 5.6.6.1　桩身构造设计

（1）配筋

① 配筋率

当桩身直径为 300～2000mm 时，正截面配筋率可取 0.65%～0.2%（小直径桩取高值）；对受荷载特别大的桩、抗拔桩和嵌岩端承桩应根据计算确定配筋率，并不应小于上述值。

② 配筋长度

a. 端承型桩和位于坡地、岸边的基桩应沿桩身等截面或变截面通长配筋。

b. 摩擦型灌注桩配筋长度不应小于 2/3 桩长；当受水平荷载时，配筋长度不宜小于 4.0/$\alpha$（$\alpha$ 为桩的水平变形系数）。

c. 对于受地震作用的基桩，桩身配筋长度应穿过可液化土层和软弱土层，进入稳定土层的深度：对于碎石土，砾、粗、中砂，密实粉土，坚硬黏性土尚不应小于（2~3）$d$，对其他非岩石土尚不宜小于（4~5）$d$。

d. 受负摩阻力的桩、因先成桩后开挖基坑而随地基土回弹的桩，其配筋长度应穿过软弱土层并进入稳定土层，进入的深度不应小于（2~3）$d$。

e. 抗拔桩及因地震作用、冻胀或膨胀力作用而受拔力的桩，应等截面或变截面通长配筋。

（2）桩身混凝土强度及混凝土保护层厚度

桩身混凝土强度应满足桩的承载力设计要求。灌注桩的桩身混凝土强度等级不应低于 C25；桩的纵向受力钢筋的混凝土保护层厚度不应小于 50mm，腐蚀环境中桩的纵向受力钢筋的混凝土保护层厚度不应小于 55mm。

预制桩的桩身混凝土强度等级不应低于 C30；预制桩的纵向受力钢筋的混凝土保护层厚度不应小于 45mm；预应力混凝土桩的钢筋混凝土保护层厚度不应小于 35mm，地基处理和临时性建筑用预应力混凝土桩的钢筋保护层厚度不应小于 25mm。

#### 5.6.6.2 桩身强度验算

桩身应进行承载力和裂缝控制计算。计算时应考虑桩身材料强度、成桩工艺、吊运与沉桩、约束条件、环境类别等因素。钢筋混凝土轴心受压桩正截面受压桩身强度可按 5.3.3 节所述内容验算。

### 5.6.7 承台设计计算

桩承台的主要作用是把多根桩联结成整体，共同承受上部荷载；并把上部结构荷载通过桩承台传递到各根桩的顶部。桩承台为现浇钢筋混凝土结构，相当于一个浅基础。因此，桩承台本身具有类似于浅基础的承载能力，即桩承台效应。

#### 5.6.7.1 外形尺寸与构造要求

（1）外形尺寸

承台的平面尺寸一般由上部结构、桩数及布桩形式决定。通常墙下桩基做成条形承台，即梁式承台；柱下桩基宜采用板式承台（矩形或三角形），如图 5-21 所示。其剖面形状做成锥形、台阶形或平板形。

柱下独立桩基承台的最小宽度不应小于 500mm，最小厚度不应小于 300mm。边桩中心至承台边缘的距离不应小于桩的直径或边长，且桩的外边缘至承台边缘的距离不应小于 150mm。对于墙下条形承台梁，桩的外边缘至承台梁边缘的距离不应小于 75mm。

（2）构造要求

柱下独立桩基承台钢筋应通长配置［见图 5-21(a)］，对四桩以上（含四桩）承台宜按双向均匀布置，对三桩的三角形承台应按三向板带均匀布置，且最里面的三根钢筋围成的三角形应在柱截面范围内［见图 5-21(b)］。

钢筋锚固长度自边桩内侧（当为圆桩时，应将其直径乘以 0.8 等效为方

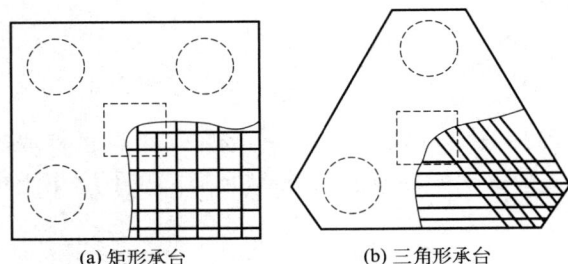

(a) 矩形承台　　(b) 三角形承台

图 5-21　承台配筋示意图

桩）算起，不应小于 $35d_g$（$d_g$ 为钢筋直径）；当不满足时应将钢筋向上弯折，此时水平段的长度不应小于 $25d_g$，弯折段长度不应小于 $10d_g$。承台纵向受力钢筋的直径不应小于 12mm，间距不应大于 200mm。柱下独立桩基承台的最小配筋率不应小于 0.15%。

柱下独立两桩承台，应按现行国家标准《混凝土结构设计标准（2024 年版）》GB/T 50010—2010 中的深受弯构件配置纵向受拉钢筋、水平及竖向分布钢筋。承台纵向受力钢筋端部的锚固长度及构造应与柱下多桩承台的规定相同。

条形承台梁的纵向主筋应符合现行国家标准《混凝土结构设计标准》关于最小配筋率的规定（见图 5-22），主筋直径不应小于 12mm，架立筋直径不应小于 10mm，箍筋直径不应小于 6mm。承台梁端部纵向受力钢筋的锚固长度及构造应与柱下多桩承台的规定相同。

承台底面钢筋的混凝土保护层厚度，当有混凝土垫层时，不应小于 50mm，无垫层时不应小于 70mm；此外尚不应小于桩头嵌入承台内的长度。

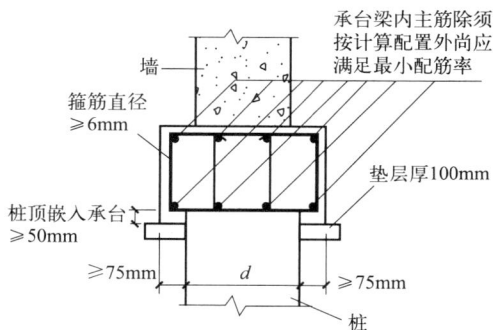

图 5-22　墙下承台梁配筋示意图

（3）桩与承台的连接

① 桩嵌入承台内的长度对中等直径桩不宜小于 50mm；对大直径桩不宜小于 100mm。

② 混凝土桩的桩顶纵向主筋应锚入承台内，其锚入长度不宜小于 35 倍纵向主筋直径。对于抗拔桩，桩顶纵向主筋的锚固长度应按现行国家标准《混凝土结构设计标准》确定。

③ 对于大直径灌注桩，当采用一柱一桩时可设置承台或将桩与柱直接连接。

（4）柱与承台的连接

① 对于一柱一桩基础，柱与桩直接连接时，柱纵向主筋锚入桩身内长度不应小于 35 倍纵向主筋直径。

② 对于多桩承台，柱纵向主筋应锚入承台不小于 35 倍纵向主筋直径；当承台高度不满足锚固要求时，竖向锚固长度不应小于 20 倍纵向主筋直径，并向柱轴线方向呈 90°弯折。

③ 当有抗震设防要求时，对于一、二级抗震等级的柱，纵向主筋锚固长度应乘以 1.15 的系数；对于三级抗震等级的柱，纵向主筋锚固长度应乘以 1.05 的系数。

### 5.6.7.2　承台内力计算

大量模型试验表明，柱下多桩矩形承台呈"梁式破坏"，即弯曲裂缝在平行于柱边两个方向交替出现，承台在两个方向交替呈梁式承担荷载，最大弯矩产生在平行于柱边两个方向的屈服线处。根据极限平衡原理，柱下多桩矩形承台两个方向的承台正截面弯矩计算如下：

（1）两桩条形承台和多桩矩形承台弯矩计算截面取在柱边和承台变阶处［见图 5-23（a）］可按下列公式计算：

$$M_x = \sum N_i y_i \qquad (5\text{-}51)$$
$$M_y = \sum N_i x_i \qquad (5\text{-}52)$$

式中　$M_x$、$M_y$——分别为绕 X 轴和 Y 轴方向计算截面处的弯矩设计值，kN·m；

　　　　$x_i$、$y_i$——垂直 Y 轴和 X 轴方向自桩轴线到相应计算截面的距离，m；

　　　　$N_i$——不计承台及其上填土自重，在荷载效应基本组合下的第 $i$ 基桩或复合基桩竖向反力设计值，kN。

（2）三桩承台正截面弯矩值应符合下列要求。

① 等边三桩承台［见图 5-23（b）］

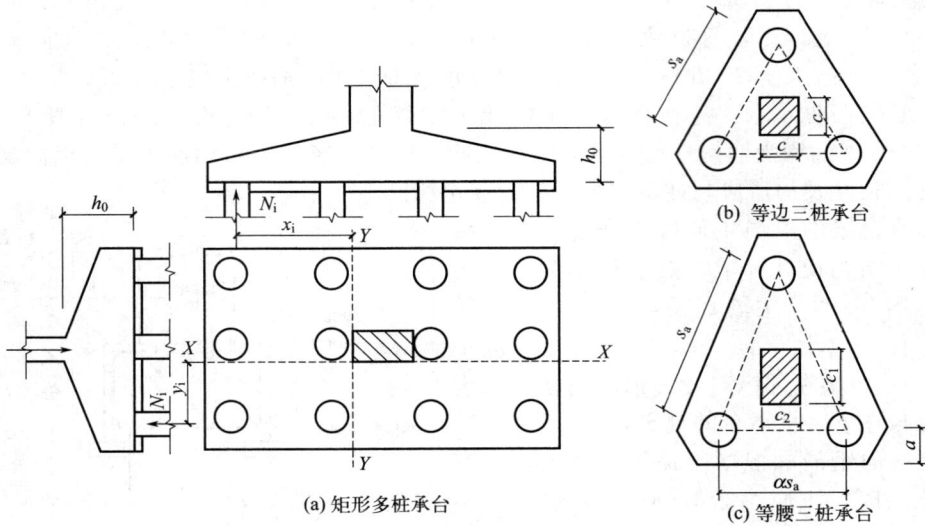

图 5-23　承台弯矩计算示意

$$M = \frac{N_{\max}}{3}\left(s_a - \frac{\sqrt{3}}{4}c\right) \tag{5-53}$$

式中　$M$——通过承台形心至各边边缘正交截面范围内板带的弯矩设计值，kN·m；

　　　$N_{\max}$——不计承台及其上土重，在荷载效应基本组合下三桩中最大基桩或复合基桩竖向反力设计值，kN；

　　　$s_a$——桩中心距，m；

　　　$c$——方柱边长，圆柱时 $c=0.8d$（$d$ 为圆柱直径），m。

② 等腰三桩承台 [见图 5-23(c)]

$$M_1 = \frac{N_{\max}}{3}\left(s_a - \frac{0.75}{\sqrt{4-\alpha^2}}c_1\right) \tag{5-54}$$

$$M_2 = \frac{N_{\max}}{3}\left(\alpha s_a - \frac{0.75}{\sqrt{4-\alpha^2}}c_2\right) \tag{5-55}$$

式中　$M_1$、$M_2$——分别为通过承台形心至两腰边缘和底边边缘正交截面范围内板带的弯矩设计值，kN·m；

　　　$s_a$——长向桩中心距，m；

　　　$\alpha$——短向桩中心距与长向桩中心距之比，当 $\alpha$ 小于 0.5 时，应按变截面的二桩承台设计；

　　　$c_1$、$c_2$——分别为垂直于、平行于承台底边的柱截面边长，m。

**5.6.7.3　承台厚度及强度计算**

桩基承台厚度应满足柱（墙）对承台的冲切和基桩对承台的冲切承载力要求。承台厚度一般可先按冲切计算，再按剪切复核；其强度计算包括受冲切、受剪切、局部承压及受弯计算。

（1）受冲切计算

若承台有效高度不足，将产生冲切破坏。其破坏方式可分为沿柱（墙）边、承台变阶处和角桩对承台的冲切 3 种情况。如图 5-24 所示，冲切破坏锥体应采用自柱（墙）边或承台变阶处至相应桩顶边缘连线所构成的锥体，锥体斜面与承台底面之夹角不应小于 45°。

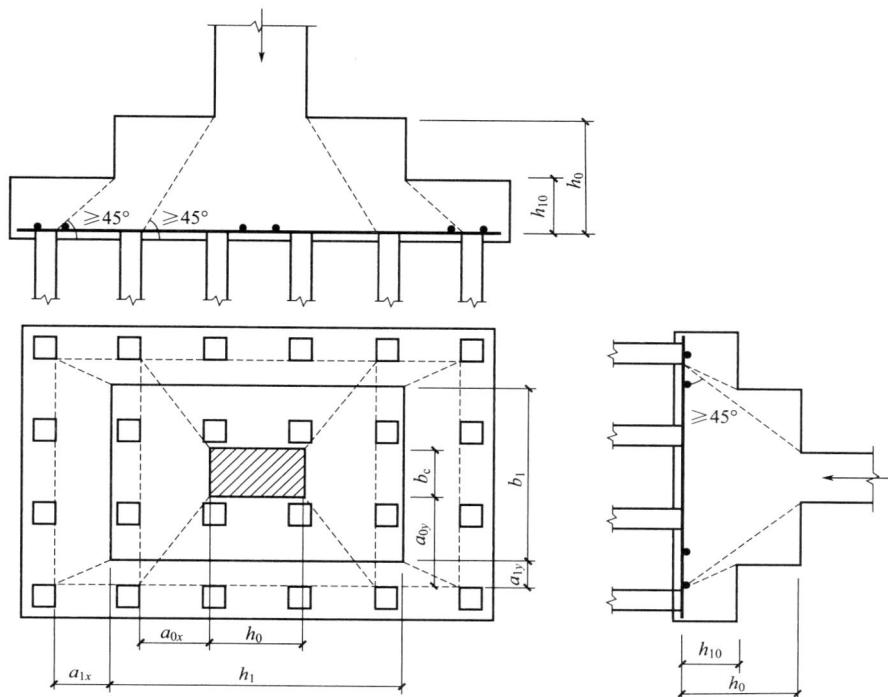

图 5-24 柱对承台的冲切计算示意图

① 受柱（墙）冲切承载力可按下列公式计算：

$$F_1 \leqslant \beta_{hp} \beta_0 u_m f_t h_0 \tag{5-56}$$

$$F_1 = F - \sum Q_i \tag{5-57}$$

$$\beta_0 = \frac{0.84}{\lambda + 0.2} \tag{5-58}$$

式中　$F_1$——不计承台及其上土重，在荷载效应基本组合下作用于冲切破坏锥体上的冲切力设计值，kN。

　　　$f_t$——承台混凝土抗拉强度设计值，kPa。

　　　$\beta_{hp}$——承台受冲切承载力截面高度影响系数，当承台高度 $h < 800mm$ 时，$\beta_{hp}$ 取 1.0，$h \geqslant 2000nm$ 时，$\beta_{hp}$ 取 0.9，其间按线性内插法取值。

　　　$u_m$——承台冲切破坏锥体一半有效高度处的周长，m。

　　　$h_0$——承台冲切破坏锥体的有效高度，m。

　　　$\beta_0$——柱（墙）冲切系数。

　　　$\lambda$——冲跨比，$\lambda = a_0/h_0$，$a_0$ 为柱（墙）边或承台变阶处到桩边水平距离；当 $\lambda < 0.25$ 时，取 $\lambda = 0.25$；当 $\lambda > 1.0$ 时，取 $\lambda = 1.0$。

　　　$F$——不计承台及其上土重，在荷载效应基本组合作用下柱（墙）底的竖向荷载设计值，kN。

　　　$\sum Q_i$——不计承台及其上土重，在荷载效应基本组合下冲切破坏锥体内各基桩或复合基桩的反力设计值之和，kN。

② 对于柱下矩形独立承台受柱冲切的承载力可按下列公式计算（图 5-24）：

$$F_1 \leqslant 2[\beta_{0x}(b_c + a_{0y}) + \beta_{0y}(h_c + a_{0x})]\beta_{hp} f_t h_0 \tag{5-59}$$

式中　$\beta_{0x}$、$\beta_{0y}$——由式（5-58）求得，$\lambda_{0x} = a_{0x}/h_0$，$\lambda_{0y} = a_{0y}/h_0$，$\lambda_{0x}$、$\lambda_{0y}$ 均应满足

　　0.25～1.0 的要求；

　　$h_c$、$b_c$——分别为 $x$、$y$ 方向的柱截面的边长，m；

　　$a_{0x}$、$a_{0y}$——分别为 $x$、$y$ 方向柱边至最近桩边的水平距离，m。

③ 对于柱下矩形独立阶形承台受上阶冲切的承载力可按下列公式计算（图 5-24）：

$$F_1 \leqslant 2[\beta_{1x}(b_1 + a_{1y}) + \beta_{1y}(h_1 + a_{1x})]\beta_{hp} f_t h_{10} \tag{5-60}$$

式中　$\beta_{1x}$、$\beta_{1y}$——由式(5-58) 求得，$\lambda_{1x} = a_{1x}/h_{10}$，$\lambda_{1y} = a_{1y}/h_{10}$，$\lambda_{1x}$、$\lambda_{1y}$ 均应满足 0.25～1.0 的要求；

　　$h_1$、$b_1$——分别为 $x$、$y$ 方向的承台上阶的边长，m；

　　$a_{1x}$、$a_{1y}$——分别为 $x$、$y$ 方向承台上阶边至最近桩边的水平距离，m。

　　对于圆柱及圆桩，计算时应将其截面换算成方柱及方桩，即取换算柱截面边长 $b_c = 0.8d_c$（$d_c$ 为圆柱直径），换算桩截面边长 $b_p = 0.8d$（$d$ 为圆桩直径）。

　　对于柱下两桩承台，宜按深受弯构件（$l_0/h < 5.0$，$l_0 = 1.15 l_n$，$l_n$ 为两桩净距）计算受弯、受剪承载力，不需要进行受冲切承载力计算。

④ 对位于柱（墙）冲切破坏锥体以外的基桩，可按下列规定计算承台受基桩冲切的承载力。

a. 四桩以上（含四桩）承台，可按下列公式计算受角桩冲切的承载力（见图 5-25）

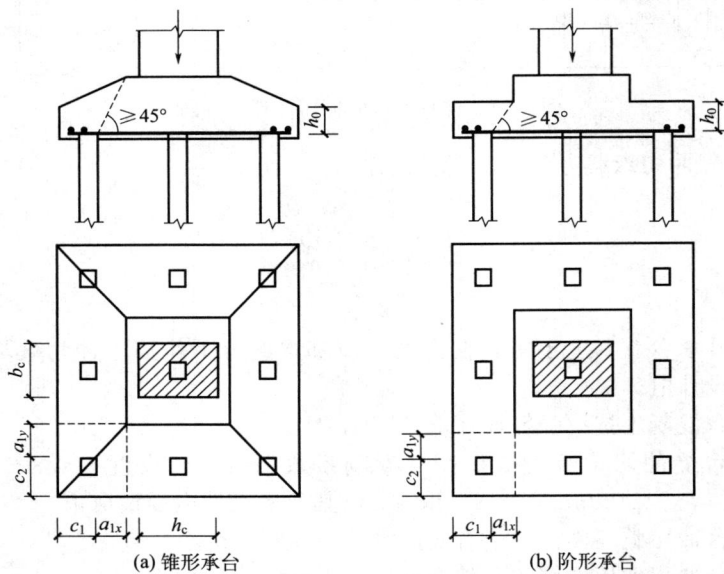

图 5-25　四桩以上（含四桩）承台角桩冲切计算示意图

$$N_1 \leqslant [\beta_{1x}(c_2 + a_{1y}/2) + \beta_{1y}(c_1 + a_{1x}/2)]\beta_{hp} f_t h_0 \tag{5-61}$$

$$\beta_{1x} = \frac{0.56}{\lambda_{1x} + 0.2} \tag{5-62}$$

$$\beta_{1y} = \frac{0.56}{\lambda_{1y} + 0.2} \tag{5-63}$$

式中　$N_1$——不计承台及其上土重，在荷载效应基本组合作用下角桩（含复合基桩）反力设计值，kN。

　　$\beta_{1x}$、$\beta_{1y}$——角桩冲切系数。

　　$a_{1x}$、$a_{1y}$——从承台底角桩顶内边缘引 45°冲切线与承台顶面相交点至角桩内边缘的水平距离；当柱（墙）边或承台变阶处位于该 45°线以内时，则取由柱（墙）边或承台变阶处与桩内边缘连线为冲切锥体的锥线（见图 5-25），m。

$h_0$——承台外边缘的有效高度。

$\lambda_{1x}$、$\lambda_{1y}$——角桩冲跨比，$\lambda_{1x}=a_{1x}/h_0$，$\lambda_{1y}=a_{1y}/h_0$，其值均应满足 0.25～1.0 的要求。

b. 三桩三角形承台，可按下列公式计算受角桩冲切的承载力（见图 5-26）

底部角桩：

$$N_1 \leqslant \beta_{11}(2c_1+a_{11})\beta_{hp}\tan\frac{\theta_1}{2}f_t h_0 \tag{5-64}$$

$$\beta_{11}=\frac{0.56}{\lambda_{11}+0.2} \tag{5-65}$$

顶部角桩：

$$N_1 \leqslant \beta_{12}(2c_2+a_{12})\beta_{hp}\tan\frac{\theta_2}{2}f_t h_0 \tag{5-66}$$

$$\beta_{12}=\frac{0.56}{\lambda_{12}+0.2} \tag{5-67}$$

式中　$a_{11}$、$a_{12}$——从承台底角桩顶内边缘引 45°冲切线与承台顶面相交点至角桩内边缘的水平距离；当柱（墙）边或承台变阶处位于该 45°线以内时，则取由柱（墙）边或承台变阶处与桩内边缘连线为冲切锥体的锥线，m。

$\lambda_{11}$、$\lambda_{12}$——角桩冲跨比，$\lambda_{11}=a_{11}/h_0$，$\lambda_{12}=a_{12}/h_0$，其值均应满足 0.25～1.0 的要求。

（2）受剪切计算

柱（墙）下桩基承台，应分别对柱（墙）边、变阶处和桩边连线形成的贯通承台的斜截面的受剪承载力进行验算。由于剪切破坏面通常发生在柱边（墙边）与桩边连线形成的贯通承台的斜截面处，因而受剪计算斜截面取在柱边处。当柱（墙）承台悬挑边有多排基桩时，应对多个斜截面的受剪承载力进行验算。

桩基承台斜截面受剪承载力计算同一般混凝土结构，斜截面受剪承载力由按混凝土受压强度设计值改为按受拉强度设计值进行计算，但由于桩基承台多属小剪跨比（$\lambda < 1.40$）情况，故需将混凝土结构所限制的剪跨比作相应调整。即由原承台剪切系数 $\alpha = 0.12/(\lambda+0.3)$（$0.3 \leqslant \lambda < 1.4$）、$\alpha = 0.20/(\lambda+1.5)$（$1.4 \leqslant \lambda < 3.0$）调整为 $\alpha = 1.75/(\lambda+1)$（$0.25 \leqslant \lambda \leqslant 3.0$）。最小剪跨比取值由 $\lambda = 0.3$ 调整为 $\lambda = 0.25$。

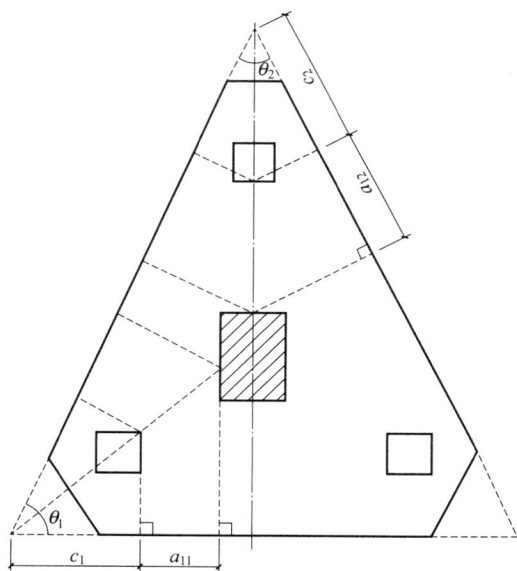

图 5-26　三桩三角形承台角桩冲切计算示意图

① 对于柱基等厚承台，承台斜截面受剪承载力可按下列公式计算（见图 5-27）：

$$V \leqslant \beta_{hs}\alpha f_t b_0 h_0 \tag{5-68}$$

$$\alpha = \frac{1.75}{\lambda + 1} \qquad (5\text{-}69)$$

$$\beta_{hs} = \left(\frac{800}{h_0}\right)^{1/4} \qquad (5\text{-}70)$$

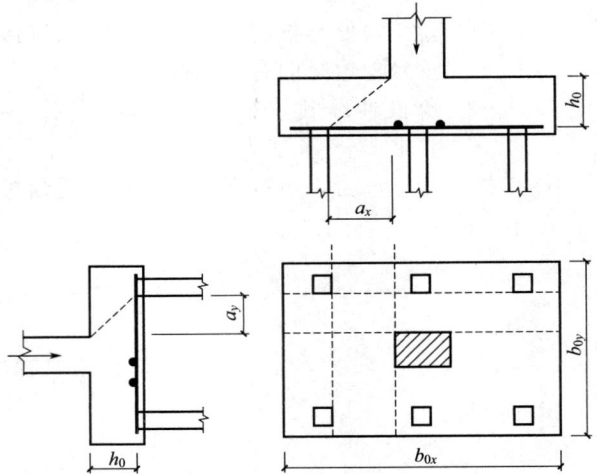

式中　$V$——不计承台及其上土自重，在荷载效应基本组合下，斜截面的最大剪力设计值，kN。

$f_t$——混凝土轴心抗拉强度设计值，kPa。

$b_0$——承台计算截面处的计算宽度，m。

$h_0$——承台计算截面处的有效高度，m。

图 5-27　承台斜截面受剪计算示意图

$\alpha$——承台剪切系数。

$\lambda$——计算截面的剪跨比，$\lambda_x = a_x/h_0$，$\lambda_y = a_y/h_0$；此处，$a_x$、$a_y$ 为柱边（墙边）或承台变阶处至 $y$、$x$ 方向计算一排桩的桩边的水平距离，当 $\lambda < 0.25$ 时，取 $\lambda = 0.25$；当 $\lambda > 3$ 时，取 $\lambda = 3$。

$\beta_{hs}$——受剪切承载力截面高度影响系数；当 $h_0 < 800\text{mm}$ 时，取 $h_0 = 800\text{mm}$；当 $h_0 > 2000\text{mm}$ 时，取 $h_0 = 2000\text{mm}$，其间按线性内插法取值。

② 对于阶梯形承台，应分别在变阶处（$A_1$—$A_1$，$B_1$—$B_1$）及柱边处（$A_2$—$A_2$，$B_2$—$B_2$）进行斜截面受剪承载力计算（见图 5-28）。

计算变阶处截面（$A_1$—$A_1$，$B_1$—$B_1$）的斜截面受剪承载力时，其截面有效高度均为 $h_{10}$，截面计算宽度分别为 $b_{y1}$ 和 $b_{x1}$。

计算柱边截面（$A_2$—$A_2$，$B_2$—$B_2$）的斜截面受剪承载力时，其截面有效高度均为 $h_{10} + h_{20}$，截面计算宽度分别为：

对 $A_2$—$A_2$ 斜截面

$$b_{y0} = \frac{b_{y1}h_{10} + b_{y2}h_{20}}{h_{10} + h_{20}} \qquad (5\text{-}71)$$

对 $B_2$—$B_2$ 斜截面

$$b_{x0} = \frac{b_{x1}h_{10} + b_{x2}h_{20}}{h_{10} + h_{20}} \qquad (5\text{-}72)$$

③ 对于锥形承台，应对变阶处及柱边处（$A$—$A$ 及 $B$—$B$）两个截面进行受剪承载力计算（见图 5-29），截面有效高度均为 $h_0$，截面的计算宽度分别为：

对 $A$—$A$ 斜截面

$$b_{y0} = \left[1 - 0.5\frac{h_{20}}{h_0}\left(1 - \frac{b_{y2}}{b_{y1}}\right)\right]b_{y1} \qquad (5\text{-}73)$$

对 $B$—$B$ 斜截面

$$b_{x0} = \left[1 - 0.5\frac{h_{20}}{h_0}\left(1 - \frac{b_{x2}}{b_{x1}}\right)\right]b_{x1} \qquad (5\text{-}74)$$

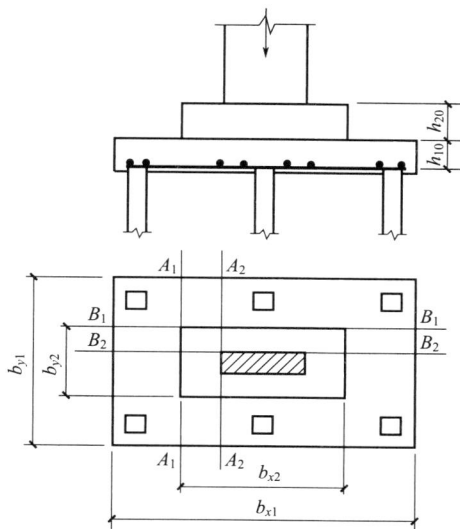

图 5-28　阶梯形承台斜截面受剪计算示意图

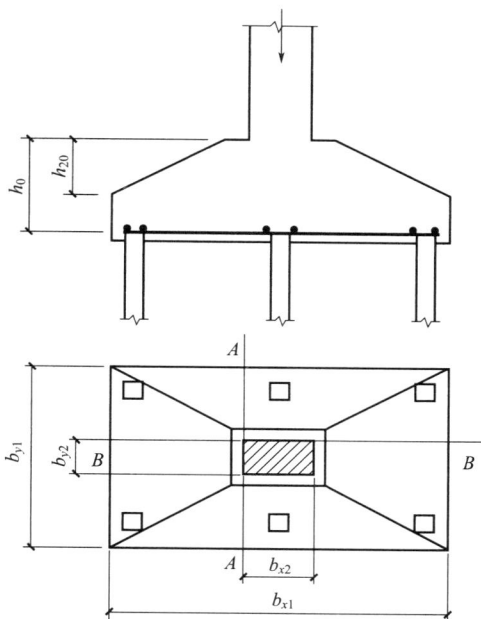

图 5-29　锥形承台斜截面受剪计算示意图

#### 5.6.7.4　局部受压计算

对于柱下桩基，当承台混凝土强度等级低于柱或桩的混凝土强度等级时，应按现行《混凝土结构设计标准》的规定验算柱下或桩顶承台的局部受压承载力，避免承台发生局部受压破坏。

### 5.6.8　桩基础设计例题

【例 5-1】　设计一柱下桩基础（柱的截面尺寸为 $800mm \times 600mm$），已知由上部结构传至柱端的荷载为：荷载效应标准组合下，作用于柱地表处的轴力恒载 $F_{gk} = 1600kN$，活载 $F_{qk} = 2400kN$（其准永久值系数取 0.4），活载弯矩值 $M_{yk} = 600kN \cdot m$ 和水平力 $H_{xk} = 100kN$（作用于承台长边方向），工程地质资料如表 5-15 所示，已知地下水位为 $-4m$。

表 5-15　工程地质资料

| 地层序号 | 地层名称 | 深度/m | 平均层厚/m | 重度/kN·m⁻³ | 天然含水率 $\omega$/% | 天然孔隙比 $e$ | 液性指数 $I_L$ | 黏聚力 $c$/kPa | 内摩擦角 $\varphi$/(°) | 压缩模量 $E_s$/MPa | 承载力特征值 $f_{ak}$/kPa |
|---|---|---|---|---|---|---|---|---|---|---|---|
| 1 | 杂填土 | 0~1 | 1.0 | 16 | | | | | | | |
| 2 | 粉土 | 1~4 | 3.0 | 18 | 30 | 1.0 | 1.0 | 10 | 12 | 4.6 | 110 |
| 3 | 淤泥质黏土 | 4~16 | 12.0 | 17 | 33 | 1.1 | 1.0 | 5 | 8 | 4.4 | 105 |
| 4 | 黏土 | 16~26 | 10.0 | 19 | | 0.7 | 0.5 | 15 | 20 | 10.0 | 265 |

建筑物为一般民用建筑。经试桩 $\phi800mm$ 的钻孔灌注桩单桩竖向抗压静载试验得单桩极限承载力 $Q_{uk} = 2000kN$，本例题按《建筑桩基技术规范》（JGJ 94—2008）计算。

【解】　(1) 选择桩型与规格

根据试桩，初步选择 $\phi 800\text{mm}$ 的钻孔灌注桩，混凝土水下灌注用 C30，依据《混凝土结构设计标准（2024 年版）》（GB/T 50010—2010），混凝土轴心抗压强度的设计值 $f_c=14.3\text{N/mm}^2$；轴心抗拉强度的设计值 $f_t=1.43\text{N/mm}^2$；钢筋采用 HRB400 钢筋，钢筋抗拉强度设计值 $f_y=360\text{N/mm}^2$，抗压强度设计值 $f_y'=360\text{N/mm}^2$。

初步选择第 4 层黏土层为持力层，桩端进入持力层 1m。初步选择承台底面埋深为 1.5m，则最小桩长为 $16+1-1.5=15.5(\text{m})$。

（2）确定单桩竖向承载力

① 根据单桩竖向静载荷试验确定

根据式(5-4)，单桩竖向承载力特征值

$$R_a=\frac{Q_{uk}}{K}=\frac{2000}{2}=1000(\text{kN})$$

② 依据土的物理指标与承载力参数之间的经验关系确定

查表 5-1，粉土、淤泥质黏土、黏土层的桩的极限侧阻力标准值 $q_{sik}$ 分别取 42kPa、40kPa、80kPa；查表 5-2，黏土层的桩的极限端阻力标准值 $q_{pk}$ 取 1000kPa。根据式(5-6)，大直径桩（$d\geq 800\text{mm}$）单桩竖向抗压极限承载力标准值：

$$Q_{uk}=Q_{sk}+Q_{pk}=u\sum\psi_{si}q_{sik}l_i+\psi_p q_{pk}A_p$$
$$=\pi\times 0.8\times(42\times 2.5+40\times 12+80\times 1)+1000\times 3.14\times 0.8^2/4=2173(\text{kN})$$

其中：大直径桩侧阻、端阻尺寸效应系数 $\psi_{si}=(0.8/d)^{1/5}=1$、$\psi_p=(0.8/d)^{1/4}=1$。若未做静载试验，则根据式(5-4)，单桩竖向承载力特征值 $R_a=1086\text{kN}$。

③ 根据桩身材料强度计算

桩身配筋率初步取 $0.5\%$，基桩成桩工艺系数 $\varphi_c$ 取 0.8，根据式(5-16)，依据材料强度计算单桩承载力为

$$Q=\varphi_c f_c A_p=0.8\times 14.3\times 3.14\times 0.8^2/4=5.747(\text{MN})=5747(\text{kN})$$

单桩竖向承载力特征值 $R_a=2874\text{kN}$。

综上，取单桩竖向承载力特征值 $R_a=1000\text{kN}$。

（3）确定桩的平面布置

初步假定承台底面积为 $4.8\text{m}\times 4.6\text{m}$，桩基承台和承台上土自重标准值

$$G_k=4.8\times 4.6\times 1.5\times 20=662(\text{kN})$$

根据式(5-29)，桩数初步确定为

$$n\geq\mu\frac{F_k+G_k}{R_a}=1.1\times\frac{1600+2400+662}{1000}=5.1，\text{取 } n=5 \text{ 根}$$

最小桩距 $s_a>3d=2.4\text{m}$，取承台长边方向桩间距为 $s_a=3.6\text{m}$，短边方向桩间距为 3.4m。承台平面布置如图 5-30 所示。

（4）桩基承载力验算

轴心竖向力作用下，群桩基础的基桩平均竖向力可按式(5-30)计算

$$N_k=\frac{F_k+G_k}{n}=\frac{4000+662}{5}=932.4(\text{kN})<1000(\text{kN})，\text{满足要求（不计承台效应）。}$$

偏心竖向力作用下，群桩基础的基桩竖向力可按式(5-31)计算

$$N_{ikmax}=\frac{F_k+G_k}{n}+\frac{M_{yk}x_i}{\sum x_j^2}=932.4+\frac{(600+100\times 1.5)\times 1.8}{4\times 1.8^2}=932.4+104.2=1036.6(\text{kN})$$

$$N_{ik\,max}<1.2R_a=1200\text{kN}$$

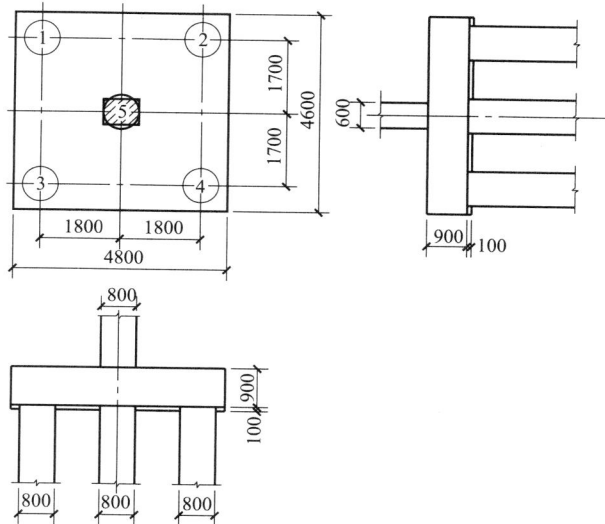

图 5-30　【例 5-1】桩的布置

$$N_{ik\min} = 932.4 - 104.2 = 828.2(\text{kN}) > 0$$

（5）桩基沉降验算

根据式(5-40)计算矩形桩基中点沉降

$$s = \psi\psi_e s' = 4\psi\psi_e p_0 \sum_{i=1}^{n} \frac{z_i \bar{\alpha}_i - z_{i-1}\bar{\alpha}_{i-1}}{E_{si}}$$

其中在荷载效应准永久组合下承台底的平均附加压力

$$p_0 = \frac{F_{gk} + 0.4F_{qk} + G_k}{A} - \sigma_{cz} = \frac{1600 + 0.4 \times 2400 + 662}{4.8 \times 4.6} - (16 \times 1 + 18 \times 0.5) = 121(\text{kPa})$$

桩基不规则时，等效距径比：

$$\frac{s_a}{d} = \frac{\sqrt{A}}{\sqrt{n}d} = \frac{\sqrt{4.8 \times 4.6}}{\sqrt{5} \times 0.8} = 2.6268$$

矩形布桩时短边布桩数

$$n_b = \sqrt{\frac{nB_c}{L_c}} = \sqrt{\frac{5 \times 4.6}{4.8}} = 2.19$$

根据式(5-41)计算桩基等效沉降系数

$$\varphi_e = C_0 + \frac{n_b - 1}{C_1(n_b - 1) + C_2} = 0.0556 + \frac{2.19 - 1}{1.592 \times (2.19 - 1) + 10.258} = 0.154$$

其中，$C_0$、$C_1$、$C_2$ 根据群桩距径比 $s_a/d = 2.6268$，长径比 $l/d = 15.5/0.5 = 31$，及基础长宽比 $L_c/B_c = 4.8/4.6 = 1.04$，依据《建筑桩基技术规范》(JGJ 94—2008) 附录 E 内插法确定，$C_0 = 0.0556$、$C_1 = 1.592$、$C_2 = 10.258$。

根据式(5-40)沉降量计算如表 5-16 所示。

表 5-16　沉降量计算表

| $i$ | $z_i/\text{m}$ | $z_i/b = 2z_i/B_c$ | $\bar{\alpha}_i$ | $z_i\bar{\alpha}_i$ | $z_i\bar{\alpha}_i - z_{i-1}\bar{\alpha}_{i-1}$ | $E_{si}/\text{MPa}$ | $\Delta s = 4p_0\dfrac{z_i\bar{\alpha}_i - z_{i-1}\bar{\alpha}_{i-1}}{E_{si}}/\text{mm}$ | $s' = \sum\Delta s/\text{mm}$ |
|---|---|---|---|---|---|---|---|---|
| 0 | 0 | 0 | 0.2500 | 0 | 0 | | | |

| $i$ | $z_i/\text{m}$ | $z_i/b=2z_i/B_c$ | $\overline{\alpha}_i$ | $z_i\overline{\alpha}_i$ | $z_i\overline{\alpha}_i-z_{i-1}\overline{\alpha}_{i-1}$ | $E_{si}/\text{MPa}$ | $\Delta s=4p_0\dfrac{z_i\overline{\alpha}_i-z_{i-1}\overline{\alpha}_{i-1}}{E_{si}}/\text{mm}$ | $s'=\sum\Delta s/\text{mm}$ |
|---|---|---|---|---|---|---|---|---|
| 1 | 5 | 10/4.6=2.17 | 0.1710 | 0.8550 | 0.8550 | 10 | 41.3820 | 41.382 |
| 2 | 7 | 14/4.6=3.04 | 0.1360 | 0.9520 | 0.0970 | 10 | 4.6948 | 46.077 |
| 3 | 8 | 16/4.6=3.48 | 0.1239 | 0.9912 | 0.0392 | 10 | 1.8973 | 47.974 |
| 4 | 9 | 18/4.6=3.91 | 0.1231 | 1.1079 | 0.1167 | 10 | 5.6483 | 53.622 |

注：平均附加应力系数 $\overline{\alpha}_i$ 依据《建筑桩基技术规范》（JGJ 94—2008）附录 D 内插确定。

查表 5-13，桩基沉降计算经验系数 $\psi=1.2$，故该桩基的沉降为

$$s=\psi\psi_e s'=1.2\times0.154\times53.622=9.91(\text{mm})$$

在本例题中桩端下 9m 内为同一地层，故计算分层初始层选取较厚。地基沉降计算深度按附加应力 $\sigma_z\leqslant0.2\sigma_{cz}$ 验算。假定 $z_i=7\text{m}$（$z_i/b=3.89$，$a/b=1.04$），查《建筑桩基技术规范》（JGJ 94—2008）附录 D，可以确定附加应力系数 $\alpha=0.029$，从而可以计算附加应力为

$$\sigma_z=4\times0.029\times121=14.04(\text{kPa})$$

$z_i=7\text{m}$ 处的自重应力为

$$\sigma_{cz}=16\times1+18\times3+7\times12+9\times8=226(\text{kPa})，故\ \sigma_z\leqslant0.2\sigma_{cz}=45.2\text{kPa}。$$

沉降计算深度符合要求。

（6）承台设计

取承台混凝土强度 C30，采用等厚度承台高度 $h=1\text{m}$，底面筋保护层厚 0.1m（即承台有效高度 $h_0=0.9\text{m}$），圆桩直径换算为方桩的边长 $b_p=0.8d=0.64(\text{m})$。

① 受弯计算

假定弯矩的作用方向为顺时针，荷载效应基本组合下，基桩（边角桩 2# 与 4#）竖向反力（不计承台和承台上土重）设计值的最大值为：

$$N_{i\max}=\frac{1.3F_{gk}+1.5F_{qk}}{n}+\frac{1.5M_{yk}x_{i\max}}{\sum x_j^2}=\frac{1.3\times1600+1.5\times2400}{5}+\frac{1.5\times(600+100\times1.5)\times1.8}{4\times1.8^2}$$

$$=1136+156.25=1292.25(\text{kN})$$

基桩（边角桩 1# 与 3#）竖向反力设计值的最小值为：

$$N_{i\min}=\frac{1.3F_{gk}+1.5F_{qk}}{n}-\frac{1.5M_{yk}x_{i\max}}{\sum x_j^2}=1136-156.25=979.75(\text{kN})$$

轴线桩（5#）的竖向反力设计值为：

$$N_i=\frac{1.3F_{gk}+1.5F_{qk}}{n}=\frac{1.3\times1600+1.5\times2400}{5}=1136(\text{kN})$$

桩基承台的弯矩按式(5-51)、式(5-52)计算（参看图 5-23），绕 X 轴和 Y 轴方向计算截面处的弯矩设计值分别为：

$$M_x=\sum N_i y_i=1292.25\times(1.7-0.6/2)+979.75\times(1.7-0.6/2)=3180.8(\text{kN}\cdot\text{m})$$

$$M_y=\sum N_i x_i=2\times1292.25\times(1.8-0.8/2)=3618.3(\text{kN}\cdot\text{m})$$

则承台长向配筋：

$$A_s=\frac{M_y}{0.9f_y h_0}=\frac{3618.3}{0.9\times360\times0.9}=12408(\text{mm}^2)$$

采用 26 根直径 25mm（公称横截面面积 490.9mm²）的 HRB400 钢筋，间距 180mm，即 $A_s = 26 \times 490.9 = 12763.4(\text{mm}^2)$。

承台短向配筋：

$$A_s = \frac{M_x}{0.9 f_y h_0} = \frac{3180.8}{0.9 \times 360 \times 0.9} = 10908(\text{mm}^2)$$

采用 29 根直径 22mm（公称横截面面积 380.1mm²）的 HRB400 钢筋，间距 165mm，即 $A_s = 29 \times 380.1 = 11022.9(\text{mm}^2)$。

② 受冲切计算

a. 柱下矩形独立承台受柱冲切的承载力计算（柱对承台的冲切如图 5-31 所示）

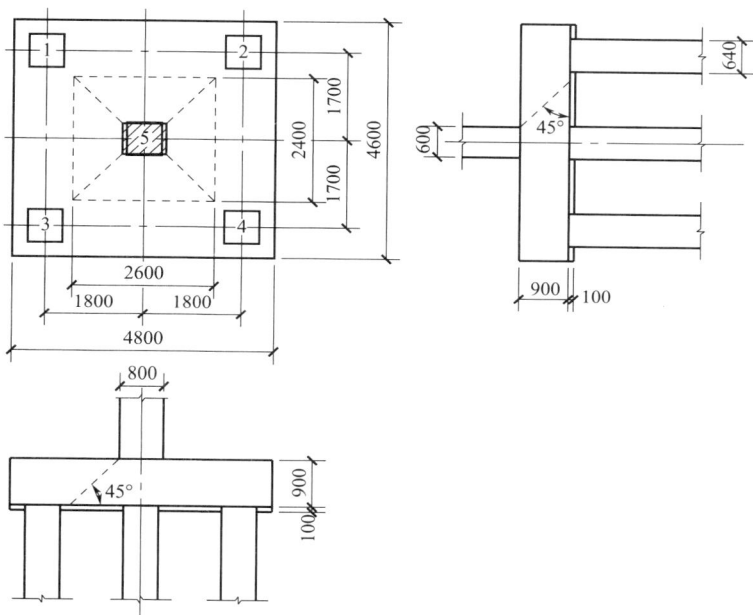

图 5-31　【例 5-1】柱对承台的冲切计算示意图

冲跨比：$\lambda_{0x} = a_{0x}/h_0 = 1080/900 = 1.2 > 1$，取 $\lambda_{0x} = 1$，$\lambda_{0y} = a_{0y}/h_0 = 1080/900 = 1.2 > 1$，取 $\lambda_{0y} = 1$；

依据式(5-58)，冲切系数：

$$\beta_{0x} = \frac{0.84}{\lambda_{0x} + 0.2} = \frac{0.84}{1 + 0.2} = 0.7, \beta_{0y} = \frac{0.84}{\lambda_{0y} + 0.2} = \frac{0.84}{1 + 0.2} = 0.7$$

承台高度 $h = 1000$mm，内插计算承台受冲切承载力截面高度影响系数 $\beta_{hp} = 0.9883$

不计承台及其上土重，在荷载效应基本组合作用下柱（墙）底的竖向荷载设计值

$$F = 1.3 F_{gk} + 1.5 F_{qk} = 1.3 \times 1600 + 1.5 \times 2400 = 5680(\text{kN})$$

冲切破坏锥体内有 1 根基桩（5♯），依据式(5-57)，则不计承台及其上土重，在荷载效应基本组合下作用于冲切破坏锥体上的冲切力设计值

$$F_1 = F - \sum Q_i = 5680 - 1136 = 4544(\text{kN})$$

依据式(5-59)

$$2[\beta_{0x}(b_c + a_{0y}) + \beta_{0y}(h_c + a_{0x})]\beta_{hp} f_t h_0 = 2 \times [0.7 \times (0.6 + 1.08)/2 +$$
$$0.7 \times (0.8 + 1.08)/2] \times 0.9883 \times 1.43 \times 0.9 = 6.34(\text{MN}) = 6340(\text{kN}) > F_1$$

承台受柱冲切的承载力满足要求。

b. 承台受角桩冲切的承载力计算（柱对承台的冲切如图 5-32 所示）

图 2#与 4#桩的竖向反力设计值最大，故以 4#桩验算承台受角桩冲切的承载力

角桩冲跨比：$\lambda_{1x} = a_{1x}/h_0 = 0.9/0.9 = 1$，$\lambda_{1y} = a_{1y}/h_0 = 0.9/0.9 = 1$；

根据式（5-62）、式（5-63），角桩冲切系数：

$$\beta_{1x} = \frac{0.56}{\lambda_{1x} + 0.2} = \frac{0.56}{1 + 0.2} = 0.467，\beta_{1y} = \frac{0.56}{\lambda_{1y} + 0.2} = \frac{0.56}{1 + 0.2} = 0.467$$

依据式（5-61）

$$[\beta_{1x}(c_2 + a_{1y}/2) + \beta_{1y}(c_1 + a_{1x}/2)]\beta_{hp}f_t h_0 = [0.467 \times (0.92 + 0.9/2) +$$
$$0.467 \times (0.92 + 0.9/2)] \times 0.9883 \times 1.43 \times 0.9 = 1.628(\text{MN}) > N_{1\max} = 1292.25(\text{kN})$$

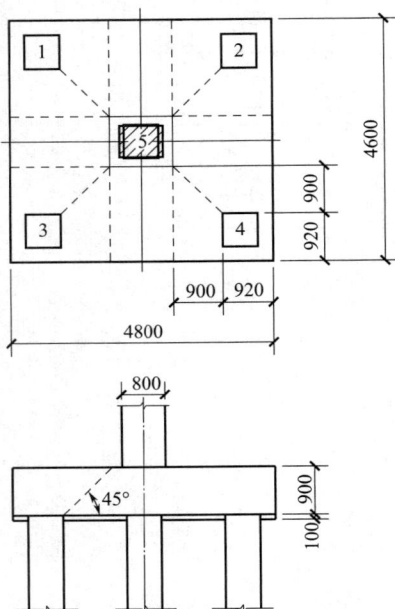

图 5-32　【例 5-1】角桩对承台的
冲切计算示意图

承台受角桩冲切的承载力满足要求。

③ 受剪切计算

根据式（5-70），受剪切承载力截面高度影响系数

$$\beta_{hs} = \left(\frac{800}{h_0}\right)^{1/4} = \left(\frac{800}{900}\right)^{1/4} = 0.971$$

计算截面的剪跨比，$\lambda_x = a_x/h_0 = 1080/900 = 1.2$，$\lambda_y = a_y/h_0 = 1080/900 = 1.2$；

根据式（5-69），承台剪切系数；

$$\alpha_x = \alpha_y = \frac{1.75}{\lambda + 1} = \frac{1.75}{1.2 + 1} = 0.80$$

$Y$ 轴方向斜截面，2#与 4#桩截面受剪力最大，依据式（5-68）

$$V_y = N_{l2} + N_{l4} = 2 \times 1292.25 = 2584.5(\text{kN})$$
$$\beta_{hs}\alpha_y f_t b_{0y} h_0 = 0.971 \times 0.8 \times 1.43 \times 4.6 \times 0.9$$
$$= 4.599(\text{MN}) = 4599(\text{kN})$$
$$V_y \leqslant \beta_{hs}\alpha_y f_t b_{0y} h_0$$

$X$ 轴方向斜截面，1#与 2#桩截面与 3#与 4#桩截面受剪力大小一致

$$V_x = N_{l1} + N_{l2} = 1292.25 + 979.75 = 2272(\text{kN})$$
$$\beta_{hs}\alpha_x f_t b_{0x} h_0 = 0.971 \times 0.8 \times 1.43 \times 4.6 \times 0.9 = 4.599\text{MN} = 4599(\text{kN})$$
$$V_x \leqslant \beta_{hs}\alpha_x f_t b_{0x} h_0$$

承台斜截面受剪承载力满足要求。

# 5.7　桩基础施工

## 5.7.1　预制桩施工

预制桩可以采用锤击法、静压法、振动法、射水法及预钻孔法施工。

### 5.7.1.1　锤击法

锤击法施工是利用打桩设备上的桩锤通过锤击将预制桩沉入地基。这种施工方法适用于桩径较小（一般桩径 600mm 以下），地基土土质为可塑性黏质土、砂性土、粉土、细砂以及松

散的碎卵石类土的情况。锤击沉桩是混凝土预制桩常用的沉桩方法，它施工速度快，机械化程度高，适用范围广，但施工时有冲撞噪声并对地表层有振动，在城区和夜间施工有所限制。

（1）施工设备

目前桩锤的类型有：落锤、蒸汽锤、汽油锤、柴油锤、液压锤。落锤与蒸汽锤冲击力小，已基本不使用。汽油锤相对于柴油锤，冲击功小，工程中目前主要应用柴油锤打桩机。柴油锤打桩机如图 5-33 所示，其工作原理是利用喷入气缸燃烧室内的雾化柴油受高压高温后燃爆所产生的强大压力驱动锤头工作。

(a) 柴油锤打桩机打桩　　(b) 柴油锤

图 5-33　柴油锤打桩机施工
预制桩现场照片

图 5-34　液压锤打桩机
施工预制桩现场照片

液压锤打桩机如图 5-34 所示，液压冲击桩锤的工作原理一般以液压油为主要工作介质，依靠液压泵提升锤头，然后快速排油，或反向供油使锤头快速下降，打击桩帽锤施工设备。试验表明液压锤的能量传递效率远高于柴油锤，普通柴油锤的能量传递效率约为 30%～40%，而液压锤的能量传递效率可达 60%～80%。

（2）锤击法施工顺序

锤击法打桩顺序直接影响桩基础的质量和施工速度，应根据桩的密集程度（桩距大小）、桩的规格、长短、桩的设计标高、工作面布置、工期要求等综合考虑，合理确定打桩顺序。根据桩的密集程度，打桩顺序一般分为逐段打设、自中部向四周打设和由中间向两侧打设三种，如图 5-35 所示。

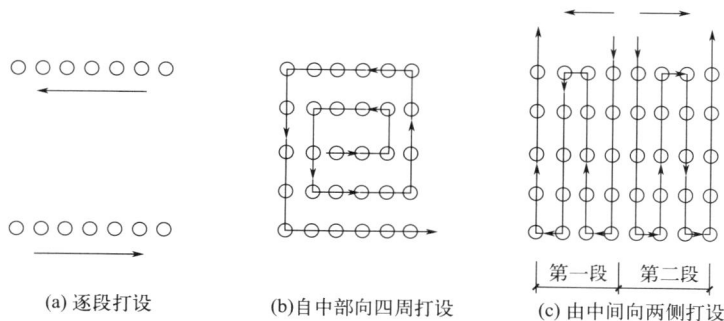

(a) 逐段打设　　　(b) 自中部向四周打设　　　(c) 由中间向两侧打设

图 5-35　打桩顺序

当桩中心距较大，不考虑挤土效应时，可采用逐排打设［图 5-35（a）］。当桩中心距较小时，会产生较大的挤土效应，采用自中部向四周打设［图 5-35（b）］和由中间向两侧打设［图 5-35（c）］。

（3）锤击法的施工工艺

锤击法的施工工艺：桩机就位→吊桩→打桩→送桩→接桩→送桩→成桩。

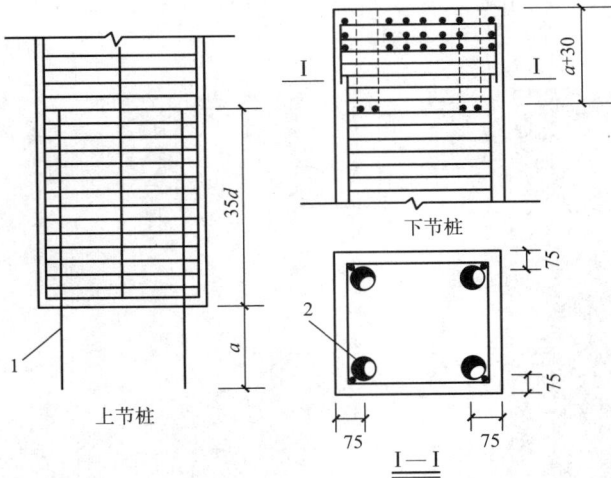

图 5-36　浆锚法接桩节点构造
1—锚筋；2—锚筋孔

其中，接桩可以采用浆锚法与焊接法。浆锚法一般采用硫磺胶泥，接桩时，首先将上节桩对准下节桩，使四根锚筋插入筋孔（直径为锚筋直径的 2.5 倍），下落压梁并套住桩顶。然后将上节桩和压梁同时上升约 200mm（以四根锚筋不脱离锚筋孔为度），此时，安设好施工夹箍，将熔化的硫磺胶泥注入锚筋孔内，并使之溢出桩面，然后将上节桩和压梁同时下落，当硫磺胶泥冷却并拆除施工夹箍后，即可继续加荷施压，如图 5-36 所示。硫磺胶泥是一种热塑冷硬性材料，其质量配合比为：硫磺：水泥：粉砂：聚硫 780 胶＝44：11：44：1。

焊接接桩是在预制桩上下两节桩端部四角侧面及端面预埋低碳钢钢板，接桩时通过焊接连接，如图 5-37 所示。

（4）锤击法施工常见问题

打桩施工过程中会遇见各种各样的问题，例如桩顶破碎，桩身断裂，桩身位移、扭转、倾斜，桩身严重回弹等。

### 5.7.1.2　静压法

静压法施工即静力压桩，是指借助静压桩机的桩架自重及桩架上的压重，通过液压或滑轮组提供的静反力将预制桩压入土中，如图 5-38 所示。静压法无噪声污染，适用于较均质的可塑性黏性土地基，对砂土及其他较坚硬土层，由于压桩阻力过大不宜采用。

图 5-37　焊接接桩

图 5-38　静压桩基及施工现场

### 5.7.1.3　振动法

振动法是采用偏心块式电动或液压振动锤进行沉桩的施工方法，该类型桩锤通过电力或液压驱动使 2 组偏心块做同速相向旋转，其横向偏心力相互抵消而竖向离心力则叠加，使桩产生竖向的上下振动，造成桩及桩周土体处于强迫振动状态，从而使桩周土体强度显著降低和桩端处土体挤开，桩侧摩阻力和桩端阻力大大减小，于是桩在桩锤与桩体自重以及桩锤激振力作用下，克服惯性阻力而逐渐沉入土中。振动法的不足在于地基受振动影响大，遇到硬夹层时穿透困难，因此振动法适用于在黏土、松散砂土及黄土和软土中沉桩。

电动振动桩锤靠电机驱动，如图 5-39 所示，而液压振动桩锤靠液压马达驱动，如图 5-40 所示。

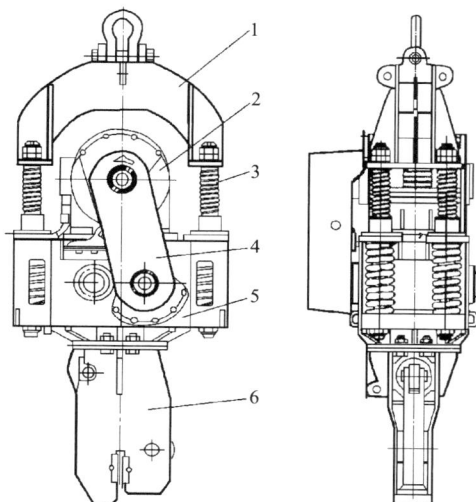

(a) 电动振动桩锤的构造　　　　　　　　(b) 电动振动锤沉桩设备照片

图 5-39　电动振动锤沉桩设备

1—扁担梁；2—电动机；3—减振装置；4—传动机构；5—激振器；6—夹桩器

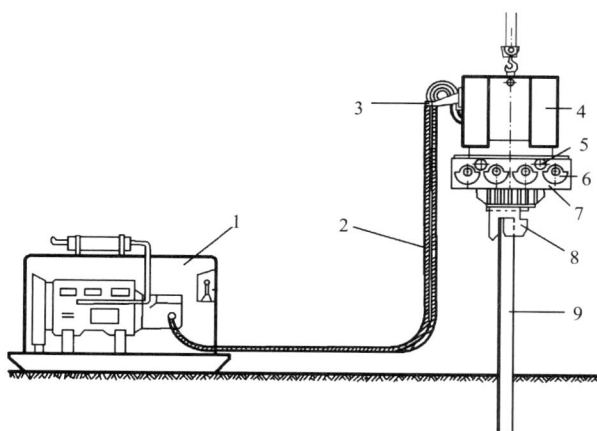

(a) 液压振动桩锤的组成　　　　　　　　(b) 液压振动锤沉桩设备照片

图 5-40　液压振动锤沉桩设备

1—动力装置；2—液压软管；3—软管弹性悬挂装置；4—隔振器；5—液压马达；
6—偏心块；7—振动箱；8—液压夹头；9—桩

#### 5.7.1.4 射水法

射水法又称水冲法，是将射水管附在桩身上，用高压水流束将桩尖附近的土体冲松液化，以减少土对桩端的正面阻力，同时水流及土的颗粒沿桩身表面涌出地面，减少了与桩身的摩阻力，使桩借助自重或加外力沉入土中的沉桩方法，一般在锤击法或振动法沉桩有困难时可用射水法配合施工。射水法适用于密实砂土、碎石土、砂砾土，黏性土及重要建筑中不宜采用。

#### 5.7.1.5 预钻孔法

为了尽可能减小预制桩下沉时产生的挤土影响对邻近建筑物的危害，预先在桩位进行钻孔取土（一般用长螺旋钻机），然后以锤击、振动、静压等方法沉桩的沉桩法称为预钻孔法。预钻孔法能大幅度减小沉桩区及其附近土体变形和超静孔隙水压力，减少对桩区邻近建筑物的危害，还有利于减小沉桩施工中的噪声和振动影响，并可减小地基后期的土体固结沉降量以及相应的负摩阻力。尤其当地基浅层中存在硬夹层时，能提高桩的穿透能力和沉桩效率。预钻孔的孔径均小于桩径，约为桩径的 60%～80%，不致对桩的承载能力产生影响。施工费约增加 10%～20%。

预钻孔法常用于城市密集建筑群中的桩基工程，适用于黏土、砂土、碎石土且河床覆土较厚的情况。

### 5.7.2 灌注桩施工

灌注桩施工是指在工程现场通过机械钻孔、钢管挤土或人力挖掘等手段在地基土中形成桩孔，并在其内放置钢筋笼、灌注混凝土而做成的桩，依照成孔方法不同，灌注桩又可分为人工挖孔灌注桩、钻孔灌注桩和沉管灌注桩等几类。

#### 5.7.2.1 人工挖孔灌注桩施工

人工挖孔灌注桩是指桩孔采用人工挖掘方法成孔，然后安放钢筋笼，浇筑混凝土而成的桩，如图 5-41 所示。人工挖孔桩一般直径较粗，最细的也在 800mm 以上，施工方便、速度较快、不需要大型机械设备，但挖孔桩孔内作业条件差、环境恶劣、劳动强度大，安全和质量显得尤为重要。为确保孔内安全，一般开挖的同时，砌筑护壁。

(a) 人工挖孔桩施工      (b) 护壁

图 5-41 人工挖孔桩施工现场照片

#### 5.7.2.2 钻孔灌注桩施工

钻孔灌注桩是指通过机械钻孔在地基土中形成桩孔，并在其内放置钢筋笼、灌注混凝土而做成的桩。钻孔灌注桩根据是否采用泥浆护壁，可以分为干法成孔与湿法成孔施工。干法主要应用长螺旋钻机钻孔灌注或压灌成桩，施工过程中无须泥浆护壁；而湿法则是泥浆护壁钻孔灌注桩，是指应用回转、冲击等方式钻进桩孔，钻进过程中用泥浆护壁的桩。

（1）长螺旋钻孔灌注或压灌成桩

① 长螺旋钻孔灌注成桩

长螺旋钻孔灌注成桩采用长螺旋钻机成孔，然后下入钢筋笼，灌注混凝土成桩，如图 5-42 所示。桩径一般为 400～1000mm，钻孔深度一般为 8～12m。适用于成孔深度内没有地下水的一般黏土层、砂土及人工填土地基，不适用于有地下水的土层和淤泥质土。

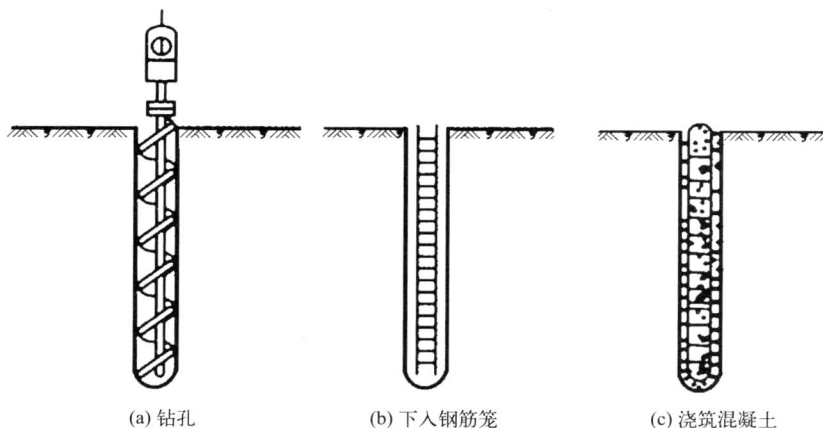

(a) 钻孔　　　　　　　　(b) 下入钢筋笼　　　　　　　(c) 浇筑混凝土

图 5-42　长螺旋钻孔灌注成桩施工过程示意图

② 长螺旋钻孔压灌成桩

长螺旋钻孔压灌成桩是指利用长螺旋钻机钻孔至设计深度，通过钻杆芯管将混凝土压送至孔底，边压送混凝土边提钻直至桩顶标高，再将钢筋笼植入素混凝土桩体中形成的钢筋混凝土灌注桩，如图 5-43、图 5-44 所示。

长螺旋钻孔压灌混凝土宜采用和易性较好的预拌混凝土，强度等级应符合设计要求，初凝时间宜大于 6h，灌注前坍落度宜为 180～220mm。钢筋笼植入可依靠钢筋笼的自重与振动植入装置（振捣棒）缓慢植入，当依靠自重不能继续植入时，可开启振动装置激振，使钢筋笼下沉到设计标高。

长螺旋钻孔压灌成桩不仅可在粉土、黏性土、填土等条件下使用，还可用于软土、流沙层，以及地下水位较高的不良土层中。当地基土主要为淤泥、淤泥质土、高灵敏度土、饱和松散砂土、坚硬的碎石土、粒径大且厚的卵石层时，不宜采用长螺旋钻孔压灌桩。

干法成孔施工可靠性好，成孔作业效率高、质量好，无振动，噪声小，无泥浆污染与处理，作业环境较好。

（2）泥浆护壁钻孔灌注桩

泥浆护壁钻孔灌注桩是通过桩机在泥浆护壁条件下钻进，即泥浆保护孔壁不致坍塌，成孔后下入钢筋笼，并采用水下混凝土浇筑的方法将泥浆置换出来而成的桩。泥浆护壁钻孔灌注桩按成孔工艺和成孔机械的不同，可分为回转钻孔灌注桩、冲击钻孔灌注桩、旋挖钻孔灌注桩等。

① 回转钻孔灌注桩

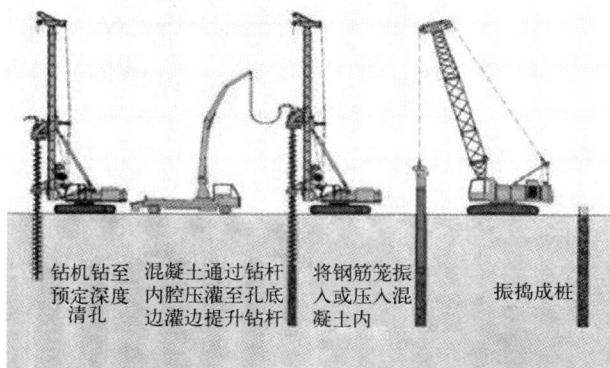

钻机钻至预定深度清孔　　混凝土通过钻杆内腔压灌至孔底边灌边提升钻杆　　将钢筋笼振入或压入混凝土内　　振捣成桩

图 5-43　长螺旋钻孔压灌成桩工艺流程示意

(a) 长螺旋钻机钻进成孔      (b) 压灌混凝土

(c) 钻头及钻头活门      (d) 锥状底部钢筋笼

(e) 植入钢筋笼      (f) 振捣成桩

图 5-44 长螺旋钻孔压灌成桩设备与现场照片

回转钻孔灌注成桩施工一般选用反循环工程钻机，成孔施工用钻头回转切削破碎岩土体，泥浆循环排渣并形成泥皮保护孔壁，成孔后下入钢筋笼，采用导管法水下灌注混凝土成桩，如图 5-45 所示。回转钻进成孔泥浆用量大，现场作业环境较差，后期泥浆处理较麻烦。

② 冲击钻孔灌注桩

冲击钻孔灌注桩用冲击钻机施工，通过钻机上的卷扬机悬吊冲击钻头，在桩位上下往复

图 5-45　反循环工程钻机施工现场照片

冲击孔底，将岩土层破碎，每次冲击之后，钻头在钢丝绳的带动下回转一定的角度，从而使钻孔得到规整的圆形断面。当破碎的岩屑和水混合成的岩浆达到一定浓度后，即停止冲击，利用掏砂筒将稠浆掏出。如此反复进行直至达到预定孔深，然后下入钢筋笼，浇筑混凝土成桩，如图 5-46 所示。冲击成孔一般用于岩层施工，施工简单，但效率较低。

(a) 冲击钻机　　　　　　　　(b) 冲击钻头　　　　　　　　(c) 掏砂筒

图 5-46　冲击钻机及钻具

③ 旋挖钻孔灌注桩

旋挖钻机成孔首先是通过底部带有活门的桶式钻头回转破碎岩土，并直接将其装入钻斗内，然后再由钻机提升装置和伸缩钻杆将钻斗提出孔外卸土，这样循环往复，不断地取土卸土，直至钻至设计深度，然后下入钢筋笼，灌注混凝土，如图 5-47 所示。对黏结性好的岩土层，可采用干式或清水钻进工艺，无须泥浆护壁。而对于松散易坍塌地层，或有地下水分布的情况，孔壁不稳定，必须采用静态泥浆护壁钻进工艺，向孔内投入护壁泥浆或稳定液进行护壁。

(a) SR200C旋挖钻机　　　　　(b) 旋挖钻斗

图 5-47　旋挖钻机及钻具

### 5.7.2.3 沉管灌注桩施工

沉管灌注桩是将与桩的设计尺寸相适应的钢管（即套管）在端部套上桩尖后沉入土中，在套管内吊放钢筋骨架，然后边浇筑混凝土边振动或锤击拔管，利用拔管时的振动捣实混凝土而形成所需要的灌注桩，图5-48所示为振动沉管桩机及结构示意图。沉管灌注桩根据沉管方法的不同，可分为锤击沉管灌注桩、振动沉管灌注桩，一般振动沉管应用较多。

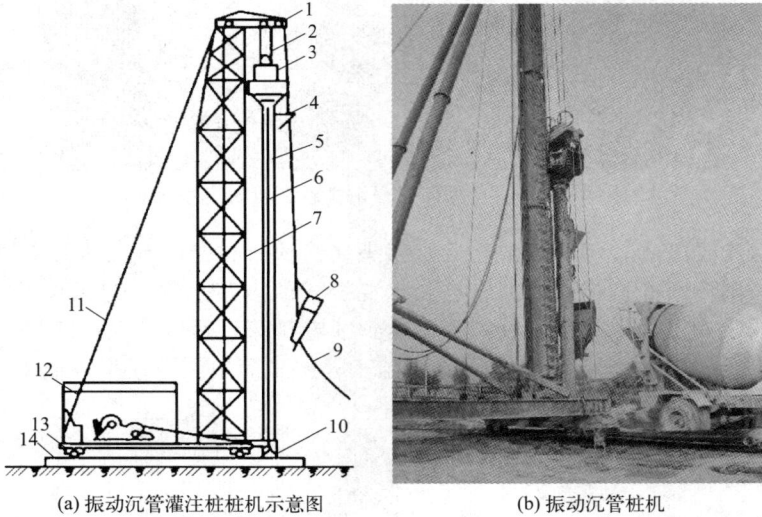

(a) 振动沉管灌注桩桩机示意图　　　　　　(b) 振动沉管桩机

图 5-48　振动沉管桩机及结构示意图

1—导向滑轮；2—滑轮组；3—激振器；4—混凝土漏斗；5—桩管；6—加压钢丝绳；7—桩架；8—混凝土吊斗；
9—回绳；10—桩尖；11—缆风绳；12—卷扬机；13—行驶用钢管；14—枕木

沉管灌注桩的桩尖有预制桩尖与活瓣桩尖两类，如图5-49所示。当沉管沉到设计深度后，活瓣桩尖打开，浇筑混凝土；若是预制桩尖，则直接留在桩底。沉管灌注桩一般适用于黏性土、淤泥质土、砂土、人工填土地基，振动沉管灌注桩还可用于稍密及中密的碎石土地基。

(a) 活瓣桩尖　　　　　　　　　　(b) 预制桩尖

图 5-49　沉管灌注桩桩尖

### 5.7.2.4 其他灌注桩施工

（1）扩底桩

扩底桩是底部直径大于上部桩身直径的灌注桩，如图5-50所示。其单桩承载力比桩身直径相同的直桩的承载力有较大提高。扩底桩是在成孔达到设计标高后，将钻头提起，更换扩孔钻头（见图5-51）进行扩孔而成的桩。

图 5-50　扩底桩

（2）挤扩支盘桩

挤扩支盘桩技术是在原普通灌注桩基础上增加设置承力盘或整理分支而成，桩身由主桩、底盘、中盘、顶盘及数个分支所组成，如图 5-52 所示。

图 5-51　扩孔钻头

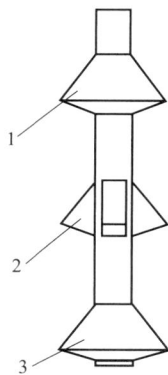

基础桩形体

图 5-52　挤扩支盘桩
1—中间承力盘；2—十字分支；3—底承力盘

挤扩支盘桩是在常规钻孔直杆灌注桩的基础上，采用专用液压设备对桩长范围内的土层进行多截面扩孔（见图 5-53），形成多处锥状或三角形扩径空腔，空腔内灌注混凝土后形成多支点的多截面扩孔混凝土桩。

支盘桩技术原理为将相对软弱土层中普通的摩擦桩或者摩擦端承桩在有限的桩身土层范围内通过设置承力盘或承力分支提高桩端承载力，充分利用桩身范围内各层土体的桩端承载力提高单桩承载力，达到提高单方混凝土承载力的目的，从而节省造价或缩短工期。

支盘桩属于变径桩的一种，由于支盘的作用，与等直径桩相比，支盘桩既提高了竖向承载力，也提高了桩的水平承载力；支盘具有平衡桩身弯矩的能力，使水平荷载作用下的最大桩身弯矩小于相同直径和长度的等直径桩，有利于节省桩身材料。

适合设置分支、承力盘的土层为：可塑～硬塑的黏性土；中密～密实的粉土和砂土；密实砂土或中

图 5-53　挤扩支盘桩施工设备及钻具

密～密实卵砾石层的上部；全风化岩、强风化软质岩石或残积土层的上部。

# 5.8 桩基检测

桩基工程是地下隐蔽工程，为了检验桩基础设计与施工的质量，应对桩基进行必要的检测。桩基施工结束后，一般应进行单桩承载力和桩身完整性检测。单桩承载力检测可以采用单桩静载荷试验与高应变动力测试，桩身完整性检测方法主要有低应变动测法、高应变动测法、钻芯法、声波透射法等。基桩检测方法可根据检测目的按表 5-17 选取。

表 5-17 桩基检测方法及适用范围

| 检测方法 | 适用范围 |
|---|---|
| 高应变动测法 | 检测桩身缺陷及位置，判定桩身完整性；分析桩侧阻力和端阻力，判定竖向承载力是否满足要求 |
| 低应变动测法 | 检测桩身缺陷及位置，判定桩身完整性 |
| 声波透射法 | 检测灌注桩桩身缺陷及位置，判定桩身完整性类别 |
| 钻芯法 | 检测大直径灌注桩桩身缺陷，桩身混凝土强度，桩底沉渣厚度，判定桩身完整性 |
| 单桩竖向抗压静荷载试验 | 确定单桩竖向抗压极限承载力；验证高应变动测法的单桩竖向抗压承载力检测结果 |
| 单桩竖向抗拔静荷载试验 | 确定单桩竖向抗拔极限承载力 |
| 单桩水平静荷载试验 | 确定单桩水平临界承载力和极限承载力 |

## 思考题与习题

一、思考题

5-1 什么是桩基础？桩基础按承载性状分哪几类？端承摩擦桩与摩擦端承桩受力情况有什么不同？

5-2 桩侧负摩阻力产生的条件是什么？

5-3 单桩竖向承载力的确定方法有哪些？

5-4 单桩水平承载力的确定有几种方法？

5-5 什么是群桩？群桩承载力与单桩承载力之间，有何内在联系？

5-6 简述桩基础设计的内容与步骤。

5-7 预制桩可以采用哪些方法施工？灌注桩可以采用哪些方法施工？

二、习题

5-8 某工程中采用长螺旋压灌桩基础，桩径 800mm，桩长 24m，承台埋深 1.5m。土层分布情况：0～3m 填土，桩侧极限侧阻力标准值 $q_{sk}=24$kPa；3.0～8.0m 黏土层，$q_{sk}=48$kPa，$E_s=7.8$MPa；8.0～25.0m 粉土层，$q_{sk}=63$kPa，桩极限端阻力标准值 $q_{pk}=2000$，$E_s=9.5$MPa；25.0～30.0m 中砂，$q_{sk}=75$kPa；$q_{pk}=3800$kPa，$E_s=14.3$MPa，计算单桩的竖向极限承载力标准值。

5-9 某厂房内柱下桩基础（柱的截面尺寸为 600mm×500mm），已知由上部结构传至柱端的荷载为：荷载效应标准组合下，作用于柱地表处的轴力恒载 $F_{gk}=1000$kN，活载 $F_{qk}=1500$kN（其准永久值系数取 0.4），活载弯矩值 $M_{yk}=300$kN·m 和水平力 $H_{xk}=50$kN（作用于承台长边方向），工程地质资料如题 5-8 所示，已知地下水位为 $-5$m。试设计该柱下桩基础。

# 第6章　沉井基础与地下连续墙

■ 案例导读

　　连云港市徐圩新区应急备用水源取水泵站工程位于连云港近海沉积软土地质区域，包含取水头部、吸水井、泵站及长约 13.1km 输水管道及设备安装等分部工程，设计取水规模 45 万 m³/d。其中吸水井采用矩形钢筋混凝土沉井形式，其周边分布有三条厂区道路及一处水库，场地土壤淤泥层较厚，含水率较高，工程地质条件较差，施工难度较大。沉井主体为八格矩形结构，平面外形尺寸 17.5m×42.4m，沉井高度 15.2m，壁厚 0.9～1.1m，基坑深 15.7m，该沉井外壁及中隔墙即作为其结构主体。沉井结构的设计使用年限为 50 年，安全等级为二级，抗震设防标准为 8 度，混凝土标号采用 C40，抗渗等级 P8（S8）。沉井分三节浇筑、三次下沉，待沉井下沉到设计标高且底板浇筑完成后再行实施盖板浇筑。

**讨论**

（1）沉井有哪些类型？沉井是如何施工的？

（2）地下连续墙是如何施工的？

# 6.1　沉井基础

## 6.1.1　沉井定义、特点、用途及应用范围

（1）定义

沉井是修筑地下结构和深基础的一种结构形式，即先在地表制作一个井筒状的结构物，然后在井壁的围护下通过从井内不断挖土，使沉井在自重及上部荷载作用下逐渐下沉，达到设计标高后，再进行封底。

（2）特点

① 沉井整体刚度大，抗震性好；

② 与在地下施工相比更优越，地质适用范围更广；

③ 沉井结构本身兼作围护结构，且施工阶段不需要对地基做特殊处理，既安全又经济；

④ 施工对周围环境影响小，更适用于对土体变形敏感的地区。

（3）用途及应用范围

沉井用途广泛，主要用作以下几种结构物：

① 重型结构物基础。沉井常用于平面尺寸紧凑的重型结构物，如烟囱、重型设备的基础。

② 江河上的结构物。沉井的井筒不仅可以挡土而且可以挡水，因此也适用于江河上的结构物。例如，岷江上的一座拦河挡水坝采用大型沉井基础，即用大型沉井排成一列，垂直于岷江水流方向，沉井在施工期为挡水的围堰，竣工后为挡水坝。桥墩或边墩采用沉井更多，如南京长江大桥的桥墩基础，即为筑岛沉井。

③ 地下工程。地下工程包括地下厂房、地下仓库、地下油库、地下车道和车站以及矿用竖井等。

④ 邻近建筑物的深基础。在原有建筑物的附近进行深基坑开挖时，将危及原有建筑物浅基础的稳定性，采用沉井基础，则可以防止原有浅基础的滑动。

## 6.1.2 沉井的类型和构造

（1）沉井分类

按平面形状分：沉井的平面形状有圆形、方形、矩形、椭圆形、端圆形、多边形及多孔井字形等，如图 6-1 所示。

沉井按竖向剖面形式分，有圆柱形、阶梯形及锥形等，如图 6-2 所示。

沉井按构成材料可分为混凝土沉井、钢筋混凝土沉井及钢沉井（包括钢板沉井及钢壳沉井）。

（2）沉井构造

以最常用的钢筋混凝土沉井为例，沉井结构基本包括：井壁、刃脚、内隔墙、井孔、凹槽、底板（封底）、顶板等，如图 6-3 所示。

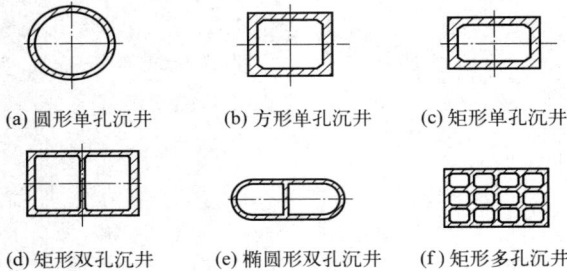

(a) 圆形单孔沉井　　(b) 方形单孔沉井　　(c) 矩形单孔沉井

(d) 矩形双孔沉井　　(e) 椭圆形双孔沉井　　(f) 矩形多孔沉井

图 6-1　沉井平面

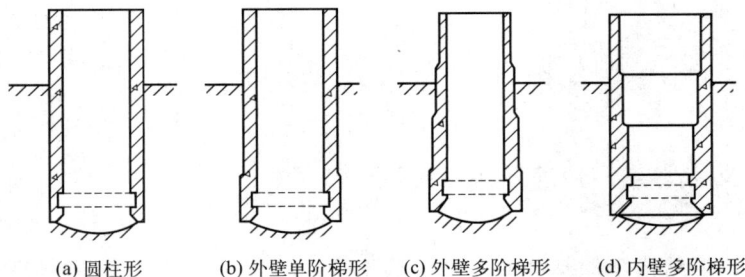

(a) 圆柱形　　(b) 外壁单阶梯形　　(c) 外壁多阶梯形　　(d) 内壁多阶梯形

图 6-2　沉井剖面图

① 井壁。井壁是箱体的主要受力部位，必须具备一定的强度以承受井壁周围的水、土压力。此外，为克服下沉时的摩阻力，井壁须有一定的重量，其厚度一般为 0.3～2m。

② 刃脚。刃脚的作用为切土下沉，故必须有足够的强度，以免破损。通常称刃脚的底

面为踏面，踏面的宽度依土层的软硬及井壁重量、厚度而定，一般为 15～30cm，刃脚侧面的倾角通常为 45°～60°。刃脚高度一般应综合考虑沉井封底方式、便于抽取刃脚下的垫木及土方开挖等方面要求。湿封底时高度大些，干封底时高度小些，其构造如图 6-4 所示。

③ 内隔墙、井孔。内隔墙即为箱内纵横设置的内隔墙，可提高箱体整体刚度。井壁与内墙，或者内墙和内墙间所夹的空间即为井孔。内墙间距一般不超过 5～6m，其厚度一般为 0.5～1m。

④ 凹槽。凹槽位于刃脚内侧上方，目的在于更好地将井壁与底板混凝土连接。通常凹槽高度在 1m 左右，深 15～30cm。

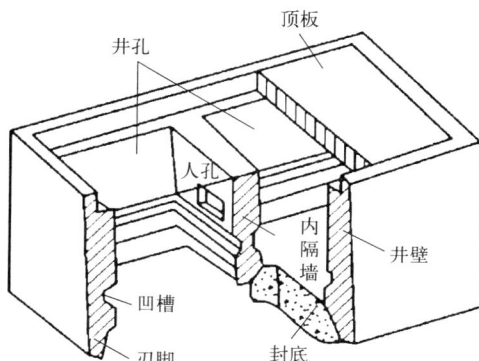

图 6-3　一般沉井的构造

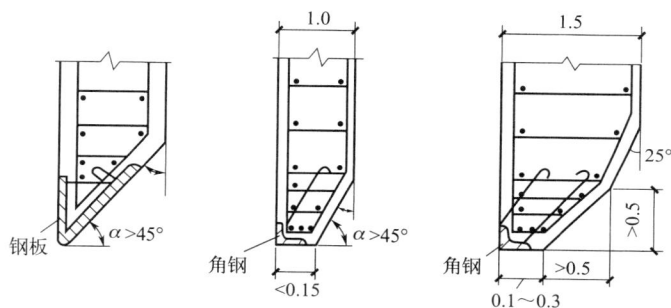

图 6-4　刃脚构造（单位：m）

⑤ 底板。底板作用为防止地下水涌入并抵抗基底地层反力，通常底板为两层浇筑的混凝土，下层为素混凝土，一般可称为封底，上层为钢筋混凝土结构。

⑥ 底梁和框架。当不允许在大型沉井内设置内隔墙时，为保证箱体具有一定的刚度，可在底部增设底梁，或者在井壁不同深度处设置若干道由纵横大梁构成的水平框架，以提高整体的刚度。

⑦ 顶板。顶板即为沉井封底后根据实际需要，井体顶端设置的板，通常为钢筋混凝土或钢结构。

（3）沉井构造要求

① 沉井平面宜对称布置，矩形沉井的长宽比不宜大于 2，高宽比不宜大于 2.5。

② 沉井平面重心位置宜布置在对称轴上，平面重心的竖向连线宜为竖直线。

③ 现浇钢筋混凝土大型沉井分节制作时，对上节沉井井壁应增加水平构造钢筋。

④ 受力钢筋的最小配筋率，应符合现行国家标准《混凝土结构设计标准（2024 版）》（GB/T 50010—2010）和《给水排水工程构筑物结构设计规范》（GB 50069—2002）的规定。

⑤ 沉井受力钢筋的混凝土保护层厚度不应小于 35mm。

⑥ 当沉井位于航道内时，应采取防撞措施或保护措施。

## 6.1.3　沉井的设计与计算

### 6.1.3.1　沉井的设计内容

（1）沉井设计计算前，必须掌握以下相关资料：

① 上部或下部结构尺寸要求和设计荷载。

② 工程地质和水文资料（如岩土体的物理力学性质，设计水位、施工水位、冲刷线或地下水位高程，沉井下沉深度范围内是否会遇到障碍物等）。

③ 拟采用的施工方法（排水或不排水下沉、筑岛或防水围堰的高程等）。沉井在施工过程中作为围护结构，当施工完成后，可作为上部结构的基础又可作为地下建筑结构的一部分，因此既要满足上部建筑的构造要求，又要承受上部荷载，兼具临时工程和永久运行功能。

（2）沉井设计内容与步骤：

① 沉井尺寸估算。根据使用功能要求，拟建场地的工程地质、水文地质及施工条件，布置在沉井内的隔墙、撑梁、框架、孔洞等设施，确定沉井平面、剖面、井壁厚度等各构件的截面尺寸及埋置深度。

② 下沉系数计算。根据沉井下沉施工的要求，进行下沉的有关计算。

③ 抗浮系数计算。为控制封底及底板的厚度，要估算沉井的抗浮系数。

④ 荷载计算。计算外荷载，并绘制水、土压力计算图形。

⑤ 施工阶段强度计算。沉井平面框架内力计算及截面设计；刃脚内力计算及截面设计；井壁竖向内力计算及截面设计；沉井底梁竖向挠曲和竖向框架内力计算及截面设计；根据沉井施工阶段可能产生的最大浮力，计算沉井封底混凝土的厚度和钢筋混凝土底板的厚度及内力，并进行截面配筋设计。

⑥ 使用阶段强度计算。沉井结构在使用阶段各构件的强度验算；地基强度及变形验算；沉井抗浮、抗滑移及抗倾覆稳定性验算等。

### 6.1.3.2 沉井的设计原则与规定

（1）各类沉井结构构件均应按承载能力极限状态计算。

（2）沉井结构按承载能力极限状态计算时，除结构整体稳定性验算外，其余均应采用分项系数设计表达式。

（3）各类沉井结构构件的使用阶段均应按正常使用极限状态验算。对轴心受拉和小偏心受拉构件应按作用效应标准组合进行抗裂验算；对受弯构件和大偏心受拉构件应按作用效应准永久组合进行裂缝宽度验算；对需要控制变形的结构构件应按作用效应准永久组合进行变形验算。

（4）各种形式的沉井均应进行沉井下沉、下沉稳定性及抗浮稳定性验算，必要时尚应进行沉井结构的倾覆和滑移验算。验算时抵抗力应只计永久作用（可变作用不应计入），参与组合的作用力均应采用标准值。沉井的工作特征设计系数应符合表 6-1 的规定。

表 6-1　沉井的工作特征设计系数

| 工作特征 | 设计系数 | 工作特征 | 设计系数 |
|---|---|---|---|
| 下沉 | $K_{sf} \geqslant 1.05$ | 抗倾覆 | $K_{ov} \geqslant 1.50$ |
| 下沉稳定 | $K_{sf,s} \geqslant 0.8 \sim 0.9$ | 抗上浮 | $k_{wb} \geqslant 1.0$（不计侧壁摩阻力） |
| 抗滑动 | $K_{sl} \geqslant 1.30$ | | $k_{wb} \geqslant 1.15$（计侧壁摩阻力） |

（5）当用作建（构）筑物基础时，沉井的地基承载力和变形验算，应按现行国家标准《建筑地基基础设计规范》（GB 50007—2011）的规定执行。

### 6.1.3.3 沉井的下沉与抗浮计算

（1）井壁摩阻力分布与计算

沉井井壁外侧与土层间的摩阻力及其沿井壁高度的分布图形，应根据工程地质条件、井壁外形和施工方法等，通过试验或对比积累的经验资料确定。当无试验条件或无可靠资料时，可按下列规定确定：

① 井壁外侧与土层间的单位摩阻力标准值，可根据土层类别按表 6-2 的规定选用。

表 6-2　单位摩阻力标准值

| 土层类别 | $f_k$/kPa | 土层类别 | $f_k$/kPa |
|---|---|---|---|
| 流塑状黏性土 | 10～15 | 砂性土 | 12～25 |
| 可塑、软塑状黏性土 | 12～25 | 砂砾土 | 15～20 |
| 硬塑状黏性土 | 25～50 | 卵石 | 18～30 |
| 泥浆套 | 3～5 | — | — |

注：1. 当井壁外侧为阶梯形并采用灌砂助沉时，灌砂段的单位摩阻力标准值可取 7～10kPa。

2. 气幕减阻时，可按表中摩阻力乘 0.5～0.7 取用。

② 当沿沉井下沉深度土层为多种类别时，单位摩阻力可取各层土单位摩阻力标准值的加权平均值。该值可按下式计算：

$$f_{ks} = \frac{\sum\limits_{i=1}^{n} f_{ki} h_{si}}{\sum\limits_{i=1}^{n} h_{si}} \tag{6-1}$$

式中　$f_{ks}$——多土层单位摩阻力标准值的加权平均值，kPa；

$\qquad f_{ki}$——第 $i$ 层土的单位摩阻力标准值，kPa，按表 6-2 选用；

$\qquad h_{si}$——第 $i$ 层土的厚度，m；

$\qquad n$——沿沉井下沉深度不同类别土层的层数。

③ 摩阻力沿沉井井壁外侧的分布图形，当沉井井壁外侧为直壁时，可按图 6-5（a）采用；当井壁外侧为阶梯形时，可按图 6-5（b）采用。

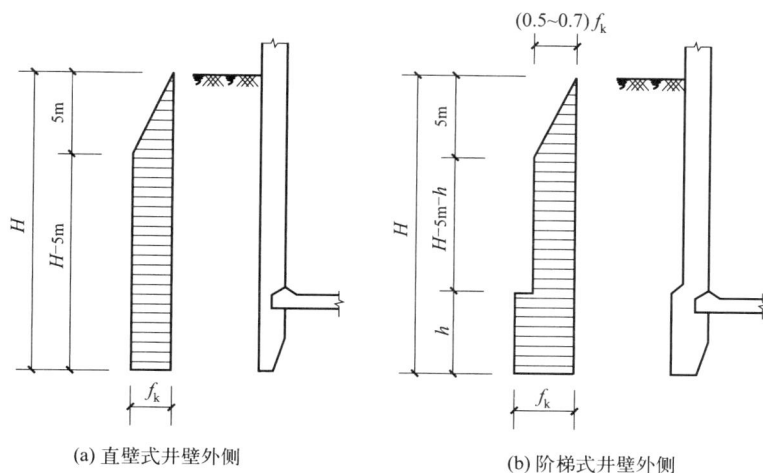

(a) 直壁式井壁外侧　　　　　　　(b) 阶梯式井壁外侧

图 6-5　摩阻力沿井壁外侧分布

（2）沉井下沉系数计算

① 沉井下沉系数应满足下列公式要求：

$$K_{sf} = (G_{ik} - F_{wk})/F_{fk} \geqslant 1.05 \tag{6-2}$$

式中　$K_{sf}$——下沉系数；

　　　$G_{ik}$——沉井自重标准值（包括外加助沉重量的标准值），kN；

　　　$F_{wk}$——下沉过程中水的浮托力标准值，kN；

　　　$F_{fk}$——井壁总摩阻力标准值，kN。

② 当下沉系数较大，或在下沉过程中遇有软弱土层时，应根据实际情况进行沉井的下沉稳定验算，并满足下列公式的要求：

$$K_{sf,s} = \frac{G_{ik} - F'_{wk}}{F'_{fk} + R_b} = 0.8 \sim 0.9 \tag{6-3}$$

式中　$K_{sf,s}$——下沉稳定系数；

　　　$F'_{wk}$——验算状态下水的浮托力标准值，kN；

　　　$F'_{fk}$——验算状态下井壁总摩阻力标准值，kN；

　　　$R_b$——沉井刃脚、隔墙和底梁下地基土的极限承载力之和，kN，当无极限承载力试验资料时，可按表6-3选用。

表6-3　软弱土层极限承载力参考表

| 土的种类 | 极限承载力/kPa |
|---|---|
| 泥炭 | 60～70 |
| 淤泥 | 80～100 |
| 淤泥质黏土 | 10～120 |

（3）沉井抗浮系数计算

沉井抗浮应按沉井封底和使用两个阶段，分别根据实际可能出现的最高水位进行验算，并满足下列公式的要求：

$$k_{wb} = \frac{G_{ik}}{F^b_{wk}} \geqslant 1.0(1.15) 不计侧壁摩阻力（计侧壁摩阻力） \tag{6-4}$$

式中　$k_{wb}$——沉井抗浮系数；

　　　$F^b_{wk}$——基底的水浮托力标准值，kN。

当封底混凝土与底板间有拉结钢筋等可靠连接时，封底混凝土的自重可作为沉井抗浮重量的一部分计入沉井自重标准值中。

#### 6.1.3.4　沉井结构施工阶段的计算

（1）井壁的竖向抗拉力计算

在施工阶段，井壁的竖向抗拉应按下列规定计算：

土质为硬土且沉井下沉系数接近1.05时，等截面井壁的最大拉断力应为：

$$N_{max} = \frac{G}{4} \tag{6-5}$$

式中　$G$——沉井下沉时的总重量设计值，kN，自重分项系数取1.20，即$G = 1.2G_{ik}$。

土质均匀的软土地基，沉井下沉系数较大（大于或等于1.5）时，可不进行竖向拉断计算，但竖向配筋不应小于最小配筋率及使用阶段的设计要求。

当井壁上有预留洞时，应对孔洞削弱断面进行验算。

对建造在软土地基上设有底梁的沉井，应对底梁进行下沉阶段的强度验算。梁下的地基反力设计值可取地基土的极限承载力值。

（2）水下封底混凝土计算

水下封底混凝土的厚度应根据基底的向上净反力计算确定。水下封底混凝土的厚度，应

按下式计算:

$$h_{\mathrm{ct}} = \sqrt{\dfrac{9.09M}{bf_{\mathrm{t}}}} + h_{\mathrm{ac}} \tag{6-6}$$

式中　$h_{\mathrm{ct}}$——沉井水下封底混凝土厚度,mm;

$M$——每米宽度最大弯矩的设计值,N·mm;

$b$——计算宽度,mm,取 1000mm;

$f_{\mathrm{t}}$——混凝土抗拉强度设计值,N/mm$^2$;

$h_{\mathrm{ac}}$——附加厚度,mm,可取 300~500mm。

封底混凝土板的边缘应进行冲剪验算,冲剪处的封底厚度应在设计图中注明,计算厚度应扣除附加厚度。

(3) 沉井下沉结构分析方法与要求

沉井可简化为平面体系进行结构分析。在沉井下沉阶段,不带内框架的井壁结构进行内力计算时,可在垂直方向截取单位高度的井段,按水平闭合结构进行计算;对带内框架的井壁结构,则应根据框架的布置情况,按连续的平板或拱板计算。计算可采用下列假定或措施:

① 在同一深度处的侧压力可按均匀分布考虑;

② 井壁上设置竖向框架或水平框架时,当框架梁与板的刚度比不小于 4 时,框架梁视为井壁的不动铰支承;

③ 刃脚根部至凹槽顶以上高度等于该处井壁厚度 1.5 倍的一段井壁,施工阶段计算时除考虑作用在该段上的水、土压力外,尚应考虑由刃脚传来的水、土压力作用。外层水平配筋时可考虑计入刃脚的水平钢筋。

④ 排水法下沉的井外的最大水压力作用可乘 0.7 的折减系数。

(4) 圆形沉井井壁竖向强度受力计算

圆形沉井应根据下沉前的支承情况,对井壁竖向受力进行强度计算,沉井制作采用支承时,可按周边均匀布置,支点数量和尺寸可根据沉井的直径、砂垫层厚度及持力土层的极限承载力确定。四支点情况井壁所承受的最大内力,见图 6-6,可按下列公式计算:

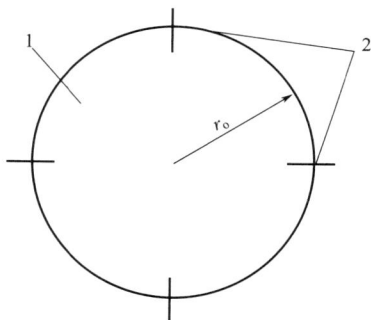

图 6-6　圆形沉井定位支承点布置
1—沉井;2—定位支承点

跨中最大弯矩:

$$M_{\mathrm{o}} = 0.035\pi g_{\mathrm{s}} r_{\mathrm{o}}^2 \tag{6-7}$$

支座弯矩:

$$M_{\mathrm{b}} = -0.068\pi g_{\mathrm{s}} r_{\mathrm{o}}^2 \tag{6-8}$$

最大扭矩:

$$T_{\max} = 0.011\pi g_{\mathrm{s}} r_{\mathrm{o}}^2 \tag{6-9}$$

最大剪力:

$$V_{\max} = 0.25\pi g_{\mathrm{s}} r_{\mathrm{o}} \tag{6-10}$$

式中　$g_{\mathrm{s}}$——单位周长井壁自重,kN/m;

$r_{\mathrm{o}}$——沉井井壁中心半径,m。

(5) 圆形沉井刃脚的内力计算

刃脚竖向的向外弯曲受力,应按沉井开始下沉刃脚已嵌入土中的工况计算,忽略刃脚外侧水、土压力,如图 6-7(a) 所示。当沉井高度较大时,可采用分节浇筑多次下沉的方法减小刃脚向外弯曲受力。弯曲力矩可按下列公式计算:

$$M_1 = p_1\left(h_1 - \frac{h_s}{3}\right) + R_j d_1 \tag{6-11}$$

$$N_1 = R_j - g_1 \tag{6-12}$$

$$p_1 = \frac{R_j h_s}{h_s + 2a\tan\theta}\tan(\theta - \beta_0) \tag{6-13}$$

$$d_1 = \frac{h_1}{2\tan\theta} - \frac{h_s}{6h_s + 12a\tan\theta}(3a + 2b) \tag{6-14}$$

式中　$M_1$——刃脚根部的竖向弯矩计算值，（kN·m）/m；

$p_1$——刃脚内侧的水平推力之和，kN/m；

$h_1$——刃脚的斜面垂直高度，m；

$h_s$——沉井开始下沉时刃脚的入土深度，m，可按刃脚的斜面高度 $h_1$ 计算；当 $h_1 >$ 1.0m 时，$h_1$ 可按 1.0m 计算；

$R_j$——刃脚底端的竖向地基反力之和，kN/m；

$d_1$——刃底面地基反力的合力作用点至刃脚根部截面中心的距离，m；

$N_1$——刃脚根部的竖向轴力计算值，kN/m；

$g_1$——刃脚的结构自重，kN/m；

$a$——刃脚的底面宽度，m；

$\theta$——刃脚斜面的水平夹角；

$\beta_0$——刃脚斜面与土的外摩擦角，可取等于土的内摩擦角，硬土可取 30°，软土可取 20°；

$b$——刃脚斜面入土深度的水平投影宽度，m。

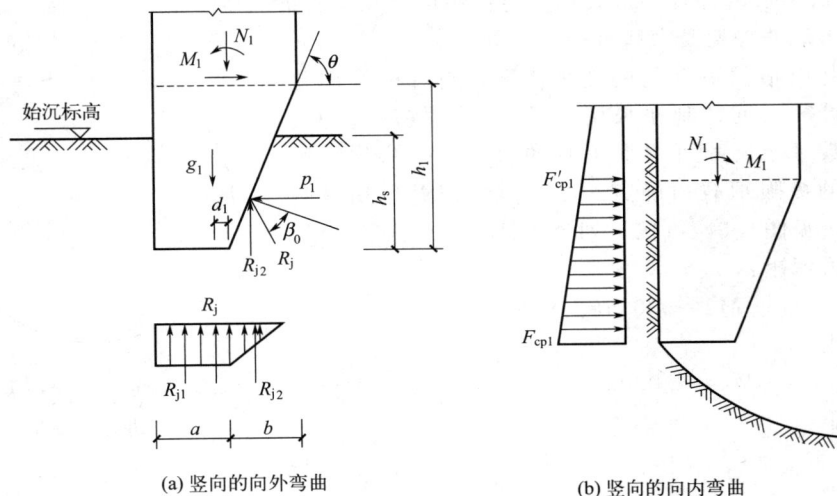

(a) 竖向的向外弯曲　　　　　　　(b) 竖向的向内弯曲

图 6-7　刃脚计算简图

刃脚竖向的向内弯曲受力，可按沉井已沉至设计标高，刃脚下的土已被全部掏空的工况计算，如图 6-7(b) 所示：

$$M_1 = \frac{1}{6}(2F_{ep1} + F'_{ep1})h_1^2 \tag{6-15}$$

式中　$F_{ep1}$——沉井下沉到设计标高时，沉井刃脚底端处的水、土侧压力计算值，kN/m；

$F'_{ep1}$——沉井下沉到设计标高时，沉井刃脚根部处的水、土侧压力计算值，kN/m。

当刃脚以上井壁留有连接底板的企口凹槽时，尚应对凹槽处的截面进行竖向弯曲受力验算。

刃脚的环向拉力，可按下式计算：

$$N_\theta = p_1 r_s \tag{6-16}$$

式中　$N_\theta$——刃脚承受的环向拉力，kN；

　　　$r_s$——刃脚的计算中心半径，m，取刃脚截面 $p_1$ 作用点的中心半径。

计算刃脚向外弯曲时，可考虑沉井自重轴压力 $N_1$ 的作用，按压弯构件配筋。

圆形沉井的刃脚力矩对井壁竖向配筋的影响，可根据筒壳两端自由，按筒壳下端有弯矩作用的图式计算。

（6）圆形沉井井壁的水平内力计算

不带隔墙的圆形沉井，在下沉过程中井壁的水平内力可按下列规定计算：

① 当下沉区域土质均匀、不存在特别软弱的土质时，可按不同高度截取闭合圆环计算，并假定在互成 $90°$ 的两点处土的内摩擦角差值为 $4°\sim8°$。内力可按下列公式计算（如图 6-8 所示）：

$$N_A = p_A r_c (1 + 0.7854\omega') \tag{6-17}$$

$$N_B = p_A r_c (1 + 0.5\omega') \tag{6-18}$$

$$M_A = -0.1488 p_A r_c^2 \omega' \tag{6-19}$$

$$M_B = -0.1366 p_A r_c^2 \omega' \tag{6-20}$$

$$\omega' = \frac{p_B}{p_A} - 1 \tag{6-21}$$

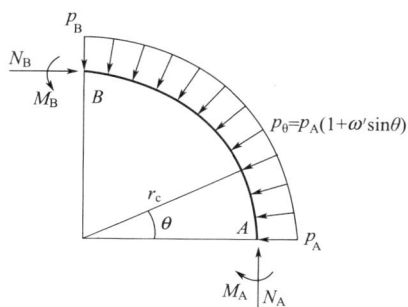

图 6-8　圆形沉井井壁计算

式中　$N_A$——$A$ 截面上的轴力，kN/m；

　　　$r_c$——沉井井壁的中心半径，m；

　　　$N_B$——$B$ 截面上的轴力，kN/m；

　　　$M_A$——$A$ 截面上的弯矩，(kN·m)/m，以井壁外侧受拉为负值；

　　　$M_B$——$B$ 截面上的弯矩，(kN·m)/m；

　$p_A$、$p_B$——井壁外侧 $A$、$B$ 点的水平向土压力，kN/m²。

② 当下沉区域有较厚的杂填土、土质变化复杂或沉井下沉深度内存在软弱土层可能发生突沉时，宜采用考虑沉井倾斜理论的分析方法计算内力。内力计算可按《给水排水工程钢筋混凝土沉井结构设计规程》（CECS 137—2015）附录 B 的规定执行。

③ 带隔墙下沉的圆形沉井，在下沉过程中和使用阶段的井壁内力，可沿不同高度截取闭合圆环按平面结构计算，计算时假定井壁在同一水平圆环上的土压力均匀分布。各截面的内力可按《给水排水工程钢筋混凝土沉井结构设计规程》（CECS 137—2015）附录 C 计算确定。

### 6.1.3.5　沉井结构使用阶段的计算

（1）沉井井壁的内力计算

在沉井的使用阶段，其结构应根据底板及后隔墙浇筑完成后的结构体系和实际作用进行计算。计算方法可参考《给水排水工程钢筋混凝土沉井结构设计规程》（CECS 137—2015）条文 6.2.3、附录 B、附录 C 计算确定。需要指出的是，在计算沉井井壁水压力、土压力时，计算位置应取沉井工作状态时的位置。

作用在底板上的反力可假定按直线分布，计算反力时不宜考虑井壁与土的摩阻力作用。底板与井壁间，当无预留插筋连接时，应按铰接考虑；当用钢筋整体连接时，可按弹性固定考虑。圆形沉井底板内力参考《给水排水工程钢筋混凝土沉井结构设计规程》（CECS 137—2015）附录 D 计算确定。

（2）沉井的抗滑移与抗倾覆稳定性计算

位于江（河、湖、水库、海）岸的沉井，若前后两面水平作用相差较大，应按下列要求验算沉井的抗滑移和抗倾覆稳定性。

① 抗滑移验算应满足下列公式要求：

$$k_{as} = \frac{\eta E_{pk} + F_{bfk}}{F_{ak}} \geq 1.3 \tag{6-22}$$

式中　$k_{as}$——沉井抗滑移系数；

$\eta$——被动土压力利用系数，施工阶段可取 0.8，使用阶段可取 0.65；

$E_{pk}$——沉井前侧被动土压力标准值之和，kN；

$F_{bfk}$——沉井底面有效摩阻力标准值之和，kN；

$F_{ak}$——沉井后侧主动土压力标准值之和，kN；

② 抗倾覆验算应满足下列公式要求：

$$k_{ov} = \frac{\sum M_{aovk}}{\sum M_{ovk}} \geq 1.5 \tag{6-23}$$

式中　$k_{ov}$——沉井抗倾覆系数；

$\sum M_{aovk}$——沉井抗倾覆弯矩标准值之和，kN·m；

$\sum M_{ovk}$——沉井倾覆弯矩标准值之和，kN·m。

此外，靠近江、河、海岸边施工的沉井，应进行土体边坡在沉井荷重作用下整体滑动稳定性的验算及考虑下沉引起沉降的影响评价。

## 6.1.4　沉井的施工

沉井施工一般可分为旱地施工、水中筑岛及浮运沉井 3 种。施工前应详细了解场地的地质和水文条件。水中施工应做好河流汛期、水深、流速、河床冲刷、通航、漂流物等的调查研究，并制订施工计划，尽量在枯水季节施工，如汛期必须施工，应有相应的措施，确保施工安全。

### 6.1.4.1　旱地上沉井施工

旱地上沉井可就地制造、挖土下沉、封底、充填井孔以及浇筑顶板，其施工工艺流程如图 6-9 所示。

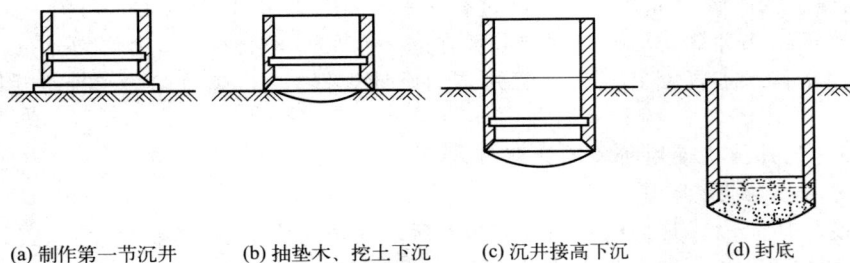

(a) 制作第一节沉井　　(b) 抽垫木、挖土下沉　　(c) 沉井接高下沉　　(d) 封底

图 6-9　沉井施工顺序示意

制造沉井前，应先平整场地，地面有一定的承载能力。

（1）场地准备工作

在旱地无水地区，若天然地面土质较硬，只需将地表杂物清净并整平，便可在其上制造沉井。如土质松软，则应换土或在其上铺填一层不小于 0.5m 厚的砂或砂夹卵石，并夯实，以免沉井在混凝土浇灌之初，因地面沉降不均产生裂缝。

（2）制造底节沉井

制造沉井前，为扩大刃脚踏面的支承面积，应先在刃脚处对称地铺满垫木，并按垫木定位立模板和绑扎钢筋，如图 6-10 所示。垫木一般采用普通枕木和短方木相间铺设，垫木与刃脚垂直铺放，垫木数量按垫木底面压力不大于 100kPa 计算，其布置应考虑抽垫方便。定位垫木的位置，一般根据沉井在自重作用下挠曲的正负弯矩大体相等而定，圆形沉井应布置在相隔 90° 的 4 个点上。矩形沉井则应对称布置于长边，每条长边各设两点，距离为沉井长边尺寸的 60%～70%。

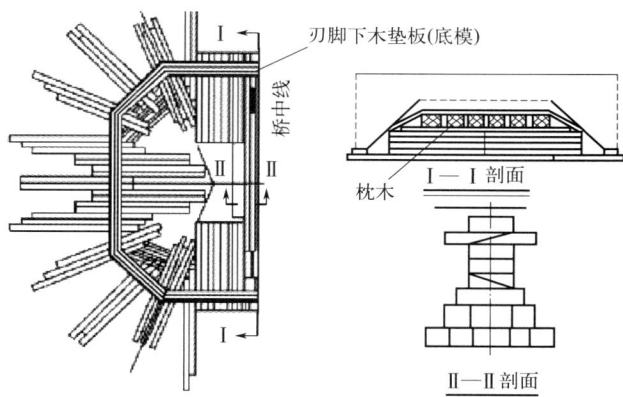

图 6-10　垫木布置示意图

为抽取垫木方便，垫木下要垫一层约 0.3m 厚的砂，垫木间的间隙也用砂填实（填到半高即可）。如有钢刃脚时，垫木铺好后要先拼装就位，然后立内模。其顺序为：安装刃脚斜坡底模→安装隔墙底模→安装井孔内模→安装钢筋→安装外模和模板拉杆，如图 6-11 所示。模板及支撑应有较好的刚度，内隔墙与井壁连接处承垫应连成整体，以防止不均匀沉陷。场地土质较好时，也可以采用土模，包括填土内模和挖土内模（图 6-12），可节省大量垫木以及刃脚斜坡和隔墙的底模，并省去拆除垫木的麻烦。

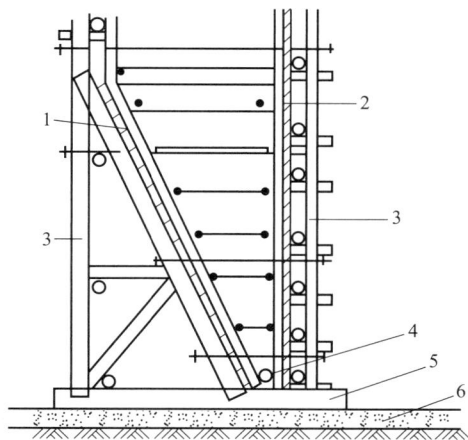

图 6-11　垫木与钢刃脚

1—内模；2—外模；3—立柱；4—角钢；5—垫木；6—砂垫层

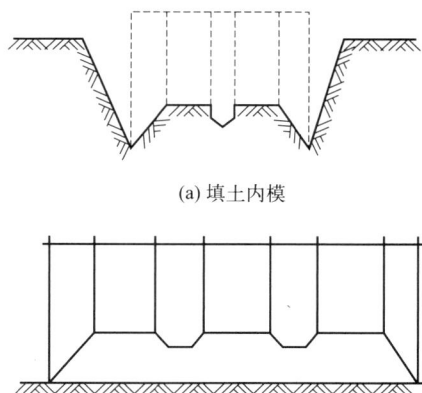

(a) 填土内模

(b) 挖土内模

图 6-12　土模

（3）拆除模板和垫木

沉井混凝土的强度达到设计强度的 25% 以上时，即可拆除侧面直立模板；而刃脚斜面和隔墙底面模板，只有当强度达到设计强度的 70% 以上时，才可以拆除。

拆除垫木必须在沉井混凝土已达设计强度后进行。拆除垫木应分区、依次、对称、同步地进行。拆除垫木的顺序是：先拆内壁下，再拆短边下，最后拆长边下垫木。长边下垫木隔一根拆一根，以 4 个定位垫木（应用红漆标明）为中心，由远而近对称地拆，最后拆除 4 个定位垫木。每拆除一根垫木，在刃脚处随即用砂土回填捣实，以免沉井开裂、移动或倾斜。

（4）挖土下沉

沉井下沉有两种形式，即分次制作多次下沉和分节制作一次下沉。沉井下沉主要是通过在井内挖土消除或减小刃脚下土的正面阻力，有时也同时采用减小井壁外侧土摩阻力的办法，促使沉井在自重作用下逐渐下沉。

沉井下沉施工可分为排水下沉和不排水下沉两种，如图 6-13 所示，一般根据所处的水文、地质情况而定。

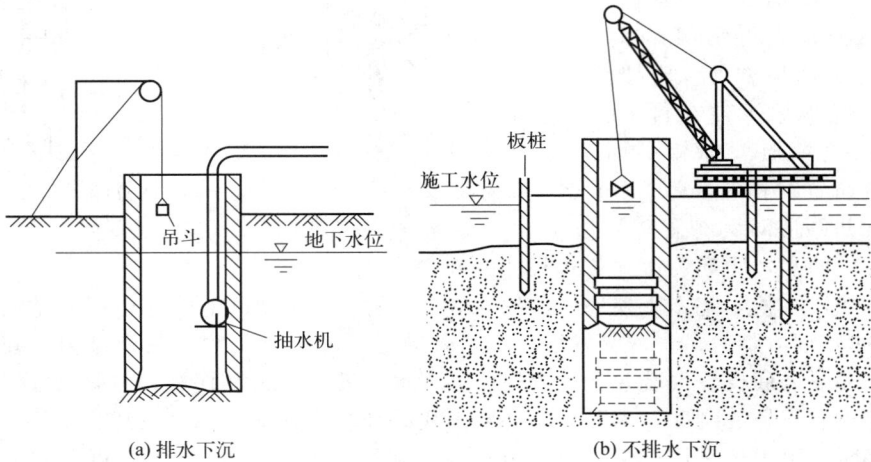

图 6-13　沉井下沉示意图

当土层渗水量较小，且不会因抽水引起翻砂时，一般采用排水开挖井内土，即排水下沉，工人直接下到井底人工挖土，或井内采用小型挖掘机地面用抓斗挖土机分层开挖。一般先从中央开始下挖 0.4～0.5m，逐层开挖，每层 0.3m，对称向刃脚方向逐步扩大，定位垫木处的土最后同时挖除。土质松软时，在分层开挖过程中沉井即逐渐下沉；在坚硬土层中，可能需要掏空刃脚下土沉井才能下沉，可对照抽垫木的方法，分段顺序掏空刃脚底，随即回填砂砾，最后将支垫位置的土也换成砂砾后，再分层分圈逐步挖除砂砾使沉井下沉。

当遇到地下水位较高的粉、细砂地层，渗水量较大无法抽干，或者大量抽水会影响邻近建筑物安全的情况，黏性土挖出后可能漏水翻砂时，采用不排水下沉，一般在沉井内外水头相同的静水条件下，采用空气吸泥机、抓土斗、水力吸石筒、水力吸泥机等机具水下除土。水中除土，可将沉井中部挖成锅底状。在砂及砾石类土中，一般锅底比刃脚低 1.5m 左右时，沉井即可下沉，并将刃脚下的土挤向中央锅底，只要继续在中间挖土，沉井就继续下沉。在黏性土或胶结层中，四周的土不易塌落，需要靠近井壁偏挖，同时采用高压射水破坏土层。

（5）接筑沉井和筑井顶围堰

高度在 10m 以内的沉井，可一次浇筑完成；超过 10m 的沉井，需要分节制造与下沉。当第一节沉井顶面沉至离地面只有 0.5～1.0m 时，应停止挖土下沉，底节沉井混凝土强度达到设计强度的 70% 后，可浇筑下一节沉井。这时，第一节沉井应保持竖直，使两节沉井的中轴线重合。接筑前刃脚不得掏空，并应尽量纠正上节沉井的倾斜，凿毛顶面，立模，然后对称均匀浇筑混凝土，待强度达设计要求后再拆模继续下沉。之后，每当前一节沉井顶面沉至离地面较近时，即接筑下一节沉井。

沉井沉至接近基底标高时，若沉井顶面低于地面或水面，应在井顶接筑临时性防水围堰。围堰的平面尺寸略小于沉井，其下端与井顶上预埋锚杆相连。井顶防水围堰应因地制宜，合理选用。常见的有土围堰、砖石围堰、木板围堰和钢板桩围堰等，如图 6-14 所示。若水深流急，围堰高度大于 5.0m 时，宜采用钢板桩围堰。

（6）基底检验和处理

当沉井沉至设计标高后，要检验基底土质，看其是否与设计相符。排水下沉时可直接检验，否则，应由潜水工下水检验，必要时用钻机取样鉴定。

当检验合乎要求后，应对地基进行必要的处理。当为排水挖土下沉时，如地基为砂土或黏性土，可在井底铺一层碎石或卵石，直达刃脚踏面以上 20cm；如地基为未风化的岩石，只要把岩面泥土清洗掉即可；如岩面为风

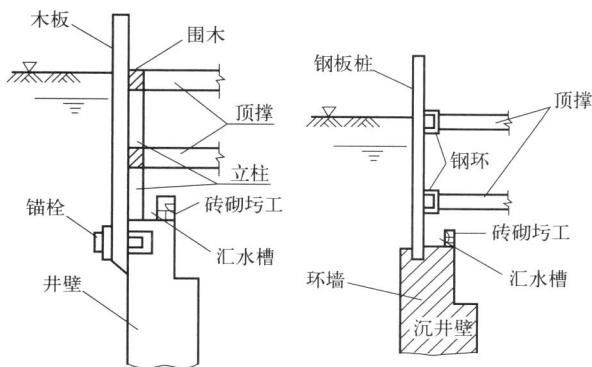

图 6-14　井顶围堰构造

化层，应全部凿除。若岩层倾斜，还应凿成阶梯形。需水下清基时，射水、吸泥和抓泥交替进行，也可由潜水员在水下操纵射水管清理，要求把井底的土面或岩面尽量整平，刃脚和隔墙下的土面应保证水下封底混凝土设计要求的最小厚度，清理后的有效面积不得小于设计要求，以保证封底混凝土、沉井与地基结合紧密。

（7）封底、填充井孔和砌筑井顶顶盖

基底经检验合格后应及时封底。封底方法有两种：排水封底（干封）和不排水封底（湿封）。排水下沉时，如渗水量不大于 6mm/min 且无流砂现象时，可采用普通混凝土封底，即干封底，一般需要在连续排水的条件下进行。如渗水量大于上述规定时，不排水下沉，或虽采用排水下沉，但干封底有困难时，可采用垂直导管法灌注水下混凝土封底，即湿封底。若沉井面积大，可采用多导管先外后内、先低后高依次浇筑。封底一般为素混凝土，但必须与地基紧密结合，不得存在有害的夹层、夹缝。封底混凝土达到设计强度后，再排干井孔中的水，填充井内坍工。如井孔中不填料或仅填砾石，则井顶应浇筑钢筋混凝土顶板，以支承上部结构，且应保持无水施工，然后砌筑井上构筑物，并随后拆除临时性的井顶围堰。

### 6.1.4.2　水中沉井施工

（1）筑岛沉井施工

① 筑岛沉井场地准备

沉井位于浅水或可能被水淹没的岸滩上时，一般施工期间最大水深不超过 5m，宜采用筑岛法施工。筑岛之后，沉井施工方法同陆地沉井施工。

② 对人工岛的要求

a. 岛面标高一般比施工期最高水位至少高出 0.5m，有流冰时，应再适当加高。

b. 岛面面积等于沉井平面尺寸加护道宽。护道宽度在无围堰岛上一般不小于 2m；在有围堰的岛上尽可能使沉井的自重对围堰壁不产生附加侧压力，否则应考虑其附加侧压力对堰壁的作用。在其周围设置交通道路和机具材料堆场及停放场。

c. 筑岛材料应采用透水性好，易于压实的土（砂土、砾石和较小的卵石）。地基如在淤泥等软土上，应挖掉换填，填土要分层夯实或用机械碾压。岛面及地基承载力应满足灌注第一节沉井混凝土时产生的最大压应力的要求。可通过现场测试或经验鉴定确定。

d. 岛的临水面边坡应满足稳定和抗冲刷的要求，一般采用 1：1.75～1：3。有围堰的岛，围堰应防止漏土，否则，在制造和下沉过程中，引起岛面沉降变形会危及沉井安全。

e. 筑岛施工时，还应考虑筑岛后压缩流水断面、加大流速和提高水位的影响。

③ 常用人工岛的类型及适用条件

根据围护情况，常用的筑岛方法有土岛（草袋麻袋防护土岛）、有围堰防护的土岛、木板桩或钢板桩围堰筑岛和石笼筑岛等，如图 6-15 所示。当水深小于 3m、流速不大于 1.5m/s 时，可采用砂或砾石在水中筑岛，如图 6-15(a) 所示；当水的平均流速超过上述数值时，可用片石或盛土的草袋作为护坡，如草（麻）袋围堰一样，以防边坡被水冲刷；若水深或流速加大，可采用有围堰防护的土岛，如图 6-15(b) 所示；当水位较深或流速较大时，宜采用木板桩（通常≤5m）或钢板桩围堰（通常≤15m）筑岛，如图 6-15(c) 所示。在水深流急且不宜打板桩的岩石、砂类卵石等河床上，也可采用石笼围堰筑岛。

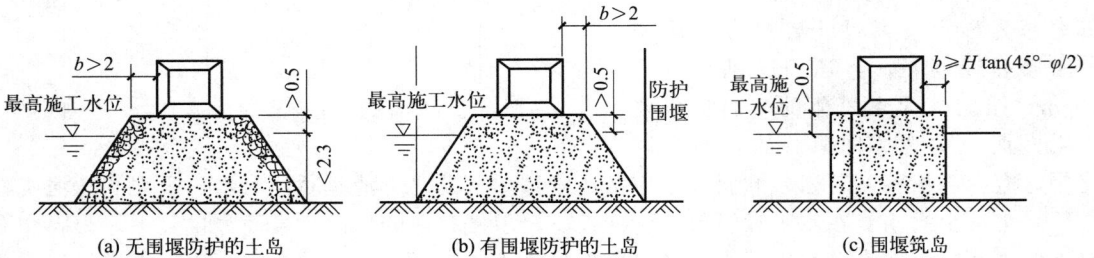

图 6-15 水中筑岛下沉沉井（单位：m）

（2）浮运沉井施工

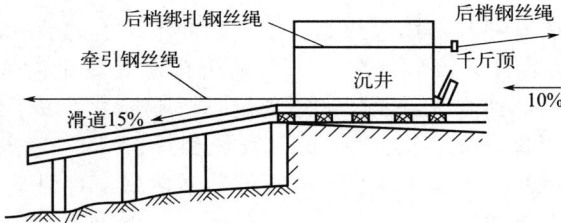

图 6-16 浮运沉井下水

在深水中，如水深超过 10m，人工筑岛有困难或不经济时，常采用浮运法下沉沉井施工。也就是把沉井做成空体结构，或采用其他措施（如装上钢气筒或临时性井底等），使其能在水中漂浮；可以在岸边做成后滑入水中（如图 6-16 所示），拖运到设计墩位上；也可以在驳船上做成后，连同驳船一起拖运到设计位置再吊起放入水中。沉井就位后，在悬浮状态下，逐步用混凝土或水灌入空体中，使其徐徐下沉，直达河底。当沉井较高时，则需分段制造，在悬浮状态下逐节提高，直至沉入河底，按不排水挖土下沉。当沉井刃脚切入河底一定深度后，即可按一般沉井的下沉方法施工。施工前，必须根据河岸地形、设备条件，进行技术经济比较，确定制作场地、沉井结构及下水方案。

## 6.1.5 沉井基础工程质量检验

沉井基础工程质量控制及检验方法，着重从以下几个方面进行。

（1）沉井工程中的模板、钢筋、混凝土、砌砖、砌石、钢壳制作等均应符合公路桥梁基础施工规范的规定。

（2）混凝土抗压强度和抗渗等级及下沉前混凝土的强度等级必须符合设计要求和施工规范的规定。

（3）沉井下沉至设计高程时，应检查基底，确认符合设计要求后方可封底。

（4）沉井下沉中出现开裂，必须查明原因，进行处理后，方可继续下沉。

（5）沉井外壁应平滑，砖石砌筑的沉井，外壁应抹一层水泥砂浆。

（6）沉井封底必须符合设计要求和施工规范的规定。基底检验合格后，宜及时封底。

（7）沉井基底平面位置和高程允许偏差规定如下：

① 平面周线位置：不小于设计要求。

② 基底高程：土质±50mm；石质+50mm，−200mm。

③ 沉井下沉至设计高程时，应进行沉降观测，满足设计要求后方可封底。

（8）井孔填充及顶板浇筑。

① 井孔填充应按设计规定处理。

② 不排水封底的沉井，应在封底混凝土强度满足设计要求后方可抽水。

③ 当沉井顶部需要浇筑钢筋混凝土顶板时，应保持无水施工。

（9）沉井制作和下沉后的允许偏差及检验方法应符合表 6-4 的规定。

（10）沉井的最大倾斜度为 1/50。

（11）矩形、圆端形沉井的平面扭矩转角偏差，就地制作的沉井不得大于 1°，浮式沉井不得大于 2°。

表 6-4　沉井制作和下沉后的允许偏差及检验方法

| 序号 | 项目 | | | 允许偏差 | 检验方法 |
|---|---|---|---|---|---|
| 1 | 制作质量 | 沉降平面尺寸 | 长度、宽度 | ±0.5%，当长、宽大于 24m 时，±120mm | 尺量检查 |
| | | | 曲线部分半径 | ±0.5%，当半径大于 12m 时，±60mm | 拉线和尺量检查 |
| | | | 两对角线差异 | 对角线长度的±1%，最大±180mm | 尺量检查 |
| | | 沉降井壁厚度 | 混凝土 | +40mm，−30mm | 尺量检查 |
| | | | 钢壳和钢筋混凝土 | ±15mm | 尺量检查 |
| 2 | 下沉后质量 | 刃脚平均高程 | | ±100mm | 水准仪检查 |
| | | 底面中心位置偏移 | $H>10$m | ≤$H$/100mm | 吊线、尺量或用经纬仪检查 |
| | | | $H≤10$m | 100mm | |
| | | 刃脚底面高差 | $L>10$m | 小于等于 $L$/100mm 且大于 300mm | 水准仪检查 |
| | | | $L≤10$m | 100mm | |

注：表中 $H$ 为沉井高度，$L$ 为任意沉井两角的距离。

## 6.2　地下连续墙设计

地下连续墙（diaphragm wall）是指分槽段用专用机械成槽、浇筑钢筋混凝土所形成的连续地下墙体，亦可称为现浇地下连续墙。地下连续墙施工先构筑导墙，然后在导墙内用抓斗式、冲击式或回转式等成槽工艺，在泥浆护壁的情况下，开挖一条一定长度的沟槽至设计深度，形成一个单元槽段，清槽后在槽内放入预先制作好的钢筋笼，然后用导管法浇灌水下混凝土，混凝土自下而上充满槽内并将护壁泥浆从槽内置换出来，形成一个单元墙段，然后按照成槽顺序依次逐段进行，各单元墙段之间用各种接头相互连接，形成一条完整的地下连续墙体，如图 6-17 所示，作为截水、防渗、承重、挡水结构。

地下连续墙可以按以下几种方法分类。

（1）按地下连续墙成墙方式可分为：桩排式、槽板式、组合式。

桩排式地下连续墙，实际就是钻孔灌注桩并排连接所形成的地下连续墙。

槽板式地下连续墙，采用专用设备，利用泥浆护壁在地下开挖深槽，水下浇筑混凝土，

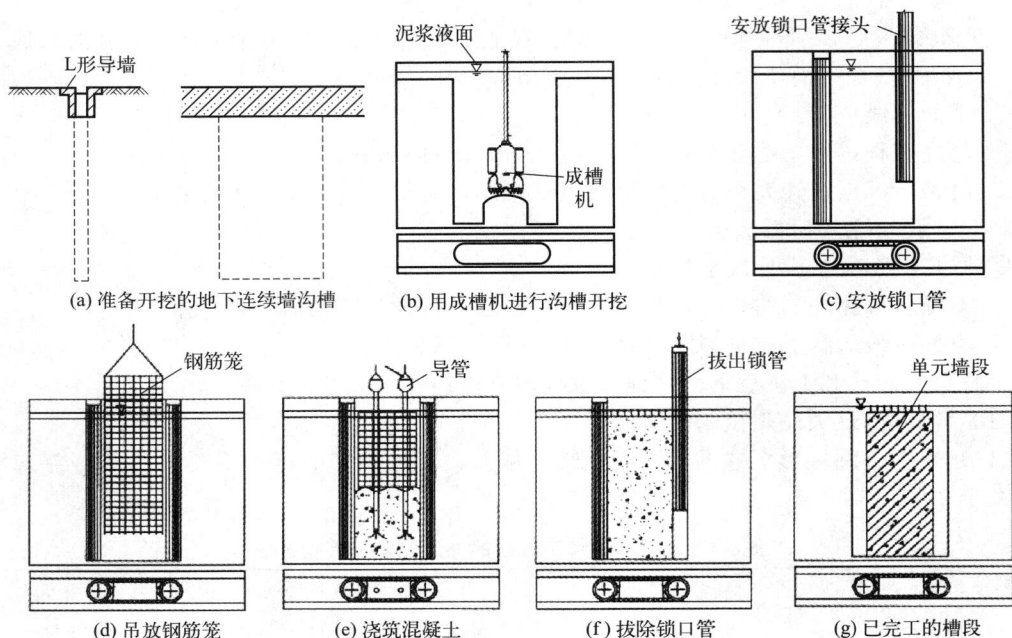

图 6-17　地下连续墙单元槽段施工示意图

(a) 准备开挖的地下连续墙沟槽　(b) 用成槽机进行沟槽开挖　(c) 安放锁口管

(d) 吊放钢筋笼　(e) 浇筑混凝土　(f) 拔除锁口管　(g) 已完工的槽段

形成地下连续墙。

组合式地下连续墙，即将上述桩排式和槽板式地下连续墙组合起来使用的地下连续墙。

（2）按地下连续墙的用途可分为：临时挡土墙、防渗墙、用作主体结构兼作临时挡土墙的地下连续墙。

（3）按地下连续墙墙体填筑材料可分为：钢筋混凝土墙（现浇或预制）、塑性混凝土墙、固化灰浆墙、自硬泥浆墙等。

地下连续墙得到了广泛的应用与发展，因为其具有如下的优点：

① 地下连续墙的墙体刚度大、整体性好，因而结构和地基变形都较小，既可用于超深围护结构，也可用于主体结构；

② 地下连续墙为整体连续结构，加上现浇墙壁厚度一般不小于 600mm，钢筋保护层又大，故耐久性好，抗渗性能亦较好；

③ 可实行逆作法施工，有利于施工安全，并加快施工进度，降低工程造价；

地下连续墙也有自身的缺点和尚待完善的方面，主要有：

① 弃土及废泥浆的处理问题。除增加工程费用外，如处理不当，还会造成新的环境污染。

② 槽壁坍塌问题。地下水位急剧上升、护壁泥浆液面急剧下降、有软弱疏松或砂性夹层、泥浆的性质不当或已经变质、施工管理不当等，都可引起槽壁坍塌。槽壁坍塌轻则引起墙体混凝土超方和结构尺寸超过允许的界限，重则引起相邻地面沉降、坍塌，危害邻近建筑和地下管线的安全。

## 6.2.1　地连墙厚度、槽段宽度与入土深度

对地下连续墙的设计和计算主要围绕强度、变形和稳定性三个大的方面展开，强度主要指墙体的水平和竖向截面承载力、竖向地基承载力；变形主要指墙体的水平变形和作为竖向

承重结构的竖向变形；稳定性主要指作为基坑围护结构的整体稳定性、抗倾覆稳定性、坑底抗隆起稳定性、抗渗流稳定性等。

（1）墙体厚度

地下连续墙厚度一般为 0.5～1.2m，而随着挖槽设备大型化和施工工艺的改进，地下连续墙厚度可达 2.0m 以上。在具体工程中，地下连续墙的厚度应根据成槽机的规格、墙体的抗渗要求、墙体的受力和变形综合确定。地下连续墙的墙体厚度宜根据成槽机的规格，选取 600mm、800mm、1000mm 或 1200mm。如武汉阳逻长江公路大桥南锚碇基坑围护结构采用内径 70m、外径 73m、深 61m，壁厚 1.5m 的圆形地下连续墙，如图 6-18 所示。

（2）槽段宽度

确定地下连续墙单元槽段的平面形状需考

图 6-18　武汉阳逻长江公路大桥南
锚碇基坑地下连续墙现场照片

虑墙体的结构受力特性、槽壁稳定性、周边环境的保护要求和施工条件等。一字形槽段如图 6-19（a）所示，长度宜取 4～6m。当成槽施工可能对周边环境产生不利影响或槽壁稳定性较差时，应取较小的槽段长度。必要时，宜采用搅拌桩对槽壁进行加固。地下连续墙的转角处或有特殊要求时，单元槽段的平面形状可采用 L 形、T 形等，如图 6-19（b）、图 6-19（c）所示。

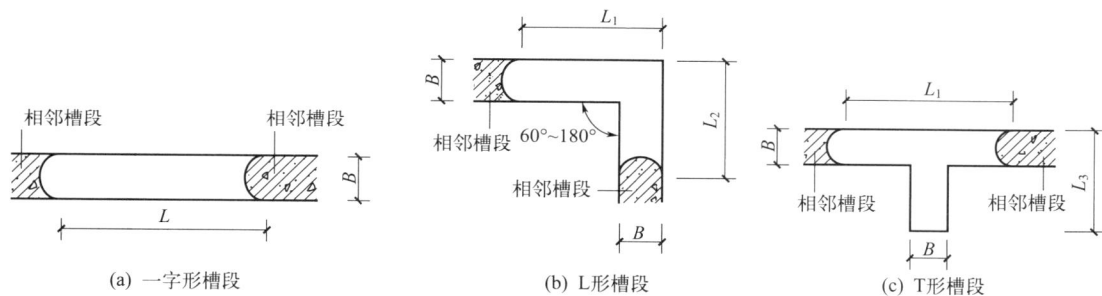

(a) 一字形槽段　　(b) L形槽段　　(c) T形槽段

图 6-19　地下连续墙槽段形式

（3）地下连续墙入土深度

一般工程中地下连续墙入土深度在 10～50m 范围内，最大深度可达 150m。在基坑工程中，地下连续墙既作为承受侧向水土压力的受力结构，同时又兼有隔水的作用，因此地下连续墙的入土深度需考虑挡土和隔水两方面的要求。作为挡土结构，地下连续墙入土深度需满足各项稳定性和强度要求，作为止水帷幕，地下连续墙入土深度需根据地下水控制要求确定。

## 6.2.2　内力与变形计算及承载力计算

地下连续墙作为支护结构时，地下连续墙上的荷载主要是土压力、水压力及地面荷载引起的附加荷载。当作为永久结构时，除以上荷载外，还有上部结构传来的竖向荷载、水平荷载及弯矩等。

### 6.2.2.1 地下连续墙的侧压力计算

在基坑开挖前，通常认为地下连续墙的内外侧承受着静止土压力，且地下连续墙两侧的压力处于平衡状态，随着开挖深度的增加，地下连续墙在土压力的作用下会产生向坑内侧的变形，此时，地下连续墙外侧静止土压力将发生变化。地下连续墙外侧（主动侧）的土压力值与墙体厚度、支撑情况及土方开挖方式等有关。

当地下连续墙厚度较小，开挖土方后所加设的支撑较少，且支撑结构的刚度不很大时，地下连续墙的变形量稍大，主动侧的土压力则可按朗肯土压力公式计算。国内有关单位曾对地下连续墙的土压力进行过原体测试，测试结果表明：当位移 $\Delta$ 与墙高 $H$ 的比值 $\Delta/H = 0.1\% \sim 0.8\%$ 时，墙主动侧的土压力值与按朗肯土压力公式计算的土压力值基本吻合。所以，在地下连续墙变形较大时，采用朗肯土压力公式进行计算，其结果基本上能反映实际情况。

对于设置多层支锚且刚度不大的地下连续墙，主动侧（基坑底标高以上范围）的土压力，应根据不同的土层情况确定其分布情况。

对于刚度较大，且设有多层支撑或拉锚的地下连续墙，由于基坑开挖后墙体变形很小，其主动侧的土压力值往往更接近于静止土压力。

被动土压力值也可按朗肯土压力公式计算，但地下连续墙被动侧的土压力分布及变化情况比主动侧的土压力更加复杂。根据国内的实测资料，当 $\Delta/H = 1\% \sim 5\%$ 时才会达到被动土压力值，产生被动土压力所需的位移量如此之大，在工程实践中往往是不允许的。即地下连续墙处于正常工作状态时，在基坑底面以下的被动区，不允许地下连续墙产生使静止土压力全部转变为被动土压力所对应的位移，因此，地下连续墙被动侧的土压力应小于被动土压力值。

主动土压力、被动土压力、静止土压力及水压力等按《建筑基坑支护技术规程》（JGJ 120—2012）中土压力计算理论公式计算；当地下连续墙作为永久结构使用时，核爆等效静荷载的外侧压力按《人民防空地下室设计规范（2023 年版）》（GB 50038—2005）规定计算。

### 6.2.2.2 地下连续墙在侧向压力作用下的内力计算

（1）常规计算方法

① 自立式地下连续墙计算。自立式地下连续墙因墙面未进行支锚，只适用于开挖深度不大的基坑支护工程。由于该形式的地下连续墙变形较大，墙外侧的荷载可采用主动土压力，该主动土压力所产生的倾覆力矩由基坑以下被动土压力所产生的抵抗力矩来平衡，并取一个安全系数（一级基坑 1.25，二级基坑 1.2，三级基坑 1.15），按此关系即可求出地下墙的插入深度 $l_d$，并根据地下连续墙剪力为零的截面位置求算出该截面最大弯矩值 $M_{max}$。

② 单锚式地下连续墙计算

单锚式地下连续墙，根据其入土深度及土层性状，可将地下连续墙下端视为自由端或固定端。浅埋时，地下连续墙下端可视为自由端，深埋时则可考虑其下端为固定端，在地质条件相同的情况下，当基坑开挖深度相同时，浅埋时所产生的弯矩较大，深埋方式则较安全。

③ 多层支撑地下连续墙计算

多层支撑地下连续墙，采用分层开挖、分段支撑的方法进行施工。在分层开挖的过程中，墙体会产生一定程度的变形，在分段支撑的过程中，可随时对各道支撑的轴力进行调整。此时支护结构所受侧压力已与传统的土压力分布模式有区别。常规计算方法为等值梁法，可将每一段开挖时上部支撑点与插入段弯矩零点之间的墙体视为单梁（简支梁或一端简支、一端弹性固定）进行计算，之后将各段计算结果叠加，所以该方法也称分段等值梁叠加法，由计算结果即可得出地下墙弯矩包络图和最终的变形图。

（2）竖向弹性地基梁（或板）的基床系数法（m 法）

计算地下连续墙多采用竖向弹性地基梁的基床系数法，该法将地下连续墙的入土部分视为弹性地基梁，采用文克尔假定计算，基床系数沿深度变化。该计算方法也称 m 法。

如图 6-20 所示，地下连续墙顶部作用有水平力 $H$、弯矩 $M$，基坑底面以上墙外侧作用有分布荷载 $q_1 \sim q_2$，假定地下连续墙产生弹性弯曲变形（见图中虚线），此时基坑底面以下地基土产生弹性抗力，整个墙体绕基坑底以下某点 $O$ 转动，在 $O$ 点上下的地基土弹性抗力方向相反。

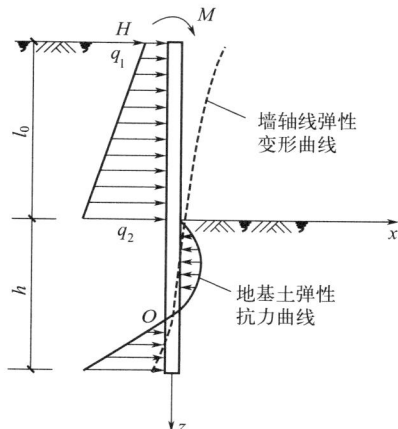

图 6-20　竖向弹性地基梁 m 法计算简图

计算时，将地下连续墙视为埋入地基土中的弹性杆件，假定其基床系数在基坑底标高处为零，并随深度成正比增加。当地下连续墙埋入段的换算深度 $\alpha h \leqslant 2.5$ 时，依设计经验，此时可假定地下墙体的刚度为无限大，按刚性基础计算即可；当 $\alpha h > 2.5$ 时，则按弹性基础计算。地连墙水平变形系数：

$$\alpha = \sqrt[5]{\frac{mb_1}{EI}} \tag{6-24}$$

$$EI = 0.8E_c I \tag{6-25}$$

式中　$\alpha$——地连墙水平变形系数，$\mathrm{m}^{-1}$；

$\quad\ E$——地下连续墙的混凝土弹性模量，$\mathrm{kN/m}^2$；

$\quad E_c$——混凝土抗压弹性模量，$\mathrm{kN/m}^2$；

$\quad\ I$——墙截面惯性矩，$\mathrm{m}^4$；

$\quad m$——地基抗力系数的比例系数，$\mathrm{kN/m}^4$；

$\quad b_1$——计算宽度，m，取 1m。

基坑底标高处地下连续墙的弯矩和内力为：

$$M_0 = M + Hl_0 + \frac{2q_1 + q_2}{6}l_0^2 \tag{6-26}$$

$$H_0 = H + \frac{1}{2}(q_1 + q_2)l_0 \tag{6-27}$$

根据弹性梁的挠曲微分方程，可得如下表达式：

$$\frac{\mathrm{d}^4 x}{\mathrm{d}z^4} + \frac{mb}{EI}xz = 0 \tag{6-28}$$

采用幂级数法解上述微分方程，并规定位移、剪力的方向指向基坑内时为正，墙的内侧受拉时弯矩为正，转角逆时针方向为正，可解得：

$$\left. \begin{aligned} \text{位移}: x &= x_0 A_1 + \frac{\varphi_0}{\alpha}B_1 + \frac{M_0}{\alpha^2 EI}C_1 + \frac{H_0}{\alpha^3 EI}D_1 \\ \text{转角}: \varphi &= \alpha x_0 A_2 + \varphi_0 B_2 + \frac{M_0}{\alpha EI}C_2 + \frac{H_0}{\alpha^2 EI}D_2 \\ \text{弯矩}: M &= \alpha EI(\alpha x_0 A_3 + \varphi_0 B_3) + M_0 C_3 + \frac{H_0}{\alpha}D_3 \\ \text{剪力}: H &= \alpha^2 EI(\alpha x_0 A_4 + \varphi_0 B_4) + \alpha M_0 C_4 + H_0 D_4 \end{aligned} \right\} \tag{6-29}$$

式中　$H_0$、$M_0$——分别为基坑底面处墙上剪力，kN 和弯矩，kN·m；

　　　　$x_0$、$\varphi_0$——基坑底面处墙的水平位移，m 和转角，rad；

　$A$、$B$、$C$、$D$——无量纲影响系数，按换算深度 $\alpha h$ 查表得出，见《建筑桩基技术规范》
　　　　　　　　　　（JGJ 94—2008）。

计算时，因计算点深度 $h$ 及水平变形系数 $\alpha$ 为已知，即可查表求得 $A$、$B$、$C$、$D$ 各系数，根据地连墙所受荷载，按式 (6-26)、式 (6-27) 即可求得 $M_0$、$H_0$，现只需求得基坑底标高处地下墙的变形 $x_0$、$\varphi_0$，即可解出基坑底以下连续墙身各截面的变形 $x$、$\varphi$ 及内力 $M$、$H$。

依墙底边界条件及式 (6-29)，可求得基坑底标高处在墙上施加单位水平力时（$H_0 = 1$，$M_0 = 0$）该处墙身产生的水平位移 $\delta_{HH}$ 及转角 $\delta_{MH}$：

$$\left.\begin{array}{l} \delta_{HH} = \dfrac{1}{\alpha^3 EI} \times \dfrac{B_3 D_4 - B_4 D_3}{A_3 B_4 - A_4 B_3} \\[4mm] \delta_{MH} = \dfrac{1}{\alpha^2 EI} \times \dfrac{A_3 D_4 - A_4 D_3}{A_3 B_4 - A_4 B_3} \end{array}\right\} \tag{6-30}$$

同理，可求得基坑底标高处在墙上施加单位弯矩时（$H_0 = 0$，$M_0 = 1$）该处墙身产生的水平位移 $\delta_{HM}$ 及转角 $\delta_{MM}$：

$$\left.\begin{array}{l} \delta_{HM} = \delta_{MH} \\[4mm] \delta_{MM} = \dfrac{1}{\alpha EI} \times \dfrac{A_3 C_4 - A_4 C_3}{A_3 B_4 - A_4 B_3} \end{array}\right\} \tag{6-31}$$

至此，基坑底标高处墙身变形可由下式求得：

$$\left.\begin{array}{ll} \text{水平位移：} x_0 = H_0 \delta_{HH} + M_0 \delta_{HM} \\[2mm] \text{转　　角：} \varphi_0 = -(H_0 \delta_{MH} + M_0 \delta_{MM}) \end{array}\right\} \tag{6-32}$$

将 $x_0$、$\varphi_0$ 代入式 (6-29)，即可求得基坑底以下墙身各处截面的变形 $x$、$\varphi$ 及内力 $M$、$H$ 值。

（3）地下连续墙在使用阶段的内力计算

当地下连续墙作为永久结构时，要计算地下连续墙在使用阶段的内力和变形。地下室施工完成后，墙外侧向土压力由主动土压力状态逐渐地恢复到静止土压力状态，所以，地下连续墙墙后面侧压力要按静止土压力进行计算，其计算模型与施工阶段相似，但这时地下室各楼层及底板已形成平面内刚度巨大的刚性体系，墙前支撑均可按不动支撑点考虑，基础底板以下土体仍按土体弹簧刚度系数考虑。

墙体按上述施工阶段各种工况与使用阶段的计算弯矩汇总弯矩包络图进行截面承载力验算，以此进行分段竖向配筋设计。地下连续墙一般应进行正截面受弯承载力和斜截面受剪承载力计算，当需要承受竖向荷载时，还应进行竖向受压承载力验算。以上计算内容应按现行国家标准《混凝土结构设计标准（2024 年版）》（GB/T 50010—2010）的有关规定进行计算。

### 6.2.2.3　地下连续墙的竖向承载力计算

当地下连续墙作为基础的一部分时，除了承受水平侧向荷载外，由于墙侧壁及墙底可分别提供摩阻力及端阻力，其竖向承载力仍相当可观，若合理地利用其竖向承载力，可使基础设计更加经济。

地下连续墙的竖向极限承载力 $P$ 可由下式表达：

$$P = F + R\varphi_i \tag{6-33}$$

式中　$F$、$R$——分别为墙侧壁摩阻力及墙底端阻力，kN。

（1）侧壁摩阻力 $F$ 的计算

① 按墙侧土体静止土压力确定 $F$ 值

$$F = L \sum h_i e_i \tan\varphi_i + L \sum h_j e_j \tan\varphi_j \qquad (6\text{-}34)$$

式中　$L$——地下连续墙水平方向长度，m；

$h_i$、$h_j$——分别为墙内、外侧第 $i$、$j$ 土层的厚度，m；

$\varphi_i$、$\varphi_j$——分别为墙内、外侧第 $i$、$j$ 土层内摩擦角，（°）；

$e_i$、$e_j$——分别为墙内、外侧第 $i$、$j$ 土层的静止土压力，kPa。

② 按照墙侧土的摩擦力标准值 $q_{si}$ 计算

$$F = L \sum q_{si} h_i \qquad (6\text{-}35)$$

式中　$q_{si}$——墙侧土极限摩阻力标准值，kPa，可按照《建筑桩基技术规范》（JGJ 94—2008）确定，或者根据工程地质勘察报告资料提供的钻孔灌注桩的土层摩擦力标准值计算，底板以下的墙体应计内侧壁的摩阻力。

③ 按墙侧土体抗剪强度指标确定 $F$ 值

$$F = \xi L \sum (\lambda_i \sigma_{czi} \tan\varphi_i + c_i) h_i + \xi l \sum (\lambda_j \sigma_{czj} \tan\varphi_j + c_j) h_j \qquad (6\text{-}36)$$

式中　$\xi$——摩阻力降低系数；

$L$、$l$——分别为墙内、外侧长度，m；

$y_i$、$\varphi_j$——分别为墙内、外侧第 $i$、$j$ 土层内摩擦角，（°）；

$c_i$、$c_j$——分别为墙内、外侧第 $i$、$j$ 土层内聚力，kPa；

$\sigma_{czi}$、$\sigma_{czj}$——分别为墙内、外侧第 $i$、$j$ 土层的平均自重应力，kPa；

$\lambda_i$、$\lambda_j$——分别为墙内、外侧第 $i$、$j$ 土层的侧压力系数（静止土压力侧压力系数）；

$h_i$、$h_j$——分别为墙内、外侧第 $i$、$j$ 土层的厚度，m。

④ 按墙土之间的摩阻力计算

$$F = L \sum \tau_i h_i + l \sum \tau_j h_j \qquad (6\text{-}37)$$

式中　$\tau_i$、$\tau_j$——墙内、外侧第 $i$、$j$ 土层与混凝土之间的摩阻力或剪应力值，试验表明，摩阻力或剪应力值 $\tau$ 是土体抗剪强度与墙土之间相对位移的函数，对不同类型的土体，应分别进行实验以得到 $\tau$ 值。

（2）墙底端阻力 $R$ 的计算

端阻力可按深基础的太沙基公式，梅耶霍夫公式，或者考虑埋深影响的魏西克公式计算，也可近似地按照桩端承载力估算：

$$R = BL q_p \qquad (6\text{-}38)$$

式中　$B$、$L$——分别为连续墙的厚度和长度，m；

$q_p$——连续墙底土的承载力标准值，kPa。

$q_p$ 参考桩端土承载力标准值取用，一般可按工程地质勘察报告资料提供的钻孔灌注桩的桩端承载力标准值并考虑地下连续墙墙底的沉渣厚度确定。

## 6.2.3　地下连续墙构造设计

（1）地下连续墙墙身混凝土

地下连续墙的混凝土设计强度等级宜取 C30～C40。地下连续墙用于截水时，墙体混凝土抗渗等级不宜小于 P6。当地下连续墙同时作为主体地下结构构件时，墙体混凝土抗渗等级应满足现行国家标准《地下工程防水技术规范》（GB 50108—2008）等相关标准的要求。

地下连续墙保护层厚度在基坑内侧不宜小于 50mm，基坑外侧不宜小于 70mm。混凝土浇筑时，宜高出墙体设计标高 300～500mm，凿去浮浆层后的墙顶标高和墙体混凝土强度应满足设计要求。

（2）钢筋笼

地下连续墙的配筋必须按计算结果拼装成钢筋笼，然后再吊入槽内就位，并浇筑水下混凝土，为满足存放、运输吊装等要求，钢筋笼必须具有足够的强度和刚度，因此钢筋笼的组成，除纵向钢筋、水平钢筋和构造加强钢筋外，还需要有架立主筋的纵、横方向的承力钢筋桁架，如图 6-21 所示。

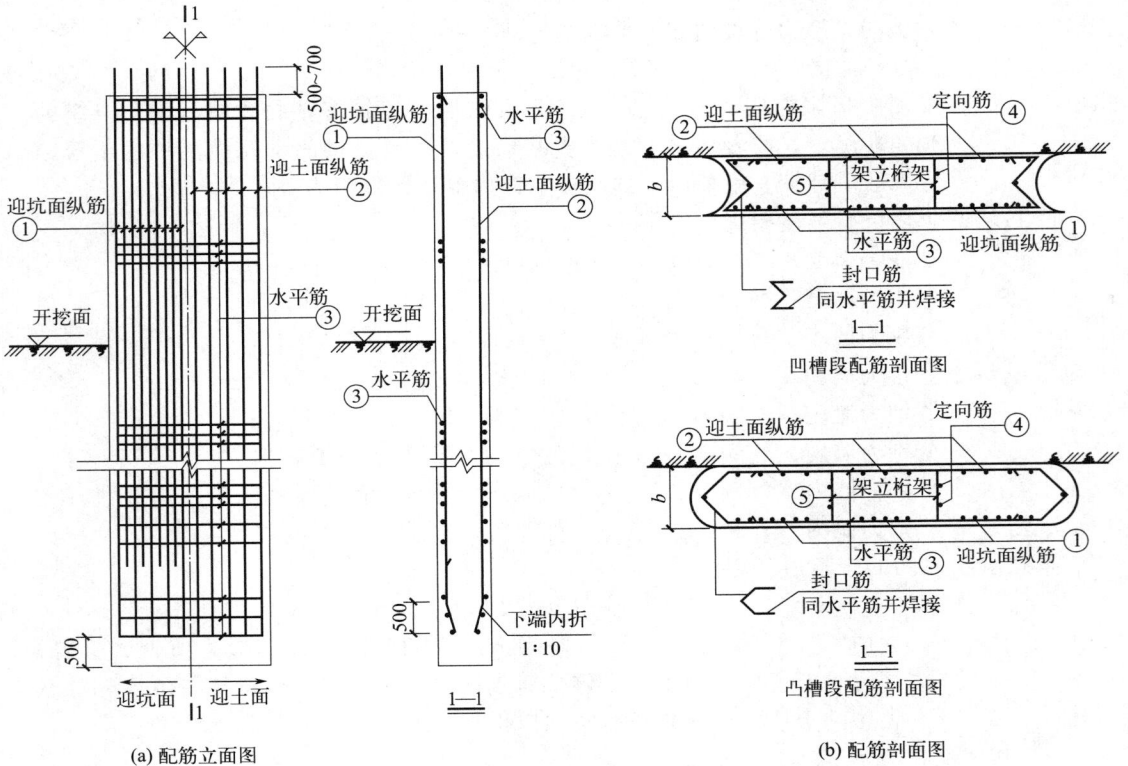

图 6-21　典型地下连续墙钢筋笼配筋图

钢筋笼内还得考虑水下混凝土导管上下的空间，即保证此空间比导管外径大 100mm 以上。钢筋笼端部与槽段接头之间、钢筋笼端部与相邻墙段混凝土面之间的间隙不应大于 150mm。钢筋笼的底端，为防止纵向钢筋的端部擦坏槽壁，可将钢筋笼底端 500mm 范围内做成向内按 1：10 斜度收口。

承力钢筋桁架主要为满足钢筋笼吊装而设计，吊装过程整个钢筋笼假定为均布荷载作用在钢筋桁架上，根据吊点的不同位置，以梁式受力计算桁架承受的弯矩和剪力，再以钢筋结构进行桁架的截面验算及选材。并控制计算挠度在 1/300 以内。

地下连续墙的纵向受力钢筋应沿墙身两侧均匀配置，可按内力大小沿墙体纵向分段配置，但通长配置的纵向钢筋不应小于总数的 50%；纵向受力钢筋宜选用 HRB400、HRB500 钢筋，直径不宜小于 16mm，净间距不宜小于 75mm。

水平钢筋及构造钢筋宜选用 HPB300 或 HRB400 钢筋，直径不宜小于 12mm，水平钢筋间距宜取 200～400mm。冠梁按构造设置时，纵向钢筋伸入冠梁的长度宜取冠梁厚度。

冠梁按结构受力构件设置时，墙身纵向受力钢筋伸入冠梁的锚固长度应符合现行国家标准《混凝土结构设计标准（2024 年版）》（GB/T 50010—2010）对钢筋锚固的有关规定。

当不能满足锚固长度的要求时，其钢筋末端可采取机械锚固措施。

## 6.2.4 地下连续墙槽段接头

为保证墙体的连续性和完整性，同时为了满足抗渗要求，各单元槽段采用连接接头连接。根据受力特性，接头可分为刚性接头和柔性接头，刚性接头是指接头能够承受弯矩、剪力和水平拉力的施工接头，不能承受的就是柔性接头。

### 6.2.4.1 柔性接头

地下连续墙宜采用圆形（半圆形）锁口管接头、波纹管接头、楔形接头、工字形钢接头或混凝土预制接头等柔性接头。接头形式如图 6-22 所示，实物照片如图 6-23 所示。

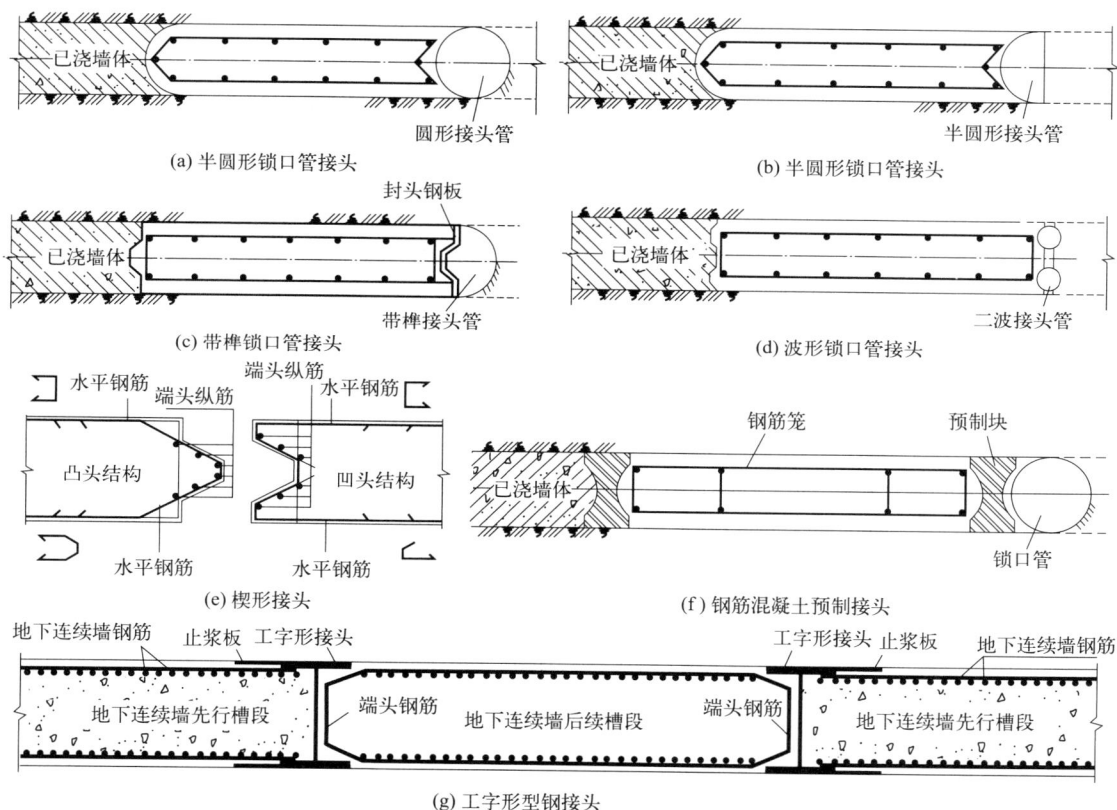

图 6-22 地下连续墙槽段柔性接头形式

（1）锁口管接头

圆形（或半圆形）锁口管接头、波形管（双波管、三波管）接头统称为锁口管接头，锁口管接头是地下连续墙中最常用的接头形式。锁口管在地下连续墙混凝土浇筑时作为侧模，可防止混凝土的绕流，同时在槽段端头形成半圆形或波形面，增加了槽段接缝位置地下水的渗流路径。锁口管接头构造简单，施工方便，工艺成熟，刷壁方便，易清除先期槽段侧壁泥浆，后期槽段下放钢筋笼方便，造价较低，止水效果可满足一般工程的需要。

（2）钢筋混凝土预制接头

钢筋混凝土预制接头可在工厂进行预制加工后运至现场，也可现场预制。预制接头一般采用近似工字形截面，在地下连续墙施工流程中取代锁口管的位置和作用，沉放后无须顶拔，作为地下连续墙的一部分。由于预制接头无须拔除，简化了施工流程，提高了效率，有

(a) 圆形锁口管

(b) 波纹管接头

(c) 半圆形锁口管

(d) 工字形型钢接头

图 6-23　地下连续墙槽段接头实物照片

常规锁口管接头不可比拟的优点。

（3）工字型钢接头

工字型钢接头采用钢板拼接的工字形型钢作为施工接头，型钢翼缘钢板与先行槽段水平钢筋焊接，后续槽段可设置接头钢筋深入接头的拼接钢板区。该接头不存在无筋区，形成的地下连续墙整体性好。先后浇筑的混凝土之间由钢板隔开，加长了地下水渗透的绕流路径，止水性能良好。工字形型钢接头的施工避免了常规槽段接头施工中锁口管或接头箱拔除的过程，大大降低了施工难度，提高了施工效率。

当地下连续墙作为主体地下结构外墙，且墙顶设置通长冠梁、墙壁内侧槽段接缝位置设置结构壁柱、基础底板与地下连续墙刚性连接等措施时，也可采用柔性接头。

### 6.2.4.2　刚性接头

当地下连续墙作为主体地下结构外墙，且需要形成整体墙体时，宜采用刚性接头；刚性接头可采用一字形或十字形穿孔钢板接头、钢筋承插式接头和十字形型钢插入式接头等。

一字形穿孔钢板式的接头，由于它只能承受抗剪状态，故在工程中较少使用。

十字形穿孔钢板式的接头，以开孔钢板作为相邻槽段间的连接构件，开孔钢板与两侧槽段混凝土形成嵌固咬合作用，能承受剪拉状态，在较多情况下可以使用，如各式重力式地下连续墙结构的剪力墙上，各墙段间接头就同时承受剪力和拉力，如图 6-24（a）所示。

钢筋搭接接头采用相邻槽段水平钢筋凹凸搭接，先行施工槽段的钢筋笼两面伸出搭接部分，通过采取相应施工措施，浇灌混凝土时可留下钢筋搭接部分的空间，先行槽段形成后，后施工槽段的钢筋笼一部分与先行施工槽段伸出的钢筋搭接，然后浇灌后施工槽段的混凝土。钢筋搭接接头平面形式如图 6-24（b）所示。这种连接形式在接头位置有地下连续墙钢筋通过（水平钢筋和纵向主筋），为完全的刚性连接。

十字形型钢插入式接头是在工字型钢接头上焊接两块 T 形型钢，并将 T 形型钢锚入

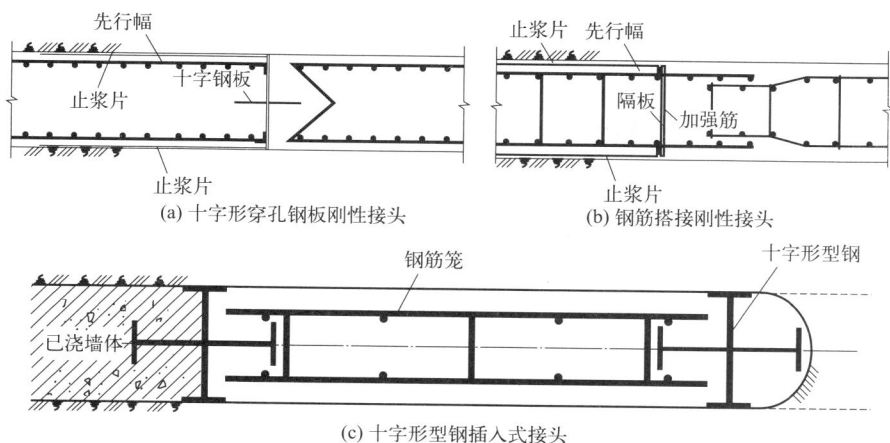

(a) 十字形穿孔钢板刚性接头　　　　　　　(b) 钢筋搭接刚性接头

(c) 十字形型钢插入式接头

图 6-24　地下连续墙刚性施工接头

相邻槽段中，进一步增加了地下水的渗流路径，在增强止水效果的同时，提高了墙段之间的抗剪性能，形成的地下连续墙整体性好。十字形型钢插入式接头如图 6-24(c) 所示。

图 6-25 为十字钢板刚性接头和十字钢板接头箱的实物照片。

(a) 十字钢板接头　　　　　　　　　　　(b) 十字钢板接头箱

图 6-25　刚性接头及接头箱实物照片

## 6.2.5　冠梁构造

地下连续墙分幅施工而成，墙顶应设置通长的冠梁将地下连续墙连成结构整体。冠梁宽度不宜小于墙厚，高度不宜小于墙厚的 0.6 倍，且宜与地下连续墙迎土面平齐，以避免凿除坑外导墙，利用外导墙对墙顶以上土体挡土护坡，避免对周边环境产生不利影响。

冠梁钢筋应符合现行国家标准《混凝土结构设计标准（2024 年版）》（GB/T 50010—2010）对梁的构造配筋要求。冠梁用作支撑或锚杆的传力构件或按空间结构设计时，尚应按受力构件进行截面设计。

地下连续墙墙顶嵌入冠梁的深度不宜小于 50mm，纵向钢筋锚入冠梁内的长度宜按受拉锚固要求确定。

# 6.3　地下连续墙施工

地下连续墙施工，一般分为准备工作与墙体施工两个阶段。准备工作阶段要求准确定出墙位位置，现场核对单元槽段的划分尺寸，完成泥浆制备和废浆处理系统，场地平整、清除地下旧管线和各类基础，挖导沟，准确地设置导墙，铺设轨道和组装成槽设备、吊车、拔管机等设备，准备好钢筋笼及接头工具，并检查全部检测设备。

地下连续墙施工工艺流程如图 6-26 所示。其中修筑导墙、泥浆的制备、成槽、钢筋笼的制作和吊装、水下混凝土浇筑是主要的工序。

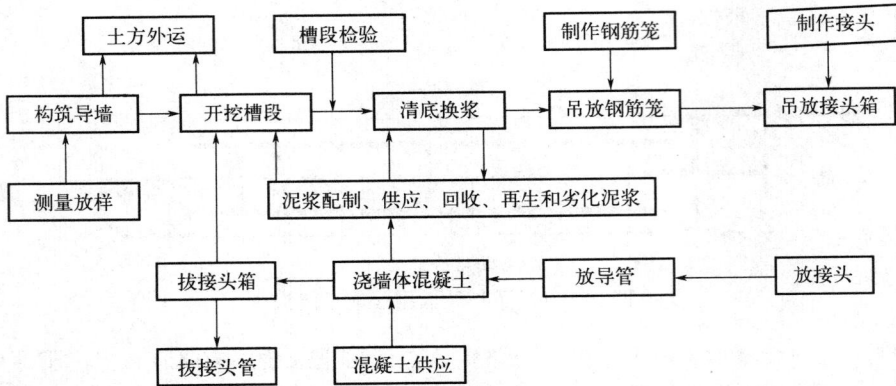

图 6-26　地下连续墙施工工艺流程

### 6.3.1　修筑导墙

#### 6.3.1.1　导墙的作用

导墙是地下连续墙施工中必不可少的构筑物，成槽施工前，应沿地下连续墙两侧设置导墙。导墙具有以下作用：

① 测量基准，成槽导向。导墙与地连墙中心一致，规定了沟槽的位置走向，可作为量测挖槽标高、垂直度的基准。

② 存储泥浆、稳定液面，维护槽壁稳定。导墙内存蓄泥浆，为保证槽壁的稳定，要使泥浆液面始终保持高于地下水位一定的高度。大多数规定为 1.25～2.0m。

③ 稳定上部土体，防止槽口坍方。由于地表土层受地面超载影响，容易塌陷，导墙起到挡土作用。

④ 作为施工荷载支撑平台。承受如成槽设备、钢筋笼、灌注混凝土用的导管、接头管以及其他施工机械的静、动荷载。

#### 6.3.1.2　导墙的形式

导墙宜采用现浇钢筋混凝土结构，也有钢制的或预制钢筋混凝土的装配式结构。根据工程实践，采用现场浇筑的混凝土导墙容易做到底部与土层贴合，防止泥浆流失。其他预制式导墙较难做到这一点。

现浇导墙形状有倒"L"（见图 6-27）、"L"、"]["等形状，可根据地质条件选用。当土质较好时，可选用倒"L"形，其他两种用于土质条件较差的土层。当浅层土质较差时，可预先加固导墙两侧土体，并将导墙底部加深至原状土上。

#### 6.3.1.3　导墙的施工

（1）工艺流程

如图 6-28 所示，工艺流程如下：测量放线→挖槽→绑扎钢筋→安装模板→浇筑混凝土→拆模、设置横撑。

（2）施工要点

导墙混凝土强度等级不宜低于 C20，墙体厚度一般为 150～300mm，双向配筋Φ8～16@

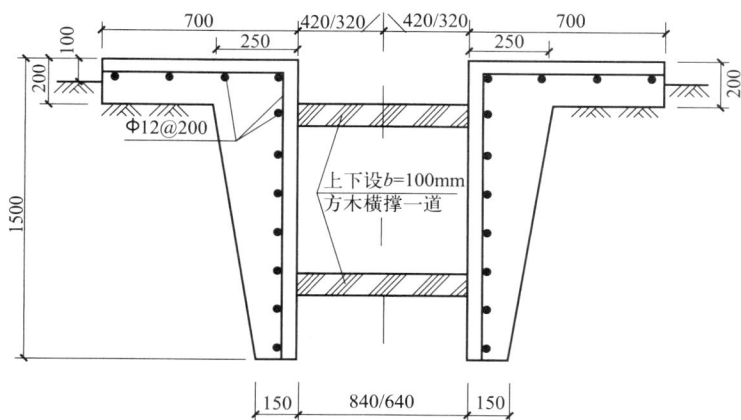

图 6-27　"L"形导墙典型断面结构

(a) 导墙测量放线

(b) 挖槽

(c) 绑扎钢筋

(d) 安装模板

(e) 浇筑混凝土

(f) 拆模、架设木横撑

图 6-28　导墙施工工艺

150×150（200×200）。导墙底面不宜设置在新近填土上，且埋深不宜小于 1.5m。导墙的强度和稳定性应满足成槽设备和顶拔接头管施工的要求。

　　导墙应对称浇筑，墙顶面要水平，内墙面应垂直，地面与地基土密贴。混凝土强度达到70％以上才能拆模。导墙拆模后，应立即在导墙间加设支撑，防止导墙向内挤压。可采用上下两道槽钢或木撑，支撑水平间距一般 2m 左右，并禁止重型机械在尚未达到强度的导墙附近作业，以防止导墙位移或开裂。

## 6.3.2 泥浆制备

地下连续墙施工的基本特点是利用泥浆护壁进行成槽，泥浆护壁是地下连续墙施工确保槽壁不坍的重要措施，除护壁作用外，还有携渣、冷却钻具和润滑减摩作用，有利于提高挖槽效率并延长钻具的使用时间。泥浆的正确使用，是挖槽成功的关键。

泥浆配比应按试验确定。成槽前，应根据地质条件进行护壁泥浆材料的试配及室内性能试验。泥浆拌制后应贮放 24h，待泥浆材料充分水化后方可使用。成槽时，泥浆的供应及处理设备应满足泥浆使用量的要求，泥浆的性能应符合相关技术指标的要求。

护壁泥浆的主要类型是膨润土泥浆，其成分为膨润土、水和外加剂。其性能控制指标有泥浆相对密度、黏度、失水量、pH 值、稳定性、含砂量以及泥皮厚度等。

制备泥浆用搅拌机搅拌或离心泵重复循环搅拌，并用压缩空气助拌。制备泥浆的投料顺序，一般为水、膨润土、Na-CMC、分散剂、其他外加剂。

泥浆经过多次使用，其性能会逐渐恶化，土砂的混入和泥浆中膨润土等成分的减少使泥浆密度增加、黏度变大、失水量增加而泥皮变厚、泥皮性质松软。泥浆受钙离子等多价阳离子污染导致泥浆絮凝化，稳定性恶化，pH 值升高，失水量增加，泥皮劣化。

## 6.3.3 成槽施工

成槽施工是地下连续墙施工中的重要环节，约占工期的一半，成槽精度又决定了墙体制作精度，所以是决定施工进度和质量的关键工序。地下连续墙通常是分段施工的，每一段称为一个槽段，一个槽段是一次混凝土浇筑单位。一般来说，壁板式一字形槽段宽度不宜大于6m，T 形、折线形槽段等槽段各肢宽度总和不宜大于 6m。

常用的成槽机械设备按其工作机理主要分为抓斗式、冲击式和回转式三大类，相应来说基本成槽工法也主要有三类：抓斗式成槽工法、冲击式钻进成槽工法、回转式钻进成槽工法。

（1）抓斗式成槽机

抓斗式成槽机已成为目前国内地下连续墙成槽的主力设备，如图 6-29 所示。使用抓斗成槽，可以单抓成槽，也可以多抓成槽，槽段幅长一般为 3.8～7.2m。

(a) 抓斗成槽机　　　　(b) 抓斗成槽机成槽施工　　　(c) 抓斗卸土

图 6-29　液压抓斗成槽机

抓斗式成槽机挖槽能力强，施工高效，结构简单，易于操作维修，运转费用较低。广泛应用于较软弱的冲积地层，如 $N<40$（$N$ 为标准贯入锤击数）的黏性土、砂性土及砾卵石土等，大块石、漂石、基岩等不适用。成墙厚度一般在 300～1500mm。

（2）冲击钻机

冲击式成槽采用冲击钻机钻进成槽，冲击钻机利用钢丝绳悬吊冲击钻头进行往复提升和下落运动，依靠钻头的重量反复冲击破碎岩石，然后带有活底的收渣筒将破碎下来的土渣石屑取出而成孔。一般先钻进主孔，后劈打副孔，主副孔相连成为一个槽孔，如图 6-30 所示。

冲击式成槽适用于各种土、砂砾石、卵石、基岩（一般只用在岩石地层），特别适用于深厚漂石、孤石等复杂地层的施工，在此类地层中其施工成本要远低于抓斗式成槽机和液压铣槽机。

图 6-30　冲击钻机成槽现场照片

其优点是施工设备简单，操作简便，设备价格低廉，缺点是效率低下，成槽质量较差。

### 6.3.4　钢筋笼制作与吊放

应根据地下连续墙墙体配筋和单元槽段的划分来制作钢筋笼，按单元槽段做成整体。若地下连续墙很深，或受起吊设备能力的限制，须分段制作，在吊放时再连接，则接头宜用绑条焊接。

钢筋笼截面端部与接头管或已浇筑的混凝土接头面应留有 150～200mm 的空隙。主筋保护层厚度为 70～80mm，保护层垫块厚 50mm，一般用薄钢板制作垫块，焊于钢筋笼上，垫块在垂直方向上的间距宜取 3～5m，在水平方向上宜每层设置 2～3 块。

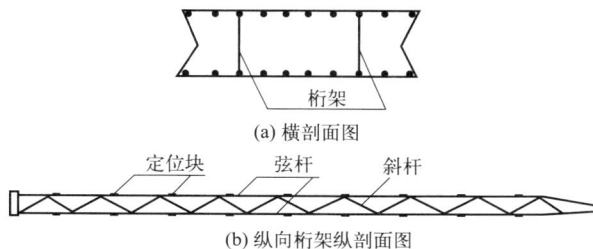

(a) 横剖面图

(b) 纵向桁架纵剖面图

图 6-31　钢筋笼构造示意图

制作钢筋笼时要预先确定浇筑混凝土用导管的位置，由于这部分空间要求上下贯通，周围须增设箍筋和连接筋加固。为避免横向钢筋阻碍导管插入，纵向主筋放在内侧，横向钢筋放在外侧，如图 6-31 所示。纵向钢筋的底端距离槽底设计标高 300～500mm。纵向钢筋底端应稍向内弯折，防止吊放钢筋笼时擦伤槽壁。

钢筋笼制作时，纵向受力钢筋的接头不宜设置在受力较大处。同一连接区段内，纵向受力钢筋的连接方式和连接接头面积占比应符合现行国家标准《混凝土结构设计标准（2024 年版）》（GB/T 50010—2010）对板类构件的规定。

钢筋笼吊装前应根据钢筋笼的重量选择主、副吊设备，进行吊点布置，在吊点处设置纵横向起吊桁架。桁架主筋宜采用 HRB400 级钢筋，钢筋直径不宜小于 20mm，且应满足吊装和沉放过程中钢筋笼的整体性及钢筋笼骨架不产生塑性变形的要求。

### 6.3.5　接头施工

在单元槽段成槽施工后，用起吊设备在该槽段的两端吊放接头管，然后再吊装钢筋笼，如图 6-32 所示。槽段接头应满足混凝土浇筑压力对其强度和刚度的要求。安放槽段接头时，应紧贴槽段垂直缓慢沉放至槽底，遇到阻碍时应先清除，然后再入槽。

在浇筑混凝土时，两端的接头管相当于模板，将刚浇筑的混凝土与还未开挖的二期槽段

图 6-32　接头管与钢筋笼入槽

的土体隔开。待新浇筑混凝土开始初凝时，用机械拔出接头管，这样在未开挖槽段与已浇筑墙体之间就留下一个圆形孔，已浇筑的墙段两端就是内凹半圆形端头。

二期槽段施工时，与其两端相邻的一期槽段混凝土已经结硬，只需开挖二期槽段内的土方。当二期槽段完成土方开挖后，在浇筑相邻槽段混凝土时，应在吊放地下连续墙钢筋笼前，对一期槽段已浇筑的混凝土半圆形端头表面进行处理。将附着的水泥浆与稳定液混合而成的胶凝物除去。在接头处理后，即可进行二期槽段钢筋笼吊放和混凝土的浇筑，这样，相邻槽段内新浇筑成形的外凸半圆形端头与之前的内凹半圆形端头相互嵌接，形成整体，否则接头处止水性就很差。胶凝物的铲除须采用专门设备，例如刷壁器（图 6-33）、刮刀等工具。

(a) 刷壁

(b) 刷壁器

图 6-33　刷壁器刷壁

### 6.3.6　混凝土浇筑

由于地下连续墙采用水下灌注混凝土的方法，在泥浆中浇筑的混凝土强度会受到施工条件变化的影响，使地下连续墙各部位的强度出现差异，所以施工配比应比结构设计规定的强度等级提高 5MPa。

为避免混凝土出现分层离析，要求采用粒度良好的河砂，粗骨料宜用 5～25mm 的卵石。当采用 5～40mm 的碎石时应适当增加水泥用量并提高含砂率，以保证坍落度及和易性满足要求。水泥应采用 32.5～42.5 级的普通硅酸盐水泥或矿渣硅酸盐水泥。当粗骨料为卵石时，水泥用量应大于 $370kg/m^3$；当采用碎石并掺入优良的减水剂时，水泥用量应大于 $400kg/m^3$；当采用碎石而未掺减水剂时，则应大于 $420kg/m^3$。水灰比应不大于 0.60，混凝土的坍落度宜为 18～20cm。

现浇地下连续墙应采用导管法浇筑混凝土，如图 6-34 所示。导管拼接时，其接缝应密闭，

图 6-34　导管法浇筑水下混凝土

并进行气密性试验。混凝土浇筑时，导管内应预先设置隔水栓。

钢筋笼就位后应及时浇筑混凝土。混凝土浇筑过程中，导管埋入混凝土面的深度宜在 $2.0 \sim 4.0 \mathrm{m}$ 之间，浇筑液面的上升速度不宜小于 $3 \mathrm{m/h}$，随着混凝土面的上升，应逐节拆卸导管，防止导管提空。

为了保证单元槽段端部的浇筑质量，导管距槽段端部的距离不得大于 2m。若两根导管的间距过大，则两根导管中间部位的混凝土面较低，易使泥浆卷入混凝土中。所以，当采用多根导管同时灌注时，应使各导管处的混凝土面基本处于同一标高。

### 6.3.7　质量检测

地下连续墙的质量检测应符合下列规定：

（1）应进行槽壁垂直度检测，检测仪器可以采用超声波钻孔侧壁检测仪，如图 6-35 所示，检测数量不得小于同条件下总槽段数的 20%，且不应少于 10 幅；当地下连续墙作为主体地下结构构件时，应对每个槽段进行槽壁垂直度检测。

（2）应进行槽底沉渣厚度检测；当地下连续墙作为主体地下结构构件时，应对每个槽段进行槽底沉渣厚度检测。

（3）应采用声波透射法对墙体混凝土质量进行检测，检测墙段数量不宜少于同条件下总墙段数的 20%，且不得少于 3 幅，每个检测墙段的预埋超声波管数不应少于 4 个，且宜布置在墙身截面的四边中点处。

（4）当根据声波透射法判定的墙身质量不合格时，应采用钻芯法进行验证。

（5）地下连续墙作为主体地下结构构件时，其质量检测尚应符合相关标准的要求。

图 6-35　超声波钻孔侧壁检测仪检测槽壁垂直度

## 思考题与习题

6-1　沉井有哪些特点？适用于什么条件？

6-2　简述沉井的分类情况。

6-3　介绍一般沉井主要由哪几部组成，简要介绍各部分的作用。

6-4　介绍一般沉井的施工工序。其施工要点有哪些？

6-5　沉井基础的设计计算包含哪些内容？

6-6　简述地下连续墙的特点和适用条件。

6-7　简述地下连续墙的分类和结构形式。

6-8　如何确定地下连续墙的墙厚、槽段宽度和入土深度？

6-9　简述地下连续墙的构造设计要点。

6-10　简述地下连续墙施工接头的分类和特点。

6-11　简述地下连续墙的施工工艺流程。

6-12　简述导墙的作用。

6-13　简述泥浆的作用。

6-14　地下连续墙的质量检测内容有哪些？用什么方法检测？

# 第7章　基坑工程

案例导读

　　某博物馆工程东侧结构紧邻建筑红线，拟建新馆建筑镶嵌于老馆之中，且南北两侧局部紧靠老馆基础，基坑周边存在各种地下管线。

图 7-1　基坑支护剖面

　　基坑开挖深度 14.65m，支护形式采用挡土墙＋护坡桩＋1（2、3）道锚杆，南、北汽车坡道处局部采用土钉墙支护形式。挡土墙高度 2m，护坡桩直径 800mm，间距 1600mm，桩长 19.45m，共 5148 根。第一道锚杆长 25m，第二道锚杆长 22m。第三道锚杆长 18m，锚杆间距 1.6m，一桩一锚。降水方式采用坑内设渗水井，抽排结合。基坑支护剖面如图 7-1 所示。

**讨论**

（1）基坑支护体系的作用是什么？

（2）上述案例中支护体系由哪几部分组成？

## 7.1　概述

### 7.1.1　基坑支护的目的与作用

　　基坑是为了修筑建筑物的基础或地下室、埋设市政工程的管道以及开发地下空间（如地铁车站、地下商场）等所开挖的地面以下的空间。深基坑支护结构是为了保证地下结构施工及基坑周边环境的安全，对基坑侧壁及周边环境所采取的支挡、加固和保护措施。随着城市高层建筑的大量兴建和地铁建设的快速发展，深、大基坑大量出现，基坑支护结构显得越来越重要，基坑支护结构的设计计算也将直接影响工程的安全稳定和经济效益。

基坑支护就是为主体结构顺利施工提供防护而布置的临时设施，在工程地下结构施工完成并回填基坑后，基坑支护设施的使命一般就完成了，因此基坑工程设计使用期限一般由地下结构施工所需时间来决定。另外，当基坑工程作为临时设施设计时，荷载取值较低，结构耐久性考虑也不须太充分，因此使用期限一般不超过两年，但也不应少于一年。对于大多数建筑工程基坑，一年的设计使用期限完全可以满足要求。

当支护结构不单作为临时性支护结构，还作为永久工程的一部分时，如地下连续墙同时作为结构外墙时，结构的设计标准必须与主体结构的设计使用年限一致。

### 7.1.2　基坑工程设计等级及支护结构的安全等级

根据场地地质条件、周边环境条件及基坑开挖深度，《建筑地基基础设计规范》（GB 50007—2011）将基坑工程视为地基基础设计的一部分，将其分为甲、乙、丙三个设计等级。不同设计等级基坑工程设计的区别主要体现在变形控制及地下水控制设计要求上。对设计等级为甲级的基坑，变形计算除基坑支护结构的变形外，尚应进行基坑周边地面沉降以及周边被保护对象的变形计算。对场地水文地质条件复杂、设计等级为甲级的基坑应作地下水控制的专项设计，主要目的是要在充分掌握场地地下水规律的基础上，减少因地下水处理不当对周边建（构）筑物以及地下管线的不良影响。

《建筑基坑支护技术规程》（JGJ 120—2012）进一步明确了基坑支护的功能要求：保证基坑周边建（构）筑物、地下管线、道路的安全和正常使用；保证主体地下结构的施工空间。也就是说，基坑工程必须保证拟建工程的顺利实施，同时保证周边设施的安全。对基坑支护而言，破坏后果具体表现为支护结构破坏、土体过大变形对基坑周边环境及主体结构施工安全的影响。按基坑工程破坏后果的严重程度，将支护结构划分为三个安全等级，如表 7-1 所示，对同一基坑的不同部位，可采用不同的安全等级。

支护结构的安全等级，主要反映在设计时支护结构及其构件的重要性系数和各种稳定性安全系数的取值上。对安全等级为一级、二级、三级的支护结构，其结构重要性系数分别不应小于 1.1、1.0、0.9。

表 7-1　支护结构的安全等级

| 安全等级 | 破坏后果 |
|---|---|
| 一级 | 支护结构失效、土体过大变形对基坑周边环境或主体结构施工安全的影响很严重 |
| 二级 | 支护结构失效、土体过大变形对基坑周边环境或主体结构施工安全的影响严重 |
| 三级 | 支护结构失效、土体过大变形对基坑周边环境或主体结构施工安全的影响不严重 |

### 7.1.3　基坑支护的类型及适用条件

基坑围护体系一般包括两部分，挡土体系和地下水控制体系。基坑围护结构一般要承受土压力和水压力，起到挡土和挡水的作用。一般情况下围护结构和止水帷幕共同形成地下水控制体系，但尚有其他两种情况：一种是止水帷幕自成地下水控制体系，另一种是围护结构本身也起止水帷幕作用，可形成地下水控制体系，如水泥土重力式挡墙和地下连续墙等。基坑围护结构主要可以分为下述几类。

（1）放坡开挖及简易支护

放坡开挖及简易支护类主要有：放坡开挖；放坡开挖为主，坡脚辅以短桩、隔板及其他简易支护；放坡开挖为主、辅以铺网喷混凝土加固支护等。

（2）加固边坡土体形成自立式围护结构

加固边坡土体形成自立式围护结构主要有以下几种：水泥土重力式围护结构、加筋水泥土重力式围护结构、土钉墙围护、复合土钉墙围护、冻结法围护等。

（3）挡墙式围护结构

挡墙式围护结构主要可分为：悬臂式挡墙式围护结构、内撑式挡墙式围护结构、拉锚式挡墙式围护结构、内撑与拉锚相结合的挡墙式围护结构等形式。

挡墙式围护结构中常用挡墙有：钢筋混凝土排桩式挡墙、钢筋混凝土地下连续墙、型钢水泥土地下连续墙、钢板墙等。

（4）其他形式围护结构

其他形式围护结构主要有：门架式围护结构、重力式门架围护结构、拱式组合型围护结构、沉井围护结构等。

围护结构分类及适用范围条件如表 7-2 所示。

表 7-2　基坑常用围护结构类型及适用范围

| 结构类型 | | 适用条件 | | |
|---|---|---|---|---|
| | | 安全等级 | 基坑深度、环境条件、土类和地下水条件 | |
| 支挡式结构 | 锚拉式结构 | 一级、二级、三级 | 适用于较深的基坑 | 排桩适用于可采用降水或截水帷幕的基坑；地下连续墙宜同时用作主体地下结构外墙，可同时用于截水；锚杆不宜用在软土层和高水位的碎石土、砂土层中；当邻近基坑有建筑物地下室、地下构筑物等，锚杆的有效锚固长度不足时，不应采用锚杆；当锚杆施工会造成基坑周边建（构）筑物的损害或违反城市地下空间规划等规定时，不应采用锚杆 |
| | 支撑式结构 | | 适用于较深的基坑 | |
| | 悬臂式结构 | | 适用于较浅的基坑 | |
| | 双排桩 | | 当锚拉式、支撑式和悬臂式结构不适用时，可考虑采用双排桩 | |
| | 支护结构与主体结构结合的逆作法 | | 适用于基坑周边环境条件很复杂的深基坑 | |
| 土钉墙 | 单一土钉墙 | 二级、三级 | 适用于地下水位以上或经降水的非软土基坑，且基坑深度不宜大于 12m | 当基坑潜在滑动面内有建筑物、重要地下管线时，不宜采用土钉墙 |
| | 预应力锚杆复合土钉墙 | | 适用于地下水位以上或经降水的非软土基坑，且基坑深度不宜大于 15m | |
| | 水泥土桩垂直复合土钉墙 | | 用于非软土基坑时，基坑深度不宜大于 12m；用于淤泥质土基坑时，基坑深度不宜大于 6m；不宜用在高水位的碎石土、砂土、粉土层中 | |
| | 微型桩垂直复合土钉墙 | | 适用于地下水位以上或经降水的基坑，用于非软土基坑时，基坑深度不宜大于 12m；用于淤泥质土基坑时，基坑深度不宜大于 6m | |
| 重力式水泥土墙 | | 二级、三级 | 适用于淤泥质土、淤泥基坑，且基坑深度不宜大于 7m | |
| 放坡 | | 三级 | 施工场地应满足放坡条件；可与上述支护结构形式结合 | |

注：1. 当基坑不同部位的周边环境条件、土层性状、基坑深度等不同时，可在不同部位分别采用不同的支护形式。
　　2. 支护结构可采用上、下部以不同结构类型组合的形式。

# 7.2　基坑侧壁水平荷载计算

## 7.2.1　土压力计算要求

计算作用在支护结构上的水平荷载时，应考虑下列因素：①基坑内外土的自重（包括地下水）；②基坑周边既有和在建的建（构）筑物荷载；③基坑周边施工材料和设备荷载；④基坑周边道路车辆荷载；⑤冻胀、温度变化等产生的作用。

对成层土，土压力计算时的各土层计算厚度应符合下列规定：

① 当土层厚度较均匀、层面坡度较平缓时，宜取邻近勘察孔的各土层厚度，或同一计算剖面内各土层厚度的平均值；

② 当同一计算剖面内各勘察孔的土层厚度分布不均时，应取最不利勘察孔的各土层厚度；

③ 地层复杂且距勘探孔较远时，应综合分析土层变化趋势后确定土层的计算厚度；

④ 当相邻土层的土性接近，且对土压力的影响可以忽略不计或有利时，可归并为同一计算土层。

## 7.2.2　土中竖向应力计算

土中竖向应力标准值（$\sigma_{ak}$、$\sigma_{pk}$）应按下式计算：

$$\sigma_{ak} = \sigma_{ac} + \sum \Delta\sigma_{k,j} \tag{7-1}$$

$$\sigma_{pk} = \sigma_{pc} \tag{7-2}$$

式中　$\sigma_{ac}$——支护结构外侧计算点，由土的自重产生的竖向总应力，kPa；

$\sigma_{pc}$——支护结构内侧计算点，由土的自重产生的竖向总应力，kPa；

$\Delta\sigma_{k,j}$——支护结构外侧第 $j$ 个附加荷载作用下计算点的土中附加竖向应力标准值，kPa，应根据附加荷载类型分别计算。

均布附加荷载作用下的土中附加竖向应力标准值应按下式计算（如图 7-2 所示）：

$$\Delta\sigma_k = q_0 \tag{7-3}$$

式中　$q_0$——均布附加荷载标准值，kPa。

局部附加荷载作用下的土中附加竖向应力标准值可按下列规定计算：

（1）对于条形基础下的附加荷载［如图 7-3(a) 所示］：

当 $d + a/\tan\theta \leqslant z_a \leqslant d + (3a+b)/\tan\theta$ 时

$$\Delta\sigma_k = \frac{p_0 b}{b + 2a} \tag{7-4}$$

式中　$p_0$——基础底面附加压力标准值，kPa；

$d$——基础埋置深度，m；

$b$——基础宽度，m；

$a$——支护结构外边缘至基础的水平距离，m；

$\theta$——附加荷载的扩散角，宜取 $\theta = 45°$；

$z_a$——支护结构顶面至土中附加竖向应力计算点的竖向距离。

当 $z_a < d + a/\tan\theta$ 或 $z_a > d + (3a+b)/\tan\theta$

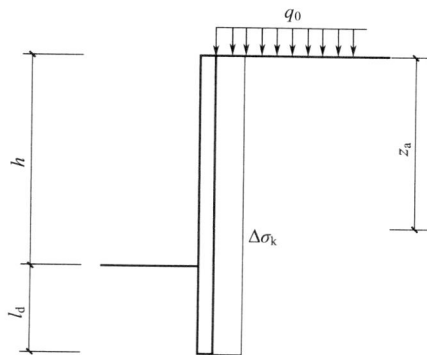

图 7-2　均布竖向附加荷载作用下的土中附加竖向应力计算

时，取 $\Delta\sigma_k=0$。

（2）对于矩形基础下的附加荷载［如图 7-3（a）所示］：

当 $d+a/\tan\theta\leqslant z_a\leqslant d+(3a+b)/\tan\theta$ 时

$$\Delta\sigma_k=\frac{p_0 bl}{(b+2a)(l+2a)} \tag{7-5}$$

式中　$b$——与基坑边垂直方向上的基础尺寸，m；

　　　　$l$——与基坑边平行方向上的基础尺寸，m。

当 $z_a<d+a/\tan\theta$ 或 $z_a>d+(3a+b)/\tan\theta$ 时，取 $\Delta\sigma_k=0$。

（3）对作用在地面的条形、矩形附加荷载，按上述公式计算土中附加竖向应力标准值 $\Delta\sigma_k$ 时，应取 $d=0$ ［如图 7-3（b）所示］。

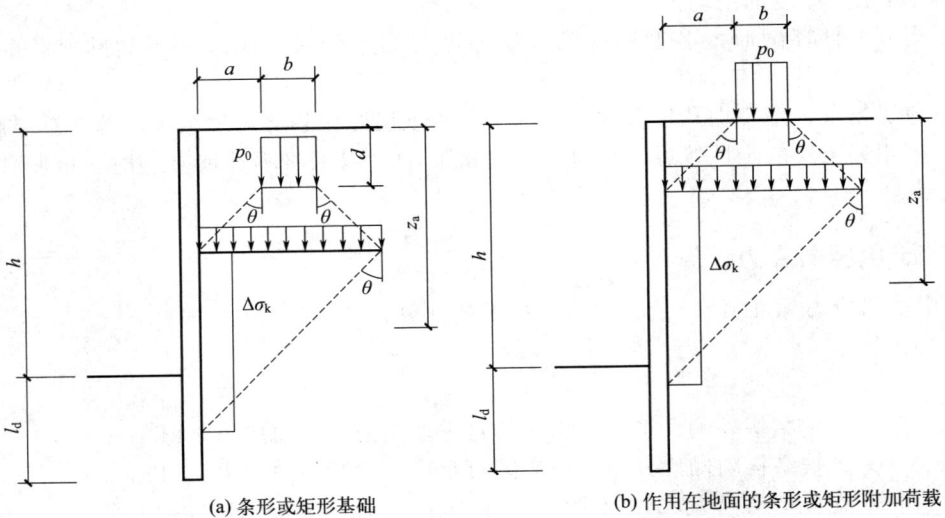

(a) 条形或矩形基础　　　　　　　　(b) 作用在地面的条形或矩形附加荷载

图 7-3　局部附加荷载作用下的土中附加竖向应力计算

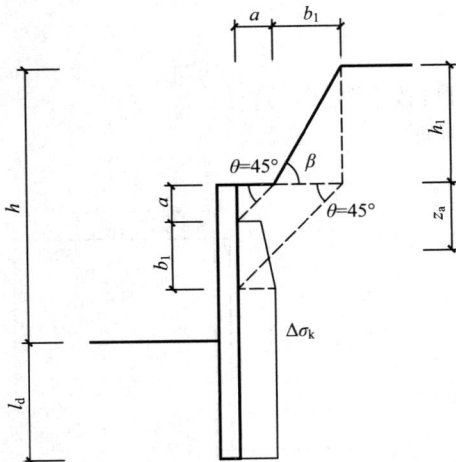

图 7-4　挡土构件顶部以上放坡时
土中附加竖向应力计算

（4）当支护结构的挡土构件顶部低于地面，其上方采用放坡时，挡土构件顶面以上土层对挡土构件的作用宜按库仑土压力理论计算，也可将其视作附加荷载并按下列公式计算土中附加竖向应力标准值（如图 7-4 所示）：

当 $a/\tan\theta\leqslant z_a\leqslant(a+b_1)/\tan\theta$ 时

$$\Delta\sigma_k=\frac{\gamma_m h_1}{b_1}(z_a-a)+\frac{E_{ak1}(a+b_1-z_a)}{K_{am}b_1^2} \tag{7-6}$$

$$E_{ak1}=\frac{1}{2}\gamma_m h_1^2 K_{am}-2c_m h_1\sqrt{K_{am}}+\frac{2c_m^2}{\gamma_m} \tag{7-7}$$

当 $z_a>(a+b_1)/\tan\theta$ 时

$$\Delta\sigma_k=\gamma_m h_1 \tag{7-8}$$

当 $z_a<a/\tan\theta$ 时

$$\Delta\sigma_k=0 \tag{7-9}$$

式中 $z_a$——支护结构顶面至土中附加竖向应力计算点的竖向距离，m；

$a$——支护结构外边缘至放坡坡脚的水平距离，m；

$b_1$——放坡坡面的水平尺寸，m；

$h_1$——地面至支护结构顶面的竖向距离，m；

$\gamma_m$——支护结构顶面以上土的重度，$kN/m^3$，对多层土取各层土按厚度加权的平均值；

$c_m$——支护结构顶面以上土的黏聚力，kPa；

$K_{am}$——支护结构顶面以上土的主动土压力系数；对多层土取各层土按厚度加权的平均值；

$E_{ak1}$——支护结构顶面以上土层所产生的单位宽度主动土压力的标准值，$kN/m$。

当支护结构的挡土构件顶部低于地面，其上方采用土钉墙，按式(7-6)～式(7-9) 计算土中附加竖向应力标准值时可取 $b_1 = h_1$。

### 7.2.3 土中水平荷载计算

如图 7-5 所示，作用在支护结构外侧、内侧的主动土压力强度标准值、被动土压力强度标准值宜按下列公式计算：

（1）对于地下水位以上或水土合算的土层

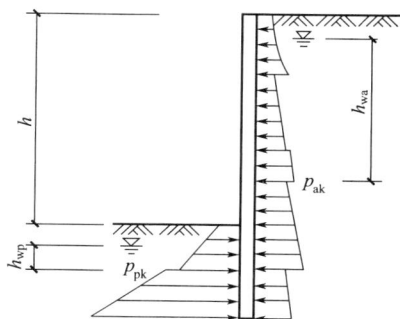

图 7-5 土压力计算

$$p_{ak} = \sigma_{ak} K_{a,i} - 2c_i \sqrt{K_{a,i}} \qquad (7-10)$$

$$K_{a,i} = \tan^2 \left(45° - \frac{\varphi_i}{2}\right) \qquad (7-11)$$

$$p_{pk} = \sigma_{pk} K_{p,i} + 2c_i \sqrt{K_{p,i}} \qquad (7-12)$$

$$K_{p,i} = \tan^2 \left(45° + \frac{\varphi_i}{2}\right) \qquad (7-13)$$

式中 $p_{ak}$——支护结构外侧，第 $i$ 层土中计算点的主动土压力强度标准值，kPa，当 $p_{ak} < 0$ 时，应取 $p_{ak} = 0$；

$\sigma_{ak}$、$\sigma_{pk}$——分别为支护结构外侧、内侧计算点的土中竖向应力标准值，kPa；

$K_{a,i}$、$K_{p,i}$——分别为第 $i$ 层土的主动土压力系数、被动土压力系数；

$c_i$、$\varphi_i$——第 $i$ 层土的黏聚力，kPa 和内摩擦角，(°)，按照岩土工程勘察报告取值；

$p_{pk}$——支护结构内侧，第 $i$ 层土中计算点的被动土压力强度标准值，kPa。

（2）对于水土分算的土层

$$p_{ak} = (\sigma_{ak} - u_a) K_{a,i} - 2c_i \sqrt{K_{a,i}} + u_a \qquad (7-14)$$

$$p_{pk} = (\sigma_{pk} - u_p) K_{p,i} + 2c_i \sqrt{K_{p,i}} + u_p \qquad (7-15)$$

式中 $u_a$、$u_p$——分别为支护结构外侧、内侧计算点的水压力，kPa。

对静止地下水，水压力（$u_a$、$u_p$）可按下列公式计算：

$$u_a = \gamma_w h_{wa} \qquad (7-16)$$

$$u_p = \gamma_w h_{wp} \qquad (7-17)$$

式中 $\gamma_w$——地下水的重度，$kN/m^3$，取 $\gamma_w = 10 kN/m^3$。

$h_{wa}$——基坑外侧地下水位至主动土压力强度计算点的垂直距离，m。对承压水，地下水位取测压管水位；当有多个含水层时，应以计算点所在含水层的地下水位为准。

第7章

$h_{wp}$——基坑内侧地下水位至被动土压力强度计算点的垂直距离，m；对承压水，地下水位取测压管水位。

当采用悬挂式截水帷幕时，应考虑地下水沿支护结构向基坑底面的渗流对水压力的影响。

# 7.3 排桩的设计与计算

## 7.3.1 排桩围护体的种类与特点

排桩围护体是利用常规的各种桩体，例如钻孔灌注桩、挖孔桩、预制桩及混合式桩等并排连续起来形成的地下挡土结构。按照单个桩体成桩工艺的不同，排桩围护体桩型大致有以下几种：钻孔灌注桩、预制混凝土桩、挖孔桩、压浆桩、SMW 工法（型钢水泥土搅拌桩）等。这些单个桩体可在平面布置上采取不同的排列形式形成挡土结构，来支挡不同地质和施工条件下基坑开挖时的侧向水土压力。图 7-6 中列举了几种常用排桩围护体形式。

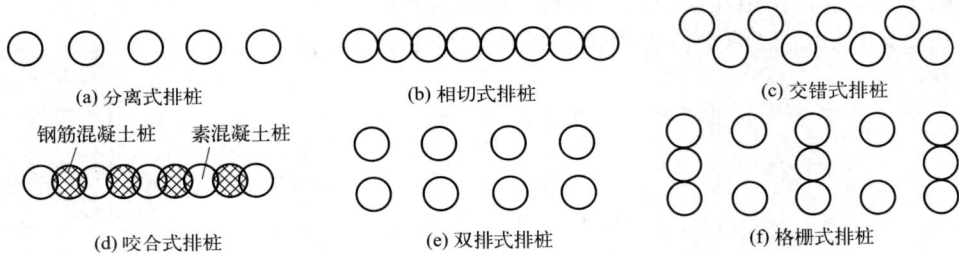

图 7-6 排桩围护体的常见形式

其中，分离式排桩适用于无地下水、土质较好的情况。在地下水位较高时应与其他防水措施结合使用，例如在排桩后面另行设置止水帷幕。相切或搭接式排桩，往往因在施工中桩的垂直度不能保证及桩体扩径等原因影响桩体搭接施工，达不到防水要求。当为了增大排桩围护体的整体抗弯刚度时，可把桩体交错排列，如图 7-6(c) 所示。有时因场地狭窄等原因，无法同时设置排桩和止水帷幕，可采用桩与桩之间咬合的形式，形成可起到止水作用的排桩围护体，如图 7-6(d) 所示。相较于交错式排桩，当需要进一步增大排桩的整体抗弯刚度和抗侧移能力时，可将桩设置为前后双排，将前后排桩桩顶的帽梁用横向连梁连接，就形成了双排门架式挡土结构，如图 7-6(e) 所示。有时还将双排式排桩进一步发展为格栅式排桩，在前后排桩之间每隔一定的距离设置横隔式的桩墙，以进一步增大排桩的整体抗弯刚度和抗侧移能力。

由上可以看出，排桩支护结构除具有自身防水的 SMW 桩型挡墙外，常采用间隔排列及与防水措施结合的方式实现挡土与防水的目的，具有施工方便，防水可靠的优点，是地下水位较高的软土地层中最常用的围护体形式。

排桩支护按照是否有支撑情况，可分为以下几类：

（1）无支撑或拉锚（悬臂）支护结构：支护桩桩身嵌入坑底一定深度，可利用悬臂作用挡住墙后土体。

（2）单支撑结构：基坑开挖深度较大时，若采用无支撑支护结构，支护桩的嵌固深度会较深，造价较高，可以在支护结构中设置一层支撑（或拉锚）。

（3）多支撑结构：当基坑开挖深度较深时，可设置多道支撑（或拉锚），以减少挡墙内力。

悬臂式排桩支护结构可用于开挖深度不大、基坑底部土质情况较好、支护结构变形要求不高的基坑支护工程。支撑（拉锚）式排桩支护结构可用于开挖深度较大、周边环境对支护结构变形控制要求严格的基坑支护工程。

悬臂式排桩支护结构相对于支撑（拉锚）式排桩支护结构而言，桩身弯曲造成的水平位移相对较大，且桩身截面弯矩随悬臂长度增加而迅速增加，若基坑底部土层较差，则悬臂式排桩桩底部的横向位移就较大。由于悬臂式排桩具有结构自身位移较大的特点，因此对变形控制要求较高的基坑支护工程显然就不适应。而支撑（拉锚）式排桩支护结构从基坑开挖深度、坑底土层、基坑工程的变形控制要求等方面考虑，则更适宜用于开挖深度大，对支护结构变形控制要求严格及复杂、困难条件下的基坑支护工程。

### 7.3.2　悬臂桩设计

静力平衡法假设支护桩在侧向荷载作用下可以产生向坑内移动的足够位移，使基坑内外两侧土体达到极限平衡状态。悬臂式支护结构完全依靠嵌入坑底土层足够深度来平衡基坑上部侧壁地面超载、主动土压力及水压力所形成的侧压力，并以此保持稳定，如图 7-7 所示。因此，对于基坑支护中的悬臂式支护结构，嵌固深度至关重要。悬臂式桩墙的设计计算常采用静力极限平衡法和布鲁姆（H.Blum）简化计算法。

以静力平衡法为例，说明悬臂桩计算过程，如图 7-8 所示，当单位宽度桩墙两侧所受的土压力相平衡时，桩墙处于稳定状态，相应的桩墙入土深度即为其保证嵌固稳定所需的最小入土深度，可根据静力平衡条件即水平力平衡方程（$\sum H = 0$）和桩底截面的力矩平衡方程（$\sum M = 0$）求出。

图 7-7　悬臂式排桩支护基坑照片

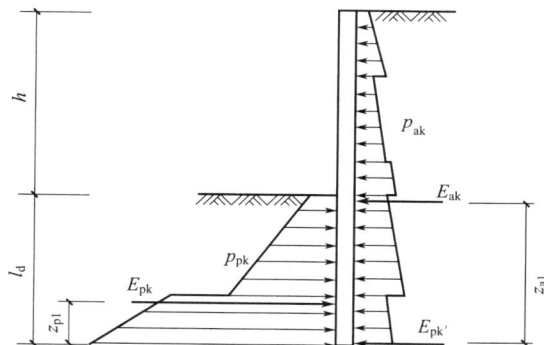

图 7-8　悬臂式支护结构嵌固深度计算简图

$$M = E_{ak} z_{a1} - E_{pk} z_{p1} = 0 \tag{7-18}$$

式中　$E_{ak}$、$E_{pk}$——分别为基坑外侧主动土压力、基坑内侧被动土压力合力标准值，kN/m。

　　　$z_{a1}$、$z_{p1}$——分别为基坑外侧主动土压力、基坑内侧被动土压力合力作用点至挡土构件底端的距离，m。

通过式(7-18)求出最小嵌固深度后，乘以 1.1～1.2 的安全系数，即为支护桩的嵌固深度。得到入土深度后，进行支护结构的内力计算。采用截面法可得到单位宽度支护结构的剪力与弯矩分布图。

《建筑基坑支护技术规程》（JGJ 120—2012）4.2.1 条规定：悬臂式支挡结构的嵌固深度 $l_d$ 应符合嵌固稳定性的要求。规范法计算的原理其实是静力平衡法的另一种表述形式。

$$\frac{E_{pk}z_{p1}}{E_{ak}z_{a1}} \geqslant K_{em} \tag{7-19}$$

式中 $K_{em}$——嵌固稳定安全系数；安全等级为一级、二级、三级的悬臂式支护结构，$K_{em}$ 分别不应小于 1.25、1.2、1.15。

悬臂式支护结构的设计计算主要是求算其嵌固深度和最大弯矩，步骤如下。

（1）计算主、被动土压力 $E_{ak}$、$E_{pk}$，绘制土压力分布的计算简图。

（2）计算（试算）支护桩的嵌固深度。

（3）计算剪力为零的截面，进而求出桩身的最大弯矩 $M_{max}$。

### 7.3.3 单支点支护结构设计

为控制悬臂式排桩支护结构的桩顶水平位移，防止悬臂式排桩倾覆，确保排桩桩顶水平位移满足设计要求，可以加设单点或多点支撑。支撑可以采用钢管支撑、钢筋混凝土支撑或锚杆（索）支撑。设计计算时，单点或多点支撑排桩主要计算排桩的嵌固深度和支撑轴力（锚拉力）。单支点排桩支护按支护桩的埋置深度可以分为浅埋和深埋两种情况，浅埋的视为简支，深埋的视为嵌固。

#### 7.3.3.1 浅埋单支点排桩支护计算

当支护桩、墙入土深度较浅时，桩、墙前侧的被动土压力全部发挥，墙的底端可能有少许向前位移的现象发生。桩、墙前后的被动和主动土压力对支撑点的力矩相等，墙体处于极限平衡状态。此时，支撑（支锚）点视为铰支，下端可视为自由端，支护结构可视为简支梁，如图 7-9 所示。

（1）嵌固深度计算

支护桩的有效嵌固深度 $l_d$，根据对支点 $A$ 的力矩平衡条件（$\sum M_A = 0$）求得：

$$M_A = M_{Ea} - M_{Ep} = 0 \tag{7-20}$$

$$E_a(z_a - h_a) - E_p(H + z_p - h_a) = 0 \tag{7-21}$$

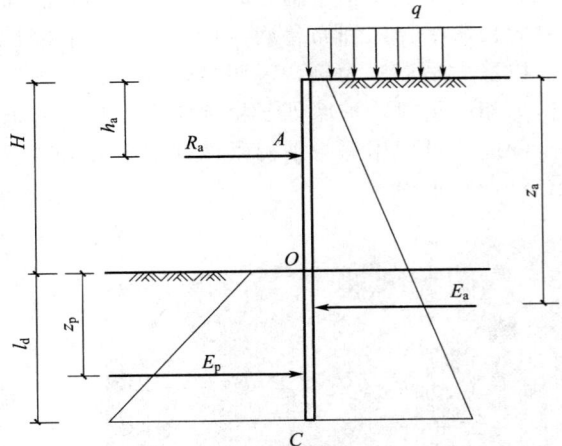

图 7-9 浅埋单支点排桩支护计算简图

式中 $M_{Ea}$、$M_{Ep}$——主、被动土压力合力对 $A$ 点的力矩；

$z_a$、$z_p$——主、被动土压力合力作用点分别到坑顶、坑底的距离，其中，$z_p = \frac{2}{3}l_d$。

由式(7-20)可以计算求得支护桩的最小嵌固深度，然后乘以 1.1～1.3 的安全系数，可得支护桩的嵌固深度。

《建筑基坑支护技术规程》（JGJ 120—2012）4.2.2 条规定：单层锚杆和单层支撑的支挡式结构的嵌固深度 $l_d$ 应符合下式嵌固稳定性的要求。

$$\frac{E_{pk}z_{p2}}{E_{ak}z_{a2}} \geqslant K_{em} \tag{7-22}$$

式中 $K_{em}$——嵌固稳定安全系数；安全等级为一级、二级、三级的单支撑支挡结构，$K_{em}$ 分别不应小于 1.25、1.2、1.15；

$z_{a2}$、$z_{p2}$——分别为基坑外侧主动土压力、基坑内侧被动土压力合力作用点至支点的距离，m。

规范计算嵌固深度的原理与上述方法的计算原理是一致的。

（2）支撑（或拉锚）力计算

在得到嵌固深度的前提下，支撑（或拉锚）力 $R_a$ 根据静力平衡条件（$\sum H = 0$）计算。

$$E_a - E_p - R_a = 0 \tag{7-23}$$

（3）支撑结构内力计算

近似将支挡结构视作静定结构，采用截面法分析各关键截面的内力，包括支撑点截面、支撑点下最大弯矩截面。

支护结构的最大弯矩，在剪力为 0 处。设在支点 $A$ 点下 $x_m$ 位置剪力为 0，即被动土压力等于主动土压力。

若 $x_m < H - h_a$，则

$$E_{axm} - R_a = 0 \tag{7-24}$$

若 $x_m > H - h_a$，则

$$E_{axm} - R_a - E_{pxm} = 0 \tag{7-25}$$

式中　$E_{axm}$、$E_{pxm}$——支点 $A$ 点下 $x_m$ 处的主、被动土压力的合力。

计算出 $E_{axm}$，得到最大弯矩的位置 $x_m$，从而可以求得最大弯矩 $M_{max}$。

若 $x_m < H - h_a$，则

$$M_{max} = E_{axm} z_{axm} - R_a x_m \tag{7-26}$$

若 $x_m > H - h_a$，则

$$M_{max} = E_{axm} z_{axm} - R_a x_m - E_{pxm} z_{pxm} \tag{7-27}$$

式中　$z_{axm}$、$z_{pxm}$——支点 $A$ 点下 $x_m$ 处的主、被动土压力的合力作用点到该点的距离。

#### 7.3.3.2　深埋单支点排桩支护计算

单支点排桩支护入土深度较深时，支护结构底部出现反弯矩，下部位移较小，可视为固定端，支点视为铰接。支护桩嵌固深度较深，可以使墙后土体更安全稳定，不产生滑动。正确估算嵌固深度对压力分布和变形的影响较困难，一般采用等值梁法（亦称假想支点法或相当梁法）计算。

等值梁法的基本原理，如图 7-10 所示。支护结构上弯矩为零的点为 $B'$，若假设将梁在 $B'$ 点截断，并设置一支点，则 $AB'$ 段上的弯矩不变，$AB'$ 为梁 $AG$ 的等值梁。正负弯矩的转折点（弯矩为 0 点）$B'$，实际上和土压力强度为 0 的 $B$ 点很接近，故以 $B$ 点代替 $B'$ 点，即用土压力等于零点的位置来代替反弯点的位置，其误差较小，对计算结果影响不大。计算步骤如下：

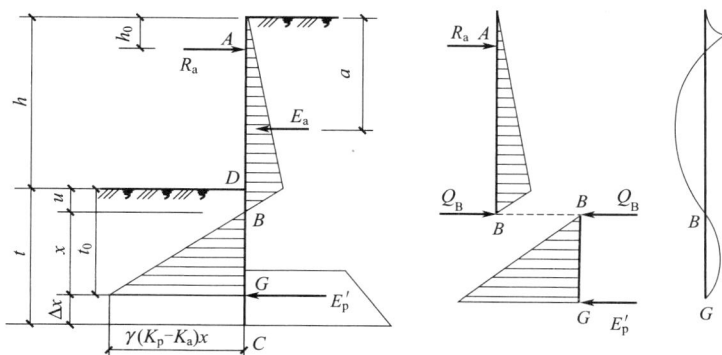

图 7-10　等值梁法计算单支点排桩支护简图

（1）绘制土压力分布图与弯矩图，如图 7-10。计算支护桩各支点处主、被动土压力（$t_0$ 以下暂不考虑）。

（2）求 $u$。$B$ 点桩墙前的被动土压力强度等于桩墙后的主动土压力强度，即

$$\gamma u K_p + 2c\sqrt{K_p} = [q + \gamma(H+u)]K_a - 2c\sqrt{K_a} = e_D + \gamma u K_a \tag{7-28}$$

$$u = \frac{e_D - 2c\sqrt{K_p}}{\gamma(K_p - K_a)} \tag{7-29}$$

式中　$e_D$——桩墙入土处墙后的主动土压力强度值。

（3）按简支梁计算等值梁的支撑（拉锚）力 $R_a$、$B$ 点处的支反力 $Q_B$、最大弯矩 $M_{max}$。

研究 $AB$ 段梁，对 $B$ 点取矩平衡，则：

$$R_a(h+u-h_0) = E_a(h+u-a) \tag{7-30}$$

式中　$E_a$——深度 $h+u$ 范围内净主动土压力合力（图右侧土压力分布面积），kN；

　　　$a$——$E_a$ 净主动土压力合力作用点位置距离基坑顶面的距离，m。

得支点反力 $R_a$ 为：

$$R_a = \frac{E_a(h+u-a)}{(h+u-h_0)} \tag{7-31}$$

研究 $AB$ 段梁，对梁整体考虑水平力平衡，求 $B$ 点截面剪力（假想支座力）$Q_B$，即：

$$Q_B = E_a - R_a \tag{7-32}$$

（4）计算桩墙最小入土深度 $t_0$，$t_0 = u + x$。将 $BG$ 段单独考虑，该段顶部存在一与 $AB$ 段梁下部支座反力 $Q_B$ 大小相同但方向相反的截面剪力，该剪力应与 $BG$ 段净被动土压力平衡。$x$ 即可根据 $Q_B$ 和墙前被动土压力对 $G$ 点的力矩相等得到：

$$Q_B x = \gamma(K_p - K_a)x \times \frac{x}{2} \times \frac{x}{3} \tag{7-33}$$

整理得：

$$x = \sqrt{\frac{6Q_B}{\gamma(K_p - K_a)}} \tag{7-34}$$

支护桩下端的实际埋深应位于 $x$ 以下，一般当土体性质较差及为确保下部满足固定支座这一假定，须将计算结果乘以 1.1～1.2，所需实际板桩的嵌固深度为 $t = (1.1~1.2)t_0$。一般取下限 1.1，当板桩后面为填土时 1.2。

（5）支撑结构内力计算。主要计算关键点的弯矩和剪力，包括支撑点、等值梁 $AB$ 最大弯矩点等，其计算方法同前。

实践证明，用等值梁法计算板桩是偏于安全的，实际计算时常将最大弯矩予以折减。折减系数根据经验为 0.6～0.8 之间。

### 7.3.4　多支点支护结构设计

当基坑比较深、土质较差，单支点支护结构不能满足基坑支挡的强度和稳定性要求时，可以采用多层支撑（拉锚）的多支点支护结构。支撑（拉锚）层数及位置应根据土质、基坑深度、支护结构、支护结构和施工要求等因素综合确定。

目前多支点支护结构的计算方法有等值梁法、1/2 分担法、弹性支点法、盾恩近似法、山肩邦男法以及有限单元法等。

#### 7.3.4.1　等值梁法

如果将单支撑（拉锚）的支护结构视为一次超静定结构，则多道支撑就是多次超静定结

构，因此用等值梁法计算多道支撑的支护结构时，常又引入新的假设条件，如假定各个支撑点均为铰接，即该点弯矩为零等等。本节介绍一种结合开挖过程分层设置支撑情况的近似计算法。

由于多支撑（拉锚）总是在基坑分层开挖过程中在挖到各层支撑的底标高时设置，因此可假设在设置第二道支撑后继续向下开挖时，已经求得的第一道支撑力不变。以此类推，就可以求出各开挖阶段的各道支撑力与围护墙内力，如图 7-11 所示。具体步骤如下：

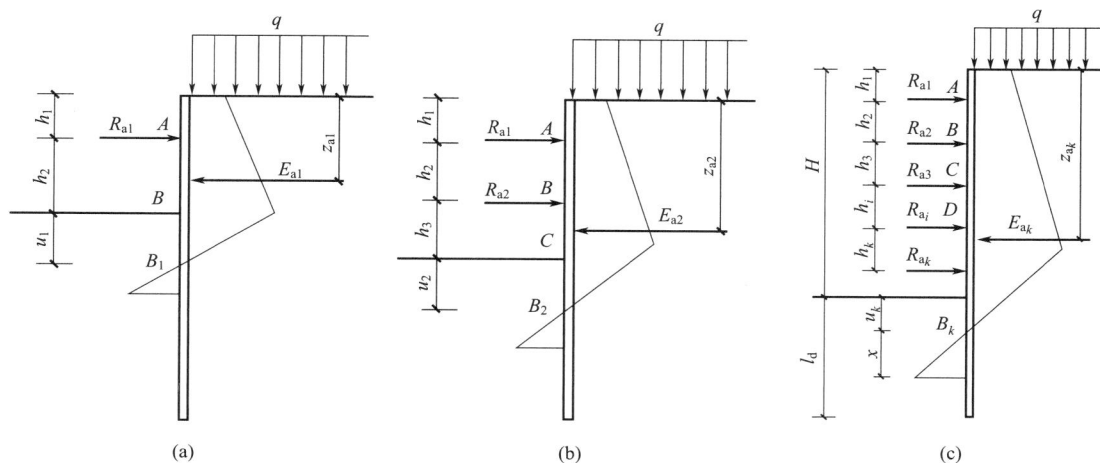

图 7-11 等值梁法计算各支点支护结构计算简图

（1）基坑开挖至第一道支撑（或拉锚）阶段，此时可按悬臂式支护计算桩墙上端的负弯矩（墙下端很小，可以不必计算）。

（2）第一道支撑（或拉锚）阶段。设置第一道支撑后，继续开挖到第二道支撑，此时，第一道支撑（或拉锚）必须保证设置第二道支撑（或拉锚）的基坑稳定，即取设置第二道支撑（或拉锚）所需开挖深度 $h_1+h_2$ 进行第一道支撑（或拉锚）计算。算法与单支点等值梁法一致，主、被动土压力仅需计算至净土压力零点即假想铰点即可，如图 7-11（a）所示。

① 求 $u_1$。$B_1$ 点主动、被动土压力强度相等，可得：

$$u_1 = \frac{e_{a1} - 2c\sqrt{K_p}}{\gamma(K_p - K_a)} \tag{7-35}$$

式中 $e_{a1}$——开挖深度 $h_1+h_2$ 处桩墙后的主动土压力强度值。

② 求 $R_{a1}$。把 $AB_1$ 作为简支梁，对 $B_1$ 点取矩，则：

$$R_{a1} = \frac{E_{a1}(h_1 + h_2 - z_{a1} + u_1)}{h_2 + u_1} \tag{7-36}$$

式中 $E_{a1}$——开挖深度 $h_1+h_2$ 时桩墙后净主动土压力合力；

$z_{a1}$——开挖深度 $h_1+h_2$ 时桩墙后净主动土压力合力的作用点离基坑顶部的距离。

（3）第二道支撑（或拉锚）加设完成至开挖到第三道支撑阶段。此时，开挖深度为 $h_1+h_2+h_3$，如图 7-11（b）所示，同样按此条件计算主、被动土压力，再求新的铰点 $B_2$ 深度 $u_2$。计算时，假设第一道支撑（或拉锚）力 $R_{a1}$ 不变，求第二道支撑力 $R_{a2}$。

① 求 $u_2$。$B_2$ 点主动、被动土压力强度相等，可得：

$$u_2 = \frac{e_{a2} - 2c\sqrt{K_p}}{\gamma(K_p - K_a)} \tag{7-37}$$

式中　$e_{a2}$——开挖深度 $h_1+h_2+h_3$ 处桩墙后的主动土压力强度值。

②　求 $R_{a1}$。把 $AB_2$ 作为简支梁，对 $B_2$ 点取矩，则：

$$R_{a2}=\frac{E_{a2}(h_1+h_2+h_3-z_{a2}+u_1)-R_{a1}(h_2+h_3+u_2)}{h_3+u_2} \tag{7-38}$$

式中　$E_{a2}$——开挖深度 $h_1+h_2+h_3$ 时桩墙后净主动土压力合力；

　　　$z_{a2}$——开挖深度 $h_1+h_2+h_3$ 时墙后净主动土压力合力的作用点离基坑顶部的距离。

（4）重复以上步骤，至设置最后一道支撑，并开挖至基坑底面设计标高，如图 7-11（c）所示。求最后一道支撑时，铰点 $B_k$ 深度为 $u_k$。计算时，仍假设以上支撑（或拉锚）力保持不变，求最后一道支撑力 $R_{ak}$。

①　求 $u_k$。$B_2$ 点主动、被动土压力强度相等，可得：

$$u_k=\frac{e_{ak}-2c\sqrt{K_p}}{\gamma(K_p-K_a)} \tag{7-39}$$

式中　$e_{ak}$——开挖到基坑底部时桩墙后的主动土压力强度值。

②　求 $R_{ak}$。把 $AB_k$ 作为简支梁，对 $B_k$ 点取矩，则：

$$R_{ak}=\frac{E_{ak}(H-z_{ak}+u_k)-\sum_{i=1}^{k-1}R_{ai}\left(H-\sum_{i=1}^{k-1}h_i+u_k\right)}{H-\sum_{i=1}^{k}h_i+u_k} \tag{7-40}$$

式中　$E_{ak}$——开挖到基坑底部时桩墙后净主动土压力合力，kN/m；

　　　$z_{ak}$——开挖到基坑底部时桩墙后净主动土压力合力的作用点离基坑顶部的距离，m；

　　　$H$——基坑开挖设计深度，m。

③　$B_k$ 点处的支反力 $Q_B$ 为

$$Q_B=E_{ak}-\sum_{i=1}^{k}R_{ai} \tag{7-41}$$

（5）按式（7-34）计算 $x$，并计算桩墙的最小入土深度 $t_0$，$t_0=u_k+x$。然后，计算桩墙的嵌固深度 $l_d$，$l_d=(1.1\sim1.2)t_0$。

（6）支撑结构内力计算。主要计算关键点的弯矩和剪力，包括支撑点、等值梁 $AB$ 最大弯矩点等。求最大弯矩时将 $AB_k$ 视为简支梁，确定剪力为零点，然后求最大弯矩 $M_{max}$。计算方法同前。

### 7.3.4.2　弹性支点法

等值梁法基于极限平衡状态理论，假定支护结构前、后受极限状态的主、被动土压力作用，不能反映支护结构的变形情况，也就无法预先估计开挖对周围建筑物的影响。基坑工程弹性地基梁法（弹性支点法）则能够考虑支护结构的平衡条件与土的变形协调，分析中所需参数单一且土的水平抗力系数取值已积累了一定的经验，并可有效地计入基坑开挖过程中多种因素的影响，如作用在挡墙两侧土压力的变化，支撑数量随开挖深度的增加而变化，支撑预加轴力和支撑架设前的支护结构位移对结构内力、变形变化的影响等，同时从支护结构的水平位移可以初步估计开挖对邻近建筑的影响程度，在实际工程中已成为一种重要的设计方法和手段，《建筑基坑支护技术规程》（JGJ 120—2012）对于支撑（拉锚）式支护结构的挡土结构设计，均采用弹性支点法分析计算。

弹性支点法将支护结构视作竖向放置的弹性地基梁，取单位宽度的挡墙作为竖向放置的弹性地基梁，支撑或锚杆简化为弹簧支座，基坑内开挖面以下土体采用弹簧模拟，挡土结构外侧作用已知的水压力和土压力。图 7-12 为弹性支点法的计算简图。

取结构计算宽度为 $b_0$ 的围护结构作为分析对象，列出弹性地基梁的变形微分方程如下：

$$EI \frac{\mathrm{d}^4 y}{\mathrm{d}z^4} - e_a(z)b_s = 0 \qquad (0 \leqslant z \leqslant h_n) \tag{7-42}$$

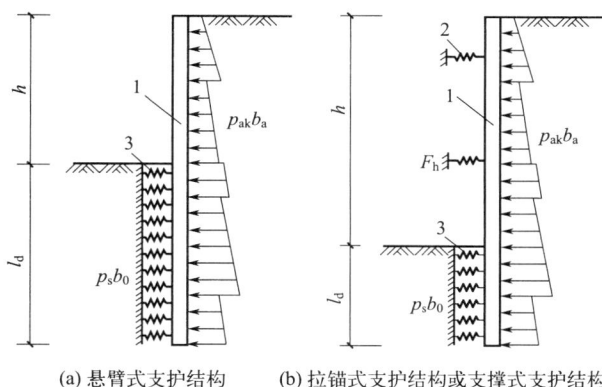

(a) 悬臂式支护结构　　(b) 拉锚式支护结构或支撑式支护结构

图 7-12　弹性支点法计算示意图
1—支护结构；2—由锚杆或支撑简化
而成的弹性支座；3—计算土反力的弹性支座

$$EI \frac{\mathrm{d}^4 y}{\mathrm{d}z^4} + mb_0(z - h_n)y - e_a(z)b_s = 0 \quad (z \geqslant h_n) \tag{7-43}$$

式中　$EI$——围护结构的抗弯刚度；

　　　$y$——围护结构的侧向位移；

　　　$z$——开挖面以下深度；

　$e_a(z)$——$z$ 深度处的主动土压力；

　　　$b_s$——侧向土压力计算宽度；

　　　$m$——地基土水平反力系数的比例系数；

　　　$h_n$——第 $n$ 步的开挖深度；

　　　$b_0$——土的抗力计算宽度。

求解上述公式即可得到支护结构的内力和变形，通常可用杆系有限元法求解。首先将支护结构进行离散，支护结构采用梁单元，支撑或锚杆用弹性支撑单元，外荷载为支护结构后侧的主动土压力和水压力，其中水压力既可单独计算，即采用水土分算模式，也可与土压力一起算，即水土合算模式，但须注意的是水土分算和水土合算时所采用的土体抗剪强度指标不同。

划分单元时，需考虑土层的分布、地下水位、支撑（锚杆）的位置、基坑的开挖深度等因素。分析多道支撑（锚杆）分层开挖时，根据基坑开挖、支撑情况划分施工工况，按照工况的顺序进行支护结构的变形和内力计算，计算中需考虑各工况下边界条件、荷载形式等的变化，并取上一工况计算的围护结构位移作为下一工况的初始值。

弹性支座的反力可由下式计算：

$$F_{hi} = K_{Ri}(v_{Ri} - v_{R0}) + P_{hi} \tag{7-44}$$

式中　$F_{hi}$——支护结构计算宽度内第 $i$ 道支撑（锚杆）弹性支点水平反力，kN。

　　$K_{Ri}$——支护结构计算宽度内第 $i$ 道支撑弹簧刚度系数，kN/m。

　　$v_{Ri}$——支护结构在支点处的侧向位移，m。

　　$v_{R0}$——设置支撑或锚杆时，支点的初始水平位移，m。

　　$P_{hi}$——支撑或锚杆施加的预应力的法向分力。采用锚杆或竖向斜撑时，取 $P_{hi} = P\cos\alpha \times b_a/s$；采用水平对撑时，取 $P_{hi} = Pb_a/s$；对不预加轴向压力的支撑，取 $P_{hi} = 0$；锚杆的预加轴向拉力 $P$ 宜取 $(0.75N_k \sim 0.9N_k)$；支撑的预加轴向压力 $P$ 宜取 $(0.5N_k \sim 0.8N_k)$。此处，$P$ 为锚杆的预加轴向拉力值或支撑的预加轴向压力值；$\alpha$ 为锚杆倾角或支撑仰角；$s$ 为锚杆或支撑的水平间距；$N_k$ 为锚杆轴向拉力标准值或支撑轴向压力标准值；$b_a$ 为挡土结构计算宽度，对单根支护桩，取排桩间距，对单幅地下连续墙，取包括接头的单幅墙宽度。

由于在支撑设置前已经产生位移 $v_{R0}$，并不使支撑产生轴力，故应该减去。

# 7.4  锚杆（索）设计与计算

## 7.4.1  锚杆支护的作用原理与特点

（1）锚杆支护的作用原理

锚杆是将受拉杆件的一端（锚固段）固定在稳定地层中，另一端与工程构筑物相联结，用于承受土压力、水压力等施加于构筑物的推力，从而利用地层的锚固力以维持构筑物（或岩土层）的稳定的一种支护体系。锚杆主要由锚头、自由段和锚固段等部分组成，锚杆外露于地面的一端用锚头固定。一种情况是锚头直接附着于结构上并满足结构的稳定；另一种情况是通过梁板、格构或其他部件将锚头施加的应力传递于更为宽广的岩土体表面，如图 7-13 所示。

锚杆杆体宜采用钢绞线，此时锚杆也称为锚索；当设计的锚杆抗拔承载力较低时，也可采用普通钢筋锚杆；当环境保护要求不允许在支护结构使用功能完成后锚杆杆体滞留于基坑周边地层内时，应采用可拆芯钢绞线锚杆。

对于锚固作用原理的认识，可归纳为两种不同的理论。一种建立在结构工程概念上，其基本特征是"荷载-结构"模式。把岩土体中可能破坏坍塌部分的重量作为荷载由锚喷支护承担。其中锚杆支护的悬吊理论最具有代表性，该理论要求锚杆长度穿越塌落高度，把坍塌的岩石悬吊起来。这一类型的理论是在 1970 年以前发展形成的，是沿着结构工程的概念，采用结构力学的方法来论述的。土层锚杆设计主要还是应用这类理论。

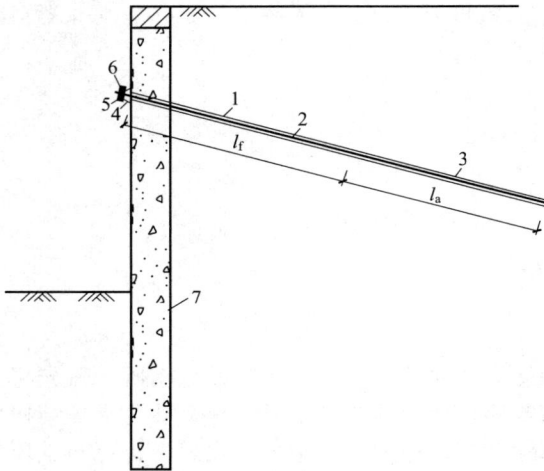

图 7-13  土层锚杆结构示意图
1—自由段；2—锚杆杆体；3—锚固段；4—腰梁；
5—锚具；6—垫板；7—支挡结构

岩层锚杆则建立在岩体工程概念上，充分发挥围岩的自稳能力，防围岩破坏于未然。锚杆支护与适时、合理的施工步骤相结合，主要作用在于控制岩体变形和位移，改善岩体应力状态，提高岩体强度，使岩体与支护共同达到新的平衡。这一类型的理论，按照岩体工程概念，采用岩体力学、岩体工程地质学的方法，对岩体进行稳定性分析及锚固支护加固效果分析。该类型理论自 1980 年初逐步发展完善，更能发挥岩体自身强度高、自稳能力好的优点。

（2）锚杆支护的特点

通过埋设在地层中的锚杆，将结构物与地层紧紧地联系在一起，依赖锚杆与周围地层的抗剪强度传递结构物的拉力或使地层自身得到加固，以保持结构物和岩土体稳定。与其他支护形式相比，锚杆支护具有以下特点：

①　提供开阔的施工空间，极大地方便土方开挖和主体结构施工。锚杆施工机械及设备的作业空间不大，适合各种地形及场地。

②　对岩土体的扰动小；在地层开挖后，能立即提供抗力，且可施加预应力，控制变形的发展。

③　锚杆的作用部位、方向、间距、密度和施工时间可以根据需要灵活调整。

④　用锚杆代替钢或钢筋混凝土支撑，可以节省大量钢材，减少土方开挖量，改善施工条件，尤其对于面积很大、支撑布置困难的基坑。

⑤　锚杆的抗拔力可通过试验来确定，可保证设计有足够的安全度。

（3）锚杆支护的适用条件

可用于不同深度的基坑，支护体系不占用基坑范围内的空间，但锚杆需伸入邻地，有障碍时不能设置，也不宜锚入毗邻建筑物地基内。锚杆的锚固段不应设在灵敏度高的淤泥层内，在软土中也要慎用。在含承压水的粉土、粉细砂层中应采用跟管钻进施工锚杆或一次性锚杆。

### 7.4.2　锚杆设置及构造要求

（1）锚杆的布置要求

①　锚杆的水平间距不宜小于 1.5m；多层锚杆，其竖向间距不宜小于 2.0m；当锚杆的间距小于 1.5m 时，应根据群锚效应对锚杆抗拔承载力进行折减或相邻锚杆应取不同的倾角。

②　锚杆锚固段的上覆土层厚度不宜小于 4.0m。

③　锚杆倾角宜取 15°～25°，且不应大于 45°，不应小于 10°；锚杆的锚固段宜设置在土的黏结强度高的土层内。

④　当锚杆穿过的地层上方存在天然地基的建筑物或地下构筑物时，宜避开易塌孔、变形的地层。

（2）钢绞线锚杆、普通钢筋锚杆的构造要求

①　锚杆成孔直径宜取 100～150mm。

②　锚杆自由段的长度不应小于 5m，且穿过潜在滑动面进入稳定土层的长度不应小于 1.5m；钢绞线、钢筋杆体在自由段应设置隔离套管。

③　土层中的锚杆锚固段长度不宜小于 6m。

④　锚杆杆体的外露长度应满足腰梁、台座尺寸及张拉锁定的要求。

⑤　锚杆杆体用钢绞线应符合现行国家标准《预应力混凝土用钢绞线》（GB/T 5224—2023）的有关规定。

⑥　普通钢筋锚杆的杆体宜选用 HRB335、HRB400 级螺纹钢筋。

⑦　应沿锚杆杆体全长设置定位支架；定位支架应能使相邻定位支架中点处锚杆杆体的注浆固结体保护层厚度不小于 10mm，定位支架的间距宜根据锚杆杆体的组装刚度确定，对自由段宜取 1.5～2.0m；对锚固段宜取 1.0～1.5m；定位支架应能使各根钢绞线相互分离。

⑧　钢绞线用锚具应符合现行国家标准《预应力筋用锚具、夹具和连接器》（GB/T 14370—2015）的规定。

⑨　普通钢筋锚杆采用千斤顶张拉后对螺栓进行紧固的锁定方法，螺栓与杆体钢筋的连接、螺母的规格应满足锚杆拉力的要求。

⑩　锚杆注浆应采用水泥浆或水泥砂浆，注浆固结体强度不宜低于 20MPa。

（3）锚杆腰梁或冠梁的构造要求

①　锚杆腰梁可采用型钢组合梁或混凝土梁。锚杆腰梁应按受弯构件设计。混凝土锚杆

腰梁的正截面、斜截面承载力，应符合现行国家标准《混凝土结构设计标准（2024 年版）》（GB/T 50010—2010）的规定；对型钢组合腰梁，应符合现行国家标准《钢结构设计标准》（GB 50017—2017）的规定。当锚杆锚固在混凝土冠梁上时，冠梁应按受弯构件设计，其截面承载力应符合上述国家标准的规定。

② 锚杆腰梁应根据实际约束条件按连续梁或简支梁计算。计算腰梁的内力时，腰梁的荷载应取结构分析时得出的支点力设计值。

③ 型钢组合腰梁可选用双槽钢或双工字钢，槽钢之间或工字钢之间应用缀板焊接为整体构件，焊缝连接应采用贴角焊缝。双槽钢或双工字钢之间的净间距应满足锚杆杆体平直穿过的要求。

④ 采用型钢组合腰梁时，腰梁应满足在锚杆集中荷载作用下的局部受压稳定与受扭稳定的构造要求。当需要增加局部受压和受扭稳定性时，可在型钢翼缘端口处配置加劲肋板。

⑤ 锚杆的混凝土腰梁、冠梁宜采用斜面与锚杆轴线垂直的梯形截面；腰梁、冠梁的混凝土强度等级不宜低于 C25。采用梯形截面时，截面的上边水平尺寸不宜小于 250mm。

⑥ 采用楔形钢垫块时，楔形钢垫块与挡土构件、腰梁的连接应满足受压稳定性和锚杆垂直分力作用下的受剪承载力要求。采用楔形混凝土垫块时，混凝土垫块应满足抗压强度和锚杆垂直分力作用下的受剪承载力要求，且其强度等级不宜低于 C25。

### 7.4.3 锚杆抗拔承载力验算

锚杆的极限抗拔承载力应符合下式要求：

$$\frac{R_k}{N_k} \geqslant K_t \tag{7-45}$$

式中   $K_t$——锚杆抗拔安全系数，安全等级为一级、二级、三级的支护结构，$K_t$ 分别不应
　　　　　　小于 1.8、1.6、1.4；

　　　$N_k$——锚杆轴向拉力标准值，kN；

　　　$R_k$——锚杆极限抗拔承载力标准值，kN。

锚杆的轴向拉力标准值应按下式计算：

$$N_k = \frac{F_h s}{b_a \cos\alpha} \tag{7-46}$$

式中   $N_k$——锚杆的轴向拉力标准值，kN；

　　　$F_h$——挡土构件计算宽度内的弹性支点水平反力，kN；

　　　$s$——锚杆水平间距，m；

　　　$b_a$——结构计算宽度，m；

　　　$\alpha$——锚杆倾角，(°)。

锚杆极限抗拔承载力应通过抗拔试验确定，锚杆极限抗拔承载力标准值也可按下式估算，但应按《建筑基坑支护技术规程》（JGJ 120—2012）附录 B 规定的抗拔试验进行验证：

$$R_k = \pi d \sum q_{sik} l_i \tag{7-47}$$

式中   $d$——锚杆的锚固体直径，m；

　　　$l_i$——锚杆的锚固段在第 $i$ 土层中的长度，m，锚固段长度（$l_a$）为锚杆在理论直线
　　　　　滑动面以外的长度，理论直线滑动面按《建筑基坑支护技术规程》（JGJ 120—
　　　　　2012）第 4.7.5 条的规定确定；

　　　$q_{sik}$——锚固体与第 $i$ 土层之间的极限黏结强度标准值，kPa，应根据工程经验并结合
　　　　　表 7-3 锚杆的极限黏结强度标准值取值。

表 7-3 锚杆的极限黏结强度标准值

| 土的名称 | 土的状态或密实度 | $q_{sik}$/kPa | |
|---|---|---|---|
| | | 一次常压注浆 | 二次压力注浆 |
| 填土 | | 16~30 | 30~45 |
| 淤泥质土 | | 16~20 | 20~30 |
| 黏性土 | $I_L>1$ | 18~30 | 25~45 |
| | $0.75<I_L\leqslant1$ | 30~40 | 45~60 |
| | $0.50<I_L\leqslant0.75$ | 40~53 | 60~70 |
| | $0.25<I_L\leqslant0.50$ | 53~65 | 70~85 |
| | $0<I_L\leqslant0.25$ | 65~73 | 85~100 |
| | $I_L\leqslant0$ | 73~90 | 100~130 |
| 粉土 | $e>0.90$ | 22~44 | 40~60 |
| | $0.75\leqslant e\leqslant0.90$ | 44~64 | 60~90 |
| | $e<0.75$ | 64~100 | 80~130 |
| 粉细砂 | 稍密 | 22~42 | 40~70 |
| | 中密 | 42~63 | 75~110 |
| | 密实 | 63~85 | 90~130 |
| 中砂 | 稍密 | 54~74 | 70~100 |
| | 中密 | 74~90 | 100~130 |
| | 密实 | 90~120 | 130~170 |
| 粗砂 | 稍密 | 80~130 | 100~140 |
| | 中密 | 130~170 | 170~220 |
| | 密实 | 170~220 | 220~250 |
| 砾砂 | 中密、密实 | 190~260 | 240~290 |
| 风化岩 | 全风化 | 80~100 | 120~150 |
| | 强风化 | 150~200 | 200~260 |

注：1. 采用泥浆护壁成孔工艺时，应按表取低值后再根据具体情况适当折减。
2. 采用套管护壁成孔工艺时，可取表中的高值。
3. 采用扩孔工艺时，可在表中数值基础上适当提高。
4. 采用分段劈裂二次压力注浆工艺时，可在表中二次压力注浆数值基础上适当提高。
5. 当砂土中的细粒含量超过总质量的 30% 时，按表取值后应乘以 0.75 的系数。
6. 对有机质含量为 5%~10% 的有机质土，应按表取值后适当折减。
7. 当锚杆锚固段长度大于 16m 时，应对表中数值适当折减。

当锚杆锚固段主要位于黏土层、淤泥质土层、填土层时，应考虑土的蠕变对锚杆预应力损失的影响，并应根据蠕变试验确定锚杆的极限抗拔承载力。

## 7.4.4 锚杆自由段长度

锚杆的自由段长度应按下式确定（如图 7-14 所示）：

$$l_f \geqslant \frac{(a_1+a_2-d\tan\alpha)\sin\left(45°-\dfrac{\varphi_m}{2}\right)}{\sin\left(45°+\dfrac{\varphi_m}{2}+\alpha\right)}+\frac{d}{\cos\alpha}+1.5 \tag{7-48}$$

式中    $l_f$——锚杆自由段长度，m；

     $\alpha$——锚杆的倾角，(°)；

     $a_1$——锚杆的锚头中点至基坑底面的距离，m；

     $a_2$——基坑底面至挡土构件嵌固段上基坑外
侧主动土压力强度与基坑内侧被动土
压力强度等值点 $O$ 的距离，m，对多
层土地层，当存在多个等值点时应按
其中最深处的等值点计算；

     $d$——挡土构件的水平尺寸，m；

     $\varphi_m$——$O$ 点以上各土层按厚度加权的内摩擦
角平均值，(°)。

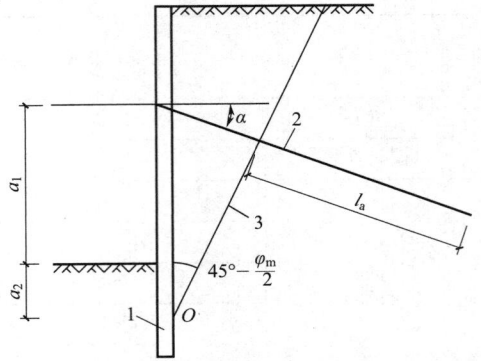

图 7-14 理论直线滑动面

1—挡土构件；2—锚杆；3—理论直线滑动面

### 7.4.5 锚杆杆体受拉承载力

锚杆轴向力设计值 $N$：

$$N = \gamma_0 \gamma_F N_k \tag{7-49}$$

式中    $N_k$——按作用标准组合计算的轴向拉力或轴向压力值，kN；

     $\gamma_0$——支护结构重要性系数，对安全等级为一级、二级、三级的支护结构，其结构
重要性系数（$\gamma_0$）分别不应小于 1.1、1.0、0.9；

     $\gamma_F$——作用基本组合的综合分项系数，支护结构构件按承载能力极限状态设计时，
作用基本组合的综合分项系数 $\gamma_F$ 不应小于 1.25。

锚杆杆体的受拉承载力应符合下式规定：

$$N \leqslant f_{py} A_p \tag{7-50}$$

式中    $f_{py}$——预应力钢筋抗拉强度设计值，kPa，当锚杆杆体采用普通钢筋时，取普通钢
筋强度设计值 $f_y$；

     $A_p$——预应力钢筋的截面面积，$m^2$。

锚杆锁定值宜取锚杆轴向拉力标准值的 0.75～0.9 倍，且应与锚杆预加轴向拉力一致。

# 7.5   基坑的稳定性验算

基坑失事主要是由于失稳，失稳的形式有局部失稳和整体失稳。基坑的稳定性属于承载
能力极限状态的内容，一般采用作用标准组合的效应进行验算。导致失稳的原因可能是土的
抗剪强度不足、支护结构的强度不足或渗透破坏。应当注意的是，土中水常常是引起基坑失
稳的主要因素。降雨、浸水、邻近水管漏水或地下水处理不当都会使地基土的抗剪强度降
低，引起异常的渗流。异常渗流常常会增加荷载，冲刷地基土或使地基土发生渗透破坏，严
重时会引起基坑失稳。

### 7.5.1   桩墙支挡结构抗倾覆验算

支挡式结构坑底以下的嵌固深度主要由其抗倾覆稳定性决定。这种结构有两大类：悬臂
式和支锚式。悬臂式支挡结构的嵌固深度应满足桩墙整体相对于桩墙底端的抗倾覆稳定性，
即抗倾倒稳定性验算；锚杆或内支撑的支挡结构应满足相对于最下一道锚杆或支撑的锚、支
点的抗倾覆稳定性，即抗踢脚稳定性验算。计算方法见 7.3 节相关内容。

### 7.5.2　桩墙支挡结构整体稳定性验算

锚拉式、悬臂式和双排桩支挡结构的整体稳定性可采用圆弧滑动条分法进行验算，其整体稳定性应符合下列规定（如图 7-15 所示）：

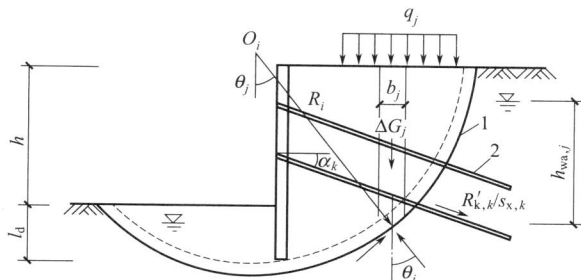

图 7-15　圆弧滑动条分法整体稳定性验算

1—任意圆弧滑动面；2—锚杆

$$\min\{K_{s,1},K_{s,2},\cdots,K_{s,i},\cdots\}\geqslant K_s \tag{7-51}$$

$$K_{s,i}=\frac{\sum\{c_j l_j+[(q_j b_j+\Delta G_j)\cos\theta_j-u_j l_j]\tan\varphi_j\}+\sum R'_{k,k}[\cos(\theta_k+\alpha_k)+\psi_v]/s_{x,k}}{\sum(q_j b_j+\Delta G_j)\sin\theta_j}$$

$$\tag{7-52}$$

式中　$K_s$——圆弧滑动整体稳定安全系数；安全等级为一级、二级、三级的支挡结构，$K_s$ 分别不应小于 1.35、1.3、1.25。

$K_{s,i}$——第 $i$ 个滑动圆弧的抗滑力矩与滑动力矩的比值；抗滑力矩与滑动力矩之比的最小值宜通过搜索不同圆心及半径的所有潜在滑动圆弧确定。

$c_j$、$\varphi_j$——第 $j$ 土条滑弧面处土的黏聚力，kPa 和内摩擦角，（°）。

$b_j$——第 $j$ 土条的宽度，m。

$\theta_j$——第 $j$ 土条滑弧面中点处的法线与垂直面的夹角，（°）。

$l_j$——第 $j$ 土条的滑弧段长度，m，取 $l_j=b_j/\cos\theta_j$。

$q_j$——作用在第 $j$ 土条上的附加分布荷载标准值，kPa。

$\Delta G_j$——第 $j$ 土条的自重，kN，按天然重度计算。

$u_j$——第 $j$ 土条在滑弧面上的孔隙水压力，kPa；基坑采用落底式截水帷幕时，对地下水位以下的砂土、碎石土、砂质粉土，在基坑外侧，可取 $u_j=\gamma_w h_{wa,j}$，在基坑内侧，可取 $u_j=\gamma_w h_{wp,j}$；在地下水位以上或对地下水位以下的黏性土，取 $u_j=0$。

$\gamma_w$——地下水重度，kN/m³。

$h_{wa,j}$——基坑外侧第 $j$ 土条滑弧面中点的压力水头，m。

$h_{wp,j}$——基坑内侧第 $j$ 土条滑弧面中点的压力水头，m。

$R'_{k,k}$——第 $k$ 层锚杆对圆弧滑动体的极限拉力值，kN；应取锚杆在滑动面以外的锚固段的极限抗拔承载力标准值与锚杆杆体受拉承载力标准值（$f_{ptk}A_p$ 或 $f_{yk}A_s$）的较小值；锚固段的极限抗拔承载力计算时锚固段应取滑动面以外的长度。

$\alpha_k$——第 $k$ 层锚杆的倾角，（°）。

$\theta_k$——滑弧面在第 $k$ 层锚杆处的法线与垂直面的夹角，（°）。

$s_{\mathrm{x},k}$——第 $k$ 层锚杆的水平间距，m。

$\psi_{\mathrm{v}}$——计算系数；可按 $\psi_{\mathrm{v}}=0.5\sin(\theta_k+\alpha_k)\tan\varphi$ 取值，此处，$\varphi$ 为第 $k$ 层锚杆与滑弧交点处土的内摩擦角。

当挡土构件底端以下存在软弱下卧土层时，整体稳定性验算滑动面中尚应包括由圆弧与软弱土层层面组成的复合滑动面。

### 7.5.3 基坑底抗隆起稳定性验算

锚拉式支挡结构和支撑式支挡结构，其嵌固深度应满足坑底抗隆起稳定性要求，抗隆起稳定性可按下列公式验算（如图 7-16 所示）：

$$\frac{\gamma_{\mathrm{m2}}DN_{\mathrm{q}}+cN_{\mathrm{c}}}{\gamma_{\mathrm{m1}}(h+D)+q_0}\geqslant K_{\mathrm{he}} \tag{7-53}$$

$$N_{\mathrm{q}}=\tan^2\left(45°+\frac{\varphi}{2}\right)e^{\pi\tan\varphi} \tag{7-54}$$

$$N_{\mathrm{c}}=(N_{\mathrm{q}}-1)/\tan\varphi \tag{7-55}$$

式中 $K_{\mathrm{he}}$——抗隆起安全系数；安全等级为一级、二级、三级的支护结构，$K_{\mathrm{he}}$ 分别不应小于 1.8、1.6、1.4。

$\gamma_{\mathrm{m1}}$——基坑外挡土构件底面以上土的重度，$\mathrm{kN/m^3}$；对地下水位以下的砂土、碎石土、粉土取浮重度；对多层土取各层土按厚度加权的平均重度。

$\gamma_{\mathrm{m2}}$——基坑内挡土构件底面以上土的重度，$\mathrm{kN/m^3}$；对地下水位以下的砂土、碎石土、粉土取浮重度；对多层土取各层土按厚度加权的平均重度。

$D$——基坑底面至挡土构件底面的土层厚度，m。

$h$——基坑深度，m。

$q_0$——地面均布荷载，kPa。

$N_{\mathrm{c}}$、$N_{\mathrm{q}}$——承载力系数。

$c$、$\varphi$——挡土构件底面以下土的黏聚力，kPa 和内摩擦角，（°）。

当挡土构件底面以下有软弱下卧层时，挡土构件底面土的抗隆起稳定性验算的部位尚应包括软弱下卧层，$\gamma_{\mathrm{m1}}$、$\gamma_{\mathrm{m2}}$ 应取软弱下卧层顶面以上土的重度（如图 7-17 所示），$D$ 应取基坑底面至软弱下卧层顶面的土层厚度。

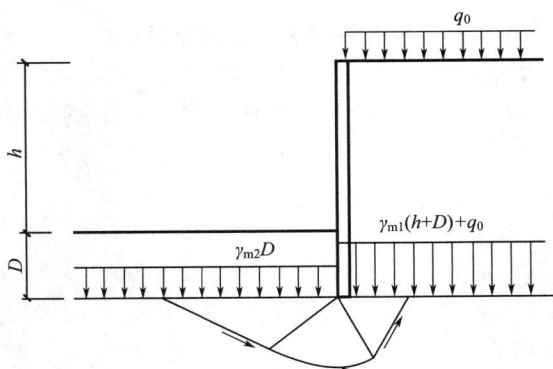

图 7-16 挡土构件底端平面下土的抗隆起稳定性验算　　图 7-17 软弱下卧层的抗隆起稳定性验算

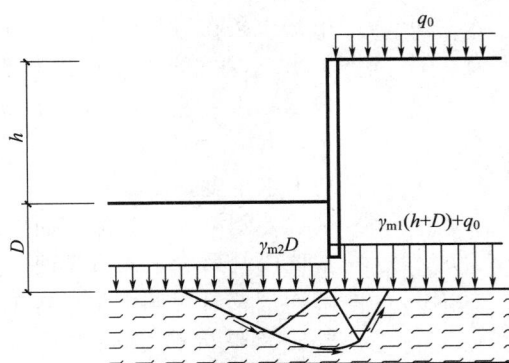

悬臂式支挡结构可不进行抗隆起稳定性验算。

锚拉式支挡结构和支撑式支挡结构，当坑底以下为软土时，尚应按图 7-18 所示的以最下层支点为转动轴心的圆弧滑动模式按下列公式验算抗隆起稳定性：

$$\frac{\sum \left[ c_j l_j + (q_j b_j + \Delta G_j) \cos\theta_j \tan\varphi_j \right]}{\sum (q_j b_j + \Delta G_j) \sin\theta_j} \geqslant K_{RL}$$

(7-56)

式中　　$K_{RL}$——以最下层支点为轴心的圆弧滑动稳定安全系数；安全等级为一级、二级、三级的支挡式结构，$K_{RL}$ 分别不应小于 2.2、1.9、1.7。

$c_j$、$\varphi_j$——第 $j$ 土条在滑弧面处土的黏聚力，kPa 和内摩擦角，(°)。

$l_j$——第 $j$ 土条的滑弧段长度，m，取 $l_j = b_j / \cos\theta_j$。

$q_j$——作用在第 $j$ 土条上的附加分布荷载标准值，kPa。

$b_j$——第 $j$ 土条的宽度 (m)。

$\theta_j$——第 $j$ 土条滑弧面中点处的法线与垂直面的夹角，(°)。

$\Delta G_j$——第 $j$ 土条的自重，kN，按天然重度计算。

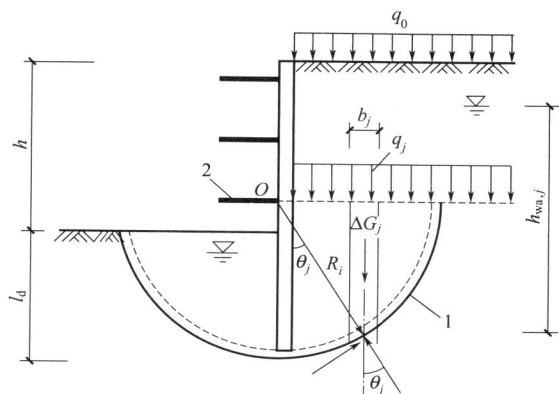

图 7-18　以最下层支点为轴心的圆弧滑动稳定性验算

挡土构件的嵌固深度除应满足抗倾覆、抗隆起及整体稳定性验算外，对悬臂式结构，尚不宜小于 0.8$h$；对单支点支挡式结构，尚不宜小于 0.3$h$；对多支点支挡式结构，尚不宜小于 0.2$h$；此处，$h$ 为基坑深度。

## 7.6　重力式水泥土挡墙的设计与计算

重力式支护体系的应用在边坡工程中非常普遍，如重力式挡土墙。与其类似，在基坑工程中也可以设置重力式支护结构。与边坡工程不同，墙体的形成主要通过机械成桩，但重力式设计计算是基本类似的。重力式水泥土墙（gravity cement-soil wall）是指由水泥土桩相互搭接成格栅状（或实体状），与格栅内土体共同构成重力式支护体系，实现对坑后土体的支护。水泥土桩的施工常用的工艺有两种，即水泥土搅拌法形成搅拌桩和高压喷射注浆法形成旋喷桩。但高压喷射注浆造价高，在实际工程中，使用搅拌法成桩更为普遍，在一些搅拌法难以成桩的地层中，可考虑采用旋喷法。

重力式水泥土墙依靠墙体自重、墙底摩阻力和墙前被动土压力来平衡墙后水土压力，保持墙体的稳定性（如图 7-19 所示）。

与其他支护方式相比，重力式水泥土墙具有以下优点：水泥土搅拌桩施工时无振动、无噪声、无泥浆废水污染，施工简便、成桩周期短、造价低；搅拌桩（桩土复合体）具有良好的抗渗能力，能承担一定水压力；墙体的稳定性主要通过自重实现，墙体上一般不用再施加锚杆或者支撑，基坑开挖空间宽敞。其缺点主要体现在：重力式支护结构对位移控制效果一般，难以主动限

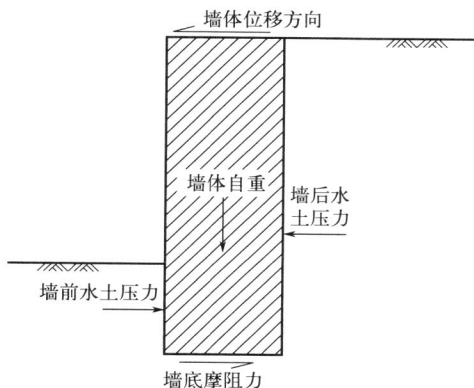

图 7-19　挡土墙受力示意图

制墙体位移，墙体位移与复合体的尺寸、搅拌桩自身均匀性与强度等密切相关，当周围存在重要或者对变形敏感的建（构）筑物时，选取该方案要慎重；支护高度一般不大，过大支护高度将大幅度提高复合体截面尺寸，提高费用，耗费空间，且变形较大，常用支护高度为4~7m；受施工工艺限制，搅拌桩施工一般适用于承载力较低的粉土、粉质黏土及粉细砂，其承载力特征值一般小于120kPa，强度过高的土体难以形成均匀的水泥土复合体；水泥与土体形成的搅拌桩不但受水泥用量控制，还与土体成分，特别是有机质含量密切相关，当有机质含量过高时，水泥土强度很低；搅拌桩形成的重力式支护体系尺寸较大，消耗水泥及占地面积远大于柔性支护体系；另外，在施工搅拌桩时，对周边土体有一定的挤压，易造成地面隆起和侧移，对环境稍有影响。

通过设计墙体的厚度、深度来满足墙体自身稳定、倾覆稳定、滑移稳定以及渗流稳定。当墙体尺寸与结构设计不合理时，可能出现如下几种破坏：①墙体滑移；②墙体倾覆；③墙身材料的应力超过抗拉、抗压或抗剪强度而使墙体结构破坏；④因墙下地基承载力不足而使墙体下沉产生基坑隆起破坏；⑤沿墙体以外土中某一滑动面产生土体整体滑动；⑥地下水渗流造成的土体渗透破坏。其中前三种破坏是重力式挡土墙的重点计算内容，如图7-20所示。

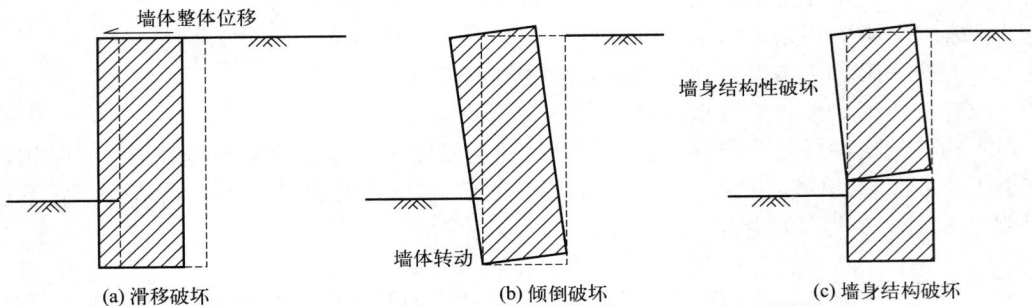

图7-20　重力式支护结构的主要破坏模式

当在连续套接的三轴水泥土搅拌桩内插入型钢构成一种复合挡土截水结构，叫作型钢水泥土搅拌墙，通常称为SMW工法（soil mixed wall）。型钢水泥土搅拌墙是基于深层搅拌桩施工工艺发展起来的，这种结构充分发挥了水泥土混合体和型钢的力学特性，具有经济、工期短、高截水性、对周围环境影响小等特点。型钢水泥土搅拌墙围护结构在地下室施工完成后，可以将H型钢从水泥土搅拌桩中拔出，达到回收和再次利用的目的。

该工法与常规的围护形式相比不仅工期短，施工过程无污染，场地整洁干净、噪声小，而且可以节约社会资源，避免围护体在地下室施工完毕后永久遗留于地下，成为地下障碍物。在提倡建设节约型社会，实现了可持续发展的今天，推广应用该工法更加具有现实意义。

### 7.6.1　平面布置要求

重力式水泥土墙采用搅拌桩时，搅拌桩的施工工艺宜采用喷浆搅拌法。采用格栅形式能够有效降低成本，缩短工期，如图7-21所示。格栅形布置的水泥土墙应保证墙体的整体性，设计时一般按土的置换率控制，即水泥土面积与水泥土墙的总面积的比值，对淤泥质土，格栅的面积置换率不宜小于0.7；对淤泥，不宜小于0.8；对一般黏性土、砂土，不宜小于0.6，同时要求格栅的格子长宽比不宜大于2。每个格栅内的土体面积应符合下式要求：

$$A \leqslant \delta \frac{cu}{\gamma_m} \tag{7-57}$$

式中　　$A$——格栅内的土体面积，$m^2$，格栅长度 $a$ 不宜大于2400mm，宽度 $b$ 不宜大于

1200mm，其中 $a$、$b$ 分别指图 7-21 中计算周长所对应图形的长和宽。

$\delta$——计算系数；对黏性土，取 $\delta=0.5$；对砂土、粉土，取 $\delta=0.7$。

$c$——格栅内土的黏聚力，kPa。

$u$——计算周长，m。

$\gamma_m$——格栅内土的天然重度，$kN/m^3$；对多层土，取水泥土墙深度范围内各层土按厚度加权的平均天然重度。

　　搅拌桩重力式水泥土墙靠桩与桩的搭接形成整体，桩施工应保证垂直度偏差要求，以满足搭接宽度要求。桩的搭接宽度不小于 150mm。当搅拌桩较长时，应考虑施工时垂直度偏差问题，增加设计搭接宽度。双轴水泥土搅拌桩单桩断面 $\phi700@500$，双头搭接 200mm，如图 7-22 所示。双轴水泥土搅拌桩施工时应连续施工，避免出现冷缝。墙体宽度大于等于 3.2m 时，前后墙厚度不宜小于 1.2m。墙体宽度 $B$ 不宜小于 $0.7\sim0.8$ 倍的开挖深度 $H$。

　　根据水泥土桩施工设备的不同，其平面布置稍有差别，当采用双轴搅拌桩时，平面布置形式如图 7-23 所示。

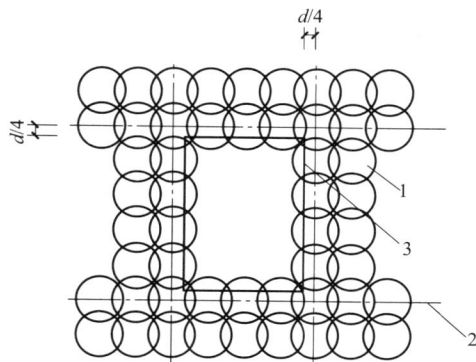

图 7-21　格栅式水泥土墙

1—水泥土桩；2—水泥土桩中心线；3—计算周长

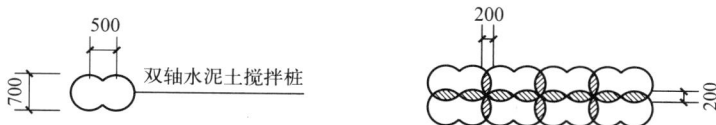

图 7-22　双轴水泥土搅拌桩搭接形式

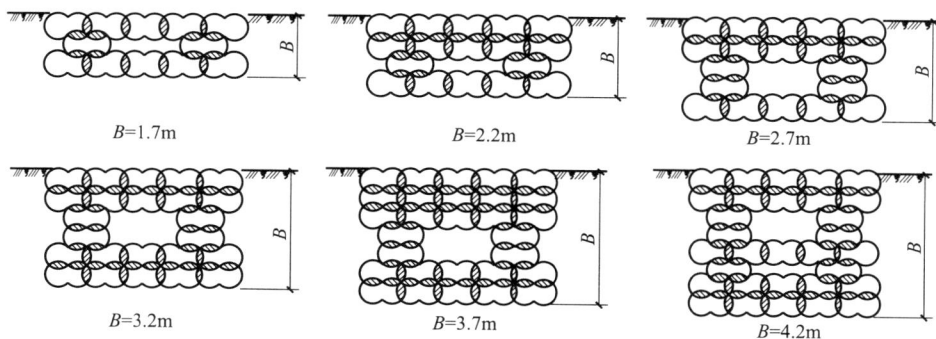

图 7-23　重力式水泥土墙平面布置图

## 7.6.2　竖向布置要求

（1）竖向断面形状

　　典型的重力式水泥土墙竖向布置通常有等断面布置和台阶形布置等形式，如图 7-24 所示，有时为了减少工程造价，或为了解决墙趾的地基承载力问题，或为了提升重力式水泥土墙的稳定性，或结合被动区加固等，采取增加或减少了某几排水泥搅拌桩的长度，使重力式水泥土墙的竖向布置形成了 L 形、倒 U 形、倒 L 形等台阶形布置形式。另外，水泥土墙嵌入基坑底部以下嵌固深度应通过稳定性计算确定，对淤泥质土，不宜小于 $1.2H$，$H$ 为基坑深度，对淤泥，不宜小于 $1.3H$；重力式水泥土墙的宽度，对淤泥质土，不宜小于 $0.7H$，对淤泥，不宜小于 $0.8H$。当地下水位高于基底时，嵌固深度应满足地下水渗透稳定性验算要求。

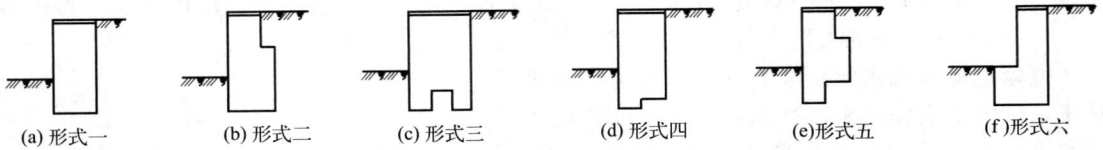

(a) 形式一　　(b) 形式二　　(c) 形式三　　(d) 形式四　　(e) 形式五　　(f) 形式六

图 7-24　搅拌桩支护结构的几种竖向布置形式

（2）插筋及面板

为了加强整体性，减少变形，水泥土墙顶需设置钢筋混凝土面板，设置面板不但可便利后期施工，同时可防止雨水从墙顶渗入水泥土格栅。混凝土连接面板厚度不宜小于 150mm，常用的厚度为 150～200mm，采用双向配筋，混凝土强度等级不宜低于 C15，且应扩展至顶部一定的距离，与施工道路相连，防止地面水渗流至墙体后侧。另外，在水泥土墙顶部需进行插筋，如图 7-25 所示，做法一适用于开挖深度小于 4m 的基坑，做法二适用于开挖深度 4～5m 的基坑；做法三适用于开挖深度大于 5m 的基坑。插筋选用详见表 7-4，钢管材料宜选用 Q235B，钢筋宜选用 HPB300 级钢筋。

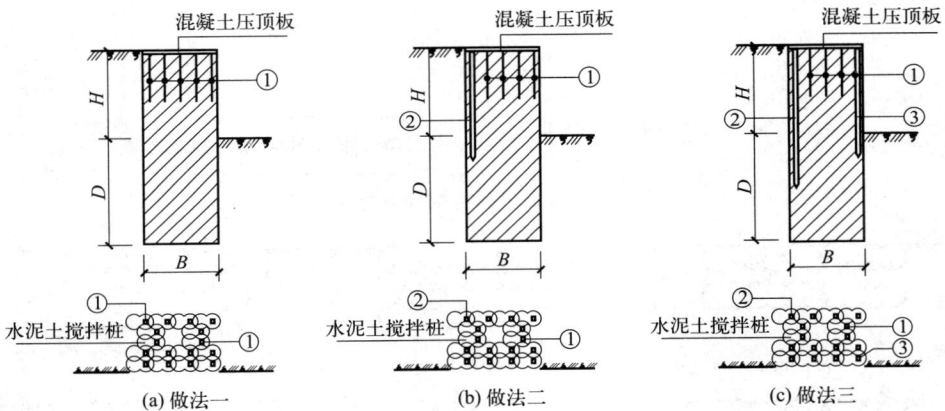

(a) 做法一　　(b) 做法二　　(c) 做法三

图 7-25　水泥土墙顶部插筋做法

表 7-4　水泥土墙顶部插筋

| 编号 | 材料 | 规格/mm | 长度/m |
|---|---|---|---|
| ① | 钢筋 | $\phi10～\phi20$ | 1.0～2.0 |
| ② | 钢管 | $\phi48\times(3.0～3.5)$ | $H+2.0$ |
| ③ | 钢管 | $\phi48\times3.5$ | $H+1.0$ |

当需要增强墙体的抗拉性能时，可在水泥土桩内插入杆筋，杆筋可采用钢筋、钢管或毛竹，杆筋的插入深度宜大于基坑深度，杆筋应锚入面板内。另外，水泥土墙体的 28d 无侧限抗压强度不宜小于 0.8MPa，水泥土标准养护龄期为 90d，基坑工程一般不可能等到 90d 养护龄期后再开挖，故设计时以龄期 28d 的无侧限抗压强度为标准。一些试验数据表明，一般情况下，水泥土强度随龄期的增长规律为 7d 的强度可达标准强度的 30%～50%，30d 的强

度可达到标准强度的 60%～75%，90d 的强度为 180d 强度的 80%左右，180d 后水泥土强度仍在增长。水泥强度等级也影响水泥土强度，一般水泥强度等级提高 10MPa 后，水泥土的标准强度可提高 20%～30%。

### 7.6.3 稳定性验算

（1）抗滑移稳定性验算

重力式水泥土墙在基坑支护中不但能起到止水作用，而且也是维持基坑稳定的支护结构，因此，在设计时需对其抗滑移稳定性进行验算。目前主要采用作用在墙体上的抗滑力与下滑力的比值进行衡量。

抗滑移稳定性验算如图 7-26 所示，且应符合下式规定：

$$\frac{E_{pk} + (G - u_m B)\tan\varphi + cB}{E_{ak}} \geqslant K_{sl} \tag{7-58}$$

式中　$K_{sl}$——抗滑移稳定安全系数，其值不应小于 1.2；

$E_{ak}$、$E_{pk}$——作用在水泥土墙上的主动土压力、被动土压力标准值，kN/m；

$G$——水泥土墙的自重，kN/m；

$u_m$——水泥土墙底面上的水压力，kPa，水泥土墙底面在地下水位以下时，可取 $u_m = \gamma_w(h_{wa} + h_{wp})/2$，在地下水位以上时，取 $u_m = 0$，此处，$h_{wa}$ 为基坑外侧水泥土墙底处的水头高度，m，$h_{wp}$ 为基坑内侧水泥土墙底处的水头高度，m；

$c$、$\varphi$——水泥土墙底面下土层的黏聚力，kPa 和内摩擦角，（°）；

$B$——水泥土墙的底面宽度，m。

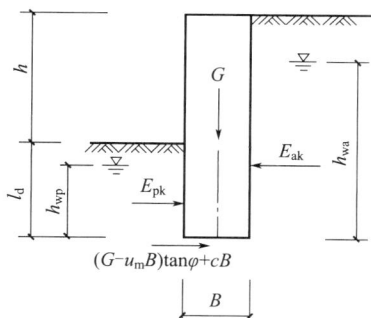

图 7-26　抗滑移稳定性验算简图　　　　图 7-27　抗倾覆稳定性验算简图

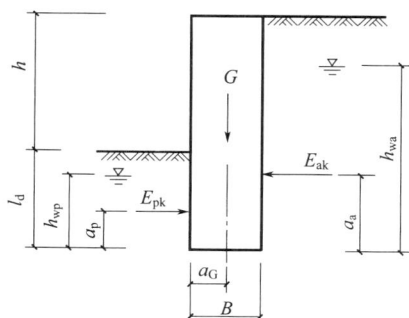

（2）抗倾覆稳定性验算

重力式水泥土墙抗倾覆稳定性计算，其本质就是假定墙体刚好绕基坑内侧墙角进行转动时，抗倾覆弯矩与倾覆弯矩的比值，如图 7-27 所示，应符合下式规定：

$$\frac{E_{pk} a_p + (G - u_m B) a_G}{E_{ak} a_a} \geqslant K_{ov} \tag{7-59}$$

式中　$K_{ov}$——抗倾覆稳定安全系数，其值不应小于 1.3；

$a_a$——水泥土墙外侧主动土压力合力作用点至墙趾的竖向距离，m；

$a_p$——水泥土墙内侧被动土压力合力作用点至墙趾的竖向距离，m；

$a_G$——水泥土墙自重与墙底水压力合力作用点至墙趾的水平距离，m。

（3）整体稳定性验算

采用圆弧滑动条分法进行验算时，当墙底以下存在软弱下卧土层时，稳定性验算的滑动面中应包括由圆弧与软弱土层层面组成的复合滑动面。计算方法见 7.5 节相关内容。

（4）抗隆起稳定性验算

重力式水泥土墙嵌固深度应满足坑底隆起稳定性要求，抗隆起稳定性可按 7.5 节相关要求验算，此时，公式中 $\gamma_{m1}$ 为基坑外墙底面以上土的重度，$\gamma_{m2}$ 为基坑内墙底面以上土的重度，$D$ 为基坑底面至墙底的土层厚度，$c$、$\varphi$ 为墙底面以下土的黏聚力、内摩擦角。

当重力式水泥土墙底面以下有软弱下卧层时，墙底面土的抗隆起稳定性验算的部位尚应包括软弱下卧层，此时，$\gamma_{m1}$、$\gamma_{m2}$ 应取软弱下卧层顶面以上土的重度，$D$ 应取基坑底面至软弱下卧层顶面的土层厚度。

### 7.6.4 水泥土墙墙体的正截面应力验算

重力式水泥土墙墙体的正截面应力应符合下列规定：

当边缘应力为拉应力时：

$$\frac{6M_i}{B^2} - \gamma_{cs}z \leqslant 0.15 f_{cs} \tag{7-60}$$

压应力：

$$\gamma_0 \gamma_F \gamma_{cs}z + \frac{6M_i}{B^2} \leqslant f_{cs} \tag{7-61}$$

剪应力：

$$\frac{E_{ak,i} - \mu G_i - E_{pk,i}}{B} \leqslant \frac{1}{6} f_{cs} \tag{7-62}$$

式中　　$M_i$——水泥土墙验算截面的弯矩设计值，kN·m/m；

　　　　$B$——验算截面处水泥土墙的宽度，m；

　　　　$\gamma_{cs}$——水泥土墙的重度，kN/m³；

　　　　$z$——验算截面至水泥土墙顶的垂直距离，m；

　　　　$f_{cs}$——水泥土开挖龄期时的轴心抗压强度设计值，kPa，应根据现场试验或工程经验确定；

　　　　$\gamma_F$——荷载综合分项系数，作用基本组合的综合分项系数 $\gamma_F$ 不应小于 1.25；

$E_{ak,i}$、$E_{pk,i}$——验算截面以上的主动土压力标准值、被动土压力标准值，kN/m，验算截面在基底以上时，取 $E_{pk,i}=0$；

　　　　$G_i$——验算截面以上的墙体自重，kN/m；

　　　　$\mu$——墙体材料的抗剪断系数，取 0.4～0.5。

重力式水泥土墙的正截面应力验算时，计算截面应包括以下部位：基坑面以下主动、被动土压力强度相等处；基坑底面处；水泥土墙的截面突变处。

# 7.7　土钉墙的设计与计算

## 7.7.1　土钉墙的类型、特点及适用条件

（1）土钉墙的概念

土钉墙是 20 世纪 70 年代发展起来的用于土体开挖时保持基坑侧壁或边坡稳定的一种挡土结构，主要由密布于原位土体中的细长杆件——土钉、黏附于土体表面的钢筋混凝土面层及土钉之间的被加固土体组成，是具有自稳能力的原位挡土墙，可抵抗水土压力及地面附加

荷载等作用力，从而保持开挖面稳定。这是土钉墙的基本形式。复合土钉墙是在土钉墙基础上发展起来的新型支护结构，土钉墙与各种止水帷幕、微型桩及预应力锚杆等构件结合起来，根据工程具体条件选择与其中一种或多种组合，形成了复合土钉墙。本书中"土钉墙"一词一般指基本型，在不会产生歧义的情况下有时也泛指复合型。

（2）土钉墙的基本结构及分类

除了被加固的原位土体外，土钉墙由土钉、面层及必要的防排水系统组成，其结构参数与土体特性、地下水状况、支护面角度、周边环境（建构筑物、市政管线等）、使用年限、使用要求等因素相关。

① 土钉类型。土钉即置放于原位土体中的细长杆件，是土钉墙支护结构中的主要受力构件。常用的土钉有以下几种类型：

a. 钻孔注浆型。先用钻机等机械设备在土体中钻孔，成孔后置入杆体（一般采用HRB335 带肋钢筋制作），然后沿全长注水泥浆。钻孔注浆钉几乎适用于各种土层，抗拔力较高，质量较可靠，造价较低，是最常用的土钉类型。

b. 直接打入型。在土体中直接打入钢管、角钢等型钢、钢筋、毛竹、圆木等，不再注浆。由于打入式土钉直径小，与土体间的黏结摩阻强度低，承载力低，钉长又受限制，所以布置较密，可用人力或振动冲击钻、液压锤等机具打入。直接打入土钉的优点是不需预先钻孔，对原位土的扰动较小，施工速度快，但在坚硬黏性土中很难打入，不适用于服务年限大于 2 年的永久支护工程，杆体采用金属材料时造价稍高，国内应用很少。

c. 打入注浆型。在钢管中部及尾部设置注浆孔成为钢花管，直接打入土中后压灌水泥浆形成土钉。钢花管注浆土钉具有直接打入钉的优点且抗拔力较高，特别适合于成孔困难的淤泥、淤泥质土等软弱土层、各种填土及砂土，应用较为广泛，缺点是造价比钻孔注浆土钉略高，防腐性能较差不适用于永久性工程。

② 面层及连接件。

a. 面层。土钉墙的面层不是主要受力构件。面层通常采用钢筋混凝土结构，混凝土一般采用喷射工艺而成，偶尔也采用现浇，或用水泥砂浆代替混凝土。

b. 连接件。连接件是面层的一部分，不仅要把面层与土钉可靠地连接在一起，也要使土钉之间相互连接。面层与土钉的连接方式大体有钉头筋连接及垫板连接两类，土钉之间的连接一般采用加强筋。

③ 防排水系统。地下水对土钉墙的施工及长期工作性能有着重要影响，土钉墙要设置防排水系统。

（3）土钉墙的特点

与其他支护类型相比，土钉墙具有以下一些特点或优点：

① 能合理利用土体的自稳能力，将土体作为支护结构不可分割的部分，结构合理。

② 结构轻型，柔性大，有良好的抗震性和延性，破坏前有变形发展过程。1989 年美国加州 7.1 级地震中，震区内有 8 个土钉墙结构遭到约 0.4g 水平地震加速度作用，均未出现任何损害迹象，其中 3 个位于震中 33km 范围内。2008 年 5 月 12 日四川汶川 8.0 级大地震中，据目前调查发现，路堑或路堤采用土钉或锚杆结构支护的道路尚保持通车能力，土钉或锚杆支护结构基本没有破坏或轻微破坏，其抗震性能远远高于其他支护结构。

③ 密封性好，完全将土坡表面覆盖，没有裸露土方，阻止或限制了地下水从边坡表面渗出，防止了水土流失及雨水、地下水对边坡的冲刷侵蚀。

④ 土钉数量众多，靠群体作用，即便个别土钉有质量问题或失效对整体影响不大。有研究表明：当某条土钉失效时，其周边土钉中，上排及同排的土钉分担了较大的荷载。

⑤ 施工所需场地小，移动灵活，支护结构基本不单独占用空间，能贴近已有建筑物开挖，这是桩、墙等支护难以做到的，故在施工场地狭小、建筑距离近、大型护坡施工设备没有足够工作面等情况下，显示出独特的优越性。

⑥ 施工速度快。土钉墙随土方开挖施工，分层分段进行，与土方开挖基本能同步，不需养护或单独占用施工工期，故多数情况下施工速度较其他支护结构快。

⑦ 施工设备及工艺简单，不需要复杂的技术和大型机具，施工对周围环境干扰小。

⑧ 由于孔径小，与桩等施工方法相比，穿透卵石、漂石及填石层的能力更强一些；且施工方便灵活，开挖面形状不规则、坡面倾斜等情况下施工不受影响。

⑨ 边开挖边支护便于信息化施工，能够根据现场监测数据及开挖暴露的地质条件及时调整土钉参数，一旦发现异常或实际地质条件与原勘察报告不符时能及时调整设计参数，避免出现大的事故，从而提高了工程的安全可靠性。

⑩ 材料用量及工程量较少，工程造价较低。据国内外数据分析，土钉墙工程造价比其他类型支挡结构一般低 $1/5 \sim 1/3$。

（4）土钉墙的适用条件

土钉墙适用于地下水位以上或经人工降水后的人工填土、黏性土和弱胶结砂土的基坑支护或边坡加固，不适合以下土层：

① 含水丰富的粉细砂、中细砂及含水丰富且较为松散的中粗砂、砾砂及卵石层等。丰富的地下水易造成开挖面不稳定且与喷射混凝土面层粘接不牢固。

② 缺少黏聚力的、过于干燥的砂层及相对密度较小的均匀度较好的砂层。这些砂层中易产生开挖面不稳定现象。

③ 淤泥质土、淤泥等软弱土层。这类土层的开挖面通常没有足够的自稳时间，易于流鼓破坏。

④ 膨胀土。水分渗入后会造成土钉的荷载加大，易产生超载破坏。

⑤ 强度过低的土，如新近填土等。新近填土往往无法为土钉提供足够的锚固力，且自重固结等原因增加了土钉的荷载，易使土钉墙结构产生破坏。

除了地质条件外，土钉墙不适用于以下条件：

① 对变形要求较为严格的场所。土钉墙属于轻型支护结构，土钉、面层的刚度较小，支护体系变形较大。土钉墙不适合用于一级基坑支护。

② 较深的基坑。通常认为，土钉墙适用于深度不大于 12m 的基坑支护。

③ 建筑物地基为灵敏度较高的土层。土钉易引起水土流失，在施工过程中对土层有扰动，易引起地基沉降。

④ 对用地红线有严格要求的场地。土钉沿基坑四周几近水平布设，需占用基坑外的地下空间，一般都会超出红线。如果不允许超红线使用或红线外有地下室等结构物，土钉无法施工或长度太短，很难满足安全要求。

⑤ 如果作为永久性结构，需进行专门的耐久性处理。

## 7.7.2 土钉墙的构造

土钉墙、预应力锚杆复合土钉墙的坡比不宜大于 $1:0.2$；当基坑较深、土的抗剪强度较低时，宜取较小坡比。对砂土、碎石土、松散填土，确定土钉墙坡度时应考虑开挖时坡面的局部自稳能力。微型桩、水泥土桩复合土钉墙，应采用微型桩、水泥土桩与土钉墙面层贴合的垂直墙面。

土钉墙宜采用洛阳铲成孔的钢筋土钉，如图 7-28 所示。对易塌孔的松散或稍密的砂土，稍密的粉土、填土，或易缩径的软土宜采用打入式钢管土钉。对洛阳铲成孔或钢管土钉打入困难的土层，宜采用机械成孔的钢筋土钉。土钉采用洛阳铲成孔比较经济，同时施工速度快，对一般土层宜优先使用。打入式钢管土钉可以克服洛阳铲成孔时塌孔、缩径的问题，避免因塌孔、缩径带来的土体扰动和沉陷，对保护基坑周边环境有利。机械成孔的钢筋土钉成本高，且土钉数量一般都很多，需要配备一定数量的钻机，只有在其他方法无法实施的情况下才适合采用。

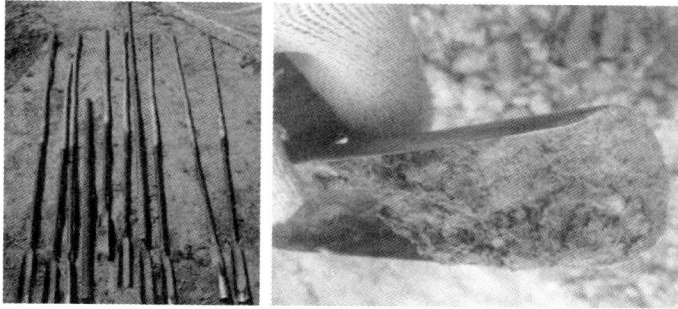

图 7-28　钢筋土钉和洛阳铲

土钉水平间距和竖向间距宜为 $1\sim2m$；当基坑较深、土的抗剪强度较低时，土钉间距应取小值。土钉倾角宜为 $5°\sim20°$。土钉长度应按各层土钉受力均匀、各土钉拉力与相应土钉极限承载力的比值相近的原则确定。

（1）成孔注浆型钢筋土钉

成孔直径宜取 $70\sim120mm$；土钉钢筋宜选用 HRB400、HRB500 钢筋，钢筋直径宜取 $16\sim32mm$；应沿土钉全长设置对中定位支架，如图 7-29 所示，其间距宜取 $1.5\sim2.5m$，土钉钢筋保护层厚度不宜小于 20mm；土钉孔注浆材料可选用水泥浆或水泥砂浆，其强度不宜低于 20MPa。

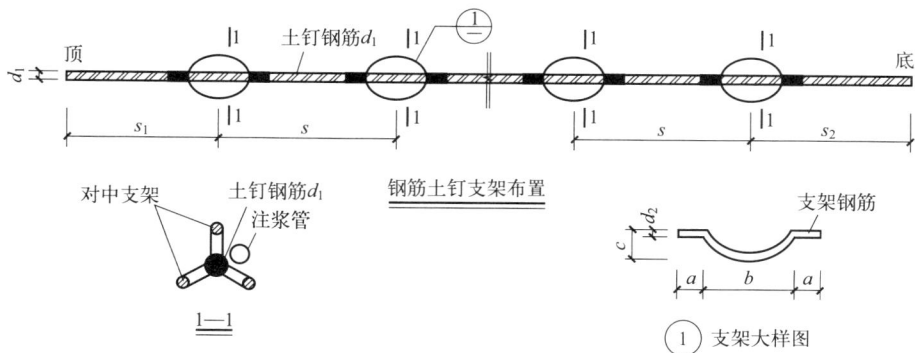

图 7-29　钢筋土钉支架布置

（2）钢管土钉

钢管的外径不宜小于 48mm，壁厚不宜小于 3mm；钢管的注浆孔应设置在钢管末端 $l/2\sim2l/3$ 范围内；每个注浆截面的注浆孔宜取 2 个，且应对称布置，注浆孔的孔径宜取 $5\sim8mm$，注浆孔外应设置保护倒刺，如图 7-30、图 7-31 所示，其中 $l$ 为钢管土钉的总长度。钢管的连接采用焊接时，接头强度不应低于钢管强度；钢管焊接可采用数量不少于 3 根、直径不小于 16mm 的钢筋沿截面均匀分布拼焊，双面焊接时钢筋长度不应小于钢管直径的 2 倍。

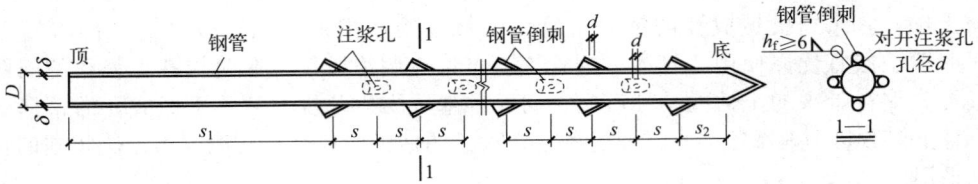

图 7-30　钢管倒刺式钢管土钉注浆孔布置

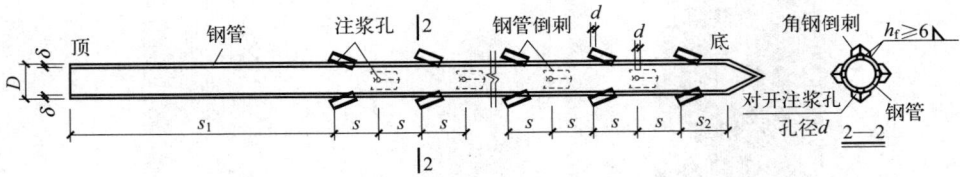

图 7-31　角钢倒刺式钢管土钉注浆孔布置

（3）面层

土钉墙的面层不是主要受力构件，面层通常采用钢筋混凝土结构，混凝土一般采用喷射工艺而成，偶尔也采用现浇，或用水泥砂浆替代混凝土。连接件是面层的一部分，不仅要把面层与土钉可靠地连接在一起，也要使土钉之间相互连接。面层与土钉的连接方式大体有钉头筋连接及垫板连接两类，土钉之间的连接一般采用加强筋。

喷射混凝土面层厚度宜取 80～100mm，设计强度等级不宜低于 C20；喷射混凝土面层中应配置钢筋网和通长的加强钢筋，钢筋网宜采用 HPB300 级钢筋，钢筋直径宜取 6～10mm，钢筋间距宜取 150～250mm，钢筋网间的搭接长度应大于 300mm；加强钢筋的直径宜取 14～20mm；当充分利用土钉杆体的抗拉强度时，加强钢筋的截面面积不应小于土钉杆体截面面积的 1/2。

（4）加强钢筋

土钉与加强钢筋宜采用焊接连接，其连接应满足承受土钉拉力的要求，如图 7-32、图 7-33 所示，构造内容详见《建筑基坑支护结构构造》（11SG814）。当在土钉拉力作用下喷射混凝土面层的局部受冲切承载力不足时，应采用设置承压钢板等加强措施。

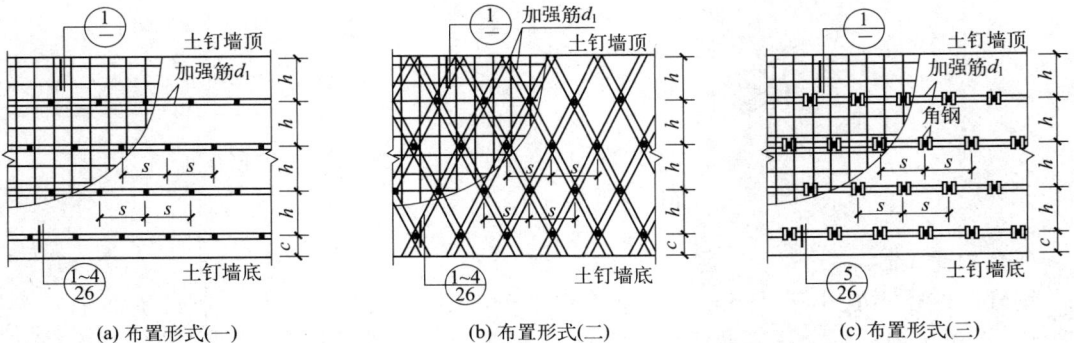

(a) 布置形式(一)　　　(b) 布置形式(二)　　　(c) 布置形式(三)

图 7-32　土钉网筋展开图

（5）防排水系统

土钉墙宜在排除地下水的条件下进行施工，以免影响开挖面稳定及导致喷射混凝土面层

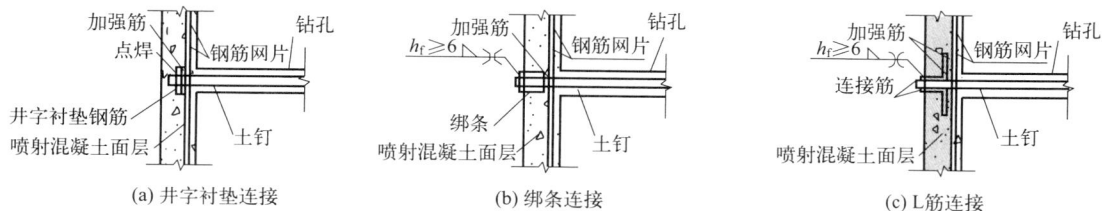

图 7-33　土钉与面层的连接构造

(a) 井字衬垫连接　　(b) 绑条连接　　(c) L筋连接

与土体黏结不牢甚至脱落。排水措施包括土体内设置降水井降水、土钉墙内部设置泄水孔泄水、地表及时硬化防止地表水向下渗透、坡顶修建排水沟截水及排水、坡脚设置排水沟及时排水防止浸泡等。土钉墙对坡顶、坡脚设置排水沟及集水井的要求与基坑支护其他方法相同。土钉墙通常要在坡面上设置泄水孔排出面板后可能存在的积水，以减少土的含水量，减轻地下水对面层产生的静水压力，防止地下水降低面层与土体的黏结强度甚至将之脱空，还可防止可能发生的冻害。

泄水管一般采用 PVC 管，直径 50～100mm，长度 300～600mm，埋置在土中的部分钻有透水孔，透水孔直径 10～15mm，开孔率 5%～20%，尾端略向上倾斜，外包两层土工布，管尾端封堵防止水土从管内直接流失。纵横间距 1.5～3m，砂层等水量较大的区域局部加密。喷射混凝土时应将泄水管孔口临时封堵，防止喷射混凝土进入，如图 7-34 所示。

图 7-34　泄水孔

### 7.7.3　土钉承载力计算

单根土钉的抗拔承载力应符合下式规定：

$$\frac{R_{k,j}}{N_{k,j}} \geq K_t \tag{7-63}$$

式中　$K_t$——土钉抗拔安全系数；安全等级为二级、三级的土钉墙，$K_t$ 分别不应小于1.6、1.4；

$N_{k,j}$——第 $j$ 层土钉的轴向拉力标准值，kN；

$R_{k,j}$——第 $j$ 层土钉的极限抗拔承载力标准值，kN。

单根土钉的轴向拉力标准值可按下式计算：

$$N_{k,j} = \frac{1}{\cos\alpha_j} \zeta \eta_j p_{ak,j} s_{xj} s_{zj} \tag{7-64}$$

式中　$N_{k,j}$——第 $j$ 层土钉的轴向拉力标准值，kN；

$\alpha_j$——第 $j$ 层土钉的倾角，(°)；

$\zeta$——墙面倾斜时的主动土压力折减系数；

$\eta_j$——第 $j$ 层土钉轴向拉力调整系数；

$p_{ak,j}$——第 $j$ 层土钉处的主动土压力强度标准值，kPa；

$s_{xj}$——土钉的水平间距，m；

$s_{zj}$——土钉的垂直间距，m。

坡面倾斜时的主动土压力折减系数（$\zeta$）可按下式计算：

$$\zeta = \tan\frac{\beta-\varphi_m}{2}\left(\frac{1}{\tan\frac{\beta+\varphi_m}{2}}-\frac{1}{\tan\beta}\right)/\tan^2\left(45°-\frac{\varphi_m}{2}\right) \tag{7-65}$$

式中　$\zeta$——主动土压力折减系数；

　　　$\beta$——土钉墙坡面与水平面的夹角，(°)；

　　　$\varphi_m$——基坑底面以上各土层按土层厚度加权的等效内摩擦角平均值，(°)。

土钉轴向拉力调整系数（$\eta_j$）可按下列公式计算：

$$\eta_j = \eta_a - (\eta_a - \eta_b)\frac{z_j}{h} \tag{7-66}$$

$$\eta_a = \frac{\sum_{i=1}^{n}(h-\eta_b z_j)\Delta E_{aj}}{\sum_{i=1}^{n}(h-z_j)\Delta E_{aj}} \tag{7-67}$$

式中　$\eta_j$——土钉轴向拉力调整系数；

　　　$z_j$——第 $j$ 层土钉至基坑顶面的垂直距离，m；

　　　$h$——基坑深度，m；

　　　$\Delta E_{aj}$——作用在以 $s_{xj}$、$s_{zj}$ 为边长的面积内的主动土压力标准值，kN；

　　　$\eta_a$——计算系数；

　　　$\eta_b$——经验系数，可取 0.6～1.0；

　　　$n$——土钉层数。

单根土钉的极限抗拔承载力应按下列规定确定：

（1）单根土钉的极限抗拔承载力应通过抗拔试验确定，其试验方法应符合《建筑基坑支护技术规程》（JGJ 120—2012）附录 D 的规定。

（2）单根土钉的极限抗拔承载力标准值可按下式估算，但应通过《建筑基坑支护技术规程》（JGJ 120—2012）附录 D 规定的土钉抗拔试验进行验证：

$$R_{k,j} = \pi d_j \sum q_{sik} l_i \tag{7-68}$$

式中　$R_{k,j}$——第 $j$ 层土钉的极限抗拔承载力标准值，kN。

　　　$d_j$——第 $j$ 层土钉的锚固体直径，m。对成孔注浆土钉，按成孔直径计算；对打入钢管土钉，按钢管直径计算。

　　　$q_{sik}$——第 $j$ 层土钉在第 $i$ 层土的极限黏结强度标准值，kPa，应由土钉抗拔试验确定，无试验数据时，可根据工程经验并结合表 7-5 取值。

　　　$l_i$——第 $j$ 层土钉在滑动面外第 $i$ 土层中的长度，m，计算单根土钉极限抗拔承载力时，取图 7-35 所示的直线滑动面，直线滑动面与水平面的夹角取 $\frac{\beta+\varphi_m}{2}$。

表 7-5　土钉的极限黏结强度标准值

| 土的名称 | 土的状态 | $q_{sik}$/kPa | |
|---|---|---|---|
| | | 成孔注浆土钉 | 打入钢管土钉 |
| 素填土 | | 15～30 | 20～35 |
| 淤泥质土 | | 10～20 | 15～25 |

| 土的名称 | 土的状态 | $q_{sik}/kPa$ | |
|---|---|---|---|
| | | 成孔注浆土钉 | 打入钢管土钉 |
| 黏性土 | $0.75 < I_L \leqslant 1$ | $20 \sim 30$ | $20 \sim 40$ |
| | $0.25 < I_L \leqslant 0.75$ | $30 \sim 45$ | $40 \sim 55$ |
| | $0 < I_L \leqslant 0.25$ | $45 \sim 60$ | $55 \sim 70$ |
| | $I_L \leqslant 0$ | $60 \sim 70$ | $70 \sim 80$ |
| 粉土 | | $40 \sim 80$ | $50 \sim 90$ |
| 砂土 | 松散 | $35 \sim 50$ | $50 \sim 65$ |
| | 稍密 | $50 \sim 65$ | $65 \sim 80$ |
| | 中密 | $65 \sim 80$ | $80 \sim 100$ |
| | 密实 | $80 \sim 100$ | $100 \sim 120$ |

对安全等级为三级的土钉墙，可仅按式(7-68)确定单根土钉的极限抗拔承载力。

当按上述条件确定的土钉极限抗拔承载力标准值 $(R_{k,j})$ 大于 $f_{yk}A_s$ 时，应取 $R_{k,j} = f_{yk}A_s$。

土钉杆体的受拉承载力应符合下列规定：

$$N_j \leqslant f_y A_s \qquad (7\text{-}69)$$

$$N_j = \gamma_0 \gamma_F N_{k,j} \qquad (7\text{-}70)$$

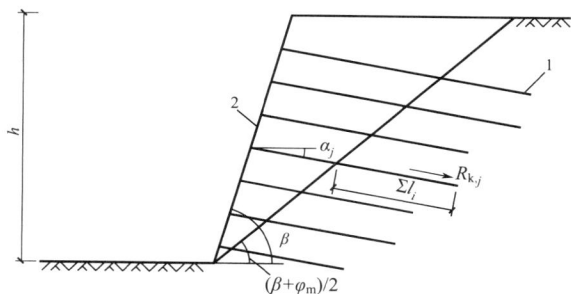

图 7-35　土钉抗拔承载力计算
1—土钉；2—喷射混凝土面层

式中　$N_j$——第 $j$ 层土钉的轴向拉力设计值，kN；

　　　$f_y$——土钉杆体的抗拉强度设计值，kPa；

　　　$A_s$——土钉杆体的截面面积，$m^2$；

　　　$\gamma_0$——支护结构重要性系数，对安全等级为二级、三级的支护结构，其结构重要性系数 $(\gamma_0)$ 分别不应小于 1.0、0.9；

　　　$\gamma_F$——作用基本组合的综合分项系数，支护结构构件按承载能力极限状态设计时，作用基本组合的综合分项系数 $\gamma_F$ 不应小于 1.25。

## 7.7.4　稳定性验算

土钉墙应按下列规定对基坑开挖的各工况进行整体滑动稳定性验算，整体滑动稳定性可采用圆弧滑动条分法进行验算，采用圆弧滑动条分法时，其整体稳定性应符合下列规定（如图 7-36 所示）：

$$\min\{K_{s,1}, K_{s,2} \cdots, K_{s,i}, \cdots\} \geqslant K_s \qquad (7\text{-}71)$$

$$K_{s,i} = \frac{\sum [c_j l_j + (q_j b_j + \Delta G_j)\cos\theta_j \tan\varphi_j] + \sum R'_{k,k}[\cos(\theta_k + \alpha_k) + \psi_v]/s_{x,k}}{\sum (q_j l_j + \Delta G_j)\sin\theta_j} \qquad (7\text{-}72)$$

式中　$K_s$——圆弧滑动整体稳定安全系数，安全等级为二级、三级的土钉墙，$K_s$ 分别不应小于 1.3、1.25；

　　　$K_{s,i}$——第 $i$ 个滑动圆弧的抗滑力矩与滑动力矩的比值，抗滑力矩与滑动力矩之比的最小值宜通过搜索不同圆心及半径的所有潜在滑动圆弧确定；

　　　$c_j$、$\varphi_j$——第 $j$ 土条滑弧面处土的黏聚力，kPa 和内摩擦角，(°)；

第7章

$b_j$——第 $j$ 土条的宽度，m；

$q_j$——作用在第 $j$ 土条上的附加分布荷载标准值，kPa；

$\Delta G_j$——第 $j$ 土条的自重，kN，按天然重度计算；

$\theta_j$——第 $j$ 土条滑弧面中点处的法线与垂直面的夹角，（°）；

$R'_{k,k}$——第 $k$ 层土钉或锚杆对圆弧滑动体的极限拉力值，kN，应取土钉或锚杆在滑动面以外的锚固体极限抗拔承载力标准值与杆体受拉承载力标准值（$f_{yk}A_s$ 或 $f_{ptk}A_p$）的较小值，锚固体的极限抗拔承载力应根据土钉或锚杆极限抗拔承载力公式计算，但锚固段应取圆弧滑动面以外的长度；

$\alpha_k$——第 $k$ 层土钉或锚杆的倾角，（°）；

$\theta_k$——滑弧面在第 $k$ 层土钉或锚杆处的法线与垂直面的夹角，（°）；

$s_{x,k}$——第 $k$ 层土钉或锚杆的水平间距，m；

$\psi_v$——计算系数，可取 $\psi_v = 0.5\sin(\theta_k + \alpha_k)\tan\varphi$，此处，$\varphi$ 为第 $k$ 层土钉或锚杆与滑弧交点处土的内摩擦角。

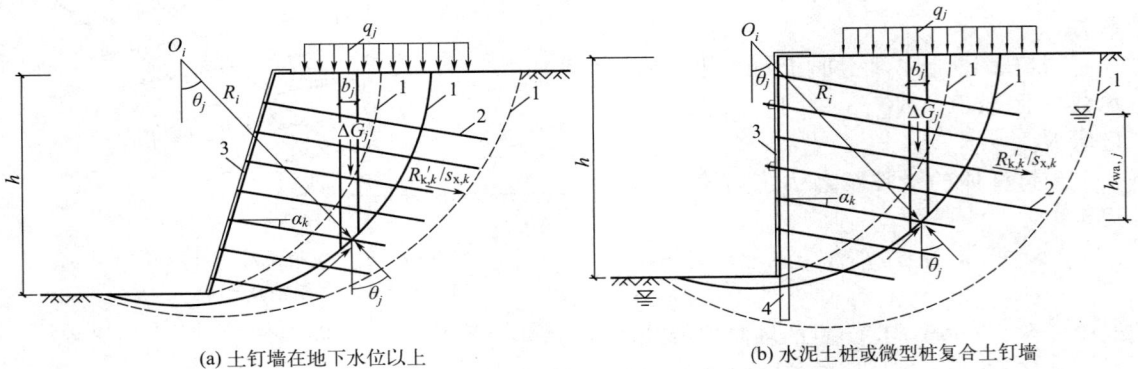

(a) 土钉墙在地下水位以上　　　　　(b) 水泥土桩或微型桩复合土钉墙

图 7-36　土钉墙整体稳定性验算

1—滑动面；2—土钉或锚杆；3—喷射混凝土面层；4—水泥土桩或微型桩

水泥土桩复合土钉墙，在考虑地下水压力的作用时，其整体稳定性应按 7.5 节相关内容验算，但 $R'_{k,k}$ 应按本节的规定取值。

当基坑面以下存在软弱下卧土层时，整体稳定性验算滑动面中尚应包括由圆弧与软弱土层层面组成的复合滑动面。

微型桩、水泥土桩复合土钉墙，滑弧穿过其嵌固段的土条可适当考虑桩的抗滑作用。

基坑底面下有软土层的土钉墙结构应进行坑底隆起稳定性验算，验算可采用下列公式（图 7-37）：

$$\frac{\gamma_{m2}DN_q + cN_c}{(q_1b_1 + q_2b_2)/(b_1 + b_2)} \geq K_{he} \qquad (7-73)$$

$$N_q = \tan^2\left(45° + \frac{\varphi}{2}\right)e^{\pi\tan\varphi} \qquad (7-74)$$

$$N_c = (N_q - 1)/\tan\varphi \qquad (7-75)$$

$$q_1 = 0.5\gamma_{m1}h + \gamma_{m2}D \qquad (7-76)$$

$$q_2 = \gamma_{m1}h + \gamma_{m2}D + q_0 \qquad (7-77)$$

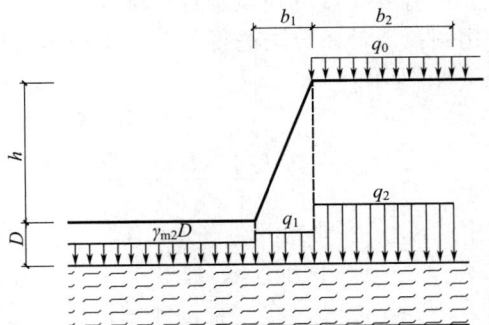

图 7-37　基坑底面下有软土层的土钉墙抗隆起稳定性验算

式中　　$q_0$——地面均布荷载，kPa；

$\gamma_{m1}$——基坑底面以上土的天然重度，$kN/m^3$，对多层土取各层土按厚度加权的平均重度；

$h$——基坑深度，m；

$\gamma_{m2}$——基坑底面至抗隆起计算平面之间土层的天然重度，$kN/m^3$，对多层土取各层土按厚度加权的平均重度；

$D$——基坑底面至抗隆起计算平面之间土层的厚度，m，当抗隆起计算平面为基坑底平面时，取 $D$ 等于 0；

$N_c$、$N_q$——承载力系数；

$c$——抗隆起计算平面以下土的黏聚力，kPa；

$\varphi$——抗隆起计算平面以下土的内摩擦角，(°)；

$b_1$——土钉墙坡面的宽度，m，当土钉墙坡面垂直时取 $b_1$ 等于 0；

$b_2$——地面均布荷载的计算宽度，m，可取 $b_2$ 等于 h；

$K_{he}$——抗隆起安全系数，安全等级为二级、三级的土钉墙，$K_{he}$ 分别不应小于 1.6、1.4。

土钉墙与截水帷幕结合时，应按《建筑基坑支护技术规程》(JGJ 120—2012) 附录 C 的规定进行地下水渗透稳定性验算。

# 7.8　基坑工程施工

## 7.8.1　排桩施工与检测

按桩的施工方法不同，有预制桩和灌注桩两类。预制桩是在工厂或施工现场用不同的建筑材料制成的各种形状的桩，然后用打桩设备将预制好的桩沉入地基土中。灌注桩是在设计桩位上先成孔，然后放入钢筋笼骨架，再浇筑混凝土而成的桩。灌注桩按成孔方法的不同，分为泥浆护壁成孔灌注桩、干作业钻孔灌注桩、人工挖孔灌注桩、沉管灌注桩等。

### 7.8.1.1　钻孔灌注桩湿作业成孔施工工艺

（1）成孔方法

钻孔灌注桩湿作业成孔的主要方法有潜水电钻机成孔、工程地质回转钻机成孔、冲击成孔及旋挖钻机成孔等。

根据出渣方式的不同，成孔作业可分成正循环成孔和反循环成孔两种。正循环回转钻机成孔的工艺如图 7-38 所示。由空心钻杆内部通入泥浆或高压水，从钻杆底部喷出，携带钻下的土渣沿孔壁向上流动，由孔口将土渣带出流入泥浆池。反循环回转钻机成孔的工艺如图 7-39 所示。泥浆带渣流动的方向与正循环回转钻机成孔的情形相反。反循环工艺的泥浆上流速度较高，能携带较大的土渣。

湿作业法成孔时，为保证孔壁的稳定，应根据地质情况和成孔工艺配制不同的泥浆。成孔到设计深度后，应进行孔深、孔径、垂直度、沉浆浓度、沉渣深度等测试检查，确认符合要求后，方可进行下一道工序施工。

钻孔灌注桩柱列式排桩采用湿作业法成孔时，要特别注意孔壁护壁问题。当桩距较小时，由于通常采用跳孔法施工，当桩孔出现坍塌或扩径较大时，会导致两根已经施工的桩之间插入后施工的桩时成孔困难，必须把该桩向排桩轴线外移才能成孔。一般而言，柱列式排桩的净距不宜小于 200mm。

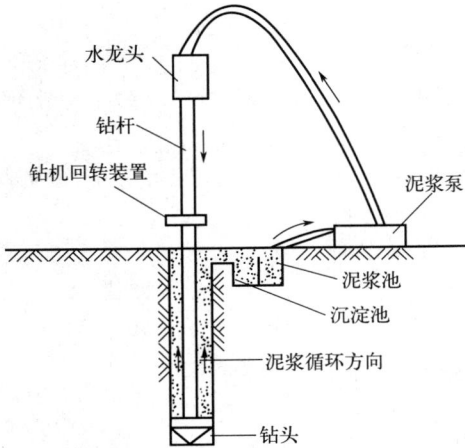

图 7-38　正循环成孔工艺

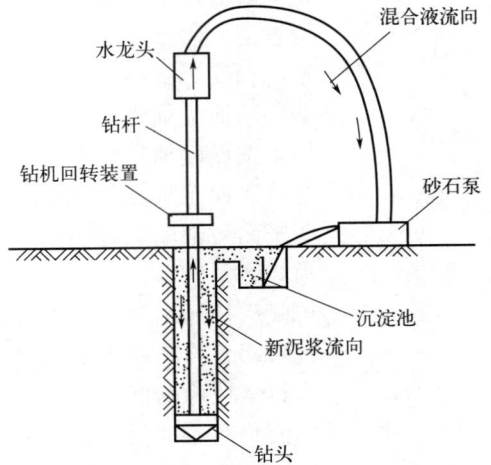

图 7-39　反循环成孔工艺

（2）泥浆配制

泥浆由水、黏土、化学处理剂和一些惰性物质组成。泥浆在桩孔内吸附在孔壁上，将土壁上孔隙填渗密实，避免孔内壁漏水，保持护筒内水压稳定；同时，泥浆在孔外受压差的作用，部分水渗入地层，在地层表面形成一层固体颗粒的胶结物——泥饼。性能良好的泥浆，失水量小，泥饼薄而韧密，具有较强的黏结力，可以稳固土壁，防止塌孔；泥浆有一定黏度，通过循环泥浆可将切削碎的泥石渣屑悬浮后排出，起到携砂、排土的作用；同时，泥浆对钻头有冷却和润滑作用，保证钻头和钻具保持冷却和在孔内顺利起落。

制备泥浆的方法：在黏性土中成孔时可在孔中注入清水，钻机旋转时，切削土屑与水旋拌，用原土造浆，泥浆相对密度应控制在 1.1～1.2；在其他土中成孔时，泥浆制备应选用高塑性黏土或膨润土；在砂土和较厚的夹砂层中成孔时，泥浆相对密度应控制在 1.2～1.4。施工中应经常测定泥浆相对密度，并定期测定黏度、含砂率和胶体率等指标。

（3）清孔

完成成孔后，在灌注混凝土之前，应进行清孔。通常清孔应分 2 次进行。第一次清孔在成孔完毕后，立即进行；第 2 次在下放钢筋笼和灌注混凝土导管安装完毕后进行。

常用的清孔方式有正循环清孔、泵吸反循环清孔和空气升液反循环清孔，通常随成孔时采用的循环方式而定。清孔时先是钻头稍做提升，然后通过不同的循环方式排除孔底沉淤，与此同时，不断注入洁净的泥浆水，用以降低桩孔泥浆中的泥渣含量。

清孔过程中应测定沉浆指标。清孔后的泥浆密度应小于 1.15。清孔结束时应测定孔底沉淤，孔底沉淤厚度一般应小于 20cm。

第 2 次清孔结束后孔内应保持水头高度，并应在 30min 内灌注混凝土。若超过 30min，灌注混凝土时应重新测定孔底沉淤厚度。

（4）钢筋笼施工

① 钢筋笼制作的准备工作。

a. 先对钢筋除污和除锈、调直。

b. 为便于吊装运输，钢筋笼宜分段制作。分段长度应按钢筋笼的整体刚度、来料钢筋的长度及起重设备的有效高度等因素确定。钢筋笼制作长度不宜超过 8m。两段钢筋笼的连接应采用焊接，焊接方法和接头长度应符合设计要求或有关规范的规定。

② 钢筋笼的制作：制作钢筋笼，可采用专用工具，人工制作。首先计算主筋长度并下料，弯制加强箍和缠绕筋，然后焊制钢筋笼。先将加强箍与主筋焊接，再焊接缠绕筋。制作钢筋笼时，要求主筋环向均匀布置，箍筋的直径及间距、主筋的保护层厚度、加强箍的间距等均应符合设计规定。焊好钢筋笼后，在钢筋笼的上、中、下部的同一横截面上，应对称设置 4 个钢筋"耳环"或混凝土垫块，并应在吊放前进行垂直校直。

③ 钢筋笼的运输、吊装：钢筋笼在运输、吊装过程中，要防止钢筋扭曲变形（可在钢筋笼上绑扎直木杆）。吊放入孔内时，应对准孔位慢放，严禁高起猛落，强行下放，防止倾斜、弯折或碰撞孔壁。为防止钢筋笼上浮，可采用叉杆对称地点焊在孔口护筒上。

（5）混凝土的配制

配制混凝土必须保证满足设计强度以及施工工艺要求。混凝土是确保成桩质量的关键工序，灌注前应做好一切准备工作，保证混凝土灌注连续紧凑地进行。

混凝土所用粗骨料可选用卵石和碎石，但应优先选用卵石，其最大粒径，对于钢筋混凝土桩不宜大于 50mm，并不得大于钢筋最小净距的 1/3；对于素混凝土桩，不得大于桩径的 1/4，一般以不大于 70mm 为宜。细骨料应选用级配合理、质地坚硬、洁净的中粗砂，每立方米混凝土的水泥用量不小于 350kg。混凝土中可掺入外加剂，从而改善或赋予混凝土某些性能，但必须符合有关要求。

（6）混凝土灌注施工

桩孔检查合格后，应尽快灌注混凝土。灌注桩可根据实际情况，选用如下几种灌注方法：导管法，该法可用于孔内水下灌注；串筒法，该法用于孔内无水或渗水量小时的灌注；混凝土泵，用于混凝土量大的灌注。

在灌注桩、地下连续墙等基础工程中，常要直接在水下浇筑混凝土。其方法是利用导管输送混凝土并使之与环境水隔离，依靠管中混凝土的自重，使管口周围的混凝土在已浇筑的混凝土内部流动、扩散，以完成混凝土的浇筑工作，如图 7-40 所示。

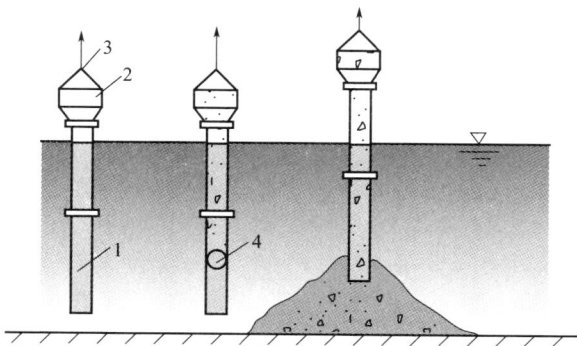

图 7-40　导管法浇筑水下混凝土示意图
1—导管；2—承料漏斗；3—提升机具；4—球塞

施工时，先将导管放入孔中（其下部距离底面约 100mm），用麻绳或铅丝将球塞悬吊在导管内水位以上 0.2m（塞顶铺 2～3 层稍大于导管内径的水泥纸袋，再散铺一些干水泥，以防混凝土中骨料卡住球塞），然后浇入混凝土，当球塞以上导管和承料漏斗装满混凝土后，剪断球塞吊绳，混凝土靠自重推动球塞下落，冲向基底，并向四周扩散。球塞冲出导管，浮至水面，可重复使用。冲入基底的混凝土将管口包住，形成混凝土堆。同时不断地将混凝土浇入导管中，管外混凝土面不断被管内的混凝土挤压而上升。随着管外混凝土面的上升，导管也逐渐提高（到一定高度，可将导管顶段拆下）。但不能提升过快，必须保证导管下端始终埋入混凝土内，其最大埋置深度不宜超过 5m。混凝土浇筑的最终高程应高于设计标高约 500mm 以上，以便清除强度低的表层混凝土（清除应在混凝土强度达到 $2\sim2.5\text{N/mm}^2$ 后方可进行）后进行冠梁施工。冠梁混凝土浇筑采用土模时，土面应修理整平。

导管由每段长度为 $2.5\sim3.0\text{m}$（脚管为 $2\sim3\text{m}$）、管径 $200\sim250\text{mm}$、壁厚不小于 3mm 的钢管用法兰盘加止水胶垫用螺栓连接而成。承料漏斗位于导管顶端，漏斗上方装有振动设备以防混凝土在导管中阻塞。提升机具用来控制导管的提升与下降，常用的提升机具有卷扬机、电动葫芦、起重机等。球塞可用软木、橡胶、泡沫塑料等制成，其直径比导管内径小 $15\sim20\text{mm}$。

每根导管的作用半径一般不大于 3m，所浇混凝土覆盖面积不宜大于 $30\text{m}^2$，当面积过大时，可用多根导管同时浇筑。混凝土浇筑应从最深处开始，相邻导管下口的标高差不应超过导管间距的 $1/20\sim1/15$，并保证混凝土表面均匀上升。

导管法浇筑水下混凝土的关键：一是保证混凝土的供应量大于导管内混凝土必须保持的高度和开始浇筑时导管埋入混凝土堆内必需的埋置深度所要求的混凝土量；二是严格控制导管提升高度，且只能上下升降，不能左右移动，以避免造成管内返水事故。

灌注混凝土时，混凝土充盈系数不应小于 1.0，在 $1.0\sim1.3$ 较为合适。灌注时环境温度低于 $0℃$ 时，混凝土应采取保温措施。灌注过程中，应由专人做好记录。

### 7.8.1.2　排桩质量控制及检测

除特殊要求外，排桩的施工偏差应符合下列规定：

① 桩位的允许偏差应为 50mm；

② 桩垂直度的允许偏差应为 0.5%；

③ 预埋件位置的允许偏差应为 20mm；

④ 桩的其他施工允许偏差应符合现行行业标准《建筑桩基技术规范》（JGJ 94—2008）的规定。

采用混凝土灌注桩时，其质量检测应符合下列规定：

① 桩身混凝土必须留有试件，直径大于 1m 的深桩，每根桩应不少于 1 组试块，每个浇筑台班不得少于 1 组。做试块时，应进行反复插捣，使试块密实，表面应抹平。一般在养护 $8\sim12\text{h}$ 后即可脱模养护。冬天可放入地窖中，夏天可放入水池中。在施工现场养护混凝土试块时，难度较大，一定要加强养护。

② 应采用低应变动测法检测桩身完整性，检测桩数不宜少于总桩数的 20%，且不得少于 5 根。

③ 当根据低应变动测法判定的桩身完整性为 Ⅲ 类或 Ⅳ 类时，应采用钻芯法进行验证，并应扩大低应变动测法检测的数量。

## 7.8.2　锚杆施工与检测

### 7.8.2.1　锚杆施工工艺

锚杆的施工包括钻孔、拉杆的组装与安放、注浆、张拉与锁定等工序。

（1）锚杆孔钻进

锚杆成孔一般采用人工洛阳铲或锚杆钻机成孔，如图 7-41 所示。若采用锚杆钻机，则有干法（螺旋钻进）与湿法（回转钻进）施工。应根据土层性状和地下水条件选择套管护壁、干成孔或泥浆护壁成孔工艺，成孔工艺应满足孔壁稳定性要求；对松散和稍密的砂土、粉土、卵石、填土，有机质土，高液性指数的黏性土宜采用套管护壁成孔工艺；在地下水位以下时，不宜采用干成孔工艺；在高塑性指数的饱和黏性土层成孔时，不宜采用泥浆护壁成孔工艺。

（2）拉杆的组装与安放

若锚杆采用钢筋锚杆，按锚杆要求的长度切割钢筋，并在杆体外端加工螺纹以便安放螺母，在杆体上每隔 2～3m 安放隔离件，以使杆体在孔内居中，保证有足够的保护层。预应力锚杆的自由段除涂刷防腐涂料外，还应套上塑料管或包裹塑料布，使之与水泥浆体分隔开。

当锚杆杆体采用 HRB335、HRB400 级钢筋时，其连接宜采用机械连接、双面搭接焊、双面帮条焊；采用双面焊时，焊缝长度不应小于 $5d$，此处，$d$ 为杆体钢筋直径；

图 7-41　锚杆钻孔施工

钢绞线锚索的结构如图 7-42 所示，锚固段的钢绞线呈波浪形，是通过架线环（约束环）与隔离环的交替设置而成的，钢绞线绑扎时，钢绞线应平行、间距均匀。

锚杆插入孔内时，在推送过程中用力要均匀，以免在推送时损坏锚杆配件和防护层。当锚杆设置有排气管、注浆管和注浆袋时，推送时不要使锚杆体转动，并不断检查排气管和注浆管，以免管子折死、压扁和磨坏，应避免钢绞线在孔内弯曲或扭转，并确保锚杆在就位后排气管和注浆管畅通。

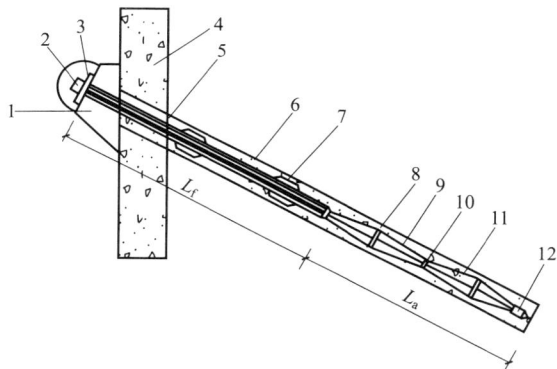

图 7-42　钢绞线锚索结构示意图

1—台座；2—锚具；3—承压板；4—支挡结构；
5—自由隔离层；6—钻孔；7—定位支架；8—隔离环；
9—钢绞线；10—架线环；11—注浆体；
12—导向帽；$L_f$—自由段长度；$L_a$—锚固段长度

（3）注浆

锚孔注浆是锚杆施工的重要工序之一，注浆的目的是形成锚固段，并防止锚杆腐蚀。此外，压力注浆还能改善锚杆周围土体的力学性能，使锚杆具有更大的承载能力。注浆浆液采用水泥浆时，水灰比宜取 0.5～0.55；采用水泥砂浆时，水灰比宜取 0.4～0.45，灰砂比宜取 0.5～1.0，拌和用砂宜选用中粗砂。必要时可加入定量的外加剂或掺和料，以改善其施工性能，以及与土体的粘接。

注浆方法有一次注浆法和二次注浆法两种。

一次注浆法：用泥浆泵通过一根注浆管自孔底开始注浆，待浆液流出孔口时，将孔口封堵，继续以 0.4～0.6MPa 压力注浆，并稳压数分钟，注浆结束。

二次注浆法：一次注浆结束后 2～4h，水泥固结体强度达到 5MPa 左右时进行，利用二次注浆花管进行二次注浆，注浆压力控制在 2.0～4.5MPa，二次压力注浆使浆液劈裂冲破一次固结体，浆液向周围扩散，孔径扩大挤压周围土体，孔隙比减小，内摩擦角增大，二次注浆法可显著提高土锚的承载能力。花管注浆孔注浆管的出浆孔宜沿锚固段全长设置，孔间距宜取 500～800mm，每个注浆截面的注浆孔宜取 2 个；二次压力注浆浆液宜采用水灰比 0.5～0.55 的水泥浆；二次注浆管应固定在杆体上，注浆管的出浆口应有逆止构造；二次压力注浆应在水泥浆初凝后、终凝前进行，终止注浆的压力不应小于 1.5MPa。

（4）张拉与锁定

锚杆的张拉，其目的就是要通过张拉设备使锚杆杆体自由段产生弹性变形，对锚固结构施加所需求的预应力值。

图 7-43　锚杆张拉

当锚杆固结体的强度达到 15MPa 或设计强度的 75% 后，方可进行锚杆的张拉锁定，如图 7-43 所示。张拉前，应对张拉设备进行标定；设备安装后，应注意台座的承压面与拉杆的轴线方向是否垂直；张拉时，应对锚杆预张拉 1～2 次，以使锚杆各部位接触紧密，并使杆体平直。锚杆的张拉控制应力 $\sigma_{con}$ 值则不应超过 $0.65f_{ptk}$（预应力筋的抗拉强度标准值）。由于锚具回缩等原因造成的预应力损失采用超张拉的方法克服，超张拉值一般为设计预应力的 1.1～1.15 倍。拉力型钢绞线锚索宜采用钢绞线束整体张拉锁定的方法。

锚杆张拉荷载是分级进行的，每级荷载增量为 $0.25N_k$，每级载入后都有 5～10min（黏性土时间长一些）的观测时间，以记录锚头位移数值。锚杆张拉应平缓加载，加载速率不宜大于 $0.1N_k/\min$；在张拉值下的锚杆位移和压力表压力应能保持稳定，当锚头位移不稳定时，应判定此根锚杆不合格。

锁定时的锚杆拉力应考虑锁定过程的预应力损失量；预应力损失量宜通过对锁定前、后锚杆拉力的测试确定；缺少测试数据时，锁定时的锚杆拉力可取锁定值的 1.1～1.15 倍。

### 7.8.2.2　锚杆质量控制与检测

锚杆的施工偏差应符合下列要求：①钻孔深度宜大于设计深度 0.5m；②钻孔孔位的允许偏差应为 50mm；③钻孔倾角的允许偏差应为 3°；④杆体长度应大于设计长度；⑤自由段的套管长度允许偏差应为 ±50mm。

锚杆的检测应符合下列规定：①检测数量不应少于锚杆总数的 5%，且同一土层中的锚杆检测数量不应少于 3 根；②检测试验应在锚杆的固结体强度达到设计强度的 75% 后进行；③锚杆检测应采用随机抽样的方法选取；④支护结构的安全等级为一级、二级、三级时检测试验的张拉值为 $1.4N_k$、$1.3N_k$ 和 $1.2N_k$；⑤检测试验应按《建筑基坑支护技术规程》（JGJ 120—2012）附录 A 的验收试验方法进行；⑥当检测的锚杆不合格时，应扩大检测数量。

## 7.8.3　重力式水泥土挡墙施工与检测

水泥土搅拌桩的施工方法分为喷浆和喷粉两种。目前常用的施工机械包括：单轴水泥土搅拌桩机、双轴水泥土搅拌机、三轴水泥土搅拌机。高压喷射注浆法是指使固化剂形成高压喷射流，借助高压喷射流的切削和混合，将固化剂和土体混合，达到加固土体的目的，高压喷射注浆有单管、双重管和三重管法等。

### 7.8.3.1　水泥土墙施工工艺

水泥土搅拌桩的施工工艺分为浆液搅拌法，简称湿法，一般以水泥浆作为固化剂的主剂，通过搅拌头强制将软土和水泥浆拌和在一起；再者是粉体搅拌法，简称干法，可采用单轴、双轴、多轴搅拌或连续成槽搅拌形成柱状、壁状、格栅状或块状水泥土加固体。由于施工须把搅拌桩搭接从而形成水泥土墙，所以在基坑水泥土墙施工中，多轴搅拌机用得较多。

正式施工搅拌桩前，应进行现场采集土样的室内水泥土配比试验，当场地存在成层土时应取得各层土样，如果条件不允许，至少应取得最软弱层土样。通过室内水泥配比试验，测定水泥土试块不同龄期、不同水泥掺入量、不同外加剂的抗压强度，为深层搅拌施工寻求满足设计要求的最佳水灰比、水泥掺入量以及外加剂品种、掺量。利用室内水泥土配比试验结果进行现场成桩试验，以确定满足设计要求的施工工艺和施工参数。增强体的水泥掺量不应小于 12%，块状加固时水泥掺量不应小于加固天然土质量的 7%；湿法的水泥浆水灰比可取 0.5～0.6。

水泥土搅拌桩施工前，应根据设计进行工艺性试桩，数量不得少于 3 根，多轴搅拌施工不得少于 3 组。应对工艺试桩的质量进行检验，确定施工参数。水泥土搅拌桩施工现场施工前应予以平整，清除地上和地下的障碍物，深层搅拌法的施工工艺流程如图 7-44 所示。

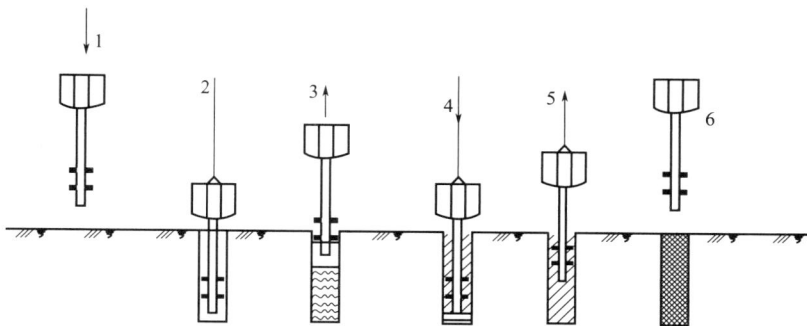

图 7-44 深层搅拌法的施工工艺流程图
1—定位下沉；2—喷浆搅拌；3—搅拌上升；4—重复搅拌下沉；5—重复搅拌上升；6—施工完成

第一步：搅拌机械就位、调平；
第二步：预搅下沉至设计加固深度；
第三步：边喷浆（或粉），边搅拌提升直至预定的停浆（或灰）面；
第四步：重复搅拌下沉至设计加固深度；
第五步：根据设计要求，喷浆（或粉）或仅搅拌提升至预定的停浆（或灰）面；
第六步：关闭搅拌机械、移位并重复上述步骤。

在预（复）搅下沉时，也可采用喷浆（粉）的施工工艺，确保全桩长上下至少再重复搅拌一次。对地基土进行干法咬合加固时，如复搅困难，可采用慢速搅拌，以保证搅拌的均匀性。

### 7.8.3.2 水泥土墙质量检测

水泥土搅拌桩的施工应符合现行行业标准《建筑地基处理技术规范》（JGJ 79—2012）的规定。施工质量可通过施工记录、强度试验和轻便触探进行间接或直接的判断。

（1）成桩施工期的质量检查

包括原材料质量、力学性能、掺入比的检查等。成桩时逐根检查桩位、桩直径、桩底标高、桩顶标高、桩身垂直度、喷浆提升速度、外掺剂掺量、喷浆均匀程度、搭接长度及搭接施工的间歇时间等。

（2）施工记录

施工记录是现场隐蔽工程的实录，反映施工工艺执行情况和施工中发生的各种问题。施工记录应详尽、如实进行并由专人负责。用施工前预定的施工工艺进行对照，可以判断使用操作是否符合要求。对施工中发生的如停电、机械故障、断浆等问题通过分析记录，可判断事故处理是否得当。

（3）强度检验

施工操作符合预定工艺要求的情况下，桩身的强度是否满足设计要求，是质量控制的关键。要求在施工后一周内进行开挖检查或采取钻孔取芯等手段检查成桩质量，若不符合设计要求应及时调整施工工艺。

水泥土墙的设计开挖龄期应采用钻孔取芯法检测墙身完整性，钻芯数量不宜少于总桩数量的1％，且不应少于6根；根据设计要求取样进行单轴抗压强度试验，芯样直径不应小于80mm。

（4）基坑开挖期的检测

观察桩体软硬、墙面平整度和桩体搭接及渗漏情况，如不符合设计要求，应采取必要的补救措施。应采用开挖方法检测水泥土搅拌桩的直径、搭接宽度、位置偏差。

### 7.8.4　土钉墙施工与检测

#### 7.8.4.1　土钉墙施工流程

土钉墙应按每层土钉及混凝土面层分层设置、分层开挖基坑的步序施工。当有地下水时，对易产生流砂或塌孔的砂土、粉土、碎石土等土层，应通过试验确定土钉施工工艺和措施。

土钉墙的施工流程一般为：开挖工作面→修整坡面→喷射第一层混凝土→土钉定位→钻孔→清孔→制作、安装土钉→浆液制备、注浆→加工钢筋、绑扎钢筋网→安装泄水管→喷射第二层混凝土→养护→开挖下一层工作面，重复以上工作直到完成。

打入钢管注浆型土钉没有钻孔清孔过程，直接用机械或人工打入。

复合土钉墙的施工流程一般为：止水帷幕或微型桩施工→开挖工作面→土钉及锚杆施工→安装钢筋网及绑扎腰梁钢筋笼→喷射面层及腰梁→面层及腰梁养护→锚杆张拉→开挖下一层工作面，重复以上工作直到完成。

#### 7.8.4.2　土钉墙施工要点

（1）土钉成孔施工

① 土钉成孔范围内存在地下管线等设施时，应在查明其位置并避开后，再进行成孔作业；

② 应根据土层的性状选择洛阳铲、螺旋钻、冲击钻、地质钻等成孔方法，采用的成孔方法应能保证孔壁的稳定性、减小对孔壁的扰动；

③ 当成孔遇到不明障碍物时，应停止成孔作业，在查明障碍物的情况并采取针对性措施后方可继续成孔；

④ 对易塌孔的松散土层宜采用机械成孔工艺，成孔困难时，可采用注入水泥浆等方法进行护壁。

（2）钢筋土钉杆体的制作与安装

① 钢筋使用前，应调直并清除污锈；

② 当钢筋需要连接时，宜采用搭接焊、帮条焊，且焊接应采用双面焊，双面焊的搭接长度或帮条长度应不小于主筋直径的5倍，焊缝高度不应小于主筋直径的0.3倍；

③ 对中支架的断面尺寸应符合土钉杆体保护层厚度要求，对中支架可选用直径6～8mm的钢筋焊制；

④ 土钉成孔后应及时插入土钉杆体，遇塌孔、缩径时，应在处理后再插入土钉杆体；

⑤ 打入式土钉钢管端部应制成尖锥状，顶部宜设置防止钢管顶部施打变形的加强构造。

（3）土钉注浆

① 注浆材料可选用水泥浆或水泥砂浆；水泥浆的水灰比宜取 0.5～0.55；水泥砂浆的水灰比宜取 0.40～0.45，同时，灰砂比宜取 0.5～1.0，拌和用砂宜选用中粗砂，按重量计的含泥量不得大于 3%。

② 水泥浆或水泥砂浆应拌和均匀，一次拌和的水泥浆或水泥砂浆应在初凝前使用。

③ 注浆前应将孔内残留的虚土清除干净。

④ 注浆时，宜采用将注浆管与土钉杆体绑扎、同时插入孔内并由孔底注浆的方式；注浆管端部至孔底的距离不宜大于 200mm；注浆及拔管时，注浆管口应始终埋入注浆液面内，应在新鲜浆液从孔口溢出后停止注浆；注浆后，当浆液液面下降时，应进行补浆。

⑤ 打入式钢管土钉注浆材料应采用水泥浆；水泥浆的水灰比宜取 0.5～0.6；注浆压力不宜小于 0.6MPa；应在注浆至管顶周围出现返浆后停止注浆；当不出现返浆时，可采用间歇注浆的方法。

（4）喷射混凝土面层施工

① 细骨料宜选用中粗砂，含泥量应小于 3%；

② 粗骨料宜选用粒径不大于 20mm 的级配砾石；

③ 水泥与砂石的重量比宜取 1:4～1:4.5，砂率宜取 45%～55%，水灰比宜取 0.4～0.45；

④ 使用速凝剂等外掺剂时，应做外加剂与水泥的兼容性试验及水泥净浆凝结试验，并应通过试验确定外掺剂掺量及掺入方法；

⑤ 喷射作业应分段依次进行，同一分段内喷射顺序应自下而上均匀喷射，一次喷射厚度宜为 30～80mm；

⑥ 喷射混凝土时，喷头与土钉墙墙面应保持垂直，其距离宜为 0.6～1.0m；

⑦ 喷射混凝土终凝 2h 后应及时喷水养护；

⑧ 钢筋与坡面的间隙应大于 20mm；

⑨ 钢筋网可采用绑扎固定，钢筋连接宜采用搭接焊，焊缝长度不应小于钢筋直径的 10 倍；

⑩ 采用双层钢筋网时，第二层钢筋网应在第一层钢筋网被喷射混凝土覆盖后铺设。

### 7.8.4.3 土钉墙质量控制及检测

土钉墙的施工偏差应符合下列要求：① 钢筋土钉的成孔深度应大于设计深度 0.1m；② 土钉位置的允许偏差应为 100mm；③ 土钉倾角的允许偏差应为 3°；④ 土钉杆体长度应大于设计长度；⑤ 钢筋网间距的允许偏差应为 ±30mm；⑥ 微型桩桩位的允许偏差应为 50mm；⑦ 微型桩垂直度的允许偏差应为 0.5%。

复合土钉墙中预应力锚杆的施工应符合现行行业标准《建筑基坑支护技术规程》（JGJ 120—2012）中有关锚杆的规定。微型桩的施工应符合现行行业标准《建筑桩基技术规范》（JGJ 94—2008）的有关规定。

土钉墙的质量检测应符合下列规定：

① 应对土钉的抗拔承载力进行检测，抗拔试验可采用逐级加荷法；土钉的检测数量不宜少于土钉总数的 1%，且同一土层中的土钉检测数量不应少于 3 根；试验最大荷载不应小于土钉轴向拉力标准值的 1.1 倍；检测土钉应按随机抽样的原则选取，并应在土钉固结体强度达到设计强度的 70% 后进行试验。

② 土钉墙面层喷射混凝土应进行现场试块强度试验，每 500m² 喷射混凝土面积试验数量不应少于一组，每组试块不应少于 3 个。

③ 应对土钉墙的喷射混凝土面层厚度进行检测，每 $500m^2$ 喷射混凝土面积检测数量不应少于一组，每组的检测点不应少于 3 个；全部检测点的面层厚度平均值不应小于厚度设计值，最小厚度不应小于厚度设计值的 80%。

④ 复合土钉墙中的预应力锚杆，应进行抗拔承载力检测。

⑤ 复合土钉墙中的水泥土搅拌桩或旋喷桩用作帷幕时，应进行质量检测。

## 思考题与习题

7-1 基坑支护的目的是什么？

7-2 常见的基坑支护方法有哪些？各自的适用条件是什么？

7-3 排桩墙支护体系由哪些部分组成？支护墙体的主要形式有哪些？

7-4 简述各类型排桩支护的设计计算方法要点。

7-5 简述钻孔灌注桩的支护特点。

7-6 排桩施工工艺要点有哪些？

7-7 板桩墙式支护体系应进行哪些稳定性分析？

7-8 水泥土搅拌桩的特点、适用范围、作用机理分别是什么？

7-9 水泥土墙的设计内容和验算内容分别有哪些？

7-10 锚杆技术有哪些优点？

7-11 简述锚杆的构造与类型。

7-12 锚杆的设计内容包括哪些？

7-13 锚杆与土钉有哪些异同点？

7-14 锚杆的支护机理是什么？

7-15 土钉墙的特点、适用范围和支护原理是什么？

7-16 土钉墙的构造及其各组成部分的作用是什么？

7-17 土钉墙的设计内容包括哪些？

7-18 简述土钉墙的施工工艺流程。

# 第8章 基坑工程地下水控制

如图 8-1 所示，杭州某地下综合管廊场地土层以杂填土、粉土、粉砂层为主，土体具有高压缩性且部分土层缺失。深基坑呈长条形，开挖长度约 3650m，一般段基坑开挖宽度 10.3~10.7m，开挖深度 5.0~16.0m，基坑安全等级为一级。基坑围护结构主要采用钻孔灌注桩（$\phi1000mm@1200mm$，桩长 26m）+内支撑，内支撑设置 3 道，第一道采用钢筋混凝土支撑，其余均采用钢管支撑。地下水控制采用三轴水泥搅拌桩（$\phi650mm@450mm$，有效桩长 15m）止水，采用 $\phi800$ 管井作为疏干井，进行坑内降水。

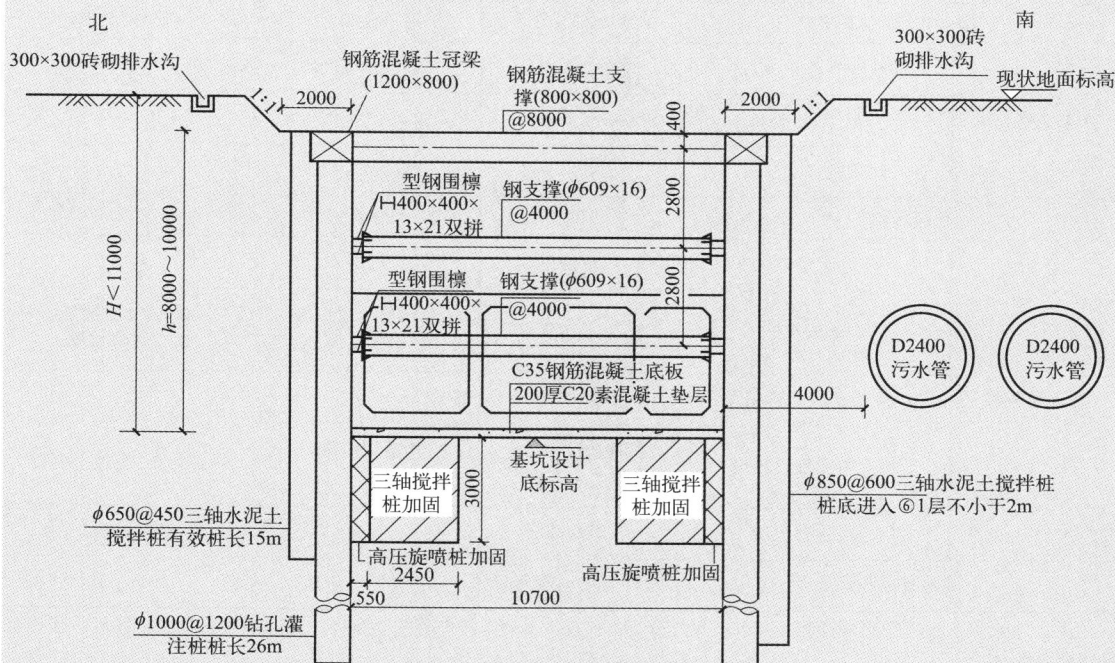

图 8-1 基坑围护结构横断面图

**讨论**

什么是地下水控制？地下水控制的等级如何确定？地下水控制有哪些措施？基坑降水方法有哪些？基坑止水方法有哪些？

高层建筑深基坑开挖过程中，如基坑开挖深度大于地下水的埋深，地下水将不断流入坑内，易造成边坡失稳、基底隆起与突涌等不利现象，为了确保高层建筑深基坑内基础、地下室结构施工的正常进行，必须对地下水进行有效的控制。地下水控制包括工程勘察、地下水控制设计、工程施工与工程监测等工作内容。

# 8.1  地下水控制工程分类

在工程中进行地下水控制有各种各样的措施，可以总结为"降、排、堵、截"四种方法。《建筑与市政工程地下水控制技术规范》（JGJ 111—2016）对地下水控制方法进行了分类，具体可划分为降水、隔水和回灌三类，这三类方法又包含多种类型。地下水控制工程划分为简单、中等复杂、复杂三级。

降水工程的复杂程度可按表8-1确定；隔水工程的复杂程度可按表8-2确定；当两种以上地下水控制方法组合使用时，应划分为复杂工程。

表 8-1  降水工程复杂程度分级

| 条件 | | 复杂程度分级 | | |
|---|---|---|---|---|
| | | 简单 | 中等复杂 | 复杂 |
| 工程环境限制要求 | | 无明确要求 | 有一定要求 | 有严格要求 |
| 降水工程规模 | 面状围合面积 $A/\mathrm{m}^2$ | $A<5000$ | $5000{\leqslant}A{\leqslant}20000$ | $A>20000$ |
| | 条状宽度 $B/\mathrm{m}$ | $B<3.0$ | $3.0{\leqslant}B{\leqslant}8.0$ | $B>8.0$ |
| | 线状宽度 $L/\mathrm{km}$ | $L<0.5$ | $0.5{\leqslant}L{\leqslant}2.0$ | $L>2.0$ |
| 水位降深值 $s/\mathrm{m}$ | | $s<6.0$ | $6.0{\leqslant}s{\leqslant}16.0$ | $s>16.0$ |
| 含水层特征 | 含水层数 | 单层 | 双层 | 多层 |
| | 承压水 | 无承压水 | 承压含水层顶板低于开挖深度 | 承压含水层顶板高于开挖深度 |
| | 渗透系数 $k/(\mathrm{m}\cdot\mathrm{d}^{-1})$ | $0.1{\leqslant}k{\leqslant}20.0$ | $20.0<k{\leqslant}50.0$ | $k<0.1$ 或 $k>50.0$ |
| | 构造裂隙发育程度 | 构造简单，裂隙不发育 | 构造较简单，裂隙较发育 | 构造复杂、裂隙很发育 |
| | 岩溶发育程度 | 不发育 | 发育 | 很发育 |
| 场地复杂程度 | | 简单场地 | 中等复杂场地 | 复杂场地 |

注：1. 降水工程复杂程度分类选择以工程环境、工程规模和降水深度为主要条件，符合主要条件之一即可，其他条件宜综合考虑。

2. 长宽比小于或等于20时为面状，大于20且小于或等于50时为条状，大于50时为线状。

3. 场地复杂程度分类根据现行国家标准《岩土工程勘察规范（2009年版）》（GB 50021—2001）确定。

表 8-2　隔水工程复杂程度分类

| 条件 | | 复杂程度分级 | | |
|---|---|---|---|---|
| | | 简单 | 中等复杂 | 复杂 |
| 工程环境限制要求 | | 无明确要求 | 有一定要求 | 有严格要求 |
| 隔水深度 $h/m$ | | $h \leq 7.0$ | $7.0 < h \leq 13.0$ | $h > 13.0$ |
| 含水层特征 | 含水层数 | 单层 | 双层 | 多层 |
| | 渗透系数 $k/(m \cdot d^{-1})$ | $k \leq 20.0$ | $20.0 < k \leq 50.0$ | $k > 50.0$ |
| 场地复杂程度 | | 简单场地 | 中等复杂场地 | 复杂场地 |

注：1. 隔水工程复杂程度分类选择以工程环境和隔水深度为主要条件，符合主要条件之一即可，其他条件宜综合考虑。

2. 场地复杂程度分类根据现行国家标准《岩土工程勘察规范（2009 年版）》（GB 50021—2001）确定。

地下水控制设计施工的安全等级根据地下水控制工程复杂程度，可分为三级，如表 8-3 所示。

表 8-3　安全等级分类

| 地下水控制工程复杂程度 | 安全等级 |
|---|---|
| 复杂 | 一级 |
| 中等复杂 | 二级 |
| 简单 | 三级 |

# 8.2　基坑工程降水

基坑施工中，当基坑开挖深度内存在饱和软土层和含水层及坑底以下存在承压含水层时，需要选择合适的方法进行基坑降水与排水。

降水方案设计应包括下列内容：①应明确设计任务和依据；②制订降水技术方案；③应确定降水井的结构、平面布置及剖面图，以及不同工况条件下的出水量和水位降深；④应提出对周边工程环境监测要求，明确预警值、控制值和控制措施；⑤应提出降水运行维护的要求，提出地下水综合利用方案；⑥应提出降水施工质量要求，明确质量控制指标；⑦应预测可能存在的施工缺陷，制订针对性的修复预案。

## 8.2.1　降水方法的分类和选择

### 8.2.1.1　降水方法的分类

目前，基坑降水方法主要有：集水明排、轻型井点降水、喷射井点降水、电渗井点降水、管井井点降水等。

（1）集水明排

集水明排，即明沟加集水井降水，如图 8-2 所示，基坑内宜设置排水沟、集水井和盲沟等，以疏导基坑内明水。

（2）轻型井点

轻型井点是真空井点的一种，利用抽水主机产生的真空作用将地下水从井点管内不断抽

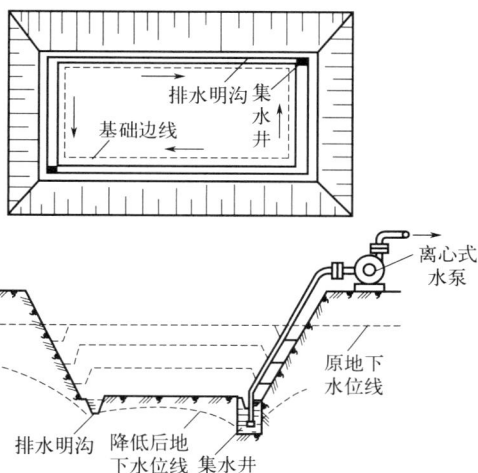

图 8-2　集水明排

出。如图 8-3 所示：沿基坑四周每隔一定间距布设井点管，井点管上端伸出地面，通过弯联管与总管相连并引向水泵房，启动真空泵等抽水设备，地下水便在真空泵吸力的作用下，经滤水管进入井点管和集水总管，排除空气后，由离心水泵的排水管排出，从而使地下水位降到基坑底以下。

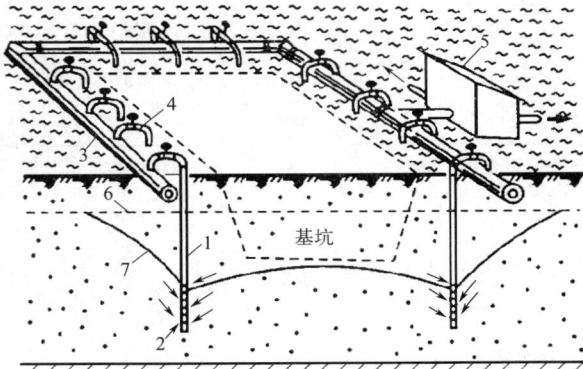

| (a) 轻型井点法降低地下水位示意图 | (b) 轻型井点降水现场 |

图 8-3　轻型井点降水

1—井管；2—滤管；3—总管；4—弯联管；5—水泵房；6—原有地下水位线；7—降低后地下水位线

降低水位深度一般在 3～6m 之间，若要求降水深度大于 6m，理论上可以采用多级井点系统，但要求基坑四周外有足够的空间，以便于放坡或挖槽。

（3）喷射井点

喷射井点降水也是真空降水，是在井点管内部装设特制的喷射器，用高压水泵或空气压缩机通过井点管中的内管向喷射器输入高压水（喷水井点）或压缩空气（喷气井点）形成水汽射流，将地下水经井点外管与内管之间的缝隙抽出排走的降水，如图 8-4 所示。

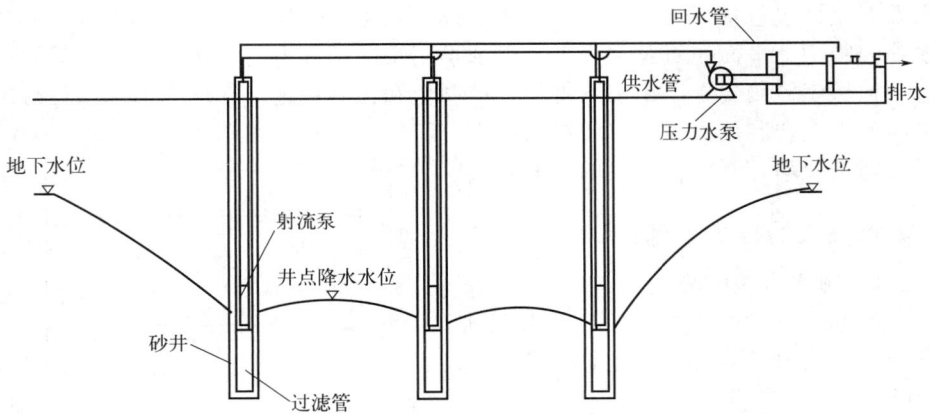

图 8-4　喷射井点降水

喷射井点系统能在井点底部产生 250mmHg（1mmHg≈133.3Pa）的真空度，其降低水位深度大，一般在 8～20m。

（4）管井井点

管井降水的降水原理是沿基坑每隔一定距离设置一个管井，或在坑内降水时每一定范围设置一个管井，每个管井单独用一台水泵不断抽取井内的水来降低地下水位，如图 8-5 所示。管井降水井点直径较大，出水量大，适用于中、强透水含水层，如砂砾、砂卵石、基岩裂隙等含水层。

管井降水系统一般由管井、抽水泵（一般采用潜水泵、深井泵、深井潜水泵或真空深井泵等）、泵管、排水总管、排水设施等组成。如图 8-6 所示，管井井点由井孔、井管、过滤管（器）（图 8-7）、沉淀管、填砾层、止水封闭层等组成。

当降水超过 15m 时，可加大管井深度，改采用深井泵即深井井点来解决。深井井点

图 8-5　基坑管井降水现场

构造一般与管井井点相同，可降低水位 30～40m，有的甚至可以达到 100m 以上。

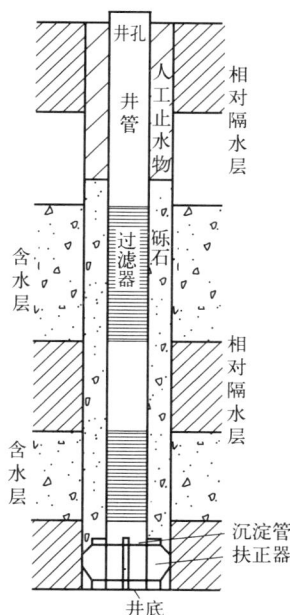

图 8-6　管井结构示意图

图 8-7　水泥管（井管与过滤管）

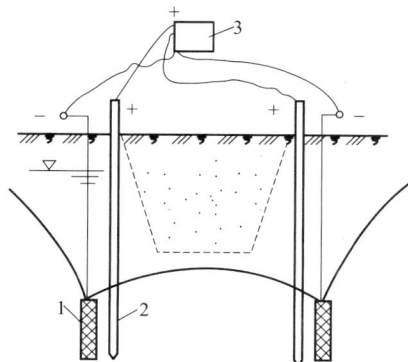

图 8-8　电渗井点示意图
1—井点管；2—电极；3—直流电源（24～48V）

（5）电渗井点

电渗井点以井点管作负极，打入的钢筋作正极，通入直流电后，土颗粒自负极向正极移动，水则自正极向负极移动而被集中排出，如图 8-8 所示。适用于渗透系数很小的饱和黏性土、淤泥或淤泥质土中的施工降水。

**8.2.1.2　降水方法的选择**

降水方法的选择应考虑场地工程地质条件、降水目的、降水技术要求、降水工程可能涉及的工程环境保护等因素，并应符合以下要求：

① 地下水控制水位应满足基础施工要求，基坑范

围内地下水位应降至基础垫层以下不小于 0.5m，对基底以下承压水应降至不产生坑底突涌的水位以下；

② 降水过程中应采取防止土颗粒流失的措施；

③ 应减少对地下水资源的影响；

④ 对工程环境的影响应在可控范围之内；

⑤ 应能充分利用抽排的地下水资源。

具体方法的选择可参照表 8-4。

表 8-4　工程降水方法及适用条件

| 降水方法 | | 适用条件 | | |
|---|---|---|---|---|
| | | 土质类别 | 渗透系数 $k/(m \cdot d^{-1})$ | 降水深度/m |
| 集水明排 | | 填土、黏性土、粉土砂土、碎石土 | — | — |
| 降水井 | 真空井点 | 粉质黏土、粉土、砂土 | 0.01～20.0 | 单级≤6,多级≤12 |
| | 喷射井点 | 粉土、砂土 | 0.1～20.0 | ≤20 |
| | 管井 | 粉土、砂土、碎石土、岩石 | >1 | 不限 |
| | 渗井 | 粉质黏土、粉土、砂土、碎石土 | >0.1 | 由下伏含水层的埋藏条件和水头条件确定 |
| | 辐射井 | 黏性土、粉土、砂土、碎石土 | >0.1 | 4～20 |
| | 电渗井 | 黏性土、淤泥、淤泥质黏土 | ≤0.1 | ≤6 |
| | 潜埋井 | 粉土、砂土、碎石土 | >0.1 | ≤2 |

## 8.2.2　降水设计计算

降水设计计算宜包括以下主要内容：①基坑涌水量；②设计单井出水量；③降水井的数量、深度、滤水管长度；④承压水降水基坑开挖底板稳定性计算；⑤降水区内地下水位的预测计算；⑥降水引起的周边地面沉降计算。

### 8.2.2.1　基坑涌水量计算

基坑涌水量计算应根据地下水类型、补给条件、降水井的完整性，以及布井方式等因素，合理选择计算方法。

圆形或长宽比小于 20 的矩形基坑，可按等效大井计算涌水量；基坑长宽比为 20～50 之间时，可按条形基坑计算涌水量；基坑长宽比大于 50 时，可按线状基坑计算涌水量。

（1）大井法

大井法估算基坑涌水量时形式上与单井涌水量计算公式相同。

① 群井按大井简化时，均质含水层潜水完整井的基坑降水总涌水量可按下式计算（图 8-9）：

$$Q = 1.366k \frac{(2H - s_d)s_d}{\lg\left(1 + \dfrac{R}{r_0}\right)} \tag{8-1}$$

式中　$Q$——基坑降水总涌水量，$m^3/d$；

　　　$k$——渗透系数，$m/d$；

　　　$H$——潜水含水层厚度，$m$；

$s_d$——基坑地下水位的设计降深，m；

$R$——降水影响半径，m；

$r_0$——等效大井半径，可按 $r_0=\sqrt{A/\pi}$ 计算，m；

$A$——井点系统的围合面积，$m^2$。

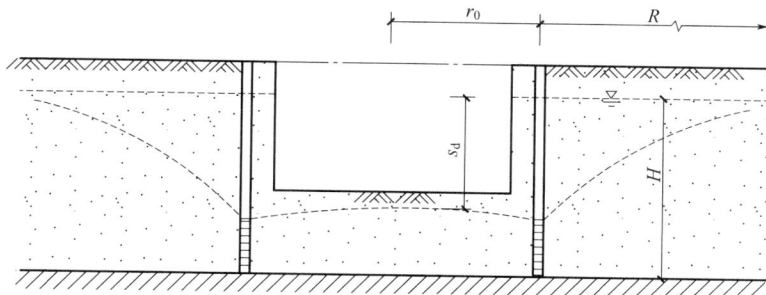

图 8-9　均质含水层潜水完整井的基坑涌水量计算

② 群井按大井简化时，均质含水层潜水非完整井的基坑降水总涌水量可按下列公式计算（图 8-10）：

$$Q=1.366k\,\frac{H^2-h^2}{\lg\left(1+\dfrac{R}{r_0}\right)+\dfrac{h_m-l}{l}\lg\left(1+0.2\dfrac{h_m}{r_0}\right)}$$ （8-2）

$$h_m=\frac{H+h}{2}$$ （8-3）

式中　$h$——降水后基坑内的水位高度，m；

$l$——过滤器进水部分的长度，m；

$h_m$——平均动水位，m。

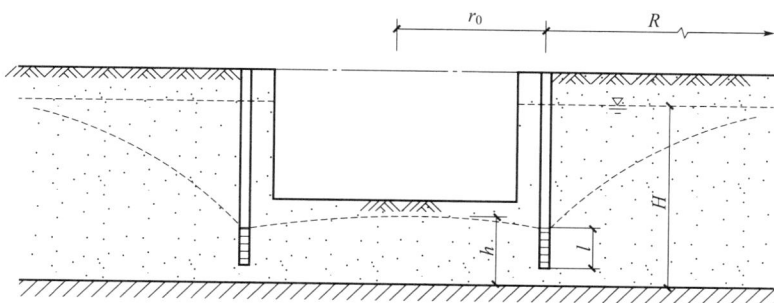

图 8-10　均质含水层潜水非完整井的基坑涌水量计算

③ 群井按大井简化时，均质含水层承压水完整井的基坑降水总涌水量可按下式计算（图 8-11）：

$$Q=2.73k\,\frac{Ms_d}{\lg\left(1+\dfrac{R}{r_0}\right)}$$ （8-4）

式中　$M$——承压含水层厚度，m。

④ 群井按大井简化时，均质含水层承压水非完整井的基坑降水总涌水量可按下式计算（图 8-12）：

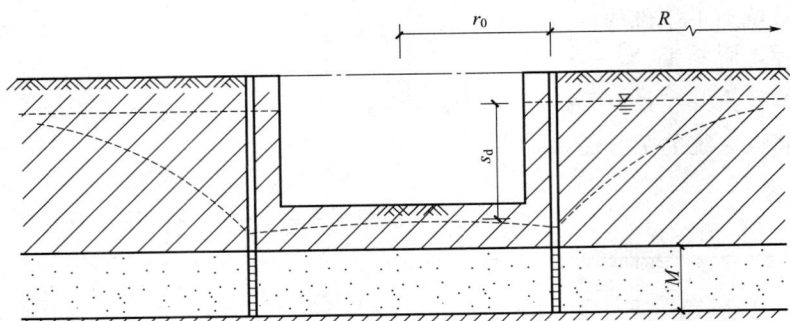

图 8-11　均质含水层承压水完整井的基坑涌水量计算

$$Q = 2.73k \frac{Ms_{\mathrm{d}}}{\lg\left(1 + \dfrac{R}{r_0}\right) + \dfrac{M-l}{l}\lg\left(1 + 0.2\dfrac{M}{r_0}\right)} \tag{8-5}$$

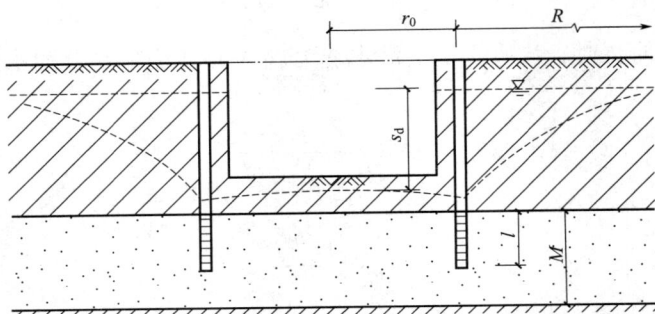

图 8-12　均质含水层承压水非完整井的基坑涌水量计算

⑤ 群井按大井简化时，均质含水层承压水-潜水完整井的基坑降水总涌水量可按下式计算（图 8-13）：

$$Q = 1.366k \frac{(2H_0 - M)M - h^2}{\lg\left(1 + \dfrac{R}{r_0}\right)} \tag{8-6}$$

式中　$H_0$——承压水含水层的初始水头。

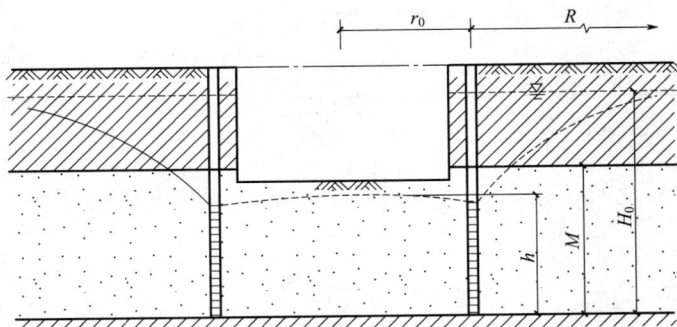

图 8-13　均质含水层承压水-潜水完整井的基坑涌水量计算

（2）条状基坑涌水量计算

当地下水类型为潜水时，按照下式计算：

$$Q=\frac{Lk(2H-s_d)s_d}{R}+1.366k\,\frac{(2H-s_d)s_d}{\lg R-\lg\dfrac{B}{2}} \tag{8-7}$$

式中　$L$——基坑长度，m；

　　　$B$——条形基坑宽度，m。

当地下水类型为承压水时，按照下式计算：

$$Q=\frac{2kMLs_d}{R}+2.73k\,\frac{Ms_d}{\lg R-\lg\dfrac{B}{2}} \tag{8-8}$$

（3）降水影响半径的计算

含水层的影响半径宜通过试验确定。缺少试验时，可按下列公式计算并结合当地经验取值：

① 潜水含水层

$$R=2s_w\sqrt{kH} \tag{8-9}$$

② 承压水含水层

$$R=10s_w\sqrt{kH} \tag{8-10}$$

式中　$s_w$——井水位降深，当井水位降深小于 10m 时，取 $s_w=10$m；

　　　$H$——潜水含水层厚度，m。

#### 8.2.2.2　单井出水量计算

单井出水量又名单井流量，它指一口地下水井在某一降深条件下的流量。真空井点的出水量可按 $1.5\sim2.5$m³/h 选用。喷射井点的出水量可按表 8-5 选用。

表 8-5　喷射井点设计出水量

| 型号 | 外管直径/mm | 喷射管 | | 工作水压力/MPa | 工作水流量/(m³·d⁻¹) | 设计单井出水流量/(m³·d⁻¹) | 适用含水层渗透系数/(m·d⁻¹) |
| --- | --- | --- | --- | --- | --- | --- | --- |
| | | 喷嘴直径/mm | 混合室直径/mm | | | | |
| 1.5 型井列式 | 38 | 7 | 14 | 0.6~0.8 | 112.8~163.2 | 100.8~138.2 | 0.1~5.0 |
| 2.5 型圆心式 | 68 | 7 | 14 | 0.6~0.8 | 110.4~148.8 | 103.2~138.2 | 0.1~5.0 |
| 5.0 型圆心式 | 100 | 10 | 20 | 0.6~0.8 | 230.4 | 259.2~388.8 | 5.0~10.0 |
| 6.0 型圆心式 | 162 | 19 | 40 | 0.6~0.8 | 720 | 600~720 | 10.0~20.0 |

管井的单井出水能力可按下式计算：

$$q_0=120\pi r_s l\sqrt[3]{k} \tag{8-11}$$

式中　$q_0$——单井出水能力，m³/d；

　　　$r_s$——过滤器半径，m；

　　　$l$——过滤器进水部分的长度，m；

　　　$k$——含水层渗透系数，m/d。

#### 8.2.2.3　降水井的深度

降水井的深度可根据基底深度、降水深度、含水层的埋藏分布、地下水类型、降水井的设备条件以及降水期间的地下水位动态等因素按下式确定：

$$H_w=H_{w1}+H_{w2}+H_{w3}+H_{w4}+H_{w5}+H_{w6} \tag{8-12}$$

式中　$H_w$——降水井点深度，m。

$H_{w1}$——基底深度，m。

$H_{w2}$——降水水位距离基坑底要求的深度，m。

$H_{w3}$——可按 $ir_0$ 取值；$i$ 为水力坡度，在降水井分布范围内宜为 $1/15 \sim 1/10$；$r_0$ 为降水井分布范围的等效半径或降水井排间距的 $1/2$，m。

$H_{w4}$——降水期间的地下水位变幅，m。

$H_{w5}$——降水井过滤器工作长度，m。

$H_{w6}$——沉砂管长度，m，宜为 $1 \sim 3m$。

对真空井点和喷射井点，过滤器的长度不宜小于含水层厚度的 $1/3$；管井过滤器长度宜与含水层厚度一致。当含水层较厚时，过滤器的长度可按下式计算确定：

$$l = \frac{q}{\pi d n_e v} \tag{8-13}$$

式中　$q$——单井出水量，$m^3/s$；

$n_e$——滤水管的有效孔隙率，宜为滤水管进水表面孔隙率的 $50\%$；

$d$——滤水管的外径，m；

$v$——滤水管进水流速，可由经验公式 $v = \frac{\sqrt{k}}{15}$ 求得，$m/s$。

### 8.2.2.4　降水井的数量和间距

降水井的数量可根据基坑涌水量和设计单井出水量按下式计算：

$$n = \frac{\lambda Q}{q} \tag{8-14}$$

式中　$n$——降水井数量；

$Q$——基坑涌水量，$m^3/d$；

$q$——单井设计出水量，$m^3/d$；

$\lambda$——调整系数，一级安全等级取 1.2，二级安全等级取 1.1，三级安全等级取 1.0。

当单井出水能力 $q_0$ 小于单井设计流量 $q$ 时，应增加井的数量、直径或深度。承压水降水应设置备用井，备用井数量应为计算降水井数量的 $20\%$。根据降水井围合区域周长即可计算降水井的间距，即

$$s = c/n \tag{8-15}$$

式中　$s$——降水井间距，m；

$c$——降水井轴线围合区域周长，m。

按照计算的间距布设降水井，在基坑的拐角部位或来水方向上可适当加密布设。

### 8.2.2.5　承压水降水基坑开挖底板稳定性计算

承压水降水基坑开挖底板突涌稳定性计算应按下列公式进行：

$$\frac{h_s \gamma_s}{p_w} \geqslant 1.1 \tag{8-16}$$

式中　$\gamma_s$——基坑开挖面至承压水层顶板之间土体的天然重度，$kN/m^3$；

$h_s$——基坑开挖面至承压水层顶板之间的距离，m；

$p_w$——承压含水层顶板处的水头压力值，kPa。

### 8.2.2.6　降水引起的沉降计算

降水引起的沉降量可按下式计算：

$$s = \varphi_w \sum_{i=1}^{n} \frac{\Delta \sigma'_{zi} \Delta h_i}{E_{si}} \tag{8-17}$$

式中　$s$——降水引起的既有建筑物基础或地面的固结沉降量，m；

　　　$\varphi_w$——沉降计算经验系数，应根据地区工程经验取值，无经验时，可取 $\varphi_w = 1$；

　　　$\Delta\sigma'_{zi}$——降水引起的地面下第 $i$ 层土中点处的有效应力增量，对黏性土，应取降水结束时土的固结度下的有效应力增量，kPa；

　　　$\Delta h_i$——第 $i$ 层土的厚度，m；

　　　$E_{si}$——第 $i$ 层土的压缩模量，应取土的自重应力至自重应力与有效应力增量之和的压力段的压缩模量值，kPa。

当降水引起的基坑外土中各点有效应力增量符合稳定渗流条件时，宜按稳定渗流计算；当符合非稳定渗流条件时，宜按地下水非稳定渗流计算。有效应力增量尚可根据计算的地下水位降深，按下列公式计算：

① 计算点位于初始地下水位以上时：

$$\Delta\sigma'_{zi} = 0 \tag{8-18}$$

② 计算点位于降水水位与初始地下水位之间时：

$$\Delta\sigma'_{zi} = \gamma_w a_0 \tag{8-19}$$

③ 计算点位于降水水位以下时：

$$\Delta\sigma'_{zi} = \gamma_w s_i \tag{8-20}$$

式中　$\gamma_w$——水的重度，kN/m³；

　　　$s_i$——计算点对应的地下水位降深值，m；

　　　$a_0$——计算点至初始地下水位的垂直距离，m。

## 8.2.3　降水施工

本章仅介绍常用的管井降水的施工工艺，管井降水具体施工流程如图 8-14 所示。

（1）成孔工艺

管井成孔可以采用冲击钻进、回转（反循环）钻进、冲击回转钻进等方法。

（2）成井工艺

① 清孔换浆。井管安装前，应进行清孔换浆。换浆是以稀泥浆置换井内的稠泥浆的施工工序。

② 安装井管。根据不同井管、钻井设备而采用不同的安装方法。主要有：a. 钢丝绳悬吊下管法。适用于带丝扣的钢管、铸铁管，以及有特别接头的玻璃钢管等。b. 浮板下管法。适用于井管总重超过钻机起重设备负荷的钢管或超过井管本身所能承受的拉力的带丝扣铸铁井管。c. 托盘下管法。适用于水泥井管，井管安装见图 8-15。

③ 填砾（图 8-16）。将选好的砾料投入过滤器与井壁之间的环状间隙中。填砾的目的是在滤水管与井壁之间形成人工过滤层。填砾方法有：静水填入法、循环水填砾法、抽水填砾法。

④ 洗井。常用的洗井方法有：活塞洗井法、压缩空气洗井法、冲孔器洗井法、泥浆泵与活塞联合洗井法、液态二氧化碳洗井法及化学药品洗井法等。

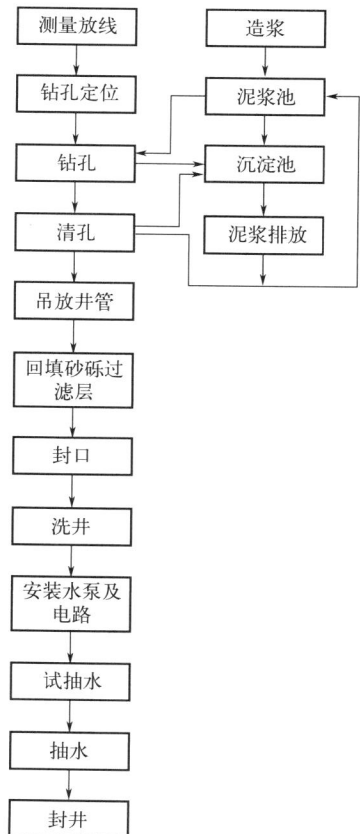

图 8-14　管井施工工艺流程

图 8-15　井管安装

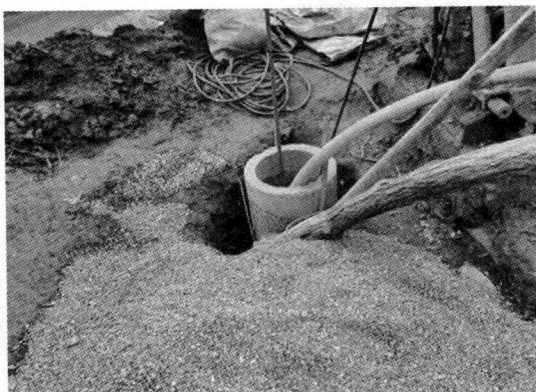

图 8-16　填砾

### 8.2.4　降水案例

【例 8-1】　某基坑降水工程，基坑长 41m，宽 17m，深 5m，静止水位 0.9m，渗透系数 $k=10\text{m/d}$，潜水含水层厚 10.1m，地下水控制设计施工的安全等级为二级，试做降水设计。

【解】　根据已知条件知：$L=41\text{m}$；$B=17\text{m}$；潜水含水层厚度 $H=10.1\text{m}$；$H_{\text{w1}}=5\text{m}$。降低后的地下水位与基坑底的距离一般要求为 $0.5\sim1\text{m}$，这里取 1m。

根据水文地质条件和降水要求，选用喷射井点和管井井点降水均可，由于渗透系数较大而管井占用场地较小，故选用管井井点降水，设计管井为潜水完整井。由于管井井点的滤水管（无砂水泥管）直径一般为 300mm，填砾石厚度为 100mm，成井直径为 500mm。

（1）基坑地下水位的设计降深 $s_{\text{d}}$、抽水影响半径 $R$、基坑等效半径 $r_0$

基坑地下水位的设计降深：$s_{\text{d}}=5-0.9+1=5.1(\text{m})$。

井水位降深小于 10m，故取井水位降深 $s_{\text{w}}=10\text{m}$，抽水影响半径由式（8-10）可得

$$R=2s_{\text{w}}\sqrt{kH}=2\times10\times\sqrt{10\times10.1}=200(\text{m})$$

降水井布置在距离基坑边缘 2m 的位置，基坑等效大井半径

$$r_0=\sqrt{A/\pi}=\sqrt{(41+2\times2)\times(17+2\times2)/\pi}=17.35(\text{m})$$

（2）基坑涌水量计算

按潜水完整井总涌水量进行计算，根据式（8-1）

$$Q=1.366k\frac{(2H-s_{\text{d}})s_{\text{d}}}{\lg\left(1+\dfrac{R}{r_0}\right)}=1.366\times10\times\frac{(2\times10.1-5.1)\times5.1}{\lg\left(1+\dfrac{200}{17.35}\right)}=958.2(\text{m}^3/\text{d})$$

（3）确定单井出水量 $q_0$

取过滤器进水部分的长度 $l=1\text{m}$，则单井出水量

$$q_0=120\pi r_{\text{s}}l\sqrt[3]{k}=120\times\pi\times0.15\times1\times\sqrt[3]{10}=121.8(\text{m}^3/\text{d})$$

（4）求井的数量 $n$

单井出水能力 $q_0$ 不小于单井设计流量 $q$，地下水控制设计施工的安全等级为二级，则调整系数 $\lambda=1.1$，故井的数量为

$n=\dfrac{\lambda Q}{q}=\dfrac{1.1\times958.2}{121.8}=8.7$，为方便布置，取 $n=10$，在基坑的拐角部位各加密布设 2 口井，则降水井的数量为 $n=10+8=18$（口）。

（5）降水井的井深

$$H_w = H_{w1} + H_{w2} + H_{w3} + H_{w4} + H_{w5} + H_{w6} = 5 + 1 + 17.35/10 + 0 + 1 + 1 = 9.74(\text{m}),$$

取 $H_w = 10\text{m}$。

（6）井点间距计算

井点绕基坑环状布置，去掉 8 个边角加密井点，所剩 10 个井点的间距为

$$s = c/n = [2 \times (41+4) + 2 \times (17+4)]/10 = 13.2(\text{m})$$

边角加密处井点间距（按加密一倍计）

$$b = 13.2/2 = 6.6(\text{m})$$

（7）管井降水井的布置

考虑到基坑的尺寸，为方便布置，降水井间距略有调整，实际降水井数量为 20 口，降水井的布置如图 8-17 所示。

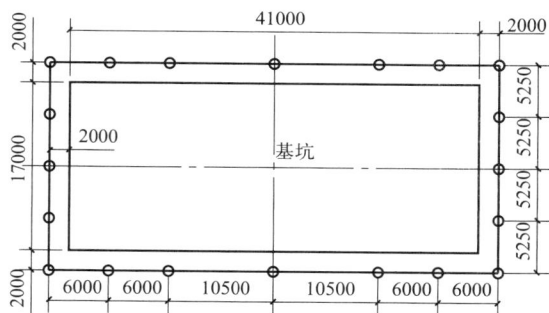

图 8-17　降水井的布置图（单位：mm）

（8）管井降水井的设计参数

管井降水井的设计参数如表 8-6 所示。

表 8-6　管井降水井的设计参数

| 项 目 | 单 位 | 规 格 |
|---|---|---|
| 成井直径 | mm | 500 |
| 滤水管直径 | mm | 300 |
| 滤网 | 目 | 80 |
| 滤料 | mm | 2～7 |

# 8.3　基坑工程止水

当降水会对基坑周边建（构）筑物、地下管线、道路等造成危害或对工程环境造成长期不利影响时，可采用隔水帷幕方法控制地下水。

## 8.3.1　隔水帷幕的类型与选择

### 8.3.1.1　隔水帷幕的类型

隔水帷幕方法可按表 8-7 进行分类。

表 8-7　隔水帷幕方法分类

| 分类方式 | 帷幕方法 |
|---|---|
| 按布置方式 | 悬挂式竖向隔水帷幕、落底式竖向隔水帷幕、水平向隔水帷幕 |
| 按结构形式 | 独立式隔水帷幕、嵌入式隔水帷幕、支护结构自抗渗式隔水帷幕 |
| 按施工方法 | 高压喷射注浆（旋喷、摆喷、定喷）隔水帷幕、压力注浆隔水帷幕、水泥土搅拌桩隔水帷幕、冻结法隔水帷幕、地下连续墙或咬合式排桩隔水帷幕、钢板桩隔水帷幕、沉箱 |

（1）地下连续墙

具有防渗和挡土两种作用，整体性和止水效果好，但工程造价高。

（2）水泥土搅拌桩隔水帷幕

通过深层搅拌桩机将水泥浆液和地基土在原地强制搅拌形成水泥土桩，水泥土桩之间相互搭接形成水泥土挡墙。既可以发挥防渗功能；也可以形成重力式挡土墙（块状或格栅状布置），发挥止水和支护双重功能；还可以与支护桩或土钉墙结合，共同发挥防渗和支挡功能。

（3）高压喷射注浆隔水帷幕

高压喷射注浆隔水帷幕，是指通过高压喷射注浆法形成的水泥加固体相互搭接在一起形成的隔水帷幕。

当基坑采用排桩等本身不具有止水功能的支护结构时，往往采用水泥土搅拌桩法和高压喷射注浆法与之组合，如图8-18所示。当基坑场地比较充裕时，应设置在排桩围护体背后，如图8-18(a)所示。当因场地无法同时设置排桩和隔水帷幕时，也可采用图8-18(b)所示的方式，在两根桩体之间设置旋喷桩，将两桩间土体加固，形成止水的加固体。此时，也可采用图8-18(c)、(d)所示的咬合型止水形式。图8-18(c)中，先施工水泥土搅拌桩，在其硬结之前，在每两组搅拌桩之间施工钻孔灌注桩，达到止水的效果。而在图8-18(d)中，则是利用先后施工的灌注桩的混凝土咬合，达到止水的目的。当采用双排桩时，可在双排桩之间或之后设置水泥搅拌桩隔水帷幕，分别如图8-18(e)、(f)所示。

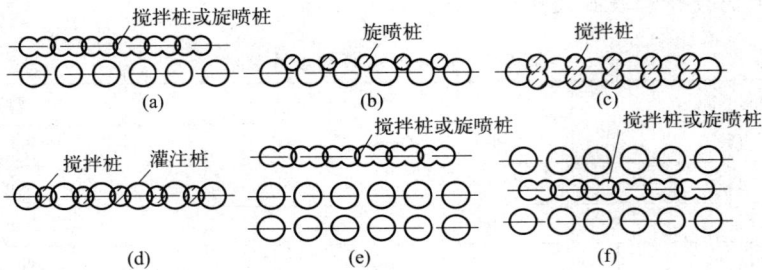

图8-18　排桩与止水措施的组合形式

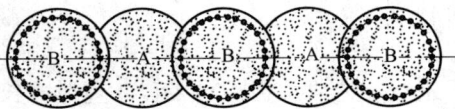

图8-19　钻孔咬合桩示意图

（4）钻孔咬合桩隔水帷幕

咬合桩是相邻混凝土排桩间部分圆周相嵌，并于后序次相间施工的桩内置入钢筋笼，使之形成具有良好防渗作用的整体连续防水、挡土围护结构。桩的排列方式为不配筋并采用超缓凝的素混凝土桩（A桩）和钢筋混凝土桩（B桩）间隔布置，如图8-19所示。

（5）冻结法隔水帷幕

冻结法利用人工制冷技术对土体强制制冷，使土体中的水冻结形成冰，从而形成冻土，随着冻结时间的延长，冻结范围不断扩展，形成地下冻土墙体，构成隔水帷幕。

### 8.3.1.2　隔水帷幕的选择

隔水帷幕施工方法的选择应根据工程地质条件、水文地质条件、场地条件、支护结构形式、周边工程环境保护要求综合确定。具体方法的选择可参照表8-8。

表8-8　隔水帷幕的施工方法及适用条件

| 隔水方法 | 适用条件 | |
| --- | --- | --- |
| | 土质类别 | 注意事项与说明 |
| 高压喷射注浆法 | 适用于黏性土、粉土、砂土、黄土、淤泥质土、淤泥、填土 | 坚硬黏性土，土层中含有较多的大粒径块石或有机质，地下水流速较大时，高压喷射注浆效果较差 |

| 隔水方法 | 适用条件 | |
| --- | --- | --- |
| | 土质类别 | 注意事项与说明 |
| 注浆法 | 适用于除岩溶外的各类岩土 | 用于竖向帷幕的补充,多用于水平帷幕 |
| 水泥土搅拌法 | 适用于淤泥质土、淤泥、黏性土、粉土、填土、黄土、软土,对砂、卵石等地层有条件使用 | 不适用于含大孤石或障碍物较多且不易清除的杂填土,欠固结的淤泥、淤泥质土,硬塑坚硬的黏性土,密实的砂土以及地下水渗流影响成桩质量的地层 |
| 冻结法 | 适用于地下水流速不大的土层 | 电源不能中断,冻融对周边环境有一定影响 |
| 地下连续墙 | 适用于除岩溶外的各类岩土 | 施工技术环节要求高,造价高,泥浆易造成现场污染、泥泞,墙体刚度大,整体性好安全稳定 |
| 咬合式排桩 | 适用于黏性土、粉土、填土、黄土、砂、卵石 | 对施工精度、工艺和混凝土配合比均有严格要求 |
| 钢板桩 | 适用于淤泥、淤泥质土、黏性土、粉土 | 对土层适应性较差,多应用于软土地区 |
| 沉箱 | 适用于各类岩土层 | 适用于地下水控制面积较小的工程,如竖井等 |

注：1. 对碎石土、杂填土、泥炭质土、泥炭、pH 值较低的土或地下水流速较大时,水泥土搅拌桩、高压喷射注浆工艺宜通过试验确定其适用性。

2. 注浆帷幕不宜在永久性隔水工程中使用。

### 8.3.2　隔水帷幕设计

隔水帷幕设计应包括下列内容：①制订隔水帷幕技术方案,确定隔水帷幕施工方法；②确定隔水帷幕的平面布置、竖向布置、结构形式；③隔水帷幕的结构设计和构造要求；④确定施工工艺和技术参数,提出施工质量要求和控制指标；⑤提出对帷幕本体及周边工程环境监测要求,明确预警值、控制值和控制措施；⑥预测可能存在的施工风险,制订针对性的修复措施。

（1）落底式隔水帷幕进入下卧透水层深度

当坑底以下存在连续分布、埋深较浅的隔水层时,应采用落底式帷幕。落底式隔水帷幕进入下卧不透水层应满足下式要求,并不应小于 1.5m：

$$L_b \geqslant 0.2h_z - 0.5b \tag{8-21}$$

式中　$L_b$——帷幕进入不透水层的深度,m；

　　　$h_z$——帷幕内外的水头差值,m；

　　　$b$——帷幕厚度,m。

（2）悬挂式隔水帷幕进入下卧透水层深度

当相对不透水层位置较深时,可采用悬挂式帷幕。悬挂式帷幕体进入基坑坑底以下的深度由基坑底部不发生渗透破坏的条件确定,即 $i \leqslant i_{允}$。其中,坑底处水力坡降 $i$ 根据流网分析获得,允许临界渗透坡度 $i_{允}$ 可根据理论分析和工程经验确定。

悬挂式截水帷幕底端位于碎石土、砂土或粉土含水层时,对均质含水层,地下水渗流的流土稳定性应符合下式规定（图 8-20）,对渗透系数不同的非均质含水层,宜采用数值方法进行渗流稳定性分析。

$$\frac{(2l_d + 0.8D_1)\gamma'}{\Delta h\gamma_w} \geqslant K_f \tag{8-22}$$

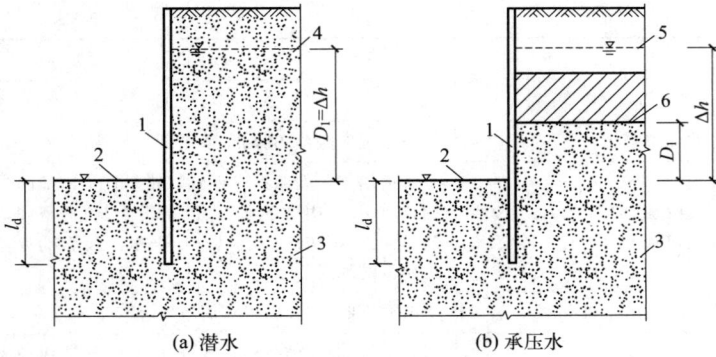

图 8-20 采用悬挂式帷幕截水时的流土稳定性验算
1—截水帷幕；2—基坑底面；3—含水层；4—潜水水位；
5—承压水测管水位；6—承压水含水层顶面

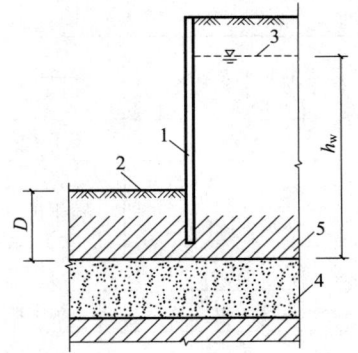

图 8-21 坑底土体的突涌稳定性验算
1—截水帷幕；2—基底；3—承压水
测管水位；4—承压含水层；5—隔水层

式中　$K_f$——流土稳定性安全系数，安全等级为一、二、三级的地下水控制工程应分别不小于 1.6、1.5、1.4；

$l_d$——悬挂式隔水帷幕在基坑底面以下的插入深度，m；

$D_1$——潜水面或承压含水层顶面至基坑底面的土层厚度，m；

$\Delta h$——帷幕内外的水头差，m；

$\gamma'$——基坑底面以下土的浮重度，kN/m³；

$\gamma_w$——水的重度，kN/m³。

坑底以下有水头高于坑底的承压含水层，承压水作用下的坑底突涌稳定性应符合下式规定（图 8-21）：

$$\frac{D\gamma}{h_w\gamma_w} \geqslant K_h \tag{8-23}$$

式中　$K_h$——突涌稳定安全系数，$K_h$ 不应小于 1.1；

$D$——承压含水层顶面至坑底的土层厚度，m；

$\gamma$——承压含水层顶面至坑底土层的天然重度，对多层土，取按土层厚度加权的平均天然重度，kN/m³；

$h_w$——承压含水层顶面的压力水头高度，m；

$\gamma_w$——水的重度，kN/m³。

## 思考题与习题

一、思考题

8-1　地下水控制工程的方法有哪几种？地下水控制工程等级的确定因素有哪些？

8-2　基坑降水方法有哪些？降水方法的选择考虑因素有哪些？

8-3　简述基坑降水设计计算的内容。

8-4　隔水帷幕方法按施工方法分类有哪几种？隔水帷幕施工方法的选择考虑因素有哪些？

二、习题

8-5　某基坑工程降水面积为 102m×65m，基坑开挖深度为 12m，在降水影响区内的土层为粉土，土的渗透系数 $k=8$m/d，潜水含水层厚度为 13m，地下水位埋深 4.0m，管井直径 400mm，试进行管井井点设计和布置。

# 第9章 地基处理

**案例导读**

　　广西桂林市某小区拟建工程包括3栋商住楼。1#、2#楼层高11层，框架-剪力墙结构，设1层地下室，3#楼层高4层，框架结构，总建筑面积为19735m²。场地地貌属漓江左岸Ⅰ级阶地后沿，原始地形起伏较大，局部为水塘，后经人工堆填。勘察期间地形基本平坦，局部有堆土。根据现场调查及钻探揭露，结合现场原位测试结果，场地内地层由上往下有①杂填土、②含有机质黏土、③黏土、④泥盆系上统融县组石灰岩。采用筏板基础，由于基础下地基承载力不足，采用高压旋喷桩复合地基加固处理。旋喷桩桩长8m，桩间距1.0m，正三角形布置，复合地基承载力180kPa，桩数1171根。

**讨论**

　　什么是地基处理？地基处理的方法有哪些？地基处理方法如何选择？什么是复合地基，复合地基如何设计？

## 9.1　概述

### 9.1.1　地基处理及其目的

　　我国地域辽阔，自然地理环境不同，土质各异，地基条件的区域性较强，因此，需要解决各类工程在设计及施工中出现的各种复杂的岩土工程问题。随着当前我国经济建设的迅猛发展，不仅事先要选择在地质条件良好的场地从事工程建设，而且有时也不得不在地质条件不好的地方修建建（构）筑物，因此，必须对天然的软弱地基进行处理。

　　地基处理（ground treatment & ground improvement），是指为提高地基承载力，改善其变形性能或渗透性能而采取的技术措施。地基处理的目的是利用置换、夯实、挤密、排水、胶结、加筋和热化学等方法对地基土进行加固，以改善地基土的强度、压缩性、渗透性、动力特性、湿陷性和胀缩性等，具体如下：

（1）提高地基土的抗剪强度

地基的剪切破坏表现为：建（构）筑物的地基承载力不够、偏心荷载及侧向土压力的作用使建（构）筑物失稳、填土或建（构）筑物荷载使邻近的地基土产生隆起、土方开挖时边坡失稳、基坑开挖时坑底隆起。地基的剪切破坏反映了地基土的抗剪强度不足，因此，为了防止剪切破坏，就需要采取一定措施以增加地基土的抗剪强度。

（2）降低地基土的压缩性

地基土的压缩性表现为：建（构）筑物的沉降和差异沉降较大、填土或建（构）筑物荷载使地基产生固结沉降、作用于建（构）筑物基础的负摩擦力引起建（构）筑物的沉降、大范围地基的沉降和不均匀沉降。地基的压缩性反映为地基土压缩模量指标的大小，因此，需要采取措施提高地基土的压缩模量，减少地基的沉降或不均匀沉降。

（3）改善地基土的透水特性

地基的透水性表现为：堤坝等基础产生的地基渗漏；基坑开挖工程中，因土层内夹薄层粉砂或粉土而产生流砂和管涌。以上都是地下水在运动中所出现的问题。为此，必须采取措施使地基土的透水性降低并减少其上的水压。

（4）改善地基的动力特性

地基的动力特性表现为：地震时饱和松散粉细砂（包括部分粉土）液化；由于交通荷载或打桩等原因，邻近地基产生振动下沉。为此，需要采取措施防止地基液化并改善其振动特性，提高地基的抗震性能。

（5）改善特殊土的不良地基特性

主要是消除或减弱黄土的湿陷性和膨胀土的胀缩特性等。

### 9.1.2 地基处理的对象

地基处理的对象包括软弱地基与特殊土地基。软弱地基主要包括：软土、冲填土、杂填土和其他高压缩性土；特殊土地基主要包括：湿陷性黄土、膨胀土、冻土、有机质和泥炭土等。

### 9.1.3 地基处理方法分类

现有的地基处理方法很多，新的地基处理方法还在不断发展，要对各种地基处理方法进行精确分类较为困难。常见的分类方法主要按照地基处理的原理进行分类，见表 9-1。

表 9-1　地基处理方法分类及其适用范围

| 编号 | 分类 | 处理方法 | 原理及作用 | 适用范围 |
|---|---|---|---|---|
| 1 | 碾压及夯实 | 重锤夯实，机械碾压，振动压实，强夯法（动力固结） | 利用压实原理，通过机械碾压夯击，把表层地基土压实，强夯则利用强大的夯击能，在地中产生强烈的冲击波和动应力，迫使土动力固结密实 | 适用于碎石、砂土、粉土、低饱和度的黏性土、杂填土等 |
| 2 | 换填垫层 | 砂石垫层，素土垫层，灰土垫层，矿渣垫层 | 以砂石、素土、灰土和矿渣等强度较高的材料，置换地基表层软弱土，提高持力层的承载力，扩散应力，减少沉降量 | 适用于处理暗沟、暗塘等软弱土地基 |
| 3 | 排水固结 | 天然地基预压，砂井预压，塑料排水带预压，真空预压，降水预压 | 在地基中增设竖向排水体，加速地基的固结和强度增长，提高地基的稳定性；加速沉降发展，使地基沉降提前完成 | 适用于处理饱和软弱土层；对于渗透性极低的泥炭土，必须慎重对待 |

| 编号 | 分类 | 处理方法 | 原理及作用 | 适用范围 |
|---|---|---|---|---|
| 4 | 振密挤密 | 振冲挤密,灰土挤密桩,砂石桩,石灰桩,爆破挤密 | 采用一定的技术措施,通过振动或挤密,使土体的孔隙减少,强度提高;必要时,在振动挤密的过程中,回填砂、砾石、灰土、素土等,与地基土组合成复合地基,从而提高地基的承载力,减小沉降量 | 适用于处理松砂、粉土、杂填土及湿陷性黄土 |
| 5 | 置换及拌入 | 振冲置换,深层搅拌,高压喷射注浆,石灰桩等 | 采用专门的技术措施,以砂、碎石等置换软弱土地基中部分软弱土,或在部分软弱土地基中掺入水泥、石灰或砂浆等形成增强体,与未处理部分土组成复合地基,从而提高地基的承载力,减少沉降量 | 黏性土、冲填土、粉砂、细砂等。振冲置换法在排水剪切强度小于 20kPa 时慎用 |
| 6 | 加筋 | 土工合成材料加筋,锚固,树根桩,加筋土 | 在地基土中埋设强度较大的土工合成材料、钢片等加筋材料,使地基土能够承受抗拉力,防止断裂,保持整体性,提高刚度,改变地基土体的应力场和应变场,从而提高地基的承载力,改善地基的变形特性 | 软弱土地基、填土及高填土、砂土 |
| 7 | 其他 | 灌浆、冻结、托换技术,纠偏技术 | 通过独特的技术措施处理软弱土地基 | 根据实际情况确定 |

# 9.2　换填垫层法

当软弱土地基的承载力和变形满足不了建筑物的要求，而软弱土层的厚度又不是很大时，将基础底面下处理范围内的软弱土层部分或全部挖去，然后分层换填强度较大的砂、碎石、素土、灰土、粉煤灰、矿渣或其他性能稳定、无侵蚀性的材料并压（夯、振）实至要求的密实度为止，这种地基处理方法称为换填垫层法，简称换填法（replacement method）。

换填垫层适用于浅层软弱土层或不均匀土层的地基处理，包括淤泥、淤泥质土、松散素填土、杂填土、已完成自重固结的吹填土等地基处理以及暗塘、暗浜、暗沟等浅层处理和低洼区域的填筑。它还适用于一些地域性特殊土的处理：用于膨胀土地基可消除地基上的胀缩作用，用于湿陷性黄土地基可消除黄土的湿陷性，用于季节性冻土地基可消除冻胀力和防止冻胀损坏等。

通常基坑开挖后，利用分层回填压实，也可处理较深的软弱土层，但是垫层太厚施工难度增大，且常常由于地下水位高需采取降水措施，坑壁放坡占地面积大，或需基坑支护，以及施工土方量大和弃土多等因素，从而使得处理费用增高、工期延长，因此，换填法的处理深度通常宜控制在 3m 以内较为经济合理，但也不应小于 0.5m，因为垫层太薄，换土垫层的作用就不显著了。在湿陷性黄土地区或土质较好的场地，一般坑壁的边坡稳定性较好，处理深度也可限制在 5m 以内。

## 9.2.1　换填垫层设计

垫层设计的主要内容是确定断面的合理厚度、宽度和承载力。对换填垫层，既要求有足够的厚度来置换可能被剪切破坏的软弱土层，又要求有足够的宽度以防止垫层向两侧挤出。

（1）垫层材料

垫层材料可以采用砂石、素土、灰土、粉煤灰、矿渣、土工合成材料等材料。

（2）垫层厚度

垫层的厚度应根据需置换的软弱土（层）的深度或下卧土层的承载力确定，如图 9-1 所示，即作用在垫层底面处土的附加应力与自重应力之和，不大于软弱下卧层的承载力，即：

$$p_z + p_{cz} = f_{az} \tag{9-1}$$

式中　$p_z$——相应于荷载效应标准组合时，垫层底面处的附加压力值，kPa；

$\quad\quad p_{cz}$——垫层底面处土的自重压力值，kPa；

$\quad\quad f_{az}$——垫层底面处经深度修正后的地基承载力特征值，kPa。

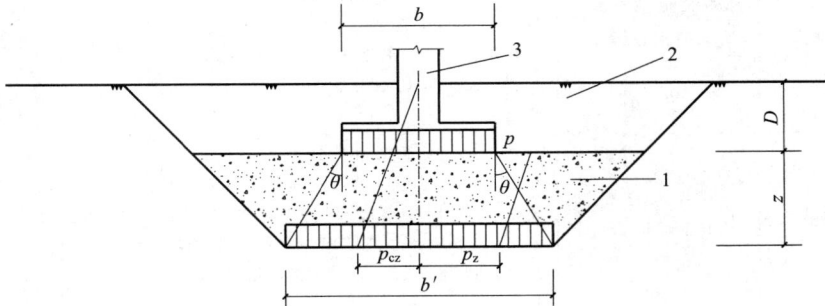

图 9-1　垫层内压力的分布

1—垫层；2—回填土；3—基础

砂垫层底面处的附加压力 $p_z$，除了可以采用弹性理论的土中应力公式求得外，也可按应力扩散角 $\theta$ 进行简化计算：

条形基础
$$p_z = \frac{b(p_k - p_c)}{b + 2z\tan\theta} \tag{9-2}$$

矩形基础
$$p_z = \frac{bl(p_k - p_c)}{(b + 2z\tan\theta)(l + 2z\tan\theta)} \tag{9-3}$$

式中　$b$——矩形基础或条形基础底面的宽度，m；

$\quad\quad l$——矩形基础底面的长度，m；

$\quad\quad p_k$——相应于荷载效应标准组合时，基础底面处的平均压力值，kPa；

$\quad\quad p_c$——基础底面处土的自重压力值，kPa；

$\quad\quad z$——基础底面下垫层的厚度，m；

$\quad\quad \theta$——垫层的压力扩散角，（°），宜通过试验确定，当无试验资料时，可按表 9-2 采用。

表 9-2　土和砂石材料压力扩散角 $\theta$　　　　　　　　　　　　单位：（°）

| $z/b$ | 换填材料 | | |
| --- | --- | --- | --- |
| | 中砂、粗砂、砾砂、圆砾、角砾、石屑、卵石、碎石、矿渣 | 粉质黏土、粉煤灰 | 灰土 |
| 0.25 | 20 | 6 | 28 |
| ≥0.50 | 30 | 23 | |

注：1. 当 $z/b < 0.25$ 时，除灰土取 $\theta = 28°$ 外，其余材料均取 $\theta = 0°$，必要时，宜由试验确定。

　　2. 当 $0.25 < z/b < 0.5$ 时，$\theta$ 值可内插求得。

　　3. 土工合成材料加筋垫层其压力扩散角宜由现场静载荷试验确定。

（3）垫层宽度

垫层底面宽度应满足基础底面应力扩散的要求，可按下式确定：

$$b' \geqslant b + 2z\tan\theta \tag{9-4}$$

式中　$b'$——垫层底面宽度，m。

　　整片垫层的宽度可根据施工的要求适当加宽。垫层顶面每边超出基础底边缘不应小于300mm，且从垫层底面两侧向上，按当地基坑开挖的经验及要求放坡。

　　（4）垫层的压实标准

　　垫层的压实标准可按表 9-3 选用。矿渣垫层的压实系数可根据满足承载力设计要求的试验结果，按最后两遍压实的压陷差确定。

表 9-3　各种垫层的承载力

| 施工方法 | 换填材料类别 | 压实系数 λ | 承载力特征值 $f_{ak}$/kPa |
|---|---|---|---|
| 碾压、振密或夯实 | 碎石、卵石 | ≥0.97 | 200～300 |
| | 砂夹石（其中碎石、卵石占全重的 30%～50%） | | 200～250 |
| | 土夹石（其中碎石、卵石占全重的 30%～50%） | | 150～200 |
| | 中砂、粗砂、砾砂、角砾、圆砾 | | 150～200 |
| | 粉质黏土 | | 130～180 |
| | 灰土 | ≥0.95 | 200～250 |
| | 粉煤灰 | ≥0.95 | 120～150 |
| | 石屑 | — | 120～150 |
| | 矿渣 | — | 200～300 |

　　注：1. 压实系数 $\lambda_c$ 为土的控制干密度 $\rho_d$ 与最大干密度 $\rho_{dmax}$ 的比值；土的最大干密度宜采用击实试验确定；碎石或卵石的最大干密度可取 $2.1\sim2.2t/m^3$。

　　2. 表中压实系数 $\lambda_c$ 系使用轻型击实试验测定土的最大干密度 $\rho_{dmax}$ 时给出的压实控制标准，采用重型击实试验时，对粉质黏土、灰土、粉煤灰及其他材料压实标准应为压实系数 $\lambda_c \geqslant 0.94$。

　　（5）垫层承载力

　　经换填处理后的地基，由于理论计算方法尚不够完善，垫层的承载力宜通过现场载荷试验确定。当无试验资料时，可按表 9-3 选用，并应验算下卧层的承载力。

　　（6）垫层地基变形计算

　　垫层地基的变形由垫层自身变形和下卧层变形组成。换填垫层在满足本节前述条件下，垫层地基的变形可仅考虑其下卧层的变形。但对地基沉降有严格限制的建筑，应计算垫层自身的变形。垫层下卧层的变形量可按现行国家标准《建筑地基基础设计规范》的规定进行计算。

　　**【例 9-1】**　某办公楼承重墙厚 370mm，相应于作用的标准组合时，上部结构传至基础顶面的竖向力值 $F_k = 160kN/m$，基础为条形基础，宽度 $b = 1.4m$，埋深 $d = 1.4m$，埋深范围内杂填土的重度 $\gamma = 18kN/m^3$，地下水位埋深 1.4m，基底为深厚淤泥质土，其压缩模量 $E_s = 4.8MPa$，承载力特征值 $f_{ak} = 90kPa$，重度 $\gamma = 17kN/m^3$，拟采用中砂做垫层处理，砂压密后的容重 $\gamma = 19.5kN/m^3$。试进行换填垫层设计。

　　**【解】**　（1）计算基底压力

　　相应于荷载效应标准组合时，基础底面处的平均压力值：

$$p_k = \frac{F_k + G_k}{A} = \frac{F_k}{A} + \gamma_G d = \frac{160}{1.4} + 20 \times 1.4 = 142.3 (\text{kPa})$$

　　（2）计算垫层底面处的附加压力值

　　根据工程的实际情况，先取垫层厚度 $z = 1.8m$，$z/b = 1.8/1.4 = 1.29 > 0.5$，故砂垫层

压力扩散角 $\theta = 30°$。按式（9-2），可以计算出相应于荷载效应标准组合时，垫层底面处的附加压力值：

$$p_z = \frac{b(p_k - p_c)}{b + 2z\tan\theta} = \frac{1.4 \times (142.3 - 18 \times 1.4)}{1.4 + 2 \times 1.8 \times \tan30°} = 47.1(\text{kPa})$$

（3）确定垫层下卧层的承载力特征值 $f_{az}$

根据《建筑地基处理技术规范》（JGJ 79—2012）第3.0.4条，$\eta_b = 0$；$\eta_d = 1.0$。

$$\gamma_m = (18 \times 1.4 + 7 \times 1.8)/3.2 = 11.8\text{kN/m}^3$$

垫层底面处经深度修正后的地基承载力特征值

$$f_{az} = f_{ak} + \eta_b\gamma(b-3) + \eta_d\gamma_m(d-0.5) = 90 + 1.0 \times 11.8 \times (1.4 + 1.8 - 0.5) = 121.86(\text{kPa})$$

（4）验算垫层厚度

垫层底面处土的自重压力值：

$$p_{cz} = \gamma_0 d + \gamma_{砂} z = 18 \times 1.4 + 19.5 \times 1.8 = 60.3(\text{kPa})$$

根据式（9-1）

$$p_z + p_{cz} = 47.1 + 60.3 = 107.4(\text{kPa}) < f_{az} = 121.86(\text{kPa})$$

故下卧层承载力满足要求。

（5）垫层宽度的确定

根据式（9-4），垫层底面宽度

$$b' \geqslant b + 2z\tan\theta = 1.4 + 2 \times 1.8 \times \tan30° = 3.5(\text{m})，实际可取 b' = 3.6\text{m}。$$

### 9.2.2 换填垫层施工

垫层的施工方法按密实方法分类，可以分为机械碾压法、平板振动法和重锤夯实法。

（1）机械碾压法

机械碾压法是采用各种压实机械利用机械自重来压实地基土，如压路机、推土机、平碾、羊足碾等。这种方法常用于地下水位以上大面积填土的压实以及一般非饱和黏性土和杂填土地基的浅层处理。如图9-2所示。

（2）平板振动法

平板振动是用振动压实机（如振动平板夯，图9-3）在地基表面施加振动力以振实浅层松散土的地基处理方法。用振动压实法处理砂土地基以及碎石、炉渣等渗透性较好无黏性土为主的松散填土地基效果良好。振密后的地基有较强的抗震能力。

图 9-2　长春市某住宅项目换填垫层施工

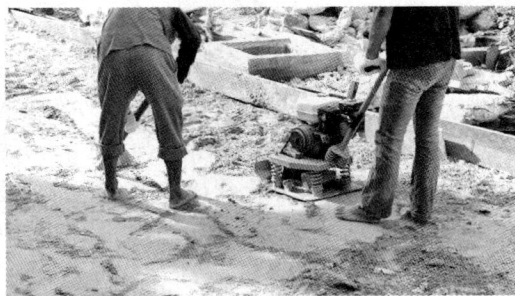

图 9-3　振动平板夯施工现场

（3）重锤夯实法

重锤夯实法是用起重机械将夯锤提升到一定高度，然后自由落锤，不断重复夯击以夯实垫层的地基处理方法。重锤夯实法一般适用于地下水位距地表0.8m以上稍湿的黏性土、砂土、湿陷性黄土、杂填土和分层填土。

　　垫层的施工方法、分层铺填厚度、每层压实遍数宜通过现场的试验确定。除接触下卧软土层的垫层底部应根据施工机械设备及下卧层土质条件确定厚度外，其他垫层的分层铺填厚度宜为 $200\sim300mm$。为保证分层压实质量，应控制机械碾压速度。

　　粉质黏土和灰土垫层土料的施工含水量宜控制在 $\omega_{op}\pm2\%$ 的范围内，粉煤灰垫层的施工含水量宜控制在 $\omega_{op}\pm4\%$ 的范围内。最优含水量 $\omega_{op}$ 可通过击实试验确定，也可按当地经验选取。

### 9.2.3　质量检测

　　换填垫层的施工质量检验应分层进行，并应在每层的压实系数符合设计要求后铺填上层。对粉质黏土、灰土、砂石、粉煤灰垫层的施工质量可选用环刀取样、静力触探、轻型动力触探或标准贯入试验等方法进行检验；对碎石、矿渣垫层的施工质量可采用重型动力触探试验等进行检验。压实系数可采用灌砂法、灌水法或其他方法进行检验。

　　采用环刀法检验垫层的施工质量时，取样点应选择位于每层垫层厚度的 2/3 深度处。检验点数量，条形基础下垫层每 $10\sim20m$ 不应少于 1 个点，独立柱基、单个基础下垫层不应少于 1 个点，其他基础下垫层每 $50\sim100m^2$ 不应少于 1 个点。采用标准贯入试验或动力触探法检验垫层的施工质量时，每分层平面上检验点的间距不应大于 4m。

　　竣工验收应采用静载荷试验检验垫层承载力，且每个单体工程不宜少于 3 个点；对于大型工程应按单体工程的数量或工程划分的面积确定检验点数。

## 9.3　预压法

　　预压法，又称排水固结法，是先在地基中设置砂井（袋装砂井或塑料排水带）等竖向排水体，然后利用建筑物本身重量分级逐渐加载；或在建筑物建造前在场地先行加载预压，使土体中的孔隙水排出，逐渐固结，地基发生沉降，同时强度逐步提高的方法。

　　预压法加固体系由排水系统和加压系统两部分组合而成。设置排水系统主要用于改变地基原有的排水边界条件，增加孔隙水排出的通路，缩短排水距离；加压系统是指施加加固作用的荷载，它使土中的孔隙水产生压差而渗流，从而使土固结。

　　排水系统是一种手段，如没有加压系统，孔隙中的水没有压力差，水不会自然流出，地基也就得不到加固。如果只施加固结压力，不缩短土层的排水距离，则不能在预压期间尽快地完成设计所要求的沉降量，土的硬度不能及时提高，各级荷载也就不能顺利加载。

　　预压地基适用于处理淤泥质土、淤泥、冲填土等饱和黏性土地基。预压地基按处理工艺可分为堆载预压、真空预压、真空和堆载联合预压。堆载预压分塑料排水带或砂井地基堆载预压和天然地基堆载预压。通常，当软土层厚度小于 4.0m 时，可采用天然地基堆载预压处理，当软土层厚度超过 4.0m 时，为加速预压过程，应采用塑料排水带、砂井等竖井排水预压处理地基。对真空预压工程，必须在地基内设置排水竖井。

### 9.3.1　加固机理

　　堆载预压（preloading）的原理是在饱和软土地基上施加荷载后，孔隙水被缓慢排出，孔隙体积随之逐渐减少，地基发生固结变形，同时随着超静水压力逐渐消散，有效应力逐渐提高，地基土强度就逐渐增高。

　　如图 9-4 所示，当土样的天然固结压力为 $\sigma_0'$ 时，其孔隙比为 $e_0$，在 $e\text{-}\sigma_c'$ 坐标系上其对

第9章

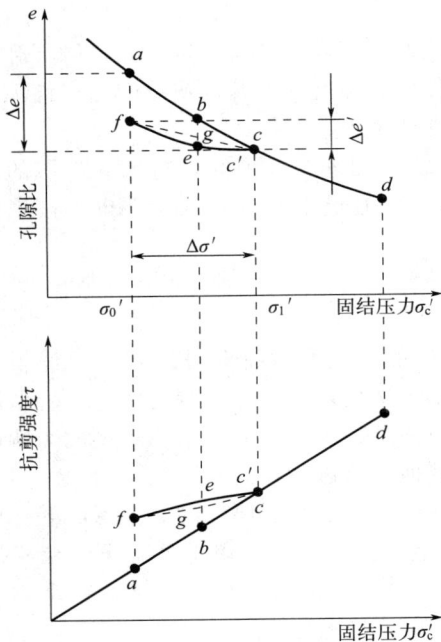

图 9-4　排水固结法增大地基土密度的原理

应的点为 $a$ 点；当压力增加 $\Delta\sigma'$，固结终了时为 $c$ 点，孔隙比减小 $\Delta e$，曲线 $abc$ 称为压缩曲线，与此同时抗剪强度与固结压力成比例地由 $a$ 点提高到 $c$ 点，所以，土体在受压固结时，一方面孔隙比减少产生压缩，另一方面抗剪强度也得到提高。如从 $c$ 点卸除压力 $\Delta\sigma'$，则土样发生膨胀，图中 $cef$ 为卸荷膨胀曲线。如从 $f$ 点再加压 $\Delta\sigma'$，土样再次发生压缩，沿虚线变化到 $c'$，其相应的强度包络线如图中 $fec'$ 所示。从再压缩曲线 $fgc'$ 可清楚地看出，固结压力同样从 $\sigma_0'$ 增加 $\Delta\sigma'$，而孔隙比减少值为 $\Delta e'$，$\Delta e'$ 比 $\Delta e$ 小得多，这说明，如果在建筑场地预先加上一个和上部建筑物荷载相同的压力进行预压，使土层固结（相当于压缩曲线上从 $a$ 点变化到 $c$ 点），然后卸除荷载（相当于再压缩曲线上从点 $c$ 变化到 $f$ 点），再建造建筑物（相当于再压缩曲线上从 $f$ 点变化到 $c'$ 点），这样，建筑物所引起的沉降即可大大减小。如果预压荷载大于建筑物荷载（所谓的超载预压），则效果会更好。因为，经过超载预压，当土层的固结压力大于使用荷载下的固结压力时，原来的固结黏土层将处于超固结状态，而使土层在使用荷载下的变形大为减小。

　　在荷载作用下，土层的固结过程就是超静孔隙水压力（简称孔隙水压力）消散和有效应力增加的过程。如地基内某点的总应力增量为 $\Delta\sigma$，有效应力增量为 $\Delta\sigma'$，孔隙水压力增量为 $\Delta u$，则三者满足以下关系：

$$\Delta\sigma' = \Delta\sigma - \Delta u \tag{9-5}$$

　　用填土等外加荷载对地基进行预压，是通过增加总应力 $\Delta\sigma$ 并使孔隙水压力 $\Delta u$ 消散而增加有效应力 $\Delta\sigma'$ 的方法。堆载预压是在地基中形成超静水压力的条件下排水固结，称为正压固结。

　　土层的排水固结效果与它的排水边界条件有关。如图 9-5（a）所示的排水边界条件，即土层厚度相对荷载宽度来说比较小，这时土层中的孔隙水向上下透水层排出而使土层发生固结，称为竖向排水固结。根据固结理论，黏性土固结所需的时间与排水距离的平方成正比，土层越厚，固结延续的时间越长。为了加速土层的固结，最有效的方法是增加土层的排水途径，缩短排水距离。砂井、塑料排水板等竖向排水体就是为此目的而设置的，如图 9-5（b）所示，这时土层中的孔隙水主要通过砂井从竖向排出。砂井缩短了排水距离，因而大大加速

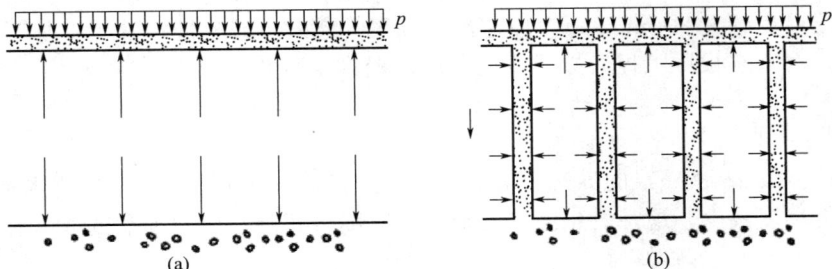

图 9-5　排水固结原理示意图

了地基的固结速率（或沉降速率），这一点无论从理论上还是从工程实践上都得到了证实。

### 9.3.2　设计计算

#### 9.3.2.1　排水体系的设计

（1）竖向排水体类型

排水竖井分普通砂井、袋装砂井和塑料排水带。砂井的砂料应选用中粗砂，其黏粒含量不应大于 3%。对深厚软黏土地基，应设置塑料排水带或砂井等排水竖井。当软土层厚度较小或软土层中含较多薄粉砂夹层，且固结速率能满足工期要求时，可不设置排水竖井。

（2）竖向排水体尺寸

普通砂井直径宜为 300～500mm，袋装砂井直径宜为 70～120mm。塑料排水带的当量换算直径 $d_p$ 可按下式计算：

$$d_p = \frac{2(b+\delta)}{\pi} \tag{9-6}$$

式中　$b$——塑料排水带宽度，mm；

　　　$\delta$——塑料排水带厚度，mm。

（3）竖向排水体布置

排水竖井可采用等边三角形或正方形排列的平面布置。当采用等边三角形排列时：

$$d_e = 1.05l \tag{9-7}$$

当采用正方形排列时：

$$d_e = 1.13l \tag{9-8}$$

式中　$d_e$——竖井的有效排水直径，m；

　　　$l$——竖井的间距，m。

（4）竖向排水体间距

排水竖井的间距可根据地基土的固结特性和预定时间内所要求达到的固结度确定。设计时，竖井的间距可按井径比 $n$ 选用（$n = d_e/d_w$，$d_w$ 为竖井直径，对塑料排水带可取 $d_w = d_p$）。塑料排水带或袋装砂井的间距可按 $n = 15～22$ 选用，普通砂井的间距可按 $n = 6～8$ 选用。

（5）竖向排水体深度

排水竖井的深度应符合下列规定：①根据建筑物对地基的稳定性、变形要求和工期确定；②对以地基抗滑稳定性控制的工程，竖井深度应大于最危险滑动面以下 2.0m；③对以变形控制的建筑工程，竖井深度应根据在限定的预压时间内需完成的变形量确定；竖井宜穿透受压土层。

（6）水平排水体

预压处理地基应在地表铺设与排水竖井相连的砂垫层，砂垫层厚度不应小于 500mm；砂料宜用中粗砂，黏粒含量不应大于 3%，砂料中可含有少量粒径不大于 50mm 的砾石；干密度应大于 1.5t/m³，渗透系数应大于 $1 \times 10^{-2}$ cm/s。

在预压区边缘应设置排水沟，在预压区内宜设置与砂垫层相连的排水盲沟，排水盲沟的间距不宜大于 20m。

#### 9.3.2.2　加载体系的设计

（1）加载大小

堆载预压，根据土质情况分为单级加荷和多级加荷，根据堆载材料分为自重预压、加荷预压和加水预压。堆载一般用填土、砂石等散粒材料；对于油罐地基还可以采用油罐充水作为荷载对地基进行预压。

当天然地基土的强度满足预压荷载下地基的稳定性要求时，可一次性加载；如不满足应分级逐渐加载，待前期预压荷载下地基土的强度增长满足下一级荷载下地基的稳定性要求时，方可加载。

计算预压荷载下饱和黏性土地基中某点的抗剪强度时，应考虑土体原来的固结状态。对正常固结饱和黏性土地基，某点某一时间的抗剪强度可按下式计算：

$$\tau_{ft} = \tau_{f0} + \Delta\sigma_z U_t \tan\varphi_{cu} \tag{9-9}$$

式中　$\tau_{ft}$——$t$ 时刻，该点土的抗剪强度，kPa；

$\tau_{f0}$——地基土的天然抗剪强度，kPa；

$\Delta\sigma_z$——预压荷载引起的该点的附加竖向应力，kPa；

$U_t$——该点土的固结度；

$\varphi_{cu}$——三轴固结不排水压缩试验求得的土的内摩擦角，(°)。

（2）固结度计算

土层的平均固结度普遍表达式 $\overline{U}$ 如下：

$$\overline{U} = 1 - \alpha e^{-\beta t} \tag{9-10}$$

式中　$\alpha$、$\beta$——和排水条件有关的参数，$\beta$ 值与土的固结系数、排水距离等有关，它综合反映了土层的固结速率，根据地基土排水固结条件按表 9-4 采用。

表 9-4　α 和 β 值

| 参数 | 排水固结条件 | | | |
|---|---|---|---|---|
| | 竖向排水固结 $\overline{U}_z > 30\%$ | 向内径向排水固结 | 竖向和向内径向排水固结（竖井穿透受压土层） | 说明 |
| $\alpha$ | $\dfrac{8}{\pi^2}$ | 1 | $\dfrac{8}{\pi^2}$ | $F(n) = \dfrac{n^2}{n^2-1}\ln(n) - \dfrac{3n^2-1}{4n^2}$<br>$c_v$——土的竖向排水固结系数，$cm^2/s$；<br>$c_h$——土的径向排水固结系数，$cm^2/s$；<br>$H$——土层竖向排水距离，m；<br>$\overline{U}_z$——双面排水层或固结应力均匀分布的单面排水土层平均固结度 |
| $\beta$ | $\dfrac{\pi^2 c_v}{4H^2}$ | $\dfrac{8c_h}{F(n)d_e^2}$ | $\dfrac{8c_h}{F(n)d_e^2} + \dfrac{\pi^2 c_v}{4H^2}$ | |

一级或多级等速加载条件下，当固结时间为 $t$ 时，对应总荷载的地基平均固结度可按改进的高木俊介法计算：

$$\overline{U}_t = \sum_{i=1}^{n} \frac{q_i}{\sum \Delta p} \left[ (T_i - T_{i-1}) - \frac{\alpha}{\beta} e^{-\beta t} (e^{\beta T_i} - e^{\beta T_{i-1}}) \right] \tag{9-11}$$

式中　$\overline{U}_t$——$t$ 时刻基地的平均固结度；

$q_i$——第 $i$ 级荷载的加载速率，kPa/d；

$\sum \Delta p$——各级荷载的累加值，kPa；

$T_{i-1}$、$T_i$——分别为第 $i$ 级荷载加载的起始和终止时间（从零点起算），当计算第 $i$ 级荷载加载过程中某时间 $t$ 的固结度时，$T_i$ 改为 $t$，d；

对竖井地基，表 9-4 中所列 $\beta$ 为不考虑涂抹和井阻影响的参数值。

当排水竖井采用挤土方式施工时，应考虑涂抹对土体固结的影响。当竖井的纵向通水量 $q_w$ 与天然土层水平向渗透系数是 $k_h$ 的比值较小，且长度较长时，尚应考虑井阻影响。瞬时加载条件下，考虑涂抹和井阻影响时，竖井地基径向排水平均固结度可按下列公式计算：

$$\overline{U}_r = 1 - e^{-\frac{8c_h}{Fd_e^2}t}$$ (9-12)

$$F = F_n + F_s + F_r$$ (9-13)

$$F_n = \ln(n) - \frac{3}{4} \quad n \geqslant 15$$ (9-14)

$$F_s = \left[\frac{k_h}{k_s} - 1\right]\ln s$$ (9-15)

$$F_r = \frac{\pi^2 L^2}{4}\frac{k_h}{q_w}$$ (9-16)

式中　$\overline{U}_r$——固结时间 $t$ 时竖井地基径向排水平均固结度；

$k_h$——天然土层水平向渗透系数，cm/s；

$k_s$——涂抹区土的水平向渗透系数，可取 $k_s = (1/5 \sim 1/3)\,k_h$，cm/s；

$s$——涂抹区直径 $d_e$ 与竖井直径 $d_w$ 的比值，可取 $s = 2.0 \sim 3.0$，对于中等灵敏度黏性土取低值，对高灵敏度黏性土取高值；

$L$——竖井深度；

$q_w$——井纵向通水量，为单位水力梯度下单位时间的排水量，cm³/s；

$F$——综合影响系数；

$F_n$——井径比影响系数；

$F_s$——涂抹扰动影响系数；

$F_r$——井阻影响系数。

对排水竖井未穿透受压土层的情况，竖井范围内土层的平均固结度和竖井底面以下受压土层的平均固结度，以及通过预压完成的变形量均应满足设计要求。

### 9.3.2.3　预压地基的沉降

预压荷载下地基最终竖向变形量的计算可取附加应力与土自重应力的比值为 0.1 的深度作为压缩层的计算深度，按下式计算：

$$s_f = \xi \sum_{i=1}^{n} \frac{e_{0i} - e_{1i}}{1 + e_{0i}}h_i$$ (9-17)

式中　$s_f$——最终竖向变形量，m；

$e_{0i}$——第 $i$ 层中点土自重应力所对应的孔隙比，由室内固结试验 $e$-$p$ 曲线查得；

$e_{1i}$——第 $i$ 层中点土自重应力与附加应力之和所对应的孔隙比，由室内固结试验 $e$-$p$ 曲线查得；

$h_i$——第 $i$ 层土层厚度，m；

$\xi$——经验系数，可按地区经验确定，无经验时对正常固结饱和黏性土地基可取 $\xi = 1.1 \sim 1.4$，荷载较大或地基软弱土层厚度大时应取较大值。

## 9.3.3　预压地基施工

应用预压法加固软土地基是一种比较成熟、广泛应用的方法，从施工角度分析，要保证预压法的加固效果，主要应做好三个环节：即铺设水平排水垫层、设置竖向排水体和施加预压荷载。

（1）普通砂井的施工

砂井的施工方法有：套管法，主要有静压沉管施工法、锤击沉管施工法和振动沉管施工法；水冲成孔法；以及螺旋钻成孔法。

（2）袋装砂井的施工

袋装砂井是将散体砂装入用化纤纺织物做成的细长袋子内置于软土中作为竖向排水体的方法，如图9-6（a）、（b）所示。袋子一般为聚丙烯、聚乙烯编织袋。袋装砂井施工一般采用导管式振动打设机械，如图9-7（c）所示，行进方式通常有轨道门架式、履带臂架式、步履臂架式、吊机导架式等。

(a) 袋子装砂

(b) 袋装砂井

(c) 袋装砂井施工设备

图 9-6　袋装砂井施工

（3）塑料排水带施工

袋装砂井施工一般采用塑料排水带插板机，如图9-7所示。塑料排水带施工所用套管应保证插入地基中的带子不扭曲。

图 9-7　插板机施工塑料排水带

# 9.4　强夯法和强夯置换法

强夯法是法国 Menard 技术公司于 1969 年首创的一种地基加固方法，它通过一般 10～40t 的重锤和 10～40m 的落距，对地基土施加很大的冲击能，在地基土中所出现的冲击波和动应力，可提高地基土的强度、降低土的压缩性、改善砂土的抗液化条件、消除湿陷性黄土的湿陷性等。同时，夯击能还可提高土层的均匀程度，减少将来可能出现的差异沉降。

强夯置换法是采用在夯坑内回填块石、碎石等粗颗粒材料，用夯锤夯击形成连续的强夯置换墩的地基加固方法，具有加固效果显著、施工工期短和施工费用低等优点。

强夯和强夯置换处理后可以形成夯实地基。强夯处理地基适用于碎石土、砂土、低饱和度的粉土与黏性土、湿陷性黄土、素填土和杂填土等地基；强夯置换地基适用于高饱和度的粉土与软塑～流塑的黏性土地基上对变形要求不严格的工程。

## 9.4.1　加固机理

强夯法的加固机理是利用强大的夯击能给地基一冲击力，并在地基中产生冲击波，在冲击力作用下，夯锤对上部土体进行冲切，土体结构破坏，形成夯坑，并对周围土进行动力挤压。

目前，强夯法加固地基有三种不同的加固机理：即动力密实（dynamic compaction）、动力固结（dynamic consolidation）和动力置换（dynamic replacement），各种加固机理取决于地基土的类别和强夯施工工艺。

（1）动力密实

强夯法加固多孔隙、粗颗粒、非饱和土利用了动力密实的机理，即用冲击型动力荷载，使土体中的孔隙体积减小，土体变得密实，从而提高地基土强度。非饱和土的夯实过程，就是土中的气相被挤出的过程，夯实变形主要是由土颗粒的相对位移引起的。实际工程表明，在冲击能作用下，地面会立即产生沉陷，夯击一遍后，其夯坑深度一般可达 0.6～1.0m，夯坑底部形成一超压密硬壳层，承载力可比夯前提高 2～3 倍。

（2）动力固结

用强夯法处理细颗粒饱和土时，则利用了动力固结的理论，即巨大的冲击能量在土中产生了很大的应力波，破坏了土体的原有结构，使土体局部发生液化并产生了许多裂隙，增加了排水通道，使孔隙水顺利逸出，待超孔隙水压力消散后，土体固结。由于软土的触变性，强度得到提高。

（3）动力置换

动力置换可分为整式置换和桩式置换，整式置换是采用强夯将碎石整体挤入淤泥中，其作用机理类似于换土垫层。桩式置换是通过强夯将碎石填筑于土体中，部分碎石桩（或墩）间隔地夯入软土中，形成桩式（或墩式）的碎石桩（或墩），如图 9-8 所示。其作用机理类似于振冲法等形成的碎石桩，它主要是靠碎石内摩擦角和墩间土的侧限来维持桩体的平衡，

(a) 整式置换　　　　　　　　　(b) 桩式置换

图 9-8　动力置换类型

并与墩间土起复合地基作用。

## 9.4.2 设计计算

强夯和强夯置换施工前，应在施工现场有代表性的场地选取一个或几个试验区，进行试夯或试验性施工。每个试验区面积不宜小于 20m×20m，试验区数量应根据建筑场地复杂程度、建筑规模及建筑类型确定。

（1）有效加固深度

强夯法的有效加固深度既是选择地基处理方法的重要依据，又是反映处理效果的重要参数。一般可按下式估算：

$$H = \alpha \sqrt{Mh} \tag{9-18}$$

式中　$H$——有效加固深度，m；

　　　$M$——夯锤重，t；

　　　$h$——落距，m；

　　　$\alpha$——系数，须根据所处理地基土的性质而定，对软土可取 0.5，对黄土可取 0.34～0.5。

强夯的有效加固深度，应根据现场试夯或地区经验确定。在缺少试验资料或经验时，可按表 9-5 进行预估。

表 9-5　强夯的有效加固深度　　　　　　　　　　　　单位：m

| 单击夯击能 $E/(kN \cdot m)$ | 碎石土、砂土等粗颗粒土 | 粉土、黏性土、湿陷性黄土等细颗粒土 |
|---|---|---|
| 1000 | 4.0～5.0 | 3.0～4.0 |
| 2000 | 5.0～6.0 | 4.0～5.0 |
| 3000 | 6.0～7.0 | 5.0～6.0 |
| 4000 | 7.0～8.0 | 6.0～7.0 |
| 5000 | 8.0～8.5 | 7.0～7.5 |
| 6000 | 8.5～9.0 | 7.5～8.0 |
| 8000 | 9.0～9.5 | 8.0～8.5 |
| 10000 | 9.5～10.0 | 8.5～9.0 |
| 12000 | 10.0～11.0 | 9.0～10 |

注：强夯法的有效加固深度应从起夯面算起；单击夯击能 $E$ 大于 12000kN·m 时，强夯的有效加固深度应通过试验确定。

（2）夯击次数与夯击遍数

夯击次数指的是在一个夯击点上施加的夯击次数。夯点的夯击次数，应根据现场试夯的夯击次数和夯沉量关系曲线确定，并应同时满足下列条件：

① 最后两击的平均夯沉量，宜满足表 9-6 的要求，当单击夯击能 $E$ 大于 12000kN·m 时，应通过试验确定；

表 9-6　强夯法最后两击平均夯沉量

| 单击夯击能 $E/(kN \cdot m)$ | 最后两击平均夯沉量不大于/mm |
|---|---|
| $E < 4000$ | 50 |
| $4000 \leqslant E < 6000$ | 100 |
| $6000 \leqslant E < 8000$ | 150 |
| $8000 \leqslant E < 12000$ | 200 |

② 夯坑周围地面不应发生过大的隆起；

③ 不因夯坑过深而发生提锤困难。

夯击遍数应根据地基土的性质确定，可采用点夯 2～4 遍，对于渗透性较差的细颗粒土，应适当增加夯击遍数；最后以低能量满夯 2 遍，满夯可采用轻锤或低落距锤多次夯击，锤印搭接。

（3）间歇时间

两遍夯击之间，应有一定的时间间隔，间隔时间取决于土中超静孔隙水压力的消散时间。当缺少实测资料时，可根据地基土的渗透性确定，对于渗透性较差的黏性土地基，间隔时间不应少于 2～3 周；对于渗透性好的地基可连续夯击。

（4）夯击点布置

夯击点位置可根据基础底面形状，采用等边三角形、等腰三角形或正方形布置。第一遍夯击点间距可取夯锤直径的 2.5～3.5 倍，第二遍夯击点应位于第一遍夯击点之间，以后各遍夯击点间距可适当减小。对处理深度较深或单击夯击能较大的工程，第一遍夯击点间距宜适当增大。图 9-9 中 13 个夯击点分三遍施工完成，即夯击遍数为 3 遍，为"间夯"。

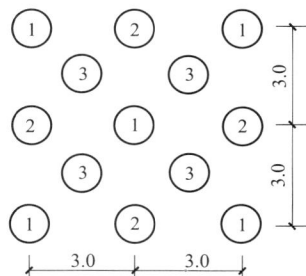

图 9-9　夯击点布置及夯击次序

（5）强夯处理范围

强夯处理范围应大于建筑物基础范围，每边超出基础外缘的宽度宜为基底下设计处理深度的 1/2～2/3，且不应小于 3m；对可液化地基，基础边缘的处理宽度，不应小于 5m；对湿陷性黄土地基，应符合现行国家标准《湿陷性黄土地区建筑标准》（GB 50025—2018）的有关规定。

（6）强夯地基承载力与变形

强夯地基承载力特征值应通过现场静载荷试验确定。强夯地基变形计算，应符合现行国家标准《建筑地基基础设计规范》（GB 50007—2011）有关规定。夯后有效加固深度范围内土的压缩模量，应通过原位测试或土工试验确定。

### 9.4.3　强夯施工

当强夯施工所引起的振动和侧向挤压对邻近建构筑物产生不利影响时，应设置监测点，并采取挖隔振沟等隔振或防振措施。

强夯的施工机具包括起重机械、夯锤与脱钩装置，如图 9-10 所示。

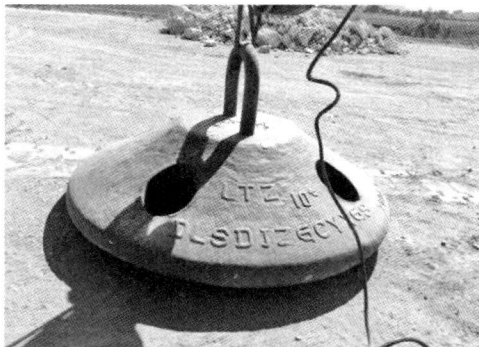

(a) 施工机具　　　　　　　　　　　　　　(b) 夯锤

图 9-10　强夯施工机具

　　强夯夯锤质量宜为 10～60t，其底面形式宜采用圆形，锤底面积宜按土的性质确定，锤底静接地压力值宜为 25～80kPa，单击夯击能高时，取高值，单击夯击能低时，取低值，对于细颗粒土宜取低值。锤的底面宜对称设置若干个上下贯通的排气孔，孔径宜为 300～400mm。

### 9.4.4　质量检验

　　强夯处理后的地基竣工验收，承载力检验应根据静载荷试验、其他原位测试和室内土工试验等方法综合确定。强夯置换后的地基竣工验收，除应采用单墩静载荷试验进行承载力检验外，尚应采用动力触探等查明置换墩着底情况及密度随深度的变化情况。

# 9.5　挤密桩法

　　挤密桩法，是指用冲击或振动方法，把圆柱形钢质桩管打入原地基，拔出后形成桩孔，然后进行素土、灰土、碎石、水泥土、素混凝土等物料的回填和夯实或振实，从而形成增大直径的桩体，并同原地基一起形成复合地基的方法。该法特点在于不取土，挤压原地基成孔；回填物料时，夯实物料进一步扩孔。

### 9.5.1　砂石桩法

　　碎石桩（stone column）、砂桩（sand pile）和砂石桩（sandgravel columns）统称为砂石桩，又称粗颗粒土桩，是指用振动、冲击或振动水冲等方式在软弱地基中成孔后，再将碎石或砂挤压入土孔中，形成大直径的由碎石或砂所构成的密实桩体。

　　砂石桩适用于挤密处理松散砂土、粉土、粉质黏土、素填土、杂填土等地基，以及用于处理可液化地基。饱和黏土地基，如对变形控制不严格，可采用砂石桩置换处理。对大型的、重要的或场地地层复杂的工程，以及不排水抗剪强度不小于 20kPa 的饱和黏性土和饱和黄土地基，应在施工前通过现场试验确定其适用性。

#### 9.5.1.1　加固机理

（1）对松散砂土的加固机理

① 挤密作用

　　碎石桩采用沉管法、干振法施工时，在成桩过程中桩管对周围砂层产生了很大的横向挤压力，桩管将地基土中等于桩管体积的砂挤向桩管周围的砂层中，使桩管周围的砂层密实度增大，从而提高了地基的抗剪强度和水平抵抗力；使砂土地基挤实到临界孔隙比以下，以防止砂土在地震时液化；使砂层孔隙比减小，进而使其固结变形减少；同时，由于施工时的挤密作用，地基土变得十分均匀。

　　当采用振冲法施工时，砂土颗粒在受高频强迫振动时重新排列致密，又因填入振冲孔中的大重粗骨料被强大的水平振动力挤入周围土中，砂土密实度明显提高，孔隙率降低，干重度及内摩擦角增大，承载力提高，抗液化性能也得到改善。

② 排水减压作用

　　碎石桩加固砂土时，桩孔内充填碎石（卵、砾石）等过滤性好的粗颗粒料，在地基中形成了渗透性能良好的人工竖向排水减压通道，可以有效地消散和防止超孔隙水压力的增高和砂土产生液化，并可加快地基的排水固结。

③ 砂基预震效应

　　美国的 H. B. Seed 等人（1975 年）的试验证实：在一定动应力循环次数下，当两个试样的相对密实度相同时，要造成经过预震的试样发生液化，所需施加的应力要比引起未经预震的试样液化所需的应力值提高 46％。因此得出：砂土液化除了与土的相对密实度有关外，还与砂土的振动应变历史有关。

（2）对黏性土的加固机理

对黏性土地基（尤指饱和软土）而言，由于土的黏粒含量多，粒间结合力强，渗透系数小，在振动力或挤压力作用下土中水不易排出，所以碎石桩和砂桩的作用不是使地基挤密，而是置换和对地基土起排水固结作用。碎石桩或砂桩与桩间土形成了复合地基，提高了地基的承载力，减少了地基沉降，还提高了土体的抗剪强度，增大了地基的整体稳定性；由密实的碎石桩和砂桩在地基中形成的排水路径，起着排水砂井的作用，因而加速了黏性土地基的固结速率。

### 9.5.1.2　设计计算

（1）处理范围与桩位布置

地基处理范围应根据建筑物的重要性和场地条件确定，宜在基础外缘扩大 1～3 排桩。对可液化地基，在基础外缘扩大宽度不应小于基底下可液化土层厚度的 1/2，且不应小于 5m。

对大面积满堂处理，桩位宜用等边三角形布置；对独立或条形基础，桩位宜用正方形、矩形或等腰三角形布置；对于圆形或环形基础（如油罐基础）宜用放射形布置。如图 9-11 所示。

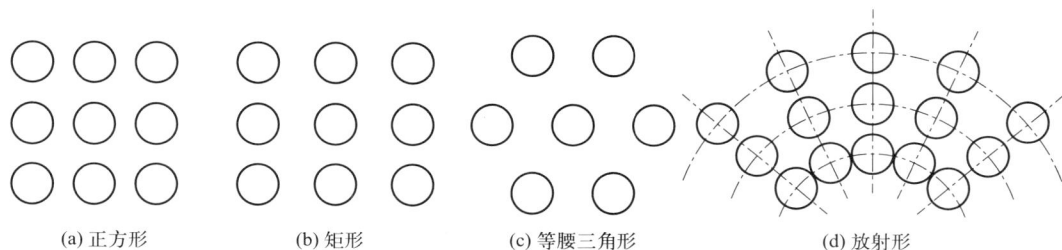

(a) 正方形　　　　(b) 矩形　　　　(c) 等腰三角形　　　　(d) 放射形

图 9-11　桩位布置

（2）桩径与桩长

桩径可根据地基土质情况、成桩方式和成桩设备等因素确定，桩的平均直径可按每根桩所用填料量计算。振冲碎石桩桩径宜为 800～1200mm；沉管砂石桩桩径宜为 300～800mm。

桩长可根据工程要求和工程地质条件通过计算确定，并应符合下列规定：

① 当相对硬土层埋深较浅时，可按相对硬土层埋深确定；

② 当相对硬土层埋深较大时，应按建筑物地基变形允许值确定；

③ 对按稳定性控制的工程，桩长应不小于最危险滑动面以下 2.0m 的深度；

④ 对可液化的地基，桩长应按处理液化的深度确定；

⑤ 桩长不宜小于 4m。

（3）桩间距

振冲碎石桩的桩间距应根据上部结构荷载大小和场地土层情况，并结合所采用的振冲器功率大小综合考虑；30kW 振冲器布桩间距可采用 1.3～2.0m；55kW 振冲器布桩间距可采用 1.4～2.5m；75kW 振冲器布桩间距可采用 1.5～3.0m；不加填料振冲挤密孔距可为 2～3m。

① 松散砂土与粉土地基

沉管砂石桩的桩间距，不宜大于砂石桩直径的 4.5 倍；初步设计时，对松散粉土和砂土地基，应根据挤密后要求达到的孔隙比确定，可按下列公式估算：

当正方形布置时：

$$s = 0.89\xi d \sqrt{\frac{1+e_0}{e_0-e_1}} \tag{9-19}$$

当正三角形布置时：

$$s = 0.95\xi d \sqrt{\frac{1+e_0}{e_0-e_1}} \tag{9-20}$$

$$e_1 = e_{max} - D_{r1}(e_{max} - e_{min}) \tag{9-21}$$

式中　　$s$——砂石桩间距，m。

　　　　$d$——砂石桩直径，m。

　　　　$\xi$——修正系数，当考虑振动下沉密实作用时，可取 1.1～1.2；不考虑振动下沉密实作用时，可取 1.0。

　　　　$e_0$——地基处理前砂土的孔隙比，可按原状土样试验确定，也可根据动力或静力触探等对比试验确定。

　　　　$e_1$——地基挤密后要求达到的孔隙比。

$e_{max}$、$e_{min}$——砂土的最大、最小孔隙比，可按现行国家标准《土工试验方法标准》（GB/T 50123—2019）的有关规定确定。

　　　　$D_{r1}$——地基挤密后要求砂土达到的相对密实度，可取 0.70～0.85。

② 黏性土地基

正方形布置时：

$$s = \sqrt{A_e} \tag{9-22}$$

当正三角形布置时：

$$s = 1.08\sqrt{A_e} \tag{9-23}$$

式中　　$A_e$——单根桩所承担的处理地基面积。

（4）桩体材料

砂石桩桩体材料宜就地取材。振冲桩桩体材料可采用含泥量不大于 5% 的碎石、卵石、矿渣或其他性能稳定的硬质材料，不宜使用风化易碎的石料。对 30kW 振冲器，填料粒径宜为 20～80mm；对 55kW 振冲器，填料粒径宜为 30～100mm；对 75kW 振冲器，填料粒径宜为 40～150mm。沉管桩桩体材料可用含泥量不大于 5% 的碎石、卵石、角砾、圆砾、砾砂、粗砂、中砂或石屑等硬质材料，最大粒径不宜大于 50mm。

（5）褥垫层

桩顶和基础之间宜铺设厚度为 300～500mm 的垫层，垫层材料宜用中砂、粗砂、级配砂石和碎石等，最大粒径不宜大于 30mm，其夯填度（夯实后的厚度与虚铺厚度的比值）不应大于 0.9。

（6）复合地基承载力

砂石桩复合地基承载力应按下式计算：

$$f_{spk} = [1 + m(n-1)]f_{sk} \tag{9-24}$$

式中　　$f_{spk}$——复合地基承载力特征值，kPa；

　　　　$f_{sk}$——处理后桩间土承载力特征值，kPa，可按地区经验确定，如无经验时，对于一般黏性土地基，可取天然地基承载力特征值，松散的砂土、粉土可取原天然地基承载力特征值的 1.2～1.5 倍；

　　　　$m$——面积置换率；

　　$n$——复合地基桩土应力比，可按地区经验确定，宜采用实测值确定，如无实测资料时，对于黏性土可取 2.0～4.0，对于砂土、粉土可取 1.5～3.0。

　　（7）复合地基沉降

　　复合地基变形计算应符合现行国家标准《建筑地基基础设计规范》（GB 50007—2011）的有关规定，地基变形计算深度应大于复合土层的深度。复合土层的分层与天然地基相同，各复合土层的压缩模量等于该层天然地基压缩模量的 $\xi$ 倍，$\xi$ 值可按下式确定：

$$\xi = \frac{f_{spk}}{f_{ak}} \tag{9-25}$$

　　式中　$f_{ak}$——基础底面下天然地基承载力特征值，kPa。

　　复合地基的沉降计算经验系数 $\psi_s$ 可根据地区沉降观测资料统计值确定，无经验取值时，可采用表 9-7 的数值。

表 9-7　沉降计算经验系数 $\psi_s$

| $\overline{E}_s$/MPa | 4.0 | 7.0 | 15.0 | 20.0 | 35.0 |
|---|---|---|---|---|---|
| $\psi_s$ | 1.3 | 1.0 | 0.4 | 0.25 | 0.2 |

　　变形计算深度范围内压缩模量的当量值 $\overline{E}_s$，应按下式计算：

$$\overline{E}_s = \frac{\sum\limits_{i=1}^{n} A_i + \sum\limits_{j=1}^{m} A_j}{\sum\limits_{i=1}^{n} \dfrac{A_i}{E_{spi}} + \sum\limits_{j=1}^{m} \dfrac{A_j}{E_{sj}}} \tag{9-26}$$

　　式中　$A_i$——加固土层第 $i$ 层土附加应力系数沿土层厚度的积分值；

　　　　　$A_j$——加固土层下第 $j$ 层土附加应力系数沿土层厚度的积分值；

　　　　　$E_{spi}$——加固土层第 $i$ 层土压缩模量，MPa；

　　　　　$E_{sj}$——加固土层下第 $j$ 层土压缩模量，MPa。

### 9.5.1.3　施工

　　目前砂石桩施工方法正如表 9-8 所提及的，多种多样，在此主要介绍常用的振冲法施工。

表 9-8　砂石桩施工方法分类

| 分类 | 施工方法 | 成桩工艺 | 适用土类 |
|---|---|---|---|
| 挤密法 | 振冲挤密法 | 采用振冲器振动水冲成孔,再振动密实填料成桩,并挤密桩间土 | 砂性土、非饱和黏性土,以炉灰、炉渣、建筑垃圾为主的杂填土,松散的素填土 |
| | 沉管法 | 采用沉管成孔,振动或锤击密实填料成桩,并挤密桩间土 | |
| | 干振法 | 采用振孔器成孔,再用振孔器振动密实填料成桩,并挤密桩间土 | |
| 置换法 | 振冲置换法 | 采用振冲器振动水冲成孔,再振动密实填料成桩 | 饱和黏性土 |
| | 钻孔锤击法 | 采用沉管,钻孔取土方法成孔,锤击填料成桩 | |
| 排土法 | 振动气冲法 | 采用压缩气体成孔,振动密实填料成桩 | 饱和软黏土 |
| | 沉管法 | 采用沉管成孔,振动或锤击填料成桩 | |
| | 强夯置换法 | 采用重锤夯击成孔和重锤夯击填料成桩 | |

| 分类 | 施工方法 | 成桩工艺 | 适用土类 |
|------|----------|----------|----------|
| 其他方法 | 水泥碎石桩法 | 在碎石内加水泥和膨润土制成桩体 | 饱和软黏土 |
| | 裙围碎石桩法 | 在群桩周围设置刚性的(混凝土)裙围来约束桩体的侧向鼓胀 | |
| | 袋装碎石桩法 | 将碎石装入土工聚合物袋而制成桩体,土工聚合物可约束桩体的侧向鼓胀 | |

振冲法是碎石桩的主要施工方法之一,它是以起重机吊起振冲器,启动潜水电机后,带动偏心块,使振冲器产生高频振动,同时开动水泵,使高压水通过喷嘴喷射高压水流,在边振动边冲的联合作用下,将振冲器沉到土中的设计深度。经过清孔后,就可从地面向孔内逐段填入碎石,每段填料均在振动作用下被振挤密实,达到所要求的密实度提升振冲器,如此重复填料和振密,直至地面,从而在地基中形成一根大直径的和很密实的桩体(图 9-12)。图 9-13 为振冲法施工程序示意图。

(a) 被吊起的振冲器　　　　(b) 振冲器施工现场　　　　(c) 振冲法施工后形成的密实碎石桩桩体

图 9-12　振冲法施工照片

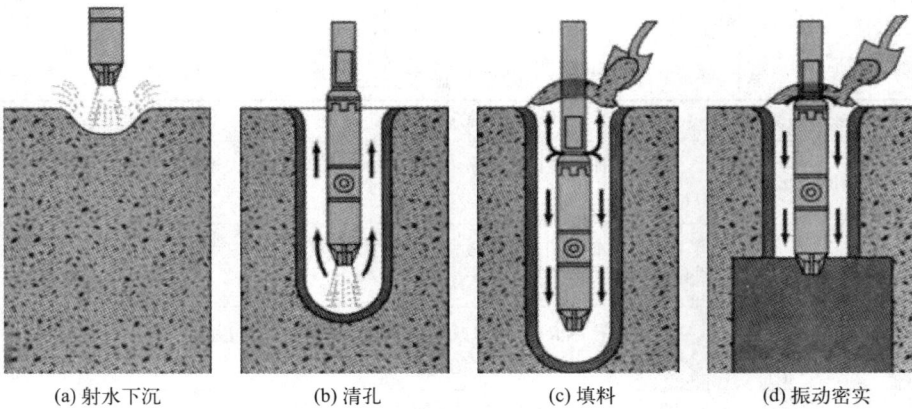

(a) 射水下沉　　　(b) 清孔　　　(c) 填料　　　(d) 振动密实

图 9-13　碎石桩施工工艺

振冲法施工机具包括起重机和振冲器。振冲器是振冲法施工的主要机具。施工时可根据地质条件和设计要求进行选用。施工过程中的填料量、密实电流和留振时间是振冲法施工中质量检验的关键参数。

#### 9.5.1.4　质量检验

碎石桩或砂桩施工结束后，除砂土地基外，应间隔一定时间方可进行质量检验。对粉质黏土地基不宜少于 21d，对粉土地基不宜少于 14d，对砂土和杂填土地基不宜少于 7d。

施工质量的检验，对桩体可采用重型动力触探试验；对桩间土可采用标准贯入、静力触探、动力触探或其他原位测试等方法；对消除液化的地基检验应采用标准贯入试验。桩间土质量的检测位置应在等边三角形或正方形的中心。检验深度不应小于处理地基深度，检测数量不应少于桩孔总数的 2%。

竣工验收时，地基承载力检验应采用复合地基静载荷试验，试验桩数量不应少于总桩数的 1%，且每个单体建筑不应少于 3 点。

### 9.5.2　灰土挤密桩法和土挤密桩法

灰土挤密桩法和土挤密桩法是利用成孔设备成孔时的侧向挤压作用，使桩间土得以挤密；随后将桩孔用灰土或素土分层夯填密实，形成灰土桩或土桩，并与桩间土组成复合地基。灰土挤密桩法和土挤密桩具有原位处理、深层挤密和以土治土的特点。

灰土挤密桩法与土挤密桩法适用于处理地下水位以上的粉土、黏性土、素填土、杂填土和湿陷性黄土等地基，可处理地基的厚度宜为 3～15m；当以消除地基土的湿陷性为主要目的时，可选用土挤密桩；当以提高地基土的承载力或增强其水稳性为主要目的时，宜选用灰土挤密桩。当地基土的含水量大于 24%、饱和度大于 65% 时，应通过试验确定其适用性。对重要工程或在缺乏经验的地区，施工前应按设计要求，在有代表性的地段进行现场试验。

#### 9.5.2.1　加固机理

（1）挤密作用

土（或灰土）桩挤压成孔时，桩孔位置原有土体被强制侧向挤压，使桩周一定范围内的土层密实度提高。其挤密影响半径通常为（1.5～2.0）$d$（$d$ 为桩的直径）。相邻桩孔间挤密效果试验表明，在相邻桩孔挤密区交界处挤密效果相互叠加，桩间土中心部位的密实度增大，且桩间土的密度变得均匀，桩距越近，叠加效果越显著。

（2）灰土性质作用

灰土桩是石灰和土按一定比例（2:8 或 3:7）拌和，并在孔内夯实挤密后形成的桩，这种材料在化学性能上具有气硬性和水硬性，石灰内带正电荷的钙离子与带负电荷的黏土颗粒相互吸附，形成胶体凝集，并随灰土龄期增长，土体固化作用提高，使土体逐渐增加强度。在力学性能上，它可达到挤密地基，提高地基承载力，消除湿陷性，沉降均匀和沉降量减小的效果。

（3）桩体作用

在灰土桩挤密地基中，由于灰土桩体的变形模量 $E_{sp} \gg E_s$（桩间土），应力逐渐向桩体集中，从而降低了基础底面以下一定深度内土中的应力，消除了持力层内产生大量压缩变形和湿陷性变形的不利因素。

#### 9.5.2.2　设计计算

（1）处理范围和深度

当采用整片处理时，应大于基础或建筑物底层平面的面积，超出建筑物外墙基础底面外缘的宽度，每边不宜小于处理土层厚度的 1/2，且不应小于 2m；当采用局部处理时，对非自重湿陷性黄土、素填土和杂填土等地基，每边不应小于基础底面宽度的 25%，且不应小于 0.5m；对自重湿陷性黄土地基，每边不应小于基础底面宽度的 75%，且不应小于 1.0m。

灰土挤密桩法和土挤密桩法处理地基的深度，应根据建筑场地的土质情况、工程要求和成孔及夯实设备等因素综合确定。对湿陷性黄土地基，应符合现行国家标准《湿陷性黄土地区建筑标准》（GB 50025—2018）的有关规定。

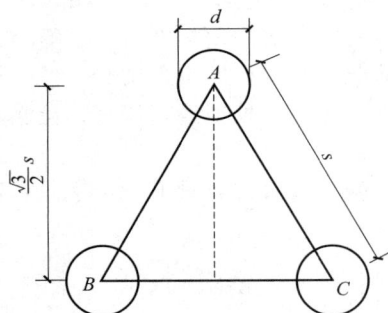

图 9-14　桩间距计算示意图

（2）桩径与桩间距

桩孔直径宜为 300～600mm。桩孔宜按等边三角形布置，如图 9-14 所示，桩孔之间的中心距离，可为桩孔直径的 2.0～3.0 倍，也可按下式估算：

$$s = 0.95d \sqrt{\frac{\overline{\eta}_c \rho_{dmax}}{\overline{\eta}_c \rho_{dmax} - \overline{\rho}_d}} \qquad (9-27)$$

式中　$s$——桩孔之间的中心距离，m；

$d$——桩孔直径，m；

$\rho_{dmax}$——桩间土的最大干密度，t/m$^3$；

$\overline{\rho}_d$——地基处理前土的平均干密度，t/m$^3$；

$\overline{\eta}_c$——桩间土经成孔挤密后的平均挤密系数，不宜小于 0.93。

桩间土的平均挤密系数 $\overline{\eta}_c$，应按下式计算：

$$\overline{\eta}_c = \frac{\overline{\rho}_{d1}}{\rho_{dmax}} \qquad (9-28)$$

式中　$\overline{\rho}_{d1}$——在成孔挤密深度内，桩间土的平均干密度，t/m$^3$，平均试样数不应少于 6 组。

桩孔的数量可按下式估算：

$$n = \frac{A}{A_e} \qquad (9-29)$$

式中　$n$——桩孔的数量；

$A$——拟处理地基的面积，m$^2$；

$A_e$——单根土或灰土挤密桩所承担的处理地基面积，m$^2$。

（3）填料

桩孔内的灰土填料，其消石灰与土的体积配合比，宜为 2∶8 或 3∶7。土料宜选用粉质黏土，土料中的有机质含量不应超过 5%，且不得含有冻土，渣土垃圾粒径不应超过 15mm。石灰可选用新鲜的消石灰或生石灰粉，粒径不应大于 5mm。消石灰的质量应合格，有效 CaO+MgO 含量不得低于 60%。

孔内填料应分层回填夯实，填料的平均压实系数 $\lambda_c$ 不应低于 0.97，其中压实系数最小值不应低于 0.93。

（4）褥垫层

桩顶标高以上应设置 300～600mm 厚的褥垫层。垫层材料可根据工程要求采用 2∶8 或 3∶7 灰土、水泥土等。其压实系数均不应低于 0.95。

（5）复合地基承载力

复合地基承载力特征值应通过复合地基静载荷试验或采用增强体静载荷试验结果和其周边土的承载力特征值结合经验确定，初步设计时，可按式（9-24）估算。桩土应力比应按试验或地区经验确定。灰土挤密桩复合地基承载力特征值，不宜大于处理前天然地基承载力特征值的 2.0 倍，且不宜大于 250kPa；对土挤密桩复合地基承载力特征值，不宜大于处理前天然地基承载力特征值的 1.4 倍，且不宜大于 180kPa。

（6）复合地基沉降

复合地基变形计算应符合现行国家标准《建筑地基基础设计规范》（GB 50007—2011）

的有关规定，地基变形计算深度应大于复合土层的深度。复合土层的分层与天然地基相同，各复合土层的压缩模量等于该层天然地基压缩模量的 $\xi$ 倍，$\xi$ 按式(9-25) 计算。

#### 9.5.2.3　施工

灰土挤密桩和土挤密桩的桩孔填料不同，但二者的施工工艺和程序相同。成孔应按设计要求、成孔设备、现场土质和周围环境等情况，选用振动沉管、锤击沉管、冲击或钻孔等方法。

成孔时，地基土宜接近最优（或塑限）含水量，当土的含水量低于 12% 时，宜对拟处理范围内的土层进行增湿，应在地基处理前 4~6d，将需增湿的水通过一定数量和一定深度的渗水孔，均匀地浸入拟处理范围内的土层中，增湿土的加水量可按下式估算：

$$Q = v\rho_d(\omega_{op} - \omega)k \tag{9-30}$$

式中　$Q$——计算加水量，t；

$v$——拟加固土的总体积，$m^3$；

$\rho_d$——地基处理前土的平均干密度，$t/m^3$；

$\omega_{op}$——土的最优含水量，%，通过室内击实试验求得；

$\omega$——地基处理前土的平均含水量，%；

$k$——损耗系数，可取 1.05~1.10。

桩顶设计标高以上的预留覆盖土层厚度，沉管成孔不宜小于 0.5m，冲击成孔或钻孔夯扩法成孔不宜小于 1.2m。

#### 9.5.2.4　质量检验

应随机抽样检测夯后桩长范围内灰土或土填料的平均压实系数 $\lambda_c$，抽检的数量不应少于桩总数的 1%，且不得少于 9 根。对灰土桩桩身强度有怀疑时，尚应检验消石灰与土的体积配合比。应抽样检验处理深度内桩间土的平均挤密系数 $\overline{\eta}_c$，检测探井数不应少于总桩数的 0.3%，且每项单体工程不得少于 3 个。

对消除湿陷性的工程，除应检测上述内容外，尚应进行现场浸水静载荷试验，试验方法应符合现行国家标准《湿陷性黄土地区建筑标准》（GB 50025—2018）的规定。

竣工验收时，灰土挤密桩、土挤密桩复合地基的承载力检验应采用复合地基静载荷试验。承载力检验应在成桩后 14~28d 后进行，检测数量不应少于总桩数的 1%，且每项单体工程复合地基静载荷试验不应少于 3 点。

### 9.5.3　水泥粉煤灰碎石桩法

水泥粉煤灰碎石桩（cement fly-ash gravel pile），简称 CFG 桩，是由碎石、石屑、粉煤灰，掺适量水进行拌和形成混合料，成桩设备成孔后将混合料灌入桩孔中，形成的一种具有一定黏结强度的桩，与桩间土一起形成复合地基。

CFG 桩复合地基由中国建筑科学研究院研制。该技术已在全国广泛推广应用。与桩基相比，由于 CFG 桩桩体材料可以掺入工业废料粉煤灰、不配筋以及充分发挥桩间土的承载力，工程造价一般为桩基的 1/3~1/2，社会效益和经济效益非常显著。

CFG 桩可适用于独立基础和条形基础，也可适用于筏基和箱形基础。就土性而言，适用于处理黏土、粉土、砂土和正常固结的素填土等地基。

#### 9.5.3.1　加固机理

CFG 桩加固软弱地基的作用主要有两种：桩体作用和挤密作用。

（1）桩体作用

在荷载作用下，CFG 桩的压缩性明显小于其周围软土，与由松散材料组成的碎石桩不同，CFG 桩桩身具有一定的黏结强度。在荷载作用下，CFG 桩桩身不会出现压胀变形，桩身的荷载通过桩周的摩阻力和桩端阻力传递到地基深处，使复合地基的承载力有较大幅度的提高，加固效果显著。而且，CFG 桩复合地基变形小，沉降稳定快。

（2）挤密作用

CFG 桩采用振动沉管法施工，机械的振动和挤压作用使桩间土得以挤密。经加固处理后，地基土的物理力学指标都有所提高，加固后的桩间土得到挤密。

### 9.5.3.2 设计计算

（1）桩径与桩间距

CFG 桩的桩径与成孔设备和方法相关，长螺旋钻中心压灌、干成孔和振动沉管成桩宜为 350～600mm；泥浆护壁钻孔成桩宜为 600～800mm；钢筋混凝土预制桩宜为 300～600mm。

CFG 桩复合地基的桩间距应根据基础形式、设计要求的复合地基承载力和变形、土性及施工工艺确定：

① 采用非挤土成桩工艺和部分挤土成桩工艺，桩间距宜为 3～5 倍桩径；

② 采用挤土成桩工艺和墙下条形基础单排布桩的桩间距宜为 3～6 倍桩径；

③ 桩长范围内有饱和粉土、粉细砂、淤泥、淤泥质土层，采用长螺旋钻中心压灌成桩施工中可能发生窜孔时宜用较大桩距。

（2）布桩范围

水泥粉煤灰碎石桩可只在基础范围内布桩，并可根据建筑物荷载分布、基础形式和地基土性状，合理确定布桩参数。

（3）单桩承载力

CFG 桩单桩竖向承载力特征值 $R_a$ 可按下式估算：

$$R_a = u_p \sum_{i=1}^{n} q_{si} l_i + \alpha_p q_p A_p \tag{9-31}$$

式中　$u_p$——桩的周长，m；

　　　$q_{si}$——桩周第 $i$ 层土的侧阻力特征值，kPa，可按地区经验确定；

　　　$l_i$——桩长范围内第 $i$ 层土的厚度，m；

　　　$\alpha_p$——桩端端阻力发挥系数，应按地区经验确定；

　　　$q_p$——桩端端阻力特征值，kPa，可按地区经验确定，对于水泥搅拌桩、旋喷桩应取未经修正的桩端地基土承载力特征值；

　　　$A_p$——桩的截面积，$m^2$。

CFG 桩桩身强度应满足式（9-32）的要求。当复合地基承载力进行基础埋深的深度修正时，增强体桩身强度应满足式（9-33）的要求。

$$f_{cu} \geqslant 4\lambda \frac{R_a}{A_p} \tag{9-32}$$

$$f_{cu} \geqslant 4\lambda \frac{R_a}{A_p} \left[ 1 + \frac{\gamma_m(d-0.5)}{f_{spa}} \right] \tag{9-33}$$

式中　$f_{cu}$——桩体试块（边长 150mm 立方体）标准养护 28d 龄期的立方体抗压强度平均值，kPa，对水泥土搅拌桩为边长为 70.7mm 的立方体在标准养护条件下 90d 龄期的立方体抗压强度平均值；

　　　$\lambda$——单桩承载力发挥系数，可按地区经验取值；

$\gamma_m$——基础底面以上土的加权平均重度，$kN/m^3$，地下水位以下取有效重度；

$d$——基础埋置深度，m；

$f_{spa}$——深度修正后的复合地基承载力特征值，kPa。

（4）复合地基承载力

复合地基承载力特征值应通过复合地基静载荷试验或采用增强体静载荷试验结果和其周边土的承载力特征值结合经验确定，初步设计时，应按下式计算：

$$f_{spk} = \lambda m \frac{R_a}{A_p} + \beta (1-m) f_{sk} \tag{9-34}$$

式中　$\lambda$——单桩承载力发挥系数，可按地区经验取值，无经验时可取 $0.8 \sim 0.9$。

$\beta$——桩间土承载力发挥系数，可按地区经验取值，无经验时可取 $0.9 \sim 1.0$。

$m$——面积置换率。

$f_{spk}$——复合地基承载力特征值，kPa。

$f_{sk}$——处理后桩间土承载力特征值，对非挤土成桩工艺，可取天然地基承载力特征值；对挤土成桩工艺，一般黏性土可取天然地基承载力特征值；松散砂土、粉土可取天然地基承载力特征值的 $1.2 \sim 1.5$ 倍，原土强度低的取大值。

（5）复合地基沉降

复合地基变形计算应符合现行国家标准《建筑地基基础设计规范》的有关规定，地基变形计算深度应大于复合土层的深度。复合土层的分层与天然地基相同，各复合土层的压缩模量等于该层天然地基压缩模量的 $\xi$ 倍，$\xi$ 按式（9-25）计算。

### 9.5.3.3　施工

CFG 桩可选用下列施工工艺：

① 长螺旋钻孔灌注成桩：适用于地下水位以上的黏性土、粉土、素填土、中等密实以上的砂土地基。

② 长螺旋钻中心压灌成桩：适用于黏性土、粉土、砂土和素填土地基，对噪声或泥浆污染要求严格的场地可优先选用；穿越卵石夹层时应通过试验确定其适用性。

③ 振动沉管灌注成桩：适用于粉土、黏性土及素填土地基；当挤土造成地面隆起量大时，应采用较大桩距施工。

④ 泥浆护壁成孔灌注成桩，适用于地下水位以下的黏性土、粉土、砂土、填土、碎石土及风化岩层等地基；桩长范围和桩端有承压水的土层应通过试验确定其适应性。

### 9.5.3.4　质量检验

竣工验收时，CFG 桩复合地基承载力检验应采用复合地基静载荷试验和单桩静载荷试验。承载力检验宜在施工结束 28d 后进行，其桩身强度应满足试验荷载条件。复合地基静载荷试验和单桩静载荷试验的数量不应少于总桩数的 1%，且每个单体工程的复合地基静载荷试验的试验数量不应少于 3 点。

CFG 桩桩身完整性采用低应变动力试验检测，检查数量不低于总桩数的 10%。

# 9.6　浆液固化法

浆液固化法指利用水泥浆液、黏土浆液或其他化学浆液，通过灌注压入、高压喷射或机械搅拌，使浆液与土颗粒胶结起来，以改善地基土的物理和力学性质的地基处理方法。

## 9.6.1　注浆法

注浆法（grouting），也称灌浆法，是指利用液压、气压或电化学原理，通过注浆管把浆液均匀地注入地层中，浆液通过填充、渗透和挤密等方式，赶走土体颗粒间或岩石裂隙中的水汽后占据其位置，硬化后形成一个结构新、强度大、防水性能高和化学稳定性良好的结石体。

按注浆机理，注浆法可分为：渗入性注浆、劈裂注浆、压密注浆和电动化学注浆。

渗透注浆是指在压力作用下，使浆液充填于土的孔隙和岩石裂隙中，将孔隙中存在的自由水和气体排挤出去，而基本上不改变原状土的结构和体积，所用注浆压力相对较小的注浆方法，这类注浆一般只适用于中砂以上的砂性土和有裂隙的岩石。对砂性土的注浆处理大都属于这种机理。

劈裂注浆是指在相对较高的注浆压力下，浆液克服了地层的初始应力和抗拉强度，引起岩石和土体结构的破坏和扰动，引起地层的水力劈裂现象，使地层中原有的裂隙或孔隙张开，形成新的裂隙和孔隙，使原来不可灌的地层能顺利进浆，并增加浆液的扩散距离，在注浆压力消失后，地层的回弹又进而压缩浆体，使充填更为密实，并使结石处于一定的预压应力状态的注浆方法。

压密注浆是指用较高的压力灌入浓度较大的水泥浆或水泥砂浆，使黏性土体变形后在注浆管端部附近形成"浆泡"，由浆泡挤压土体，并向上传递反压力，从而使地层上抬的注浆方法，硬化的浆液混合物是一个坚固的压缩性很小的球体。

电动化学注浆是指在施工时将带孔的注浆管作为阳极，用滤水管作为阴极，将溶液由阳极压入土中，并通以直流电（阴阳两极间电压梯度一般采用 $0.3\sim1.0\mathrm{V/cm}$），在电渗作用下，孔隙水由阳极流向阴极，促使通电区域中土的含水量减少，并且形成渗浆通道，化学浆液随之流入土的孔隙中，并在土中硬结的注浆方法。

## 9.6.2 深层搅拌法

深层搅拌法是指利用水泥（石灰）等材料作为固化剂，通过深层搅拌机在地基深部就地将软土和固化剂（浆体或粉体）强制拌和，利用固化剂和软土发生一系列物理、化学反应，使之凝结成具有整体性、水稳性和较高强度的加固体的地基处理方法。工程中一般采用水泥浆作固化剂，由于形成的加固体是柱状，故又称"水泥土搅拌桩"。此法具有施工无振动、噪声低、加固费用低等优点。

水泥土搅拌桩复合地基处理适用于处理正常固结的淤泥、淤泥质土、素填土、黏性土（软塑、可塑）、粉土（稍密、中密）、粉细砂（松散、中密）、中粗砂（松散、稍密）、饱和黄土等土层。不适用于含大孤石或障碍物较多且不易清除的杂填土、欠固结的淤泥和淤泥质土、硬塑及坚硬的黏性土、密实的砂类土，以及地下水渗流影响成桩质量的土层。当地基土的天然含水量小于 30%（黄土含水量小于 25%）时不宜采用粉体搅拌法。冬季施工时，应考虑负温对处理地基效果的影响。

水泥土搅拌桩用于处理泥炭土、有机质土、pH 值小于 4 的酸性土、塑性指数大于 25 的黏土，或在腐蚀性环境中以及无工程经验的地区使用时，必须通过现场和室内试验确定其适用性。

水泥土搅拌桩的施工工艺分为浆液搅拌法（以下简称湿法）和粉体搅拌法（以下简称干法）。可采用单轴、双轴、多轴搅拌或连续成槽搅拌形成柱状、壁状、格栅状或块状水泥土加固体。

### 9.6.2.1 加固机理

（1）水泥的水解和水化反应

水泥遇水后，其颗粒表面的矿物很快与水发生水解和水化反应，生成氢氧化钙、含水硅酸钙、含水铝酸钙及含水铁酸钙等化合物。其中前二种化合物溶于水，使水泥颗粒表面暴露出来，再与水作用，逐渐使溶液达到饱和，新生成物便以胶体析出，悬浮于溶液中形成凝胶体。

（2）离子交换和团粒化作用

黏土与水结合即表现胶体特征，如土中含量最多的二氧化硅与水形成硅酸胶体，其表面带有 $Na^+$ 或 $K^+$，和水泥水化生成的氢氧化钙中的 $Ca^{2+}$ 进行当量吸附交换。使较小的土颗粒形成较大的土团粒，其产生了很大的比表面能，可使较大的土粒进一步联合，形成水泥土团粒结构，并封闭各土团的空隙，形成坚固的联结，从而使土体强度提高。

（3）硬凝反应

阳离子交换后，过剩的 $Ca^{2+}$ 在碱性环境中与 $SiO_2$、$Al_2O_3$ 发生化学反应，形成水稳性的结晶水化物，增大了水泥土的强度。

（4）碳化反应

水泥土中的 $Ca(OH)_2$ 与土中或水中 $CO_2$ 化合生成不溶于水的 $CaCO_3$，增加了水泥土的强度。

水泥与地基土拌和后经上述的化学反应形成坚硬桩体，同时桩间土也有少量的改善，从而构成桩与土的复合地基，提高地基承载力，减少了地基的沉降。

#### 9.6.2.2　设计计算

设计前，应进行地基土的室内配比试验。针对现场拟处理地基土层的性质，选择合适的固化剂、外掺剂及其掺量，为设计提供不同龄期、不同配比的强度参数。对竖向承载的水泥土强度宜取 90d 龄期试块的立方体抗压强度平均值。

（1）水泥掺入比

增强体的水泥掺量不应小于 12%，块状加固时水泥掺量不应小于加固天然土质量的 7%；湿法的水泥浆水灰比可取 0.5～0.6。

（2）褥垫层

水泥土搅拌桩复合地基宜在基础和桩之间设置褥垫层，厚度可取 200～300mm。褥垫层材料可选用中砂、粗砂、级配砂石等，最大粒径不宜大于 20mm。褥垫层的夯填度不应大于 0.9。

（3）搅拌桩的布置与长度

桩的平面布置可根据上部结构特点及对地基承载力和变形的要求，采用柱状、壁状、格栅状或块状等加固形式。独立基础下的桩数不宜少于 4 根。

搅拌桩的长度，应根据上部结构对地基承载力和变形的要求确定，并应穿透软弱土层到达地基承载力相对较高的土层；当设置的搅拌桩同时需提高地基稳定性时，其桩长应超过危险滑弧以下不少于 2.0m；干法的加固深度不宜大于 15m，湿法加固深度不宜大于 20m。

桩长超过 10m 时，可采用固化剂变掺量设计。在全长桩身水泥总掺量不变的前提下，桩身上部 1/3 桩长范围内，可适当增加水泥掺量及搅拌次数。

（4）复合地基承载力

水泥土搅拌桩复合地基的承载力特征值，应通过现场单桩或多桩复合地基静载荷试验确定。初步设计时可按式(9-34)估算，处理后桩间土承载力特征值 $f_{sk}$ 可取天然地基承载力特征值；桩间土承载力发挥系数 $\beta$，对淤泥、淤泥质土和流塑状软土等处理土层，可取 0.1～0.4，对其他土层可取 0.4～0.8；单桩承载力发挥系数 $\lambda$ 可取 1.0。

单桩承载力特征值应通过现场静载荷试验确定。初步设计时可按式(9-31)估算，桩端端阻力发挥系数可取 0.4～0.6；桩端端阻力特征值，可取桩端土未修正的地基承载力特征

第 9 章

值。桩身材料强度应满足式(9-35)的要求，使由式(9-31)确定的单桩承载力不小于由桩周土和桩端土的抗力所提供的单桩承载力。

$$R_a = \eta f_{cu} A_p \tag{9-35}$$

式中  $f_{cu}$——与搅拌桩桩身水泥土配比相同的室内加固土试块，边长为 70.7mm 的立方体在标准养护条件下 90d 龄期的立方体抗压强度平均值，kPa；

  $\eta$——桩身强度折减系数，干法可取 0.20~0.25，湿法可取 0.25。

（5）复合地基沉降

复合地基变形计算应符合现行国家标准《建筑地基基础设计规范》（GB 50007—2011）的有关规定，地基变形计算深度应大于复合土层的深度。复合土层的分层与天然地基相同，各复合土层的压缩模量等于该层天然地基压缩模量的 $\xi$ 倍，$\xi$ 按式(9-25)计算。

（6）下卧层验算

当搅拌桩处理范围以下存在软弱下卧层时，应按现行国家标准《建筑地基基础设计规范》（GB 50007—2011）的有关规定进行软弱下卧层地基承载力验算。

### 9.6.2.3  施工

（1）施工机械

水泥土搅拌桩采用深层搅拌桩机施工，搅拌桩机有多轴和单轴的类型，如图 9-15 所示，还有单轴叶片喷浆和双轴中心管喷浆等各种形式。

(a) 单轴搅拌桩机

(b) 双轴搅拌桩机

(c) 三轴搅拌桩机

(d) 多轴(六轴)搅拌桩机

图 9-15  深层搅拌桩机

（2）施工工艺

水泥土搅拌桩的施工工艺流程如图 9-16 所示。

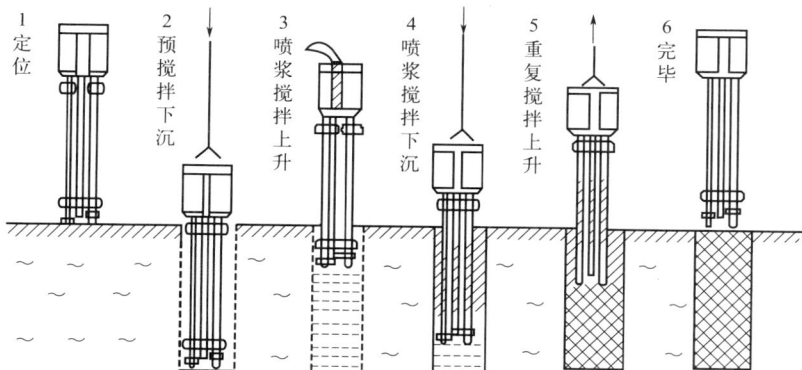

图 9-16　水泥土搅拌法施工工艺流程

#### 9.6.2.4　质量检验

水泥土搅拌桩的施工质量检验可采用下列方法：

① 成桩 3d 内，采用轻型动力触探（$N_{10}$）检查上部桩身的均匀性，检验数量为施工总桩数的 1%，且不少于 3 根；

② 成桩 7d 后，采用浅部开挖桩头进行检查，开挖深度宜超过停浆（灰）面下 0.5m，检查搅拌的均匀性，量测成桩直径，检查数量不少于总桩数的 5%。

静载荷试验宜在成桩 28d 后进行。水泥土搅拌桩复合地基承载力检验应采用复合地基静载荷试验和单桩静载荷试验，验收检验数量不少于总桩数的 1%，复合地基静载荷试验数量不少于 3 台（多轴搅拌为 3 组）。

对变形有严格要求的工程，应在成桩 28d 后，采用双管单动取样器钻取芯样做水泥土抗压强度检验，检验数量为施工总桩数的 0.5%，且不少于 6 点。

### 9.6.3　高压喷射注浆法

高压喷射注浆法始创于日本，它是在化学注浆法的基础上，采用高压水射流切割技术而发展起来的。高压喷射注浆法（旋喷法）是利用钻机把带有喷嘴的注浆管放入（或钻入）至土层的预定位置后，通过地面的高压设备使装置在注浆管上的喷嘴喷出 20～50MPa 的高压射流（浆液或水流）冲击切割地基土体，同时钻杆以一定速度渐渐向上提升，将浆液与土粒强制搅拌混合，浆液凝固后，在土中形成具有一定强度的固结体，以达到改良土体的目的。

旋喷桩复合地基适用于处理淤泥、淤泥质土、黏性土（流塑、软塑和可塑）、粉土、砂土、黄土、素填土和碎石土等地基。对土中含有较多的大直径块石、大量植物根茎和高含量的有机质，以及地下水流速较大的工程，应根据现场试验结果确定其适应性。

## 思考题与习题

### 一、思考题

9-1　简述地基处理的对象和目的。

9-2　换填垫层法的原理是什么？如何确定垫层的厚度和宽度？为什么厚度太薄（<0.5m）和太厚（3.0m）都不合适？宽度太小可能会出现什么问题？

9-3 何谓强夯法？试述其加固机理。

9-4 试述排水固结法的加固机理与应用条件。

9-5 简述砂石桩的加固机理。砂石桩有哪些施工方法？

9-6 什么是土挤密桩和灰土挤密桩？简述其加固机理。

9-7 什么是水泥粉煤灰碎石桩？简述褥垫层的作用。

9-8 什么是注浆法？简述注浆机理。

9-9 什么是深层搅拌法？简述其加固机理。

9-10 什么是高压喷射注浆法？其施工基本工艺类型有哪些？

二、习题

9-11 某单独基础底面边长为 1.8m，埋深 0.5m，相应于作用的标准组合时，所受轴心荷载 $F_k=500kN$，基底以上为填土，重度 $\gamma=18.0kN/m^3$；其下为淤泥质土，其承载力特征值 $f_{ak}=80kPa$。若在基础下用重度为 $\gamma=20.0kN/m^3$ 的粗砂做厚度为 1.0m 的砂垫层，试验算砂垫层厚度是否满足要求，并确定砂垫层的底面尺寸。

9-12 某松砂地基，地下水位与地面相平，采用砂桩或振冲桩加固，砂桩直径 $d=0.6m$，该地基土的颗粒密度 $G_s=2.7$，$\gamma=17.5kN/m^3$，$e_{max}=0.95$，$e_{min}=0.6$，要求处理后能抗地震的相对密实度 $D_r=0.8$，求砂桩的间距。

9-13 某场地为细砂地基，天然孔隙比 $e_0=0.95$，$e_{max}=1.12$，$e_{min}=0.60$。基础埋深 1.0m，决定使用砂桩加密地基。砂桩长 8.0m，直径 $d=500mm$，间距 $s=1.5m$，正三角形排列。试计算加密后的相对密度。

9-14 某自重湿陷性黄土厚 6～7m，地基处理前土的平均干密度 $\rho_d=1.25g/cm^3$，要求消除黄土湿陷性，采用灰土挤密桩处理地基，桩径 0.4m，正三角形布置，已知桩间土 $\rho_{dmax}=1.60g/cm^3$，要求桩间土经成孔挤密后的平均挤密系数 $\overline{\eta_c}$ 达 0.93，试求灰土桩间距。

9-15 某 7 层框架结构，相应于作用的标准组合时，上部荷载 $F_k=80000kN$，筏形基础 14m×24m，板厚 0.46m，基础埋深 2m，采用水泥粉煤灰碎石桩复合地基，$m=0.26$，考虑土对桩的支承阻力，计算得单桩承载力特征值为 237kN，桩体试块 $f_{cu}=1800kPa$，桩径 0.6m，桩长 12m，桩间土承载力特征值 $f_{sk}=130kPa$，地基为均质地基，$\gamma=18kN/m^3$，试计算复合地基承载力特征值是否满足要求（$\lambda=0.85$，$\beta=0.95$，$\eta_b=0$，$\eta_d=1.0$）。

9-16 某独立基础底面尺寸为 2.0m×4.0m，埋深 2.0m，相应于荷载效应标准组合时，基底平均压力为 $p_k=150kPa$；软土地基承载力特征值 $f_{ak}=70kPa$，天然重度 $\gamma=18kN/m^3$，饱和重度 $\gamma_{sat}=20kN/m^3$，地下水位埋深 1.0m。采用水泥土搅拌桩处理，桩径 500mm，桩长 10m，桩间土承载力发挥系数 $\beta=0.4$，经试桩，单桩承载力特征值 $R_a=110kN$。试计算基础下布桩根数（$\eta_b=0$，$\eta_d=1.0$）。

# 第10章 特殊土地基

■ **案例导读**

　　山西某发电厂新建工程，新建装机容量为 $2 \times 600MW$ 机组。该厂区土层有湿陷性，为Ⅲ～Ⅳ级自重湿陷性黄土，湿陷性黄土厚度 23.20～26.70m。经设计单位和专家论证，决定采用孔内深层强夯法（DDC）灰土桩进行地基处理。

　　**讨论**

　　什么是湿陷性黄土？特殊土的种类有哪些？处理特殊土的原则是什么？各类特殊土可以分别采用哪些方法处理？

　　特殊土是指与一般土工程性质有显著差异的土类，即具有独特的物理性质和工程性质，同时具有特殊的物质组成和结构构造的土类。我国软土主要分布于东南沿海地区沿江、沿河和内陆湖沼周围，膨胀土分布在我国中部和南部的不少地区，黄土主要分布在陕、甘、晋、豫、冀、鲁地区，辽宁和新疆局部等地区也有少量分布，红土的分布以黔、滇、桂等省为主，冻土主要分布在东北、西北及内蒙古等严寒地区。此外我国属多地震国家，存在大量的地震液化土。

　　这些土具有特殊的工程性质，用作工程地基时应采取相应的工程措施，其勘察、试验、设计、施工、治理各有其相应的技术标准和技术方法。

## 10.1　湿陷性黄土地基

　　黄土在一定的压力下受水浸湿后结构迅速破坏，并发生显著的附加下沉现象，称为湿陷。我国《湿陷性黄土地区建筑标准》（GB 50025—2018）将黄土分为：湿陷性黄土和非湿陷性黄土；湿陷性黄土又分为自重湿陷性黄土和非自重湿陷性黄土。

### 10.1.1　湿陷性黄土的基本性质

　　湿陷性黄土的物理力学性质和其他岩土体一样，是通过某些指标反映出来的。其变化与它的土质成分、颗粒组成、成因年代、堆积环境等密切相关。

湿陷性黄土的物理性质主要与颗粒组成、孔隙比、土粒比重、天然重度、干重度、天然含水量、饱和度及稠度有关；湿陷性黄土的力学性质主要考虑黄土的压缩性、抗剪强度及透水性。

### 10.1.2 湿陷性黄土的测定与评价

#### 10.1.2.1 黄土湿陷性指标

反映黄土湿陷性的主要指标有湿陷系数、自重湿陷系数、湿陷起始压力。

（1）湿陷性系数

湿陷系数是保持天然湿度和结构的单位厚度试样在一定压力作用下受水浸湿后所产生的湿陷量，用 $\delta_s$ 表示。湿陷系数 $\delta_s$ 应按式（10-1）计算：

$$\delta_s = \frac{h_p - h'_p}{h_0} \tag{10-1}$$

式中　$h_p$——保持天然湿度和结构的试样，加至一定压力时，下沉稳定后的高度，mm；

　　　$h'_p$——上述加压稳定后的试样，在浸水（饱和）作用下，附加下沉稳定后的高度，mm；

　　　$h_0$——试样的原始高度，mm。

（2）自重湿陷系数

自重湿陷系数是保持天然湿度和结构的单位厚度试样在上覆土的饱和自重压力作用下受水浸湿后所产生的湿陷量，用 $\delta_{zs}$ 表示。湿陷系数 $\delta_{zs}$ 应按下式计算：

$$\delta_{zs} = \frac{h_z - h'_z}{h_0} \tag{10-2}$$

式中　$h_z$——保持天然湿度和结构的试样，加至该试样上覆土的饱和自重压力时，下沉稳定后的高度，mm；

　　　$h'_z$——上述加压稳定后的试样，在浸水（饱和）作用下，附加下沉稳定后的高度，mm；

　　　$h_0$——试样的原始高度，mm。

湿陷系数、自重湿陷系数的大小反映黄土对水的敏感程度，湿陷系数越大，表示受水浸湿后的湿陷量越大，因而对建筑物的危害也越大。利用湿陷系数与自重湿陷系数可判别黄土湿陷类别、湿陷强弱，预估湿陷性黄土地基的湿陷量。

（3）湿陷起始压力

黄土虽然是在干旱或半干旱气候条件下形成的欠压密土，但并不是在任何荷载条件下受水浸湿都会产生湿陷。黄土本身具有一定的结构强度，当压力较小时受水浸湿，由于它在颗粒接触处所产生的剪应力小于其结构强度，与一般黏性土一样，只产生少量的压缩变形，只有当压力增大到某一数值以至剪应力大于其结构强度时，下沉速度才突然加快，从而反映出湿陷的特点。

#### 10.1.2.2 黄土湿陷性测定与评价

测定黄土湿陷性的试验，可分为室内压缩试验、现场浸水静载荷试验、现场试坑浸水试验三种。

黄土地基的湿陷性评价是对黄土的土层、场地和地基作出评价，包括三个方面的内容：

（1）判定地基土是湿陷性土还是非湿陷性土，据此确定湿陷性黄土层总厚度及其在平面上的分布范围，并确定湿陷起始压力。

（2）若是湿陷性土，进一步判定场地是自重湿陷性还是非自重湿陷性。因自重湿陷性黄土地基受水浸湿后的湿陷事故较非自重湿陷性黄土地基更为严重。

（3）判定湿陷性黄土地基的湿陷等级，在规定压力作用下，建筑物地基充分浸水时的湿陷变形量，可反映地基的湿陷程度。

依据《湿陷性黄土地区建筑标准》（GB 50025—2018）第 4.4.1 条，黄土的湿陷性和湿陷程度，应按室内浸水（饱和）压缩试验，在一定压力下测定的湿陷系数 $\delta_s$ 判定，并应符合下列规定：

① 当 $\delta_s \geqslant 0.015$ 时，应定为湿陷性黄土；当 $\delta_s < 0.015$ 时，应定为非湿陷性黄土。

② 湿陷性黄土的湿陷程度划分，应符合下列规定：a. 当 $0.015 \leqslant \delta_s \leqslant 0.030$ 时，湿陷性轻微；b. 当 $0.030 < \delta_s \leqslant 0.070$ 时，湿陷性中等；c. 当 $\delta_s > 0.070$ 时，湿陷性强烈。

#### 10.1.2.3　黄土场地的湿陷类型

湿陷性黄土场地的湿陷类型，应按自重湿陷量实测值 $\Delta_{zs}'$ 或自重湿陷量计算值 $\Delta_{zs}$ 判定，并应符合下列规定：

① $\Delta_{zs}' \leqslant 70\text{mm}$ 或 $\Delta_{zs} \leqslant 70\text{mm}$ 时，应定为非自重湿陷性黄土场地；

② $\Delta_{zs}' > 70\text{mm}$ 或 $\Delta_{zs} > 70\text{mm}$ 时，应定为自重湿陷性黄土场地；

③ 当自重湿陷量实测值和自重湿陷量计算值判定出现矛盾时，应按自重湿陷量实测值判定。

#### 10.1.2.4　湿陷性黄土地基的湿陷等级

湿陷性黄土地基的湿陷等级，应根据自重湿陷量计算值 $\Delta_{zs}$ 或实测值 $\Delta_{zs}'$ 和湿陷量计算值 $\Delta_s$，按表 10-1 判定。

**表 10-1　湿陷性黄土地基的湿陷等级**

| 场地湿陷类型 | 非自重湿陷性场地 | 自重湿陷性场地 | |
|---|---|---|---|
| $\Delta_{zx}/\text{mm}$ | $\Delta_{zs} \leqslant 70$ | $70 < \Delta_{zs} \leqslant 350$ | $\Delta_{zs} > 350$ |
| $\Delta_s/\text{mm}$ 行: $50 < \Delta_s \leqslant 100$ | Ⅰ（轻微） | Ⅰ（轻微） | Ⅱ（中等） |
| $100 < \Delta_s \leqslant 300$ | | Ⅱ（中等） | Ⅱ（中等） |
| $300 < \Delta_s \leqslant 700$ | Ⅱ（中等） | Ⅱ（中等）或Ⅲ（严重） | Ⅲ（严重） |
| $\Delta_s > 700$ | Ⅱ（中等） | Ⅲ（严重） | Ⅳ（很严重） |

注：对 $70 < \Delta_{zs} \leqslant 350$、$300 < \Delta_s \leqslant 700$ 一档的划分，当湿陷量的计算值 $\Delta_s > 600\text{mm}$、自重湿陷量的计算值 $\Delta_{zs} > 300\text{mm}$ 时，可判为Ⅲ级，其他情况可判为Ⅱ级。

### 10.1.3　湿陷性黄土地基的处理方法

当地基的湿陷变形、压缩变形或承载力不能满足设计要求时，应针对不同土质条件和建筑物的类别，因地制宜，采取以地基处理为主的综合措施，防止地基湿陷对建筑物产生危害。

湿陷性黄土处理按处理厚度可分为全部湿陷性黄土层处理和部分湿陷性黄土层处理。前者对于非自重湿陷性黄土地基，应自基底处理至非湿陷性土层顶面（或压缩层下限），或者以土层的湿陷起始压力来控制处理厚度；对于自重湿陷性黄土地基是指全部湿陷性黄土层的厚度。后者指处理基础底面以下适当深度的土层，因为该部分土层的湿陷量一般占总湿陷量的大部分。这样处理后，虽发生少部分湿陷也不致影响建筑物的安全和使用。处理厚度视建筑物类别，土的湿陷等级、厚度，基底压力大小而定，一般对非自重湿陷性黄土地基为 1～3m，自重湿陷性黄土地基为 2～5m。

地基处理方法，应根据建筑物的类别和湿陷性黄土的特性，并考虑施工设备、施工进度、材料来源和当地环境因素，经技术经济综合分析比较后确定。湿陷性黄土地基常用的处理方法，可从表10-2中选择一种或多种。

**表 10-2　湿陷性黄土地基常用的处理方法**

| 名称 | 适用范围 | 可处理的湿陷性黄土层厚度/m |
|---|---|---|
| 垫层法 | 地下水位以上，局部或整片处理 | 1～3 |
| 强夯 | 地下水位以下，$S_r \leqslant 60\%$ 的湿陷性黄土，局部或整片处理 | 3～12 |
| 挤密 | 地下水位以下，$S_r \leqslant 60\%$ 的湿陷性黄土 | 5～15 |
| 预浸水 | 自重湿陷性黄土场地，地基湿陷等级为Ⅲ级或Ⅳ级，可消除地面下 6m 以下湿陷性黄土的全部湿陷性 | 6m 以上尚应采用垫层法或其他方法处理 |
| 其他方法 | 经试验研究或工程实践证明行之有效 | |

注：$S_r$——饱和度。

小范围湿陷性黄土或非自重湿陷性黄土，可用换填垫层、强夯、桩基等方法处理。

# 10.2　膨胀土地基

膨胀土是一种多裂隙的胀缩性地质体，具有显著的遇水膨胀、失水收缩特性，当它作为建筑物地基时，如未经处理或处理不当，往往会产生不均匀的胀缩变形，导致房屋、路面、边坡、地下建筑等的开裂和破坏，特别对浅表层轻型结构工程破坏更为严重，危害极大且不易修复。

## 10.2.1　膨胀土的物理力学特性

膨胀土的物理力学指标包括：含水量、天然孔隙比、液塑限、压缩系数、抗剪强度等。膨胀土中矿物成分含量决定了膨胀土的基本物理力学指标的大小。

在自然状态下，我国相关地区膨胀土：孔隙比 $e$ 一般在 0.7 左右，有的超过 1.0，压缩性较低，多属低压缩性土；天然含水量接近塑限，饱和度一般大于 85%；液限 $w_L$ 多在 40%～70% 之间，广西、贵阳的个别地区甚至超过 90%；塑性指数 $I_p$ 大多大于 17.0，一般为 22～35；液性指数 $I_L$ 较小，一般略大于 0 或小于 0，在天然状态下呈坚硬或硬塑状态；土缩限一般大于 11%，但红黏土类型膨胀土的缩限偏大；黏聚力 $c$、内摩擦角 $\varphi$ 值在浸水前后相差较大，尤其 $c$ 值可下降到原来的 1/3 左右；小于 $2\mu m$ 的黏粒含量一般很高，占 30%～50%，广西个别地区含量高达 150%。

## 10.2.2　膨胀土的工程特性指标

（1）自由膨胀率 $\delta_{ef}$

人工制备的烘干土，在水中增加的体积与原体积的比即为自由膨胀率 $\delta_{ef}$，按下式计算：

$$\delta_{ef} = \frac{v_w - v_0}{v_0} \times 100\% \tag{10-3}$$

式中　$\delta_{ef}$——膨胀土的自由膨胀率；

$v_w$——土样在水中膨胀稳定后的体积，mL；

$v_0$——土样原有体积，mL。

（2）膨胀率 $\delta_{ep}$

原状土在侧限压缩仪中，在一定的压力下，浸水膨胀稳定后，土样增加的高度与原高度之比即为膨胀率 $\delta_{ep}$。其可表示为：

$$\delta_{ep} = \frac{h_w - h_0}{h_0} \times 100\%$$ (10-4)

式中　$h_w$——土样在一定压力下浸水膨胀稳定后的高度，mm；

　　　$h_0$——土样原始高度，mm。

膨胀率可用来评价地基的胀缩等级，计算膨胀土地基的变形量以及测定膨胀力。

（3）线缩率 $\delta_s$ 和收缩系数 $\lambda_s$

膨胀土失水收缩，其收缩性可用线缩率和收缩系数表示。收缩系数可用来评价地基的胀缩等级，计算膨胀土地基的变形量。

线缩率指土的竖向收缩变形与原始高度之比值，可表示为：

$$\delta_s = \frac{h_0 - h_i}{h_0}$$ (10-5)

式中　$h_i$——某含水量的土样高度，mm；

　　　$h_0$——土样原始高度，mm。

绘制线缩率与含水量关系曲线如图 10-1 所示。可见随含水量的减小，$\delta_s$ 增大。利用直线收缩段可求得收缩系数 $\lambda_s$，它表示原状土样在直线收缩阶段，含水量减少 1% 时的竖向线缩率，按下式计算：

$$\lambda_s = \frac{\Delta\delta_s}{\Delta\omega}$$ (10-6)

式中　$\Delta\delta_s$——两点含水量之差对应的竖向线缩率之差，%；

　　　$\Delta\omega$——收缩过程中，直线变化阶段内，两点含水量之差，%。

（4）膨胀力 $p_e$

膨胀力是指原状土样在体积不变时由于浸入膨胀而产生的最大内应力，可由原压力 $p$ 与膨胀率 $\delta_{ep}$ 的关系曲线确定，它等于曲线上当 $\delta_{ep}$ 为零时所对应的压力，如图 10-2 所示。

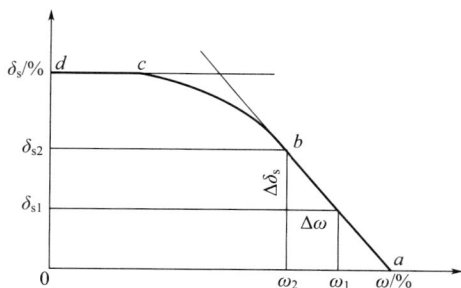

图 10-1　线缩率与含水量关系曲线　　　　图 10-2　膨胀率与压力关系曲线

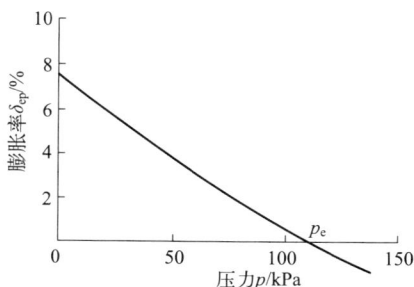

膨胀力在选择基础形式及基底压力时，是个很有用的指标，在设计上如果希望减小膨胀变形，应使基底压力接近膨胀力。

## 10.2.3　膨胀土地基处理

（1）换土

换土是膨胀土地基处理方法中最简单而且有效的方法。顾名思义，换土就是挖除膨胀土，换填非膨胀土、灰土或砂砾土。

在一定深度内的膨胀土含水量基本不受外界气候的影响，该深度称为临界深度。

换土厚度根据膨胀土的强弱和当地的气候特点确定，要考虑受地面降水影响而使土体含水量急剧变化的深度，由于各地的气候不同，各地膨胀土的临界深度和临界含水量也有所不同。换土厚度基本上在 1～2m，即强膨胀土为 2m，中、弱膨胀土为 1～1.5m，具体换土厚度通过变形计算确定，使剩余部分土的膨胀变形量在容许范围内。

膨胀场地上Ⅰ、Ⅱ级膨胀土的地基处理，宜采用砂、碎石垫层。垫层厚度不应小于 300mm；垫层宽度应大于基底宽度，两侧宜采用与垫层相同的材料回填，并做好防水处理。

（2）桩基础

对重要的建筑物或变形敏感的建筑物，膨胀土地区应考虑采用桩基础。采用桩基础时，桩端进入大气影响急剧层以下的深度应满足抗拔稳定性演算要求，其深度应达到 1.5m；为减少和消除膨胀对建筑物桩基的作用，宜采用钻、挖孔（扩底）灌注桩；同时为消除桩基受膨胀作用的危害，可在膨胀深度范围内，对桩墩本身沿桩周及承台采用非膨胀土做隔离层。

（3）化学固化处理

国内外通常采用石灰或水泥等，对膨胀土进行化学稳定处理，从而达到改良土的目的。

① 化学固化处理机理。化学固化就是利用石灰、水泥或其他固化材料与膨胀土中的膨胀矿物发生化学反应，产生阳离子交换、絮凝或团聚碳化和胶凝作用，以达到降低膨胀土膨胀势、增强强度的目的。具体来说：石灰的固化作用通过盐基交换、胶结性、黏土颗粒与石灰的相互作用而显现出来；水泥的固化作用的本质是钙酸盐与铝的水化物和颗粒间的胶结作用、胶结物逐渐脱水和新生矿物的结晶作用降低了膨胀土的液限，增大了膨胀土的塑限和抗剪强度。在以往的膨胀土地基处理中已有过许多成功的先例，如利用 NCS 固化剂及消石灰分别对典型的膨胀土进行固化处理，以改善膨胀土的力学性能，满足强度和变形要求。这种处理方法的成败主要取决于固化材料的技术指标和施工工艺。

② 水泥、石灰拌和法。将膨胀土破碎，掺入一定数量的水泥、熟石灰（或生石灰）粉，充分拌匀后，回填夯实。

③ 石灰浆液压入法。石灰浆液压入法用钻机在建筑周围钻孔至所需加固深度（一般为 3m 左右），然后从钻杆中注入高压水灰浆液，通过钻杆周围的细孔，浆液喷射到土层中去，在房屋周围形成一个防水隔离栅，有助于稳定房屋下地基土的含水量。

灌注压力一般为 350～1400kPa，灌注深度为 2～3m，钻孔间距为 1.5m 左右。灌注后，地表 10～15cm 厚度内由于浆液渗漏需要掺入新土重新压实。

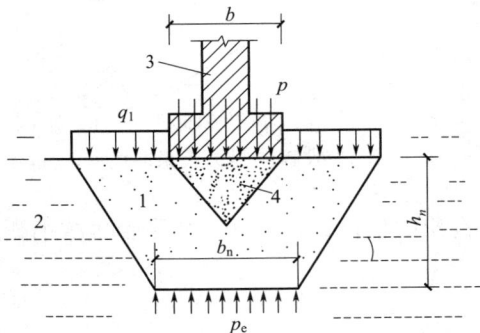

图 10-3 补偿垫层的构造和作用力示意图
1—砂；2—膨胀土；3—基础；4—压密核

（4）补偿垫层

补偿垫层是一种特殊的垫层，它能调整基础的胀缩变形，发挥补偿作用。图 10-3 是补偿垫层的构造和作用力示意图，$p$ 为上部荷载传到基础的压力，$P_e$ 为浸水后土产生的膨胀压力，$q_1$ 是基槽回填土压力，当基坑局部浸水时，在上部荷载和土膨胀压力作用下，基底下垫层中形成了压密核，促使砂挤出，从而减少了基础的上升量。

（5）预浸水

预浸水是在建造房屋之前，用人工的方法增加地基的含水量，使膨胀土层全部或部分膨胀，从而消除或减少膨胀变形量的方法。

预浸水土层的厚度取决于建筑物构造特点和当地大气影响深度，应使未完全浸湿的膨胀土地基的可能剩余变形量小于建筑物的容许变形量。

# 10.3　红黏土地基

## 10.3.1　红黏土形成条件及分布影响因素

红黏土是石灰岩、白云岩等碳酸盐系出露区的岩石在炎热湿润的气候条件下，经岩溶化、红土化作用之后，钙、镁流失，硅、铝、铁富集，形成覆盖在碳酸盐上的残坡积且呈棕褐、黄褐、褐红、棕红、紫红等颜色的高塑性黏土。它常堆积于山麓、坡地、丘陵、谷地等处。当原生红黏土受间歇性水流的冲蚀作用，土粒被搬运至低洼处沉积形成新的土层，其颜色较未经搬运者浅，常含粗颗粒，经再搬运后仍保留红黏土基本特征，液限在 45%～50%之间的土称为次生红黏土。

（1）红黏土的形成条件

红黏土的形成一般具有气候和岩性两个条件。气候条件：气候变化大，年降水量大于蒸发量，因气候潮湿，有利于岩石的机械风化和化学风化，风化结果便形成红黏土；岩性条件：主要为碳酸盐类岩石，当岩层褶皱发育、岩石破碎、易于风化时，更易形成红黏土。

（2）红黏土发育分布及影响因素

红黏土分布在北纬 35°到南纬 35°之间，在我国则主要分布在北纬 33°以南，即长江流域以南地区，红黏土一般发育在高原夷平面、台地、丘陵、低山斜坡及洼地，厚度多在 5～15m，有的达到 20～30m，其发育与下述因素有关：

① 热带、亚热带季风气候区的高温、多雨、潮湿、干湿季节明显是红黏土形成的必备条件，水温高，水循环明显，矿化度低，为地下水对岩体的淋滤、水合、水解等化学作用提供了良好的条件。

② 母岩类型不同，红黏土的发育程度和速度也不同，其快慢顺序为碳酸盐类岩、基性岩、中酸性岩、碎屑沉积岩和第四纪沉积物。

③ 地形地貌和新构造运动影响着红黏土的发育厚度，地形平缓的台地、低丘陵区等比较稳定的地区，有利于红土向深处发展和保存，故红黏土厚度大；地形陡峻，切割强烈的地区，在其新构造运动强烈上升地区，红黏土难于保存，地壳下降地区，红黏土发育不完整，因而不易保存。

## 10.3.2　红黏土基本的工程地质特征及工程分类

（1）工程地质特征

① 液限较大，含水较多，饱和度大于 80%，土常处于硬塑～可塑状态。

② 孔隙率变化范围大。孔隙率一般较大，尤以残积红黏土，孔隙率常超过 0.9，甚至达2.0，先期固结压力和超固结比很大，除少数软塑状态红黏土外，均为超固结土，这与有利氧化物胶结有关，一般具中等偏低的压缩性。

③ 强度变化范围大。强度一般较高，黏聚力一般为 40～90kPa，内摩擦角为 10°～30°或更大。

④ 膨胀性弱，但具有一定的收缩性。这与粒度、矿物、胶结物情况有关，某些红黏土化程度较低的"黄层"收缩性较强，应划入膨胀土范畴。

⑤ 浸水后强度一般降低。部分含粗粒较多的红黏土，湿化崩解明显。

可见，红黏土是一种处于饱和状态、孔隙率较大、以硬塑和可塑状态为主、中等压缩性、较高强度的黏性土，具有一定收缩性。

（2）工程分类

按物质来源不同，有两类红黏土：一是各种岩石残积物（局部坡积物），经红土化作用而形成的残积红黏土；二是非残积成因的堆积物（冲积、洪积、冰积）经红土化作用而形成的网纹红黏土。

残积红黏土的特性与母岩关系密切，是各类岩石长期风化残积的产物，其中有一类粒度较细，石英含量较少，塑性较强，有一定胀缩性，如碳酸盐岩类、玄武岩类、泥质岩类形成的红黏土，以及经再搬运形成的次生红黏土；另一类粒度较粗，石英含量多，塑性较强，有弱胀缩性，如碎屑沉积岩、花岗岩类形成的含砂砾红黏土。

网纹红黏土因具有明显的网纹状结构而得名，由于形成年代不同，其工程性质差别较大，中更新世及以前形成的网纹红黏土，胶结好，强度高，是常见的典型网纹红黏土；晚更新世及以后形成的网纹红黏土，胶结弱，红土化程度微弱，其特性与一般土接近，不属于特殊土。

### 10.3.3 红黏土地基处理

红黏土地基的处理要针对地基不均匀性、土洞、地裂、收缩性裂隙及软弱持力层等问题进行。要坚持采取地基处理、基础设计和结构调整相结合的方法，搞好红黏土地基的处理。

（1）不均匀地基

对不均匀地基可采取如下措施处理：应优先考虑地基处理为主的措施，宜采用改变基宽、调整相邻地段基底压力、增减基础埋深，使基底下可压缩土厚相对均一；对外露石芽，可用压缩材料做褥垫处理；对土层厚度、状态分布不均匀的地段，用低压缩的材料做置换处理。

① 基础下红黏土厚度变化较大的地基

主要采用调整基础沉降差的办法，可以选用压缩性较低的材料进行置换或用密度较小的填土来置换局部原有的红黏土以达到沉降均匀的目的。

② 下伏基岩面坡度较大的地基

下伏基岩面为单向倾斜，坡度大于 10％，基础底面与基岩面间的土层厚度大于 0.3m，当建筑物结构类型和地基条件符合表 10-3，土层可不做变形计算，地基不做处理。

表 10-3　下伏基岩面坡度容许值

| 上覆土层的容许承载力 /kPa | 四层及四层以下的砖石承载机构，三层及三层以下的框架结构 | 具有≤15t 吊车的排架结构 | |
| --- | --- | --- | --- |
| | | 带墙的边柱和山墙 | 无墙的边柱 |
| ≥150 | ≤15％ | ≤15％ | ≤30％ |
| ≥200 | ≤25％ | ≤30％ | ≤50％ |
| ≥300 | ≤40％ | ≤50％ | ≤70％ |

凡不符合表 10-3 要求的地基，均做变形计算。当计算的变形值超过《建筑地基基础设计规范》中的容许沉降值时，考虑改变基础宽度，增、减基础的埋深，或采用褥垫，使基底下压缩层相对均一。

③ 石芽密布的地基

石芽间距小于 2m，其间为坚硬和硬塑状红黏土，处于侧向受压状态，压缩性低，承载力较高，当房屋为六层或六层以下的砌体承重结构，三层和三层以下的框架结构或具有 15t 和 15t 以下吊车的单层排架结构，其基底压力小于 200kPa 时，可不做地基处理，而将基础置于其上；如不能满足上述要求时，可利用石芽做支墩或基础，也可在石芽出露部位做褥垫，当石芽间有较厚的软弱土层时，可用碎石、土夹石进行置换。

岩土层超过规定厚度，可全部或部分挖除溶槽中的土，并将墙基础底面沿墙长分段建成深埋逐渐增加的台阶状，以便保持基底下压缩土层厚度逐段渐变以调整不均匀沉降，此外也可布设短桩，而将荷载传至基岩。

④ 个别或稀疏石芽出露的地基

石芽和周边土的压缩性和强度悬殊，在建筑物的荷载下，石芽更加突出，易使基础破裂，进而导致建筑物变形破坏。对石芽零星分布，周围有厚度不等的红黏土地基，其中以岩石为主的地段，应处理土层，以土层为主时，处理方法是将石芽凿至基础底面下 0.3m，铺设褥垫层。

（2）红黏土地基中的土洞处理

① 红黏土地基中只有个别土洞存在，没有潜在发展的可能，对地基的稳定性影响不大，可用下述方法进行加固处理。a. 对浅埋土洞，实行地面开挖，清除软土，用块石回填，再加毛石混凝土至基础底面下 0.3m，再用土夹石填至基础底面即可。b. 对深埋土洞，地面上对准洞体顶板，打多个钻孔，用水冲法将砂砾石灌进洞内，如灌注困难，可借助压力灌注细石混凝土。

② 红黏土地基中有较多的土洞存在，并有潜在发展的趋势，对地基的稳定性影响较大，应考虑放弃红黏土地基，采用桩基础，以下伏基岩作持力层。

红黏土地基还常存在岩溶和土洞，可按前述方法进行地基处理。为了消除红黏土地基存在的石芽、土洞和土层不均匀等不利因素的影响，应采取换土、填洞、加强基础和上部结构整体刚度，或采用桩基和其他深基础等措施。

（3）红黏土地基中的地裂处理

首先查明地裂形成的原因、形状大小、延伸方向及分布规律。除与土洞，地面塌陷有关的地裂外，其余所有地裂都要充填封实，防止地表水下渗，使深部红黏土软化，形成土洞，地基更加失稳。在填实了的地裂上施工建筑时，采用梁、拱跨越，并在基础设计和建筑结构上，采取相应的措施。对有潜在发展的地裂，在其密集地段和延伸地带，不宜拟建新的建筑物。

（4）红黏土地基中收缩性裂隙的处理

查明影响红黏土地基稳定的收缩性网格状裂隙的密集程度和延伸深度，再确定基础的类型和埋深。对丙级建筑物可适当加大建筑物角端基础的埋深，对炉窑等高温设施基础，要对土体的高温收缩性进行试验和研究，采取措施，防止因地基土的收缩开裂，引起构筑物基础的变化。

房屋建成后，做好排水，房前屋后植树离墙 5m 以外，株间 4m 为宜，避免根系延伸及根部吸水，造成红黏土地基开裂，建筑物受破坏。

对红黏土的边坡要做好护坡，防止失水干缩，遇水软化等。对于天然土坡和人工开挖的边坡及基槽，应防止破坏坡面植被和自然排水系统，坡面上的裂隙应填塞，做好地表水、地下水及生产和生活用水的防渗等措施，保证土体的稳定性。

对基础岩面起伏大，岩质坚硬的地基，也可采用大直径嵌岩桩和墩基进行处理。

（5）红黏土地基中软弱持力层的处理

软塑、流塑状红黏土强度低，压缩性高，用作建筑物、结构物地基时，必须进行加固处理，达到提高承载力，减少沉降量的目的。常用的地基处理方法：当软弱土层不厚时，采用换土或垫层法；当软弱土层较厚时，采用砂桩，形成复合地基；当已建建筑物基础之下有软弱土层存在时，可采用旋喷法对地基进行加固处理。上述方法在生产实践中，均取得了较好的效果。

# 10.4 冻土地基

## 10.4.1 冻土的定义和分类

（1）冻土的定义

凡温度等于或低于0℃并且含有冰晶的岩土，称为冻土。冻土是由矿物颗粒、冰、未冻水和气体四种物质组成的多成分多相体系，其中冰、未冻水和气体的含量随温度而变化。

（2）冻土的分类

冻土有多种分类方式。冻土可按持续保存时间、泥炭化程度、体积压缩系数、总含水量及盐渍度、平面分布特征、冻胀率、融化下沉系数、冻结特征和冰层厚度等进行分类。

① 按持续保存时间。$T<1$ 年，季节性冻土（最低月平均地面温度$\leqslant 0$）；$1$ 年$\leqslant T<3$ 年，隔年冻土（最低月平均地面温度$\leqslant 0$）；$T\geqslant 3$ 年，多年冻土（年平均地面温度$\leqslant 0$）。

② 按泥炭化程度。泥炭化程度单位体积中含有植物残渣和成泥炭的质量与冻土干密度的比值，工程中用百分数表示。冻结泥炭化土的泥炭化程度 $\xi$ 按下式计算：

$$\xi=\frac{m_\mathrm{p}}{g_\mathrm{d}}\times 100\% \tag{10-7}$$

式中　$m_\mathrm{p}$——土中含植物残渣和成泥炭的质量，g；

　　　$g_\mathrm{d}$——土骨架质量，g。

按冻结泥炭化土的泥炭化程度 $\xi$ 分类为：对粗颗粒冻土，$\xi>3$ 为泥炭化冻土；对黏性冻土，$\xi>5$ 为泥炭化冻土。

③ 按盐渍度。盐渍度是单位体积中含易溶盐的质量和冻土干密度的比值，工程中用百分数表示。盐渍化冻土的盐渍度 $\zeta$ 用下式计算：

$$\zeta=\frac{m_\mathrm{g}}{g_\mathrm{d}}\times 100\% \tag{10-8}$$

式中　$m_\mathrm{g}$——土中含易溶盐的质量，g。

对盐渍度 $\zeta$ 判定，分类应归属于盐渍化冻土的是：对粗粒土 $\zeta>0.1$；对粉土 $\zeta>0.15$；对粉质黏土 $\zeta>0.2$；对黏土 $\zeta>0.25$。

④ 按其稳定程度和发展趋势。可分为发展的多年冻土和退化的多年冻土。

⑤ 按冻土的平面分布特征。多年冻土根据融区的存在与否及融区的大小分为：零星分布，多年冻土面积仅占 $5\%\sim 30\%$，绝大部分为融区；岛状分布，多年冻土面积占 $40\%\sim 60\%$，冻土以岛状分布在融区中；断续分布，多年冻土面积占 $70\%\sim 80\%$，融区呈岛状分布；整体分布，多年冻土面积大于 $90\%$，仅在大河或大湖底部及地热异常地带（如温泉）无冻土。

⑥ 按冻土的压缩变形系数和总含水量。作为建筑地基的冻土，除上述按持续时间可分为季节冻土与多年冻土外，还可根据压缩变形特性进行分类。当压缩变形系数 $\alpha\leqslant 0.01\mathrm{MPa}^{-1}$ 为坚硬冻土，可近似看成不可压缩，土中未冻水含量很少，土粒被冰牢固胶结，土的压缩性小，在荷载下表现为脆性破坏，与岩石相似；当 $\alpha>0.01\mathrm{MPa}^{-1}$ 时为塑性冻土，土中含大量未冻水，土的强度不高，压缩性较大，在受力计算时应计入压缩变形量。当粗颗粒土的总含水率不大于 $3\%$ 时，应确定为松散冻土。

⑦ 按冻土的冻胀率。土冻结时，土中原有水分冻结成冰，并在此过程中不断有水分向冰界面转移致使土体膨胀，简称土的冻胀。根据土冻胀率的大小，通常将季节冻土与多年冻

土的季节融化层土分为不冻胀、弱冻胀、冻胀、强冻胀和特强冻胀五类。

⑧ 按冻土的融化下沉系数。冻土在融化过程中，由于土体中冰的融化，在没有外荷载作用时，所产生的沉降称为融化下沉。融化下沉通常是不均匀的，具有突陷性质。融沉性可由试验测定，常以平均融化下沉系数 $\delta_0$ 表示。

工程上依据融化下沉系数 $\delta_0$ 的大小，多年冻土又可分为五级，$\delta_0 < 1\%$，Ⅰ级不融沉；$1\% \leqslant \delta_0 < 3\%$，Ⅱ级弱融沉；$3\% \leqslant \delta_0 < 10\%$，Ⅲ级融沉；$10\% \leqslant \delta_0 < 25\%$，Ⅳ级强融沉；$\delta_0 \geqslant 25\%$，Ⅴ级融陷。

⑨ 按冻结特征。少冰冻土、多冰冻土、富冰冻土、饱冰冻土。

⑩ 按冰层厚度。冰层厚度 $< 2.5\mathrm{cm}$，含冰土层；冰层厚度 $\geqslant 2.5\mathrm{cm}$，含土冰层、纯冰层。

## 10.4.2　冻土的物理及热学性质

### 10.4.2.1　冻土的物理性质

冻土由四相组成，即矿物颗粒、冰、未冻水和气体。表示冻土物理状态的指标除天然容重、天然含水量及土粒相对密度等一般的常用物理指标外还有几个与含水状态有关的指标。

（1）冻土含水量 $w$

冻土含水量是冻土中所含冰（$g_i$）和未冻水（$g_u$）的总质量与土骨架质量（$g_s$）之比。即天然温度的冻土试样，在 $100 \sim 150\text{℃}$ 下烘至恒重时，失去的水的质量与干土的质量之比。

$$w = \frac{g_u + g_i}{g_s} \times 100\% \qquad (10-9)$$

（2）冻土的密度 $\rho$

在冻结状态下，保持天然含水量及结构的土单位体积（$V$）的质量（$g$），称为冻土的密度。

$$\rho = \frac{g}{V} \qquad (10-10)$$

（3）含冰量

衡量冻土中含冰量多少的指标，有相对含冰量、质量含冰量和体积含冰量。

① 相对含冰量 $i_c$：冻土中冰的质量 $g_i$ 与全部水的质量 $g_w$（包括冰）之比。

$$i_c = \frac{g_i}{g_w} \times 100\% \qquad (10-11)$$

② 质量含冰量 $i_g$：冻土中冰的质量 $g_i$ 与土骨架质量 $g_s$ 之比。

$$i_g = \frac{g_i}{g_s} \times 100\% \qquad (10-12)$$

③ 体积含冰量 $i_V$：冻土中冰的体积 $V_i$ 与总体积 $V$ 之比。

$$i_V = \frac{V_i}{V} \times 100\% \qquad (10-13)$$

（4）未冻水含量

未冻水含量是在一定负温条件下，冻土中未冻水的质量与干土的质量之比。对于一定的土，其未冻水含量仅取决于温度条件，而与土的含水量无关。冻土中未冻水的含量对其力学性质影响很大。

（5）土的起始冻结温度

各种土的起始冻结温度是不一样的，砂土、砾砂石约在 $0\text{℃}$ 时冻结，可塑的粉土在

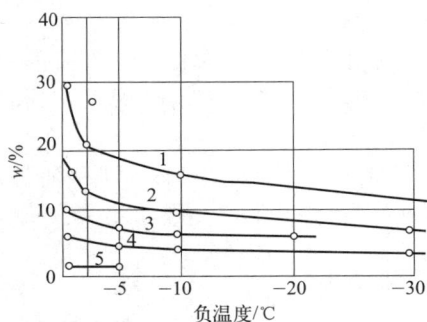

图 10-4　冻土起始冻结温度与含水量的关系图
1、2—黏土；3—粉质黏土；4—粉土；5—砂土

$-0.2\sim-0.5℃$ 开始冻结，坚硬黏土和粉质黏土在 $-0.6\sim-1.2℃$ 开始冻结。对同一种土，含水量越小，起始冻结温度越低，如图 10-4 所示。当土的温度降到起始冻结温度以下时，部分孔隙水开始冻结；随着温度进一步降低，土中未冻水含量逐渐减少，但不论温度多低，土中仍含有未冻水。

#### 10.4.2.2　冻土的热学性质

（1）热容量 $C$

热容量表示土体蓄热的能力。通常用比热和容积热容量表示。

① 比热 $C_d$：单位质量的土体温度改变 1℃ 所需要的热能，单位为 kJ/(m³·℃)。

② 容积热容量 $C_V$：单位体积的土体温度改变 1℃ 所需要的热量，单位为 kJ/(m³·℃)。

土的比热主要与矿物成分、有机质含量有关。容积热容量则与干密度、含水量有关。两者的关系为：

$$C_V = C_d\rho \tag{10-14}$$

（2）导热系数 $\lambda$

导热系数是表示土体导热能力的指标。单位温度梯度 $\left(\dfrac{\Delta t}{\Delta h}\right)$ 下，在单位时间 $(T)$ 内通过单位面积 $(\Delta F)$ 的热量 $(Q)$，即为该土层的导热系数。单位为 W/(m·℃)。

$$\lambda = \frac{Q}{\dfrac{\Delta t}{\Delta h}\Delta FT} \tag{10-15}$$

冻土的导热系数是冻土干密度、含水（冰）量和温度的函数，并与土的矿物成分和结构构造有关。在一定的干密度范围内，可以近似地看成线性关系，导热系数随着土的干密度增大而增大。在相同干密度时，导热系数随总含水量的增大而增大。

（3）导温系数 $\alpha$（热扩散系数）

导温系数表示土中某一点在其相邻点温度变化时改变自身温度的能力。在数值上等于导热系数 $(\lambda)$ 与容积热容量 $(C_V)$ 的比值。

$$\alpha = \frac{\lambda}{C_V} \tag{10-16}$$

冻土的导温系数取决于冻土的干密度、含水（冰）量、温度状态及物理化学成分。冻融土的导温系数均随干密度增大而几乎呈直线增大。冻土的导温系数随含水（冰）量增大而持续增大，但速率略有差异。起初与融土接近，以后随含水量增大而迅速增大，达到一定含水量后，增大速率减缓。这一过程中粗粒土比细粒土明显。

通常冻土的热学参数指标需经试验确定，在无试验资料时，可根据土的类别、天然含水量及干密度，按《冻土地区建筑地基基础设计规范》（JGJ 118—2011）附录 K 中相应数值表确定冻土和未冻土的容积热容量、导热系数和导温系数等热力学参数。

### 10.4.3　冻土地基的设计原则与防治措施

#### 10.4.3.1　影响多年冻土地区基础设计的基本因素

（1）热影响。地温对冻土承载力、冻结强度和蠕变速度等都有直接的影响。年平均地温越低，对建筑物地基的热稳定性越有利，反之亦然。外界的侵蚀热源主要来自大气和建筑物。太阳的直接辐射影响着地温的变化，若地面温度长期升高，就会使多年冻土年平均地温升高，导致多年冻土产生自上而下和自下而上的融化。特别是在具有吸热性材料的情况下，地表温度升高会导致建筑物地基下多年冻土上限的剧烈变化，从而形成碟状融化盘。因此，多年冻土区建筑物地基设计防止热影响是重要的措施之一。

（2）地表水与地下水。不论是地表水还是地下水，给冻土地基带来的热侵蚀作用往往是无法估量的。多年冻土区的水，不仅使地基软化，更重要的是给冻土地基带来了大量的热量，使冻土融化、上限下降。二者的叠加作用会造成地基沉陷，边坡滑塌。地表水与地下水的相互转换，不论在冬季还是夏季都给建筑物的安全带来许多隐患。因此，多年冻土区做好防排水系统就成为保证建筑物稳定性的重要措施。

（3）冻胀与融沉。寒冷地区，相当深度内的地基土每年都要经历冻结和融化过程。冻结时，地基土产生冻胀；融化期不但季节冻土层要融化，多年冻土也可能出现融化而产生融沉。反复冻融会使建筑物丧失稳定性而出现破坏。

（4）地基土。地基土的粒度组成是判别冻胀性和融沉性的基本条件。多年冻土区的粗颗粒土中往往含有较多的粉黏粒，在冻结过程中常产生聚冰现象，因此，具有较大的冻胀性和冻胀力，而它的融沉性也就取决于含冰量的多少。细颗粒土，特别是粉质土和粉质黏土，冻结过程中多属于冻胀性和强冻胀性，这类土往往又含有厚层地下冰，因此具有强烈的融沉性。

（5）荷载。地基防冻胀设计时，应该注意到建筑物荷载对地基土冻胀性具有抑制和削弱作用，一般冻胀率是随地基面荷载的增大而减小的。因此，只要在地基面上施加足够大的压力，冻胀是可以消除的。通常可以在冻胀敏感性土的表面上设置非冻胀敏感性材料构成反压层，以减小冻胀量。当然，减小地基土冻胀量和冻胀力，单靠基础上部的荷载是不够的，应该综合考虑荷载与地基处理。

（6）建筑材料。在温度变化产生的热胀冷缩和季节冻结作用下，建筑基础经受的拉伸应力、压缩应力、剪切应力的作用远远大于温暖地区且难以预测。建筑材料的性质和性能都会受低温的影响，低温脆性断裂就是经常遇到的事情。混凝土是最常用的基础材料，然而，多年冻土区中，混凝土的拌和、浇筑和养护都会出现种种困难，混凝土早期受冻使其强度和耐久性严重下降，冻-融循环作用使混凝土的坚实性不断受损，混凝土拌和与入模温度控制得不好会对基础和冻土产生不利影响，混凝土的水化热将使冻土地基融化，引起地基土下沉等。

#### 10.4.3.2　冻土地基设计原则

一般地区的结构工程设计，只要地基的承载力和变形能满足要求，就无须考虑地基基础的设计原则问题。然而，多年冻土区的地基条件是处于冻结状态的地基土，在工程结构的施工、使用过程中，都要受来自自然和工程的热侵蚀和干扰，有可能使冻结状态的地基土融化，丧失地基承载力，出现过大的地基变形，导致结构物破坏。因此，在多年冻土条件下进行建筑物或构筑物施工时，首先必须考虑建筑物在施工和使用期间，地基土是处于冻结状态还是处于融化状态。这一原则的确定决定着建筑物地基与结构的设计、工程措施和造价。《冻土地区建筑地基基础设计规范》提出三种设计原则，即多年冻土地基可采用冻结状态、逐渐融化状态和预先融化状态三种状态之一进行设计。从工程措施上说，实质上是两种，即保持地基土冻结状态和允许冻结地基土融化状态。地基计算中，前者侧重承载力计算，后者强调变形计算。

（1）多年冻土以冻结状态用作地基

在建筑物施工和使用期间，地基土始终保持冻结状态。因此，《冻土地区建筑地基基础设计规范》规定，保持冻结状态的设计宜用于下列之一的情况：多年冻土的年平均地温低于-1.0℃的场地；持力层范围内的地基土处于坚硬冻结状态，冻土层厚度大于15m；最大融化深度范围内，存在融沉、强融沉、融陷性土及其夹层的地基；非采暖建筑或采暖温度偏低，占地面积不大的建筑物地基。相应可采取下列的基础形式和措施，如：架空通风基础；填土通风管基础；用粗颗粒土垫高的地基；桩基础、热桩基础；保温隔热地板；基础底面延伸至计算的最大融化深度之下；人工制冷降低土温的措施等。

（2）多年冻土以逐渐融化状态用作地基

在建筑物施工和使用期间，地基土处于逐渐融化状态。因此，设计时应满足下列要求之一：多年冻土年平均地温为-0.5～-1.0℃的场地；持力层范围内的地基土处于塑性沉积状态；在最大融化深度范围内，为变形所允许的不融沉和弱融沉性土地基；室温较高、占地面积较大的建筑，或热载体管道及给排水系统对冻层产生热影响的地基。选择这种设计时应尽可能减少地基的变形、防止结构开裂，相应的措施有：加大基础埋深，或选择低压缩性土为持力层；采用保温隔热地板，并架空热管道及给排水系统；设置地面排水系统；加强结构的整体性与空间刚度，抵御一部分不均匀变形；增加结构的柔性，使建筑物适应地基逐渐融化后的不均匀变形等。

（3）多年冻土以预先融化状态用作地基

在建筑物施工之前，使地基融化至计算深度或全部融化。因此，可应用于下列之一的情况：多年冻土的年平均地温不低于-0.5℃的场地；持力层范围内地基土处于塑性冻结状态，冻土层厚度小于5m；在最大融化深度范围内，存在变形量所不允许的融沉、强融沉和融陷土及其夹层的地基；室温较高、占地面积不大的建筑物地基。为减少不均匀地基变形，相应的措施有：用粗颗粒土换细颗粒土或预压加密；基础底面之下多年冻土的人为上限保持相同；加大基础埋深；必要时采用结构措施，来分散不均匀变形或适应不均匀变形要求。

按预先融化状态设计时，当冻土层全部融化，应按季节冻土地基设计。

### 10.4.3.3　防治措施

（1）改变地基土的冻胀性和消除或减少冻胀力的措施

① 排水隔水法：建筑物周围设排水沟，配置排水措施。以防止施工期间和使用期间的雨水、地表水、生产废水和生活废水浸入地基，同时在基础两侧与底部填砂石料，并设排水管将入渗之水排除。在山区应设置截水沟或在建筑物下设置暗沟，以排走地表水和潜水流，避免因基础堵水而造成冻害。

② 堆填法：对低洼场地，可采用非冻胀性材料填方。填土高度不应小于0.5m，其范围不应小于散水坡宽度加1.5m。

③ 换填法：基础在地下水位以上时，用粗砂、砾石等非冻胀材料填筑在基础底下，并保证垫层的底面必须坐落在设计冻深线处；基础侧表面回填非冻胀性的中砂和粗砂，厚度不小于100mm。

④ 保温法：在建筑物基础底部或四周设隔热层。即用一定厚度的非冻胀性土层或隔热材料在基础四周和底部一定宽度内保温；在独立基础的基础梁下或桩基础的承台下面，除非冻胀与弱冻胀土外，对其余的土层预留相当于地表冻胀量的空隙，空隙中可填充松软的保温材料。这样可增大热阻，推迟土的冻结，提高土温，降低冻深。

⑤ 物理化学法：用物理化学方法处理基础侧表面或与基础侧表面接触的土层。土中加入无机盐等来降低冰点温度；加入憎水剂减少地基的含水量；加入有机化合物改善土颗粒聚

集或分散性等。

⑥ 基础光滑平整处理法：对与冻胀性土接触的基础侧表面进行压平、抹光处理，增加基础的光滑度，减少基础的切向冻胀力。

⑦ 强夯法：对建筑场地的冻土进行强夯法处理，消除土的冻胀性。

（2）结构措施

① 增加建筑物的整体刚度：设置钢筋混凝土封闭式圈梁和基础梁，并控制建筑物的长高比。当外墙的长度大于或等于 7m，高度大于或等于 4m 时，宜增加内横隔墙或护壁柱。

② 简化平面布置：建筑物的平面图形应力求简单，体型复杂时，宜采用沉降缝隔开。

③ 减少冻胀受力：加大上部荷载，或缩小基础与冻胀土接触的表面积。外门斗、室外台阶和散水坡等附属结构应与主体承重结构断开；散水坡分段不宜超过 1.5m，坡度不宜小于 3%，其下宜填筑非冻胀性材料。

④ 合理选用基础：根据场地和建筑物的情况，可选择独立基础、底部带扩大部分的自锚式基础、桩墩基础、架空通风基础等。

⑤ 施工保温：按采暖设计的建筑物，当年不能竣工或入冬前不能交付正常使用，或使用中可能出现冬季不能正常采暖时，应对地基采取相应的越冬保温措施；对非采暖建筑物的跨年度工程，入冬前应及时回填，并采取保温措施。

# 思考题与习题

10-1　什么是特殊土地基？有哪些类型？

10-2　什么是湿陷性黄土？有哪些类型？湿陷性等级如何确定？可以采取哪些方法处理黄土的湿陷性？

10-3　什么是膨胀土？可以采取哪些方法处理膨胀土？

10-4　什么是冻土？冻土地基的防治措施有哪些？

# 参 考 文 献

[1] 建筑地基基础设计规范：GB 50007—2011 [S]. 北京：中国建筑工业出版社，2011.

[2] 建筑与市政地基基础通用规范：GB 55003—2021 [S]. 北京：中国建筑工业出版社，2021.

[3] 建筑桩基技术规范：JGJ 94—2008 [S]. 北京：中国建筑工业出版社，2008.

[4] 混凝土结构通用规范：GB 55008—2021 [S]. 北京：中国建筑工业出版社，2021.

[5] 建筑基坑支护技术规程：JGJ 120—2012 [S]. 北京：中国建筑工业出版社，2012.

[6] 建筑地基处理技术规范：JGJ 79—2012 [S]. 北京：中国建筑工业出版社，2012.

[7] 建筑基桩检测技术规范：JGJ 106—2014 [S]. 北京：中国建筑工业出版社，2014.

[8] 沉井与气压沉箱施工规范：GB/T 51130—2016 [S]. 北京：中国建筑工业出版社，2016.

[9] 冻土地区建筑地基基础设计规范：JGJ 118—2011 [S]. 北京：中国建筑工业出版社，2011.

[10] 湿陷性黄土地区建筑标准：GB 50025—2018 [S]. 北京：中国建筑工业出版社，2018.

[11] 建筑抗震设计标准（2024 年版）GB/T 50011—2010 [S]. 北京：中国建筑工业出版社，2024.

[12] 高层建筑筏形与箱形基础技术规范：JGJ 6—2011 [S]. 北京：中国建筑工业出版社，2011.

[13] 建筑与市政工程地下水控制技术规范：JGJ 111—2016 [S]. 北京：中国建筑工业出版社，2016.

[14] 岩土工程勘察规范（2009 年版）：GB 50021—2001. 北京：中国建筑工业出版社，2009.

[15] 华祥征. 基础工程设计与施工 [M]. 长春：吉林大学出版社，1996.

[16] 王秀丽. 基础工程 [M].3 版. 重庆：重庆大学出版社，2012.

[17] 王协群，章宝华. 基础工程 [M]. 北京：北京大学出版社，2006.

[18] 陈希哲，叶菁. 土力学地基基础 [M].5 版. 北京：清华大学出版社，2013.

[19] 金喜平. 基础工程 [M].2 版. 北京：机械工业出版社，2018.

[20] 吕凡任. 基础工程 [M]. 北京：机械工业出版社，2013.

[21] 代国忠. 土力学地基基础 [M].2 版. 北京：机械工业出版社，2021.

[22] 贺建清. 地基处理 [M].2 版. 北京：机械工业出版社，2016.

[23] 高大钊，孙钧，赵春风. 桩基础的设计方法与施工技术 [M]. 北京：机械工业出版社，2002.

[24] 龚晓南. 基础工程 [M]. 北京：中国建筑工业出版社，2008.

[25] 张四平. 基础工程 [M]. 北京：中国建筑工业出版社，2012.

[26] 龚晓南. 地基处理手册 [M].3 版. 北京：中国建筑工业出版社，2008.

[27] 刘国彬. 基坑工程手册 [M].2 版. 北京：中国建筑工业出版社，2009.

[28] 龚晓南. 复合地基设计和施工指南 [M]. 北京：人民交通出版社，2003.

[29] 龚晓南，深小克. 岩土工程地下水控制理论、技术及工程实践 [M]. 北京：中国建筑工业出版社，2020.

[31] 唐益群，杨坪，王建秀，等. 工程地下水 [M]. 上海：同济大学出版社，2011.

[32] 高琳，周定，王云丹，宋庆东. 广州新电视塔基础设计 [J]. 建筑结构，2011，41（1）：103-106.

[33] 朱骏. 广州新电视塔工程基础施工技术研究 [D]. 广州：华南理工大学，2011.

[34] 滕延京，宫剑飞，李建民. 基础工程技术发展综述 [J]. 土木工程学报，2012，45（5）：126-140.

[35] 史佩栋. 我国深基础工程技术发展现状与展望：21 世纪头 10a 情况综述 [J]. 岩土工程学报，2013，33（增刊 2）：1-14.

[36] 王小平. 地基基础与上部结构的共同作用机理分析 [D]. 西安：西安工业大学，2016.

[37] 曾怡婷. 基坑降水及开挖对周边管线影响的研究 [D]. 杭州：浙江大学，2019.

[38] 张显达，刘云飞，黄维爱，等. 北京大兴国际机场航站楼核心区静载检测桩及桩头加固一体化施工技术 [J]. 施工技术，2019，48（14）：5-9.

[39] 黄良. 长沙国金中心 T1 塔楼总体结构设计 [J]. 结构工程师，2015，31（4）：15-22.